涂布复合系列图书

涂布复合技术

[第二版]

李路海　主编

李路海　谭绍劼　谢宜风　等　编著

U0337550

文化发展出版社
Cultural Development Press

图书在版编目（CIP）数据

涂布复合技术（第二版）/李路海主编.-北京：文化发展出版社，2016.6（2022.10重印）

ISBN 978-7-5142-1329-4

Ⅰ.涂… Ⅱ.李… Ⅲ.表面涂覆 Ⅳ.TB43

中国版本图书馆CIP数据核字(2016)第113863号

涂布复合技术（第二版）

主　　编：李路海

编　著：李路海　谭绍劢　谢宜风　张建明　王德胜　屠志明　何君勇　徐　征　陈鸿奇
　　　　杨峥雄　廖支援　薛志成　莫黎昕　辛智青　李　修　高　波　方　一　李玉彪
　　　　刘　杰　王丽坤　李建平　栗淑梅　关敬党　贾志梅　李引锋　习大润　李　征

总 策 划：张宇华

责任编辑：李　毅　　　　　　　　　责任校对：岳智勇

责任印制：邓辉明　　　　　　　　　责任设计：侯　铮

出版发行：文化发展出版社（北京市翠微路2号 邮编：100036）

网　　址：www.wenhuafazhan.com

经　　销：各地新华书店

印　　刷：北京建宏印刷有限公司

开　　本：787mm×1092mm　　1/16

字　　数：608千字

印　　张：32

印　　次：2016年11月第2版　　2022年10月第11次印刷

定　　价：128.00元

ＩＳＢＮ：978-7-5142-1329-4

◆ 如发现任何质量问题请与我社发行部联系。发行部电话：010-88275710

前言/PREFACE

涂布复合技术一书，自 2011 年 7 月第一次出版以来，受到了广大读者的热烈欢迎，曾在亚马逊同类科技书目中进入热销前十名，第一版多次重印，仍不能满足读者要求。其间，热心读者本着科学态度，提出了许多修改建议和要求。四年来，伴随涂布复合技术进步，确有内容需要更新、完善和补充。为此，在出版社的建议下，结合读者要求，组织了修订再版工作。

全书在原来十九章的基础上，针对超过半数章节进行修改，补充完善了一系列内容。第一章涂布工艺概述内容更加完整，第二章增加了部分颜料和表面活性剂内容，第三章全面修改，第四章局部调整，第五、六、十、十三、十八章进行了不同程度补充，第十二章大幅修改。

参与第一版与第二版改版编著的人员，全部来自生产、科研、管理和教学一线，书中内容，来自编著人员多年来生产实践、科学研究、企业管理及实际应用的心得，同时参考了大量同行的工作成果。

第一版分章次编著人员为：第一章中国乐凯集团公司原总工谢宜风；第二、三、四、九、十五、十六、十七、十八、十九章谭绍勋、李路海；第五、六、七、八章张建明、李玉彪、刘杰、王丽坤；第十章何君勇、李路海；第十一章王德胜、李路海；第十二章李路海、徐征；第十三、十四章屠志明、李路海。中科院化学所贾志梅，北京印刷学院唐小君、赵文、杜鹏、吕越、胡旭伟等参与了资料收集与制图工作。李路海统筹全书，修改编著。

第二版分章次新增编著人员为：第二章中国乐凯集团公司李建平；第三章颇尔公司廖支援；第四、十八章中国乐凯集团公司李建平、栗淑梅；第五、六、十章广东欧格陈鸿奇、杭州天祺杨峥雄；第十二章北京印刷学院莫黎昕、李修、高波、辛智青、方一、深圳善营关敬党、广东欧格陈鸿奇；第十三章陕西北人薛志成、李引锋、习大润、李征。徐永健等对第一版文字提出了修改建议。李路海统筹全书，修改编著。

编著过程中，参考了同行的大量文献和成果，标注不全不当之处，敬请指正。

感谢出版社编辑校对的严谨作风，感谢全体参编人员的科学态度。限于作者水平，内容不妥不当之处，欢迎提出宝贵意见。

第二版的编写出版，受到了北京市教委科研和学科建设经费的支持。

北京印刷学院

2016 年 9 月于北京

目录 /CONTENTS

第二篇　涂布装置及应用

目录 /CONTENTS

第二篇　涂布装置及应用

第一篇

涂布工艺及涂布液

- 涂布工艺概述
- 涂布液主要成分及其混合分散
- 涂布液过滤
- 消泡与脱气

第1章 涂布工艺概述

涂布加工技术作为完善材料物化特性和以涂层为特征新产品开发的重要手段，已被广泛应用于轻工造纸、塑料薄膜深加工、信息材料、图像显示器件生产等重要工业领域。众所周知，在造纸过程中对原纸进行涂料处理可以提高纸张的白度、致密性，改善其机械强度及印刷适应性。对高绝缘性和疏水性的高分子薄膜施以特殊的涂层，可以改善其抗静电性能和亲水特性。而在纸基上覆以特殊的涂层就可以开发出无碳复写纸、喷墨打印纸以及各种热敏、光敏记录纸等产品。同样，在高分子薄膜上施以专门的涂层则可以开发出各类胶带、光学滤光片以及磁记录材料、照相感光材料等产品，图1-1列举了涂布工艺技术的主要应用领域。

这类专门加工的涂层厚度，通常为几微米到几十微米。而在平面显示器件中应用的防反射涂层、抗划伤涂层、导电氧化铟涂层的厚度还不到$1\mu m$。根据性能和应用要求的不同，有的产品涂层为单层，有的涂层为2～3层的复层结构，而彩色胶片的涂层结构则多达十几层。

不同产品的性能和涂层结构，必然对涂布工艺技术提出不同的要求。在造纸工业领域，现代造纸设备都有机内涂布机，对抄纸后的原纸进行涂料加工，以全面提高纸张的物理机械特性和印刷适应性，从而生产出高档的印刷纸。这类机内涂布机的主要涂布工艺条件必须与主机抄纸设备的幅度、车速等主要工艺参数相一致。而更多涂层加工类产品的涂布工序是由独立的涂布机来完成的，这样可对设备结构进行专门的设计，使其工艺条件有更大的可调节范围，以满足不同产品对其涂层结构特性的特定要求。

随着科学技术的不断发展，涂布工艺技术也有了长足的进步。为了适应不同产品的开发及大生产的需求，无论对涂布方法、涂布设备、物料特性，还是涂布

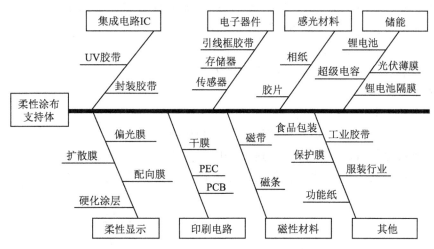

图 1-1　涂布工艺技术的主要应用领域示意图

基础理论都进行了大量的研究。

涂布加工工艺的核心是涂布方法的选择，而目前有上百种不同的涂布方法在工业领域得到实际应用。这充分说明没有一种涂布方法是万能的，只有根据各行业各个产品特性及应用要求各自选择相应的最佳涂布方法。按最终涂布量（或涂层厚度）的控制类型来区分，湿法涂布通常可分为四种类型：

（1）自计量涂布方式，如浸渍涂布，正向或反向辊涂等。在这些方式中，涂布量取决于涂布液与涂布设备的共同作用所形成的条件，如黏度、车速、间隙、涂布弯月面，以及在不同辊轴的速度比等。

（2）计量修饰涂布方式，如刮刀、气刀和计量辊涂布等。在这些涂布方式中，是在涂上液膜后再控制其涂布量。

（3）预计量涂布方式，如条缝涂布、坡流涂布、落帘涂布等。在这些方法中，涂布液是经精确供料计量后被涂布到支持体上的。

（4）混合涂布方法，如凹版涂布等，即将上述方法混合使用。

本章将集中介绍目前得到比较广泛应用且具有代表性的一些湿法涂布方式，如浸渍涂布、气刀涂布、刮刀涂布、各种辊式涂布、凹版涂布、条缝涂布、坡流挤压涂布、落帘涂布等涂布方法，以及涂布工艺技术的新进展和涂布设备的配套系统。

第二节　涂布方法

一、浸渍涂布法

浸渍涂布法是早期得到较为广泛应用的一种涂布方法，由于其设备结构简单，易于得到推广应用。早在 19 世纪末，浸渍涂布和挂杆干燥就用于连续生产照相纸。浸渍涂布方法简单工作原理如图 1-2 所示。

被涂基材 1 绕经涂布辊 3 进入涂布液槽 4 与涂布液 2 接触，涂料就随着向上拉出而附着于其表面形成涂层。

早在 20 世纪 50 年代，勃·弗·杰良金（Б. В. Дерягин）等人，曾对浸渍涂布过程液体黏度、表面张力与被涂支持体运动速度等因素对涂布量的影响进行了深入研究，最后建立了以下关系式：

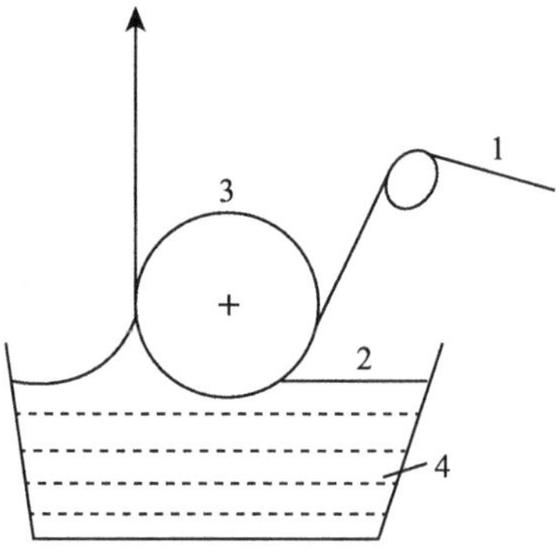

$$h = K(U\eta)^{\frac{2}{3}}$$

$$k = \frac{0.94\cdots}{(1 + \cos\alpha)^{\frac{1}{2}}(\rho g)^{\frac{1}{2}}\sigma^{1/6}}$$

式中　h——涂层厚度；

　　　U——涂布速度；

　　　η——涂液黏度；

　　　ρ——涂液密度；

　　　g——重力加速度；

　　　σ——表面张力；

　　　K——常数，与弯月面、涂液表面张力、比重等因素相关。

杰良金（Дерягин）等人的研究为浸渍涂布奠定了理论基础。从上述关系式中可以看出，涂层厚度与涂料的黏度和被涂支持体拉出的速度成正比，即涂布车速越快、涂液黏度越大，则涂层越厚。显然，对特定涂布液料和涂层厚度要求的产品来说，要通过提高车速来提高生产效率，无疑受到很大限制。早先照相行业应用浸渍涂布方法时的涂布车速很难超过 20m/min。

二、气刀涂布法

气刀涂布法的原理如图 1-3 所示。被涂支持体 1 经压纸辊 2 后由涂布辊 3 带上涂料槽 4 中的料液，经过背辊 5 处由气刀 6 喷射出的气流将过量的涂料吹落在收集槽 7 中。回流的涂料在收集槽中经气液分离后，可送回涂料槽中循环使用。气刀涂布的涂布质量与气刀喷射气流

1—被涂基材；2—涂布液；

3—涂布辊；4—涂布液槽

图 1-2　浸渍涂布工作原理

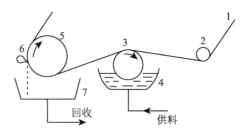

1—被涂支持体；2—压纸辊；3—涂布辊；

4—涂料槽；5—背辊；6—气刀；7—涂料收集槽

图 1-3　气刀涂布工作原理

分布均匀性及稳定性直接有关，即与气刀的结构设计及加工精度密切相关。气刀涂布的涂布量，与气刀射出的气流压力、喷射角度及与原纸之间的距离有关，这些也是实际操作中可适当调控的工艺参数。

气刀涂布的适应范围较广，即在相对宽广的涂料固含量、涂料黏度以及涂布车速下，获得较高的涂层质量。典型的气刀涂布运行参数条件为：

涂料固含量<50%；

涂料黏度 50~500MPa·s；

涂布车速 30~500m/min；

涂布量<30g/m²。

气刀涂布被广泛应用于高级美术印刷纸、无碳复写纸、重氮盐纸、压敏记录纸、热敏记录纸、静电复印纸、喷墨打印纸以及涂布板纸等多类产品的工业化生产中。

三、刮刀涂布

刮刀涂布是用专门设置的刮刀除去多余的涂布液，以达到所要求的涂布量。图 1-4 所示为一种斜角钢片柔性刮刀涂布工作原理图。相对于气刀无接触涂布，这是一种直接接触涂布方法，涂层有较高的平整度，其涂层表面不受被涂支持体原有表面粗糙度的影响。

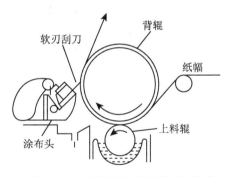

图 1-4 一种斜角钢片柔性刮刀涂布
工作原理

柔性刮刀涂布的车速可以达到 30~800m/min，涂料固含量可高达 50%~60%，黏度也可高达 1000MPa·s，涂布量可在 6~30g/m² 范围内调节，工艺适应范围较广。

柔性刮刀材质为优质弹簧钢，厚度为 0.3~0.6mm，宽度为 100mm 左右。刮刀与背辊的接触角及接触压力均可进行调节控制。由于刮刀在高车速下与被涂物料直接接触，因此很容易造成磨损，而必须适时更换。另外，刮刀与涂布物料间易有异物积累，形成涂布条道弊病，因此必须经常保持刮刀处的清洁。

刮刀涂布的最大优点是表面有良好的平滑度，但随着车速的提高，刮刀对纸的应力增大，运行性能受到限制。薄膜涂布（辊涂）大大减少涂布应力，缺点是涂布量大于 9~10g/m² 时易发生橘皮结构和细小颜料的飞溅。

刮刀涂布从 20 世纪 50 年代到目前为止，经历了半个多世纪的发展，车速从当初的 200~300m/min 已升至目前的 2800m/min，涂布幅宽可达 10m。

四、刮辊涂布

刮辊涂布工作原理如图1-5所示，旋转的金属刮辊将多余的涂料刮下，以达到所需的涂布量。金属刮辊的直径为10mm左右，由微型电机带动做主动运转，通常以10～20r/min的固定速度旋转，其旋转既可与被涂物料同一方向，也可以反向。当刮辊与被涂物料运行呈相反方向时，更有利于对涂层起整饰作用。

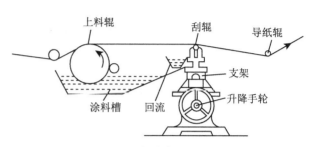

图1-5　刮辊涂布工作原理

另有一种称为钢丝刮辊，即在金属刮辊上紧密缠绕直径为0.1～0.15mm的不锈钢丝而成，其工作状态如图1-6所示。实际操作中可根据不同涂料特性，不同涂层量要求及不同车速选用不同直径缠绕的钢丝刮辊。

刮辊涂布的车速适合于低黏度、低涂布量时选用，其车速范围较广，可以从每分钟几十米到每分钟上千米。涂布厚度主要取决于绕线顶部之间的空间，即取决于缠绕不锈钢丝的粗细涂布厚度为0.21r，此处r为绕线直径。但是流体的流变性、涂布片幅速度和张力、刮辊转动的方向和速度都影响平均厚度。

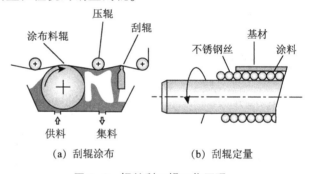

（a）刮辊涂布　　　　（b）刮辊定量

图1-6　钢丝刮刀辊工作原理

五、辊式涂布

辊式涂布是指至少由涂布辊和计量辊2个辊以上组成的自行定量涂布方法。根据不同辊数和组合方法不同，可以形成几十种不同的辊涂方法。这里简单介绍双辊涂布、三辊涂布及逆转辊涂布三种涂布方法。

双辊涂布工作原理如图1-7所示，涂布辊从涂料槽中带上涂料，将部分涂料转移给运行至涂布辊和背辊间隙处的被涂基材。被涂基材带走的涂料以及涂层表面状态取决于被涂基材和涂布辊的相对速度、涂布辊与背辊之间的间隙、涂料的黏度和润湿特性等因素。

图1-8所示为三辊涂布的一种形式，涂布辊将涂料从料盘中带到转移辊上，

然后由转移辊转移到被涂基材的物体表面。通过调整各辊运转的线速度及背辊与转移辊之间的间隙（或压力），即可调节涂布量。

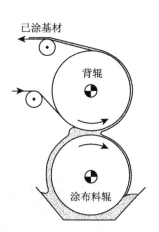

图 1-7　双辊涂布工作原理

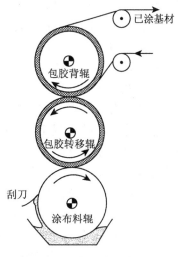

图 1-8　三辊涂布工作原理

逆转辊涂布可以有三辊逆转和四辊逆转等多种方式。如图 1-9 所示为逆转辊涂布的工作原理，带上涂料的涂布料辊 1 与定量辊 2 及背辊 3 三个辊子表面均做逆向运动，故称之为逆转辊涂布。定量辊 2 将整饰定量的涂料转移给经由背辊 3 和涂布辊之间通过的被涂基材。定量涂布辊的带料量既受定量辊与涂布辊之间间隙的影响，同时还受涂布辊与定量辊线速度的影响。而由涂布辊转移到被涂基材上的实际涂布量还受到涂布辊线速度与被涂基材运行速度比的影响。逆转辊涂布工艺调节范围大，所以能适合水性及溶剂型各类涂料的涂布。涂料的黏度范围 100～1500MPa·s，涂布量也可从 25g/m² 至 300g/m²，可应用领域较广。

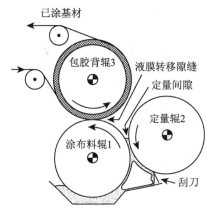

图 1-9　逆转辊涂布工作原理

六、凹版涂布

凹版涂布是应用凹版胶印原理而设计的一种涂布方法，其也可有二辊、三辊、四辊凹版辊涂布方法。图 1-10 为典型的二辊凹版涂布工作原理示意图。凹版辊的表面雕刻有各种凹形网纹，如图 1-11 所示，用以容纳一定量的涂料。涂布时，凹版辊 1 从涂料槽中带上涂料，经刮刀除去凹版辊表面多余的涂料后将剩余在凹纹内的定量涂料转移到绕经背辊 2 的被涂基材 3 上。通常背辊表面均包覆有相当硬度的橡胶层。涂布时与涂布辊压紧形成一定的线压力，以使凹版网点内的涂料能转移到被涂基材上。显然，涂布量取决于凹版辊网点的图形及其雕刻深度。在涂料含固量固定的情况下，选用合适网点的凹版辊，就能得到所需的涂布量。涂膜层的表观质量，很大程度上取决于涂料的黏度及流变特性。

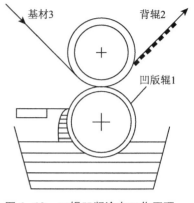

图 1-10　二辊凹版涂布工作原理

凹版涂布可用于涂布胶黏带、磁带、硅胶带等产品。典型的工艺条件是：1～50μm 的涂层厚度，15～1500MPa·s 的黏度，车速可高达 600m/min。凹版涂布的主要优点是可在高车速下得到很薄的涂层，其主要缺点是有时难以消除凹版辊的网纹。涂层的均匀性很大程度上取决于

图 1-11　几种凹版辊的网纹图

凹版纹的设计及涂料的流变特性。涂布量正比于凹版辊凹纹内的容积，一般凹版辊的涂布转移量约为其容积的 60％。

七、条缝涂布和挤压涂布

条缝涂布和挤压涂布的基本工作原理如图 1-12、图 1-13 所示，涂料由专门的供料装置送入涂布模头的分液腔后经阻流狭缝流出形成涂布液桥，然后转移到移动的被涂支持体上。条缝涂布时涂液的黏度和毛细管力占主导因素，涂布模头和支持体之间的间隙很小，通常为湿涂布厚度的 2～10 倍。而在挤压涂布的情况下，涂布间隙为湿涂布厚度的 100 倍以上。条缝涂布与挤压涂布流出液膜的弯月面状态也各不相同，如图 1-13 所示。挤压涂布更适合高黏度液体及高分子熔融体的涂布。

条缝涂布和挤压涂布的涂布量取决于供液量和支持体的运行速度。涂布间隙的大小在保证涂布液桥稳定的前提下尽可能大些，以防止各种尘埃杂质的滞留积累造成涂布条道弊病甚至撕断运行的支持体。在涂布模头下面设置真空负压装置，有助于在适当扩大间隙的情况下，保持液桥的稳定。条缝涂布和挤压涂布既可以是单层涂布，也可以用于多层涂布。

条缝涂布还可以实现条幅型和间歇型特定的非连续性涂布，如图 1-14 所示，以适应一些高附加值产品的特殊要求。例如应用于染料热转移打印的 RGB（红、绿、蓝）的卷状色带，就是三种颜色以一定间距竖向并行排列的，而燃料电池的隔膜以及薄膜电池的电极，则呈间歇型排列，以适应工业化组装的要求。

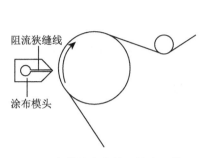

图 1-12　条缝涂布和挤压涂布工作原理

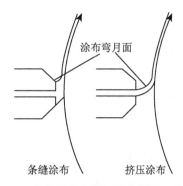

图 1-13　条缝涂布和挤压涂布不同工作状态

图 1-14　特定涂层形态要求示意

　　实施条幅涂布方法，是在涂布模头内涂液流动通道中安置相应的阻塞片，阻止这部分涂液的流出，形成涂布空白区。间歇涂布则主要借助于涂液供料系统的开启/关闭，以精确控制其涂布长度及间隔距离。

八、多层坡流涂布

　　多层坡流涂布工作原理如图1-15所示。被涂液体从涂布模头的条缝中流出后沿坡流面向下流动，然后在涂布辊与坡流涂布模头间隙处形成液桥，并被运行的基材带走。多层涂布时，从每个条缝中流出的液体流经自身的坡流面后，就铺展在下一层坡流面的液面上，层层叠加。显然，保证多层叠加的液流处于稳定的层流状态而不产生紊流，是保证多层涂布质量的必要条件。从模头结构设计来说，条缝前后隔板出口的倒角、涂布唇片的形态，对多层涂布的质量十分重要。而从涂液物化性能来说，其表面张力、黏弹性、比重等

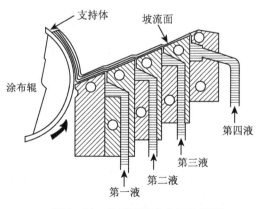

图 1-15　多层坡流涂布工作原理

参数，必须与涂布车速、涂布量、涂布层数、涂布间隙、负压大小等工艺条件相适应。

多层坡流涂布于20世纪50年代由伊斯曼柯达公司申请专利，应用于多层彩色感光材料的生产。一次多层涂布的层数可多至10层，涂布总厚度可从几μm至几十μm，而其中最薄的干厚度可以薄至1μm左右。应该说，多层坡流涂布技术的开发与应用，对多层、薄层彩色感光材料的发展起了巨大的推动作用。

九、落帘涂布

落帘涂布技术最早曾应用于夹心巧克力生产和纸板加工领域，但多为单层涂布。直到1970年由伊斯曼柯达公司科研人员在多层坡流涂布基础上发展成为多层落帘涂布技术，其工作原理如图1-16所示。多层液流的叠加、铺展流动与多层坡流涂布相同，不同的是液流离开涂布模头唇口后，垂

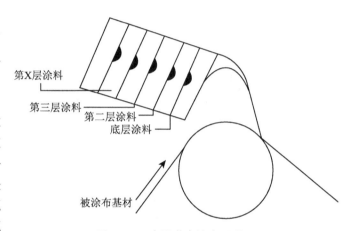

图1-16 多层落帘涂布原理

直自由落下形成幕帘。最后涂覆在移动的基材上。液帘落下时，宽度方向的两侧由导流板保持液帘宽幅方向的稳定。为了防止支持体高速运行时所带动的气流影响液帘与支持体之间液桥的稳定状态，在支持体进入涂布区之前，需用隔板尽可能地阻止气流进入涂布区形成干扰。

落帘涂布为非接触式涂布，因此可以在不规则表面的支持体上获得均匀的涂层。由一定高度形成加速度下落到被涂支持体上的落帘涂布，为保持从模头落下的液帘不断流，必须保证足够的涂液流量，这就要求实现足够高的涂布速度。Hughes 最初在落帘涂布专利申请中提出的多层落帘涂布工艺条件为：

涂布速度 0.75～10m/s；

总涂布量 13.8～233.5g/m²；

最底层涂液黏度 4～80MPa·s；

幕帘高度 5～20cm。

近年来有资料推荐落帘涂布的适合工艺条件为涂布速度2～20m/s，湿膜总厚度5μm，湿膜单层厚度小于1μm，体积流量/涂布宽度>1.0cm³/s·cm，剪切黏度10～5000MPa·s，表面张力（动态）<40mN/m，可一次同时涂布层数>10层。这

些数据主要是针对坡流式落帘涂布而言，对于电子行业中印刷电路板和彩钢板的涂布，则情况有所不同。

十、旋转涂布

旋转涂布是借助于高速旋转所产生的离心力，将加注于支持体表面的液料进行铺展，形成所需厚度的涂层。支持体的旋转速度可以从几百转/分至上万转/分内进行调控。其工作原理如图1-17所示。在应用较低黏度和固含量的涂液进行涂布时，其涂层厚度可从几十纳米至几微米，厚度均匀性可达百分之一。

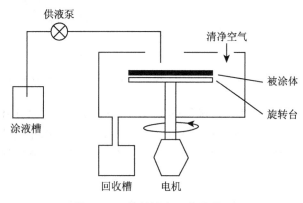

图 1-17　旋转涂布工作原理

旋转涂布常用于各种聚合物溶液的涂布，涂层的厚度取决于涂液的黏度（固含量）、旋转速度、涂液溶剂的挥发速度等因素。B. T. Chen 提出了以下关系式：

$$D = K\mu^{0.36-0.50}\omega\left(\frac{E\lambda}{C_p}\right)^{0.6}$$

式中　D——涂层厚度；

　　　K——涂层厚度的相关常数；

　　　μ——涂液黏度；

　　　ω——旋转速度（角速度）；

　　　E——溶剂的相对蒸发速度；

　　　λ——溶剂蒸发潜热；

　　　C_p——溶剂的热容量。

从上述关系式中可以看出，在涂布液黏度、溶剂蒸发速度相同的情况下，旋转速度越高，则涂层厚度越薄。而在旋转速度不变的情况下，涂液黏度低和蒸发速度慢，与涂液黏度高和蒸发速度快相比较，前者易于得到较薄的涂层。

旋转涂布在电子信息工业领域有着广泛的应用，如半导体集成电路光刻胶的涂布、平面显示器玻璃基板的涂布、光盘的涂布等。

通常旋转涂布主要用于科研及较小尺寸产品的生产。专用的大型旋转涂布设备也可在第5代液晶玻璃基板（尺寸1000mm×1250mm）上涂布光刻胶。但近年来随着平板显示器的不断发展，液晶面板的尺寸越来越大。进入第6代（尺寸1500mm×1800mm），已改用条缝方式涂布光刻胶，如图1-18所示。

法国原子能委员会的 Belleville，Philippe F. 等人曾开发了一种大型旋转涂布

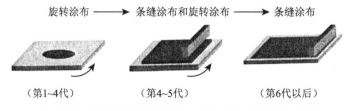

旋转涂布 ——→ 条缝涂布和旋转涂布 ——→ 条缝涂布

（第1~4代）　　　　（第4~5代）　　　　（第6代以后）

图 1-18　液晶玻璃基板尺寸大小和涂布方式变化示意

设备，可以对 1000mm×1700mm×20mm 的大尺寸屏蔽窗玻璃进行防反射层的涂布，涂层均匀性良好，极少出现厚边现象，单面涂层的可见光漫反射达到 1%。这种大尺寸旋转涂布机的成功开发，进一步扩展了旋转涂布的应用范围。

第三节　涂布工艺的新进展

随着工业技术的不断革新发展，以及社会对涂层产品需求的不断扩大，近十几年来，涂布加工工艺技术取得了很大的发展。被涂基材已从纸张、各类高分子薄膜，扩展到铝箔、铜箔乃至钢板。涂布宽度从早期的 500mm、1000mm，扩展到 2000mm 以上；涂布车速从几十米/分、几百米/分提高到 1500m/min 以上。而造纸系统的机内涂布的宽度最大可达到 8~10m，涂布车速可达 3000m/min 以上。生产效率的提高，促进了生产成本的降低，增加了经济效益。涂布加工技术的应用范围已从造纸、轻工、纺织、化工等行业，扩展到了电子信息工业等领域。各种高级光学薄膜、透明导电薄膜等高端新产品的开发，对更薄的涂层厚度及涂层均匀性，提出了更高的要求。而各种高精度涂布工艺技术的开发成功，又反过来促进了各类新产品的研制。

一、落帘涂布技术得到了更为广泛的应用

由于坡流涂布及落帘涂布工艺技术所具有的定量、精密及多层同时涂布等一系列的优点，随着其基本专利的过期，其应用范围已不局限于过去的照相工业领域而进一步向造纸、电子信息等工业领域转移，目前已成为世界各大相关企业应用开发的重点。

在欧洲美卓（Metso）和福伊特（Voith）等著名造纸设备公司对落帘涂布的开发应用的重点是特种纸，特别是在低定量涂布纸方面的应用。美卓工艺中心在放量试验机上的试验表明，采用落帘涂布可以在低涂布量的条件下生产出优质的低定量涂布纸。在涂布量为 5~6g/m² 时，遮盖率达到了 85%，即使涂料低含固量为 54% 的情况下，也避免了气泡的发生。试验涂布车速达到 1500m/min。2006 年芬兰 JuJo Thermal 公司投资 2500 万欧元由美卓公司建成了新的落帘涂布生产线，

使该公司热敏纸的生产能力由每年 40000 吨增加到 70000 吨。新的落帘涂布生产线可一次涂布多层，保证了高质量低成本的大批量耐久性热敏纸的生产。产品范围包括 45～200g/m² 由普通热敏纸到超耐久热敏纸所有品种，并且能首次提供上层涂布阻隔保护层的热敏纸，以供热敏影像打印用。

生产耐久性热敏纸需要使用非常昂贵的涂层原料，主要原则就是涂布刚好是足够功能需要的涂布量，一次能同时涂布若干层和进行有效的干燥，从而大大节省能源。为了得到优质的落帘涂布，必须确保涂料液中没有空气进入，所以除气泡工序显得十分重要。

德国福伊特公司已向亚洲、欧洲及美国全球范围内提供了 20 台直接落帘（DF-Direct Fountain）涂布装置，用于无碳纸、热敏纸、喷墨纸原纸的生产。设计车速为 1500m/min，宽度为 5m，实际最高运速为 1200m/min，而在福伊特公司工艺中心试验涂布机上已成功进行 1800m/min 的涂布试验。其主要解决了支持体高速运行带来的空气层干扰，以及涂料中的去气泡和落帘的稳定性。直接落帘涂布工作原理如图 1-19 所示。

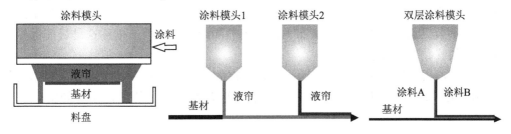

图 1-19　直接落帘涂布工作原理

图 1-20 所示为直接落帘涂布的稳定运行操作窗。图 1-20 中 A：最稳定的工作范围；B：有可能的工作范围，取决于涂液的黏弹性；C：改变涂布参数可能达到的工作范围；D：较低涂液含固量时可能的工作范围；E：同时改变机械性能和涂液特性可能的工作范围。图中的操作窗已通过实际放量试验得到验证。

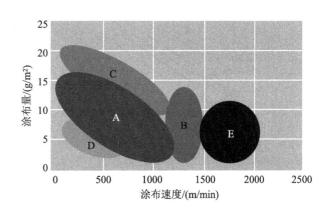

图 1-20　直接落帘涂布的稳定运行操作窗

值得注意的是这些设备制造厂在改进设备结构设计和制造精度的同时，还和一些著名的化学原料公司联手，合作开发用于多层落帘涂布的特殊涂料。如美卓公司与美国道化学公司的合作，福伊特公司与德国巴斯夫公司的合作。多层落帘涂布所用的涂料必须具有较低的表面张力、良好的黏弹性、尽可能低的空气容量（易于消除气泡），而这些正是化学企业的强项。

瑞士的波利泰普（Polytype）公司也是很早就向照相工业提供坡流涂布和落帘涂布设备的厂家之一。2004 年该公司宣称已可用带溶剂涂料进行落帘涂布，这种工艺设备的应用范围包括照相感光材料、喷墨打印材料、胶黏带、热敏纸、无碳纸、装饰纸、软包装材料、铝箔等领域。波利泰普公司在 2005 年就收到 4 台落帘涂布设备的订单：第一台为亚洲市场客户所订，设备宽 1200mm、车速 500m/min，生产同时涂布三层的热敏纸；第二台为另一亚洲客户所订，设备宽 90mm、车速 300m/min 的实验型涂布机室，用以生产光学薄膜和其他产品；第三为供欧洲客户所订，设备宽 2000mm、车速 600m/min，生产三层喷墨打印纸；第四台为亚洲市场另一客户所订，设备宽 1850mm、车速 750m/min，也是生产三层热敏纸。2008年波利泰普公司在德国 Herma 公司建成一条硅酮层和胶黏层的生产线，设计参数为生产车速 1100m/min，胶带宽 2100mm，5 辊硅酮层涂布头的湿涂布量精度为 ±1％。而胶黏层采用多层落帘涂布，以适应不同用途的需要。据称这是目前世界上最快的胶黏带涂布生产线。

鉴于过去应用辊式涂布生产预涂钢板存在的一系列缺点，日本新日铁制作所于 20 世纪 90 年代中期开发了称为辊轴落帘涂布的方法，其工作原理如图1-21所示。

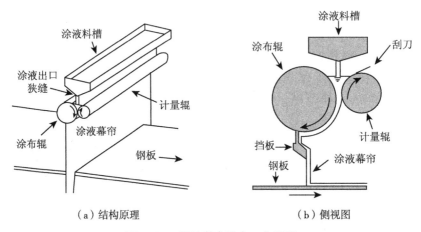

（a）结构原理　　　　　　　　（b）侧视图

图 1-21　辊轴落帘涂布工作原理

涂料由料槽供应至两个逆向运转的金属辊之间，涂液经计量辊计量之后，沿涂布辊向下顺着挡板形成液帘自由下落，然后涂覆在下面通过的被涂钢板上。借助于计量辊与涂布辊之间的间隙，以及两辊之间的运行线速差，很容易地控制涂膜的厚度。新日铁制作所将此辊轴落帘涂布方法应用于涂布钢板的生产。标准的涂布条件为：涂布车速 50～70m/min，涂层干厚 15～20μm，涂料固含量为 40%～50%。宽度方向及长度方向的涂布均匀性均很高。

二、喷雾涂布工艺创涂布车速新纪录

进入 21 世纪，美卓公司推出了一种称为 OpticSpray 的喷雾涂布崭新工艺。这种喷雾涂布装置外形呈密封形圆罩，中间有一条狭缝可以让被涂支持体通过。其内部沿支持体宽幅方向双面有序地排列了许多特殊设计的喷嘴。涂液由供料系统的高压泵喷出迅速分散，形成极细的液雾，覆盖在与之相垂直运行支持体的两面形成双面同时涂布。涂布量可以通过喷液速度、喷嘴与支持体之间的距离进行调控，过量的雾化涂液则可回收循环使用。喷雾涂布装置内部结构如图 1-22 所示。喷嘴喷雾工作状态如图 1-23 所示，图中横向箭头所示为喷嘴与基材之间距离，竖向箭头所示为喷嘴之间距离。设备内部喷嘴排列如图 1-24 所示，有两排装配特殊结构喷嘴横梁可供交替使用，一排处于工作状态，另一排进行清洗备用。据该公司的专利介绍，喷嘴间隔距离为 10～30cm，喷射角度以中轴为中心则为 7°～15°，喷射压力为 100～300bar。

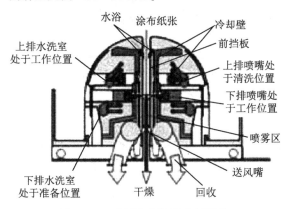

图 1-22 喷雾涂布装置内部结构

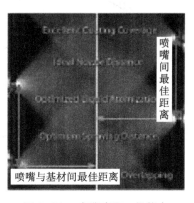

图 1-23 喷嘴喷雾工作状态

喷雾涂布也属于无接触涂布，所形成的涂层与被涂支持体的表面轮廓完全相同，是名副其实的随形表面轮廓，如图 1-25 所示。由于涂层是由雾状微粒子涂料堆积形成，其结构疏松多孔，因此具有干燥时不易起泡、印刷时油墨凝固性好的优点。涂布时没有刮刀或涂布辊压轧等机械性接触，减少了运行时断裂的可能，因此对被涂支持体的强度要求较低，为低强度纸张高车速涂布创造了有利条件。据 2006 年 4 月该公司新闻报道，在该公司表面处理工艺中心的涂布机上应用 OpticSpray 进行两种不同涂布量即 2×7g/m² 和 2×8g/m² 的双面喷雾涂布试验，车速

图 1-24　喷雾涂布机内喷嘴排列照片

为 3150m/min，创造了当年涂布车速最高世界纪录。实验所用 41g/m² 的涂布原纸及含固量为 65％的涂料均由合作方日本造纸公司提供。

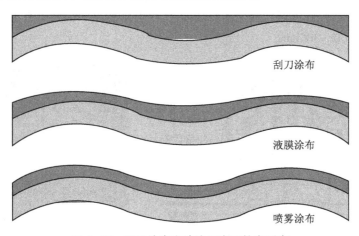

图 1-25　不同涂布方法涂层表面轮廓形态

　　美卓公司的这种喷雾装置是专门为造纸机用涂布机设计的，可以是新建，也可以在现有的造纸机内改造安装。其安装位置既可以与造纸机处于同一水平，也可以在造纸机的下层平面，以节省建筑空间。最好安装在抄纸后原纸干燥度达到 80％～85％处，再进行双面喷雾涂布，然后进行最后的完全干燥过程。这样大大提高了生产效率，降低了生产成本。据美卓公司介绍，采用这种喷雾涂布机的总体生产效率比刮刀涂布机可以提高 5％～6％，与液膜转移涂布相比至少也可以提高 2％。图 1-26 所示为不同方法涂布纸的生产成本及利润构成。

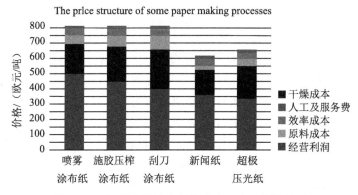

图 1-26　不同方法涂布纸的生产成本及利润构成

三、传统涂布方法有创新

　　尽管出现了一些新的先进涂布工艺，老的传统的涂布工艺技术仍有着广泛的实际应用。美国著名涂布工艺专家 Edward Cohen 就专门撰文指出，那种认为老方法已属淘汰之列，不适合于当代的应用；只相信新方法就是好的，并列为首选，只是因为其"新"；总认为新工艺比旧方法更好，更有效率和更有吸引力，这些认识都是错误的。传统的涂布工艺并不等于落后过时，仍有着相当的竞争力。因为老工艺在技术上相当成熟，有大量的基础理论研究和实践生产经验的支持。一般来说，老工艺的硬件价格相对较低，应用开发成本也低，易于生产操作，易于获得最佳生产工艺条件，发挥设备的最大效能。

　　当代各类新型材料的发展、机械加工精度的提高、电气及自动化程度的普及、各种在线检测仪器的应用以及计算机在线控制等技术的发展，都大大促使传统涂布工艺技术的进步。例如，陶瓷凹版辊的应用，大大延长凹版辊的使用寿命和提高凹版纹的尺寸稳定性。而碳纤维复合材料在涂布模头上的应用，大大减小模头受热膨胀变形，从而能大大提高宽幅方向上的涂布精度。

　　事实上，每种传统方法都可通过技术改进，而获得新的生命力。2004 年瑞士波利泰普公司在德国 DRUPA 展会上展出了高精度五辊涂布头，专用于压敏带硅酮层的涂布，如图 1-27 所示。

　　这种五辊涂布头适用于无溶剂 100％的固熔体涂布。涂布车速最高可达 1500m/min，涂布最大宽度可达 3m，借助于有专利权的滚筒补偿工艺，涂布宽度方向上的厚度误差可达到±2％。

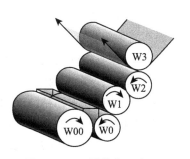

图 1-27　五辊涂布示意

　　刮刀涂布是很传统的老方法。随着涂布料浆固含量的不断增大，涂布车速的不断加快，刮刀的寿命越来越短，生产过程更换频率加快。为了克服这一缺点，已将越来越多的新材料应用于刮刀，特别采用了许多新技术进行刮刀尖部的镀层处理。刮刀的材料已广泛应用陶瓷合金、锆等。瑞典 BTG 公司称其生产的 Durpblade 刮刀的使用寿命是普通刮刀的 10 倍。

通常刮刀涂布都是单面涂布。据介绍瑞典 BTG 公司应用精确的机械定位和自动控制系统开发了对原纸双面同时进行刮刀涂布的镜面对称刮刀涂布工艺（mirroblade coater）。涂布刮刀完全以镜像位置对称安装在被涂纸幅的两面，如图1-28所示。涂布工作时，由气动组件作用，将相对安装的刮刀相向移动压向被涂纸表面。在双面刮刀涂布过程中，涂层的控制主要取决于涂料的固含量，刮刀对纸表面所施加的压力、刮刀的角度和刀口的形态。为了适应双刮刀相对纸面同时进行刮料的工作状态，专门开发软刃刮刀，以消除由于纸面不平整或涂料中有异物可能引起运行中的麻烦。双面刮刀涂布的涂布区中没有辊轴转动部分，减少了动力消耗，减轻了维修工作量。所形成的涂层均匀性及遮盖性均优于一般的薄膜转移涂布。双面涂布机的最大优点是投资费用低、生产效率高，大大节约了生产成本。

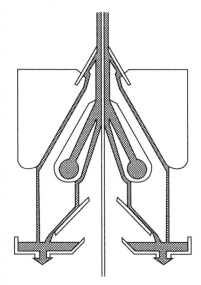

图 1-28　双面刮刀涂布示意

在凹版涂布方面也有许多新的改进，而尤为引人注目的是日本康井精机（YASUI SEIKI）公司开发的微凹版（microGravure）涂布工艺。该方法的工作原理如图 1-29（a）所示。凹版辊将料槽中的涂料带上后，经刮刀除去多余的涂料，然后与反方向运行的被涂支持体接触，将凹槽内的涂料转移到被涂支持体上。这也可以说是一种逆向反转凹版涂布。与一般凹版涂布相比较，所不同的是，一般辊的直径为 125～250mm（涂布宽幅为 1600mm），而微凹版涂布辊的直径为 20mm（涂布宽幅为 300～50mm），而且没有一般凹版涂布都有的压紧背辊。凹版直径越小，与被涂支持体的线接触就越小。在一般凹版涂布情况下，在支持体进入和离开凹版辊处，都会有涂料积累，辊的直径越大，接触线越长，其积液也越多，对涂布的扰动也越大，如图 1-29（b）所示。采用小直径的微凹版辊，进入和离开处的积液量很小，所以大大减少了这种扰动的影响。另外，不采用压紧辊也减少了由于压紧辊所造成的一些缺陷。

由于微凹版辊与被涂支持体接触面很小，而且又没有压紧辊，所以可实现用很薄的支持体涂很薄的涂层。支持体可以是 5μm 的 PET 薄膜或 6μm 的铜箔。例

（a）　　　　　　　　　　　　　　　　　　（b）

图 1-29　微凹版涂布工作原理

如采用 250 线凹纹的微凹版辊可以涂 $1\mu m$ 的湿涂层，如果涂液含固量是 5%，那么干燥后涂膜的厚度就是 $0.05\mu m$。被涂支持体的厚度可以从几微米到 $200\mu m$，被涂材料可以是纸张、塑料薄膜、金属箔膜。适合微凹版涂布涂液的黏度可以从 1cP 至 1000cP，有的情况下可以到 2000cP。

日本 YASUI SEIKI 公司已向全球提供了 100 余台微凹版涂布设备，其中包括柯达、杜邦、3M、JVC、日立、东芝、松下、三菱化学、帝人、SKC 等。其应用范围已从纸张薄膜加工扩大到陶瓷、微电子、平板显示器等高端技术领域。

由于微凹版用薄膜涂布技术对日本和世界电子陶瓷业发展的巨大贡献，YASUI SEIKI 公司于 2008 年被日本电子陶瓷业界授予冈崎奖。

近年来条缝涂布可用于条幅状及间歇性涂布等特殊图形的连续涂布，近年来已被广泛应用于锂离子充电池电极、陶瓷集成电容器膜以及图像处理基材表面处理，图1-30所示为利用条缝涂布工艺进行间歇涂布的原理示意图。涂料从供料槽至涂布模头处于密闭状态，这样方可防止异物的混入。涂液供料量可由外加空气压力进行调整，然后再由泵和阀门开启/关闭的精确控制来控制涂布的定长及间隔距离。

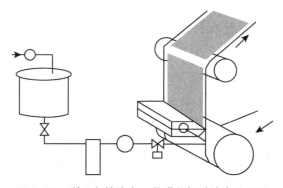

图 1-30　利用条缝涂布工艺进行间歇涂布的原理

美国的 EDI 公司也利用条缝涂布的这一特殊优点，来制造锂离子电池电极。

即将以石墨为主体的浆料涂布在铜箔上，形成阳极，而将氧化锂浆料涂布在铝箔上形成阴极。电池组装时，还需用流延法制成的多孔性隔离膜放置在阳极和阴极之间，只允许离子通过。EDI 公司开发的条缝模头涂布系统，可以在支持体的两面分别涂以阳极和阴极涂料，然后进行浮动干燥。这样大大提高了生产效率，降低了生产成本。实现两面同时涂布阳极和阴极的关键是，双面涂布的位置要严格重合，而且对两面涂层的均匀性的误差要求极为严格。日本旭化成公司称其所引进的这类间歇涂布设备，厚度精度为±1.5％，位置重合精度±0.6％。这些就必须通过高精度的机械设备和自动化控制来实现。图 1-31 所示为锂离子电池内部结构。

从以上简略分析可以看到，涂布加工工艺的技术进步，一方面是向高车速（2000m/min 以上），宽幅（10m 宽）和低涂布量（6g/m²）方向发展。这特别适合造纸行业扩大生产规模、降低能耗、节约生产成本的需要；另一方面则是向高精度、薄层、多功能层集成方向发展。正由于这些方面的技术进步，使涂布加工技术的应用面越来越扩大，产品品种越来越多，功能越来越全。各类

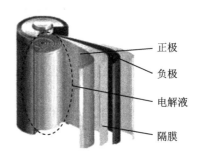

图 1-31　锂离子电池内部结构

正极
负极
电解液
隔膜

新产品的开发对涂布工艺提出各自不同的要求，而涂布工艺技术的不断革新，反过来又促进新产品的开发，以满足社会发展各方面的需求。

第四节　涂布设备及其配套系统

正确选择涂布方法是涂布机设计的重要环节，而作为完整的涂布设备系统，还必须考虑涂布料液的配制、基材的输送运行、涂层的干燥处理以及涂布过程的质量监测与控制。

一、涂布机配置

作为一台独立设置的涂布机，主要包括供卷、涂布、干燥、收卷几大部分，被涂基材借助于众多导辊穿梭其间形成完整的运行路线。这些导辊，分别由主动辊、被动辊以及张力辊组成。并与供收卷装置共同形成完整的涂布机的电气传动自动控制系统。导辊材质的选择、结构的设计、表面处理、轴承的使用，对涂布基材的运行有十分重要的作用。

作为涂布机设计的主要工艺参数应包括：涂布幅宽、涂布车速、涂布层数、

涂布量、干燥能力、供收卷轴直径、控制精度及自动化水平等。显然，实验型涂布机与生产型涂布机对功能要求是不相同的。

图 1-32、图 1-33 所示为日本康井精机公司的一种实验型涂布机，采用微凹版涂布方式，最大涂布宽度为 300mm，涂布车速 0.5～5m/s，被涂支持体可以是各种高分子薄膜（PVC、PP、PET），铜箔等。涂膜厚度可以从几微米到几十微米，干燥热风风速 1m/min，风温 80℃（最高可设定为 130℃），而且还可装紫外固化设施（选项）。该实验涂布机适用于离型膜、光刻胶、电池隔离膜、防反射层等多用途的涂布试验。可以说是"麻雀虽小，五脏俱全"。

 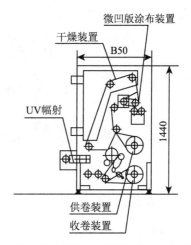

图 1-32　康井精机 μ 型实验涂布机外型照片　　图 1-33　康井精机 μ 型实验涂布机内部构件

图 1-34 所示为芬兰美卓公司表面处理工艺中心的 Optic Coater 放量试验涂布机。该机涂布纸宽度为 550mm，车速最高可达 3200m/min，纸卷最大直径 1500mm。该机设三个涂布站，分别可进行七种涂布方法的试验。这种放量试验涂布机一方面为该公司开发各种新的涂布方法服务，同时也对外开放，以适应不同客户对试验的各种不同需要。

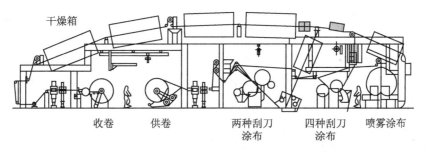

图 1-34　美卓公司 Optic Coater 试验涂布机构成

图 1-35 是福伊特公司为三菱制纸在德国 Bielefeld 公司建设新的 3 号涂布机侧视布置图。该机设计车速 1500m/min，纸宽 2900mm，设两个涂布站，正面进行多层直接落帘涂布，背面也可进行表面涂布，以适应各种技术信息纸品的生产。如在生产热敏纸时，首先用 Dynamic Coater 对纸背面用刮刀涂布进行表面涂层处理，然后用直接落帘法涂布正面。干燥箱的热风必须最大限度考虑热敏纸对风温的敏感性，最后经过软压光再收卷。

有些高端产品的涂布机中还专门设置有被涂基材的消静电装置和除尘装置，以确保产品的质量。有关彩色感光材料和磁记录材料涂布设备的系统配置，在本书后续章节中将做详细介绍。

图 1-35　三菱制纸 Bielefeld 公司 3 号涂布机构成

二、涂料配制及输送

涂料配制是确保涂布质量十分重要的一环。尽管各类涂料配方在组分及功能性方面有着很大的差异，但就其最终适合涂布要求的重要物化指标来说，基本上是相同的，即都要达到一定的黏度、表面张力、固含量、pH 等。

涂液的配制包括溶解、分散、混合、过滤、管道运输等工序，有的还特别要求增加消泡工序。图 1-36 为美卓公司为喷雾涂布配套的涂料配制系统工艺流程。配方中的颜料、胶黏剂及各种补加剂分别加入溶解槽中溶解、混合后，经温度调控进入供液贮槽中。涂布供料时由泵输送，通过过滤器，最后由高压泵输送至涂布器中有序排列的喷嘴，进行喷雾涂布。没有被涂布在基材上的雾气进入空气净化装置再经振动筛，收集于回收槽中，进行回收使用。系统中备有清洗喷嘴专用的高压水冲洗装置。

涂料中气泡的存在会在涂布过程中产生严重的质量弊病。因此涂液配制至供料过程中除了应尽量减少气体进入溶液之外，还应采取必要的除泡措施。对高黏度的液料，轻微搅动及减压抽真空，有助于已存在于液料中的气泡慢慢地逸出；也可以通过超声波处理，强化气体分子的逸出除去。

福伊特公司于 2007 年成功开发出一种称为 Air-Ex AT-V 的除气系统，如图 1-37所示。其主要特点是涂料进入贮料槽内经多级液流分布，增加涂料经受真空处理的表面积。与相同体积的一般真空除气装置相比，Air-Ex AT-V 系统除气的

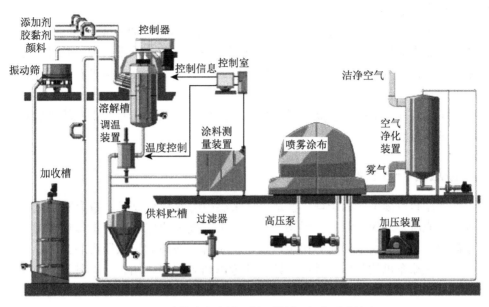

图 1-36　喷雾涂布涂料配制、供料及回收系统流程

表面积增加了 3 倍，从而显著提高了除气效果。图 1-38 所示为经 Air-Ex AT-V 系统除气处理前后，涂料在玻璃板上涂布后的表观情况：涂布前气泡明显，除气后则无气泡。

图 1-37　Air-Ex AT-V
除气系统除气装置工作原理

图 1-38　除气消泡前后效果比较

　　涂布液输送到涂布头，通常都采用泵输送的方法。对于自计量涂布方法来说，涂布液的精确定量供应是必要条件。可以选用的定量泵有活塞泵、齿轮泵、隔膜泵等。采用往复式活塞泵输液时，会产生正弦式波动。对无脉动要求输液来说，通常可以采用三活塞泵。输液泵的选用，应尽可能避免输液的脉动，以防止形成

涂层的横向波纹。

为了进一步提高输液流量的精度，需要在输液管路中加入高精度的流量计，将流量计测出的信号与计量泵的控制系统形成闭环控制。采用这种流量计与定量泵联合闭环控制时，供液流量精度可以达到±0.5%，完全能适应各种自定量涂布方法的要求。

为了确保涂层洁净的表观质量，根据产品质量要求，还有必要在输液管中配置高精度的过滤器。

三、涂层的干燥工艺

作为涂布后续工序的干燥，就是要使涂层中的液相组分（水或有机溶剂）蒸发掉，形成所要求的干涂层。干燥工艺在很大程度上决定着涂层的成膜质量，也直接制约着涂布车速，即涂布机生产能力的发挥。涂布和干燥既各自独立，又紧密相依，在涂布机的整体设计中，则必须考虑两者的统一结合。一种涂布方法虽能适应高车速涂布，但实际生产中能否实现，则取决于干燥箱所能达到的干燥能力的大小。

现代涂布机的干燥箱设计，大多采用热风干燥。影响干燥能力的因素有风温、风量、风速、热风本身的含湿量，以及干燥箱的总长度。一般情况下，采用高风温、大风速均可以明显提高干燥速率。而对某些特定的涂层，如热敏纸、感光乳剂等，涂层的干燥就不能采用过高的热风温度。有的涂层黏度低，凝固不好时，也不宜采用高风速进行干燥。因此，根据不同涂层配方选择不同的干燥工艺条件，对保证涂层成膜质量十分重要。

液态涂层的干燥是液相分子吸热蒸发过程，是传热和传质作用的结果。开始干燥时，由于热风的作用使湿涂层表面温度升高，湿涂层中的水蒸气分压逐渐升高，并高于周围空气中水蒸气分压时，涂层中的水分子就开始蒸发逸出。因最初的蒸发主要发生在涂层的表面，所以称为表面干燥。随着干燥过程的持续进行，热量不断地从表面向内部深度传递，使内部的水分子逐渐受热的作用扩散上升到表面并进一步蒸发，此过程称为内部干燥。如表面干燥速度过快结膜，就不利于内部水分子的蒸发逸出，影响整体涂层的成膜质量。通常涂层的干燥可分为预备阶段、恒速干燥和降速干燥三个阶段。预备阶段主要是使湿涂层固定失去流动性，并开始逐渐升温，为下阶段大风量热风干燥做条件准备。恒速干燥是液体组分蒸发的主要阶段，涂层一方面受热风作用不断升温，而另一方面随着蒸发水分不断增加，冷却的速率也在增加，从而达到平衡，即涂层表面温度保持恒定不再继续增高，这就进入恒速干燥阶段。随着涂层中绝大部分液体组分在恒速干燥阶段中被除去，剩余液体分子除去的阻力增大，干燥速率明显下降，这就标志着进入降速干燥阶段，也是涂层的最后干燥阶段。根据不同产品的要求，要在此阶段严格控制涂层的干燥终点，即涂层最终的含湿量。对某些产品来说（如感光材料），在降速干燥阶段之后，还要增加平衡段，目的就是为了更严格控制好涂层的最终含湿量。因为含湿量过大易在收卷之后造成层与层之间的粘连；而含湿量过低，则容易产生静电。

干燥箱的设计是涂布机整体设计中的重要一环，它不仅决定着干燥的质量和涂布机生产能力的发挥，还构成涂布机建设投资的重要组成部分，也是涂布生产运行中能耗的主要环节。

早期的干燥道采用挂杆形式，如图 1-39 所示。已涂产品用木杆悬挂成一个个片环，缓慢向前移动，片环上方则送出干燥热风。显而易见，这种方法的缺点是干燥效率低，而且上部受热风作用强干燥快，而底部干燥速度明显低于上部，由于上下干燥不均匀，可能形成许多干燥弊病。而且干燥道占地空间庞大，每分钟几十米的涂布车速，可能

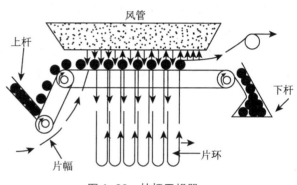

图 1-39　挂杆干燥器

要上百米长的干燥通道才能使涂层完全干燥。此后采用的导辊衬托平面运行的干燥方式，运动的支持体及涂层可以受到均匀的热风加热处理，干燥均匀性及干燥效率均得到了明显的提高。20 世纪 60 年代以后，气垫式干燥逐渐得到发展，它可以是单面托起，更多是双面托起。日本富士公司于 20 世纪 70 年代开发的螺旋气垫可谓是独具一格的单面气垫干燥的典型，如图 1-40 所示。涂布后的感光胶片环绕直径 2～3 米的大风筒作螺旋形运行。借助于从风筒上密布小孔吹出的高风速热风将胶片托起，实现无接触运行和干燥。而目前应用更多的则是干燥效率更高的双面托起的浮动干

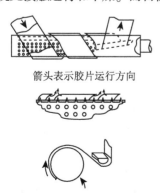

箭头表示胶片运行方向

图 1-40　富士螺旋气垫干燥器

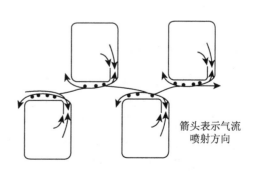

箭头表示气流喷射方向

图 1-41　气垫浮动干燥器

燥，如图 1-41 所示。被涂基材受干燥箱上下交错排列的风嘴所喷出的热风的作用浮起并做波浪形前进，这种无接触式干燥既适合单面涂布，也适合双面涂布基材的干燥。

浮动干燥空气喷嘴的结构及送出的风速、风量、气流状态是干燥箱设计的主要考虑因素。德国 Kriegen 公司称其所设计的圆孔型喷嘴（图 1-42），有更好的气流

图 1-42　Kriegen 公司圆孔型喷嘴照片

湍动效应，在相同风速下的传热系数，较条缝喷嘴的传热系数要高出 50W/（m² · K），如图 1-43 所示。浮动气垫干燥，为保证高车速涂布条件下，获得高效率的涂层干燥质量及节能效果提供了有力的保证。

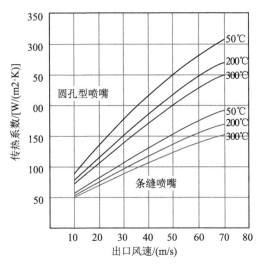

图 1-43　圆孔型喷嘴与条缝型喷嘴传热系数比较

高质量的涂布产品，对干燥送风有严格的质量要求。为此需要对所送入空气进行专门的空调处理，如除湿、温度调节、过滤净化等。空调处理，需要消耗大量的能源。因此从节能角度出发，有必要采用循环送风方式。在涂布干燥循环送风系统中，随着蒸发水分不断增加，送风空气中的含湿量随之增大而风温有所下降，从而影响干燥效率。因此，必须对循环送风空气采取必要的除湿处理。除采用冷却水对空气进行喷淋降温除湿外，应用氯化锂除湿装置，是高端涂布产品干燥循环送风空调系统中的重要措施。

四、涂布过程的检测与控制

涂布过程中各种重要工艺参数的检测与自动控制水平是衡量涂布机现代化程度的重要标志。这些重要工艺参数包括：被涂基材的运行张力、运行速度（涂布车速）、涂布量、干燥过程以及弊病检测等。

涂布车速的高度稳定是保证涂布质量的首要条件，为此，选择合适的被涂基材主动拖辊及其电机传动控制系统十分重要。为了防止被涂基材与主动拖辊接触面之间的打滑，通常采用压紧辊，大包角辊以及真空平板拖动和真空辊拖动等方

法。显然采用抽真空的方法将被涂基材紧紧吸附在平面传递带或辊轴上，其间打滑的问题可以得到根本解决。

被涂基材在整个涂布过程中，从供卷开始一直到收卷都处于一定的张力状态下运行，涂布时既要保证速度不变，也必须保证张力的恒定。要控制张力首先要检测张力。检测张力分别有弹性辊和压力传感器两种方法：弹性辊借助于位置变化传递张力信号，压力传感器借助于张力施加于导辊两侧轴承座下一对压力传感器而直接输出张力大小，以供反馈控制。在涂布机的不同区段对片路张力有不同要求，通常从供卷到涂布应采用恒张力控制，而在收卷区，随收卷轴径的不断变大，为防止张力过大造成收卷过紧而产生的各种弊病，通常都采用变张力收卷（锥度收卷），即随收卷卷径的不断增大，张力相应减小，而维持收卷力矩的恒定，使被收卷基材层与层之间紧度适中，防止收卷过松过紧。

涂布量的在线测定，特别是湿涂层的测定，只能采用非接触式方法。常用的在线测厚方法有红外吸收、微波吸收、β-射线以及 X 射线荧光法等。这些在线厚度检测仪固定在被涂基材经过的特定位置不变，检测出来的是纵向厚度的变化。如厚度检测仪沿片幅横向进行移动扫描，则可以同时测得沿横向和纵向厚度的动态变化。检测精度取决于仪器的灵敏度，操作上表现为取样面积、取样时间以及扫描速度等参数。通常测量精度很难高于 1%，但作为在线检测，及时了解并记录下涂布量的情况还是有用的。

在现代化涂布机中，集散系统（DSC）已得到普遍的应用，这是一种将计算机应用与网络通信及过程控制技术集为一体的计算机自动控制系统。其控制过程大致如下：将现场检测收集到的各项数据信号，包括车速、张力、涂布量、干燥情况等信号，经过输入/输出单元的模/数（A/D）转换，传输到过程站计算机进行数据处理，再经现场总线及输入/输出接口的数/模（D/A）转换，最后送回到现场执行机构，以实施对生产过程的自动控制。

为了及时了解涂布过程中的质量情况，在线弊病检测仪也开始得到了越来越多的应用，如激光弊病检测仪、超声检测仪等。激光弊病检测仪的基本原理是，激光光点经过高速旋转棱镜的反射形成高频率运动的光点，对被检测物体进行扫描照射，再对其表面的反射光（或透射光）进行检测，不同弊病会发生光反射的不同形态（或透射强度的变化）。通常激光点可以小到 $1mm^2$，光点运行的线速度可以达到 1000m/s。因此对于一般涂布车速下可以达到涂布弊病 100% 检出率。配合适当的软件，可以将所检测到的弊病信号进行分析鉴别，确定弊病的性质（如条道、点子、气泡等）及其所处位置。对激光光源，可以有从 442nm 蓝激光到 830nm 红外激光多种选择。对于暗室条件下生产的感光材料来说，则只能选用 830nm 的红外激光。

在线弊病检测仪的使用，可以及时发现涂布过程中发生的问题，以便及时采取相应的制止措施，尽可能减少损失。同时也为产品在后续整理过程中剔除有弊病的半成品提供了可靠的依据，以确保最终产品的质量。

参考文献

［1］Б. В. Дерягин и С. М. Леви. Физико-химия нанесения тонких слоев на движущуюся подложку. Мсква：Изд. АН СССР, 1959.

［2］Edward D. Cohen, Edgar B. Gutoff. Modern Coating and Drying Technology. USA：VCH Publishers Inc. , 1992.

［3］Edgar B. Gutoff, Edward D. Cohen. Coating and Drying Defects. New York：John Wiley & Sons Inc. , 1995.

［4］Stephan F. Kistler, Peter M. Schweizer. Liquid Film Coating. London：Chapman & Hall. 1997.

［5］（超）精密涂布·涂工技术全集. 日本情报协会. 日本印刷株式会社, 2006.

［6］张运展主编. 加工纸与特种纸（第二版）. 北京：中国轻工业出版社, 2009.

［7］谭绍勣. 落帘涂布技术. 信息记录材料, 2004, 5（3）：58-64.

［8］Edward D. Cohen, Five crucial trends are changing coating. Converting Magazine, 9/1/2001.

［9］Edward D. Cohen, "Older" Methods：Still effective for web Coating. Converting Magazine, 6/1/2007.

［10］B. T. Chen, Investigation of the Solvent-Evaporation Effect on Spin Coating of Thin Film. Polym. Eng. Sci. 23［7］399-407（1983）.

［11］Belleville, Philippe, etc. Sol-gel antireflective spin-coating process for larger-size shielding window. Proceedings of the SPIE, 2002, vol. 4804：69-72.

［12］Belleville, Philippe, etc. Sol-gel antireflective spin-coating process for larger-size shielding window. Proceedings of the SPIE, 2002, vol. 4804：69-72.

［13］M. E. Marley, A coating with a future-Innovations in coating methods are setting the pace for future intelligent and interactive papers, Pulp & Paper International, May 2008.

［14］Martti Tyrvainen, Revolutionary simultaneous multilayer curtain application at JuJo Thermal, May 22, 2008, www. metso. com./pulp and paper.

［15］Optispray expands your opportunities in paper and board coating, www. metso. com/MP/Marketing/.

［16］Hugh O' Brian, Durable goods deserve durable paper. Metso Paper customer magazine, 2008, 10（3）：14-17.

［17］New world speed record in pigment coating of paper，04，April 2006. www. pulpandpaper. co. uk/news. php.

［18］Polytype presents high precision silicon coating head at DRUPA 2004，www. aimcal org/industry/story. asp? RECORD-key=ID&ID=223.

［19］The DF coater-Coating technology of the new generation，www. voithpaper. com/media/vp_ twson_ 56_ df-coater_ en.

［20］王福德. 涂布纸生产最近的技术进步和发展（上）. 上海造纸，2005，36（2）：31-35.

［21］マイクログラビア法による机能性フイルムの连続制膜，www. labojapan. co. /okazaki/okazaki pdf.

［22］スロットダイ涂工方式 ，www. yasuiseiki. co. jp/coating2. html.

［23］Presicion coatings，film layers key to next-generation batteries. Preee Release-Converting magazine，5/6/2009.

［24］Uwe Frohlich，The AirEx At-v lets the air out of coating color，26/2005/Voith Paper/twogether/pp. 70-71.

［25］Jan Enberhard，Development trends in non-contact web drying system，19/2005/Voith Paper/twogether/pp. 60-63.

［26］谢宜风. 精密涂布工艺应用新进展. 信息记录材料，2010，11/1 28-38.

第2章 涂布液主要成分及其混合分散

涂布液是涂料的一种，本书侧重研究薄层涂布技术。对于薄层涂布而言，涂层大多具有功能性作用。因此，涂布液的构成以及各种成分的选择十分重要。从应用角度而言，涂布液是一种被选择来实现某些特定功能的各种天然或合成材料的结合，这些成分结合在一起有物理、化学的相互作用，又保持其本身功能性的作用。一个成功的涂布液配方，既要考虑选择适合最终产品主要性能的材料，又要使各成分之间平衡。

实际上，作为不同功能性产品原材料的涂布液，很难进行统一分类。有溶剂型和水性涂布液，还有按照黏度区别的涂布液，它是涂布方式选择的重要依据。当然，也可以按照涂布后产生的功能分类，例如卤化银感光材料涂布液、非银盐感光材料涂布液、晒图纸涂布液、磁记录材料涂布液、电磁屏蔽涂布液、纸张涂布液、电子材料涂布液等。

按照涂布液的溶剂性质，可以分为溶剂型涂布液和水溶性涂布液，伴随微乳化技术的发展，还有体系中同时含有溶剂和水的微乳化涂布液。按涂布液形成涂层的光泽，还有高光型或有光型涂布液、丝光型或半定型涂布液以及无光型或亚光型涂布液。

以水为液体介质的为水性涂料；以有机溶剂作介质的为非水性涂料，非水性涂料用得较少。这里讨论的成分以水性涂料为主。以涂布加工纸的涂料混合物为例，除了水以外，主要成分还有颜料、染料、胶黏剂以及各种添加剂。

归结起来，涂布液的组成包括下列成分：

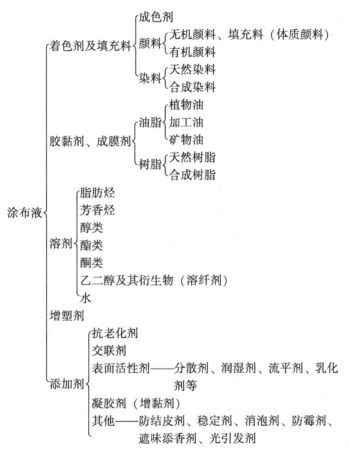

当然，没有一种涂布液是由上述所有成分组成，具体涂布液的组成有所不同，需要根据具体需求选择配制。

第一节　涂布液的基本性能

一、固含量（含固量）与涂布液黏度

1. 固含量概念

涂布液的固含量是以质量分数来表示的涂料浆料的质量性能指标，即：

$$涂布液固含量 = \frac{涂布液中固形物之总质量}{固形物质量 + 液体质量} \times 100\%$$

对涂布印刷纸的颜料分散体而言，其颜料分散体的固含量为：

$$分散体固含量 = \frac{颜料粒子质量}{颜料粒子质量 + 液体质量} \times 100\%$$

2. 固含量与黏度

固含量与黏度是涂布液最基本的质量指标，涂布液黏度大小与固含量有直接关系（图2-1），也影响能耗及最终涂布纸质量。对同一种颜料而言，高固含量的涂料具有较高的黏度而可获较大的保水性，减少了水（胶黏剂）迁移而可获较好的涂层强度，但过高的固含量会造成黏度过高、流变性差而不能很好地作业。

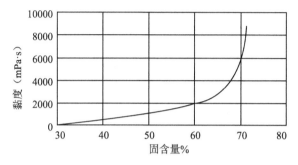

图 2-1　涂布液固含量与黏度关系

不同涂布工艺，由于涂布工位结构不同，涂布液在接触被涂布基材的瞬间，发生着不同的润湿铺展，对涂布液的黏度和固含量有不同要求，当然，不同涂布方式，与不同的涂布液，得到涂层厚度等性能，也有一定差别。部分涂布方式与涂布液黏度及固含量对应关系如表2-1所示。

表 2-1　部分涂布方式的相关参数

涂布方式	固含量/%	黏度/（Pa·s）	最高车速/（m/min）	涂布量/（g/m²）
气刀	30～40	0.025～0.5	500	2～40
计量棒	35～55	0.030～0.5	—	3～7
多辊涂布	50～55	0.5～1.00	150～300	—
刮拖刀	50～60	1.00～10.00	—	—
刮刀	—	1.00～4.00	1500	8～15
短程上料和高固含量	68～73	3.00～18.00	—	—
坡流	—	0.005～0.5	300	15～150
条缝	～60	0.005～20	400	15-250
落帘	—	0.005～0.5	400	2～500
凹版	—	0.001～5	700	1～25
绕线棒	—	0.02～1	250	5～50

二、涂布液的体积比

1. 涂布液的体积比

涂料的体积比是用体积分数表达的涂料分散体的质量性能指标，可表示为：

$$涂料体积比 = \frac{颜料粒子体积}{颜料粒子体积 + 液体体积} \times 100\%$$

这里液体包括水、溶于水的化学物和胶黏剂。

2. 涂布液体积比的意义

体积比在讨论涂料流变性关系时，比固含量更确切，因为固含量受颜料密度影响，密度大的颜料制成的涂料固含量高，但黏度不一定高，而用体积比则排除了密度影响，可对不同颜料制备的涂料进行比较。

体积比对涂料性质影响与固含量基本相同，但涉及几何效应的影响时，则表现更为直接，如涂料体积比增加到一定程度时（碳酸钙 50%，硫酸钡 39%），表现胀流性。

三、涂布液的 pH 值及其影响

取合适范围的 pH 试纸浸入经充分搅拌的涂料中，浸润后取出刮去表面涂料，于 30s 内与标准试纸比色，颜色接近的数值即为该涂料的 pH 值，也可用 pH 仪测定，直接读数。不同品种纸的涂料有不同的 pH 值要求（见表 2-2）。它对涂料稳定性、黏度、涂料黏结力及涂布纸的质量和稳定性能均有影响。

表 2-2　各种纸张涂布液的 pH 值及其影响

纸张类型	涂料纸	晒图纸	无碳纸	热敏纸
pH 值	7~9	1.5~3	7~8	8 左右
影响因素	黏度、黏结力、涂料保水、稳定性等	储存稳定性	保存性	保存性
调节试剂	氢氧化钠、氢氧化铵等	酒石酸、柠檬酸等	—	—

第二节　涂布液用颜料

一、颜料性能及主要品种

1. 颜料分类

颜料是涂布液的重要成分。根据颜料的构成、性能及其色光，可以从多角度对颜料进行分类，一般分为有机颜料和无机颜料，黑白颜料和彩色颜料。

从涂布液特征出发，本书将相关颜料分为涂布液颜料和着色剂两类。前者作用在于突出颜料发色以外的功能性作用，后者突出在已有色光或者在产生色光方面发挥作用。

2. 颜料颗粒度与涂层性能

（1）颜料粒子大小、形状与色光的关系

颜料的颗粒度，对颜料的光学性能有直接影响，间接影响涂层的光学性能。粒径是指将絮聚态之颜料粒子分散成单个粒子或小集合体（不一定球状）后，相当于球状体的直径尺寸的平均值，即所谓的等球粒子径。其各种粒径所占比例，决定颜料颗粒的粒径分布情况。

粒径大小及其分布，影响涂料的沉降稳定性、黏度、流动性及胶黏剂用量，对涂布后成纸的表面强度、光泽度、平滑度、白度和印刷性能等都有很大影响。涂料用的颜料粒度不能太大，一般在 $0.5 \sim 5 \mu m$，$2 \mu m$ 以下颗粒占 $80\% \sim 100\%$ 为好。

在一定范围内，颜料颗粒小，比表面积就愈大，吸收光能就越多，加上水蒸气、空气中的其他氧化和还原物质的破坏作用也越厉害，使颜料很快褪色或变色，耐光、耐候性变差。反之增大粒子，增强抵抗上述破坏能力，便能提高耐光和耐候性能。例如颜料黄12、颜料黄14粒子大小（以比表面积表示）与耐光牢度（以色差表示）的关系如表2-3所示。

表2-3 颜料颗粒度与光学性能

品种	比表面积/ (m^2/g)	颜色			色差/Δ	测试条件
		主波长/nm	明度/%	纯度/%		
颜料黄12	19.2	574	68.8	85.4	2.7	耐光性是由样卡在耐晒仪中曝晒，测定其色差表示
	49.1	573.4	73.2	84.5	17.1	
	56.4	573.2	73.3	81.1	29.6	
	66.7	573.5	73.1	82.3	36.8	
颜料黄14	20.1	574.0	72.7	84.7	1.1	
	31.6	573.6	73.2	82.5	13.6	

颜料的粒子大小和形状不同，在分布的介质中，对光的吸收与反射条件不同，影响颜料在介质中所呈现的色光，如表2-4所示。

表2-4 颜料颗粒大小对色光的影响

着色剂颜色	颜料分散性	
	优良（粒径小）	差（粒径大）
白色	带蓝光	呈黄光

续表

着色剂颜色	颜料分散性	
	优良（粒径小）	差（粒径大）
黄色	绿光黄色	红光黄色
红色	黄光红色	蓝光红色
蓝色	鲜明绿光	红光
绿色	黄光	橄榄色
黑色	乌墨度高	褐色

对纸张涂布而言，片状（层状）结构的颜料配制成的涂料流动性、分散性都较其他形状的好，有利于提高涂层表面覆盖效果。

（2）颜料粒子大小与遮盖力

当光进入一个含有颜料颗粒的涂层时，除了与体系发生光的吸收、反射作用外，还与体系中的颜料质点发生散射作用。散射与光的反射和漫反射不同，光散射的实质是质点分子中的电子在入射光波的电场作用下强迫振动，形成二次光源，向各个方向发射电磁波，这种波称为散射光的相干性。它导致在其他方向上出现散射光，单束光照射下，呈现丁达尔现象。

散射光与入射光的比值（I/I_0）称为散射率。折光率差值越大，散射率越大，当涂层本体和颜料的折光率相同时，散射率为零。涂料中的大部分树脂的折射率在 1.45～1.60，一般颜料的折射率高于此。散射率还与粒径大小有关，每种颜料都存在一个粒径的最佳值，在该粒径下颜料的散射率最高，粒子太大和太小散射率都降低。TiO_2 的最佳粒径值是 0.2μm，$CaCO_3$ 约在 1.6μm 处。

颜料的折射率是指在一定温度、压力、光波下，光线在颜料中的传播速度与在空气中传播速度之比。遮盖力是将含颜料涂层涂布在基材上，因存在光的吸收、反射和散射，颜料遮盖基材表观的能力。具体定义为刚达到完全遮蔽时，单位重量涂料所能涂覆的底材面积，或刚达到完全遮蔽时单位底材所需的涂料重量。遮盖力本质上是散射率光学作用的结果。影响遮盖力的主要因素是颜料晶体本身的折射率、粒径及其粒径分布。涂层中颜料颗粒的散射率越高，遮盖力越强。遮盖力反映颜料的光学遮盖能力，影响涂布纸的不透明度、白度。折射率高，遮盖力好，白色颜料就表现出白度好。

$$涂料折射率 = n = c_x/c_a$$

式中　c_x——光线在某颜料中的速度；

　　　c_a——在空气中的速度。

可见，颜料粒子大小与遮盖力成曲线函数关系。当颜料粒子较大时，遮盖力并不大，随着粒子减小，遮盖力增加。当颜料粒子达到某一临界范围时，可得到遮盖力最大值。此后随着粒子减小，遮盖力下降，当粒子直径小于光的波长一半时，出现光的绕射现象，透明度大大增加。因此可以用调节粒子大小的方法来调整对颜料的遮盖力或透明度的要求。

不同颜料的折射率数据参见表 2-5，二氧化钛的折射率（2.50～2.70）远高于其他白色颜料，其次是硫化锌、氧化锌、锌钡白，一般白色颜料如瓷土、碳酸钙、滑石粉等的折射率都在 1.5～1.6。

白度（Whiteness）是衡量颜料等比例反射可见光谱范围内各波长光的能力。一般白度指颜料在 400～700nm 可见光照射下的反射率。它与亮度概念不同，却有时视为等同。颜料白度对涂布纸白度起决定作用，颜料白度高，涂布纸白度也高。

干亮度是颜料对蓝光（波长为 457nm）的反射率与已知标准颜料对蓝光反射率之比，即：

干亮度＝［蓝光（457nm）反射率/标准颜料 MgO 反射率］×100％

或以绝对反射率表示。

颜料的干亮度与涂布纸的亮度、白度及印刷对比度成正比关系。不同颜料的干亮度值参见表 2-5。由于颜料的干亮度还与它的粒度、加工过程有关，不能相对比较各种颜料的白度或干亮度值。

（3）颜料粒子大小与吸油度

颜料的吸油度，是指每 100g 颜料在达到完全湿润时需要用油的最低质量，常用百分率来表示。吸油量是一个评价颜料优劣的指标，吸油量低的颜料有较高的颜料体积浓度（PVC）。比表面积指单位质量颜料颗粒表面积之和。颜料粒径越小，比表面积就越大。颜料粒子表面积对涂料黏度、流动性、保水性及胶黏剂用量和对涂布纸平滑度、光泽度、遮盖率、油墨接受率等有一定影响。

颜料的吸油性与其固有的化学结构、晶形及粒径大小相关，可用吸油值表示，即每克颜料所能吸附的指定黏度蓖麻油的毫升数。不同品种的纸对颜料的吸油性要求也不同。吸油性大，吸墨性好。部分颜料的吸油值见表 2-5。颜料粒子越小，粒子间空隙就越大，吸油量也就越高。颜料粒子大小与涂层膜光泽有关，随着颜料在分散介质中粒子减小，涂层膜光泽增加。

表 2-5　白色涂布颜料性能一览表

颜料	近似成分	折射率	干亮度/%	平均粒径/μm	结晶形式	相对密度	吸油性/[mg·(100mg颜料)$^{-1}$]
高岭土（气浮土）	水合硅酸铝复合物	1.55	70～80	70%<5	菱形六方晶系	2.58	35～50

续表

颜料	近似成分	折射率	干亮度/%	平均粒径/μm	结晶形式	相对密度	吸油性/[mg·(100mg 颜料)$^{-1}$]
高岭土（湿磨土）	水合硅酸铝复合物	1.55	80～90	80%<5	片状、层状	2.58	35～50
煅烧土	脱水硅酸铝复合物	1.60	85～95	80%<5	菱形	3.23	35～50
研磨碳酸钙	$CaCO_3$	1.66～1.49	87～95	0.7～5.0	无定型	2.70	15～30
沉淀碳酸钙氢氧化钙工艺	$CaCO_3$	1.66～1.49 1.66～1.49	90～97 97	0.5～1.0 0.1～0.3	菱形六方晶系 菱形六方晶系	2.70 2.70	40～50 40～60
硫酸钡天然研磨沉淀硫酸钡	$BaSO_4$	1.46 1.56	93～95 93～98	2～5 0.5～2	斜方晶系 斜方晶系	4.48 4.35	7～11 14～23
滑石粉（普通型）	$3MgO \cdot 4SiO_2 \cdot H_2O$	1.57	70～85	80%<5	叶片状	2.70	25～35
滑石粉（特细型）	$3MgO \cdot 4SiO_2 \cdot H_2O$	1.57	90～97	0.25～0.5	片状、针状	2.75	40～60
煅白	硫酸铝酸钙复合物			很细	针状		
二氧化钛锐钛矿金红石型	TiO_2 锐钛型 金红石型	2.55 2.70	98～99 97～98	0.2～0.5 0.2～0.5	正方晶系 正方晶系	3.90 4.20	20～26 18～22
钛/钙：50/50	50%金红，50%$CaSO_4$	1.98	97～98	0.5～0.7		3.47	20～22
钛/钙：50/50	30%金红，70%$CaSO_4$	1.84	97～98	0.5～0.7		3.25	20～23
硫酸钙天然研磨石膏无水石膏亚硫酸钙	$CaSO_4 \cdot 2H_2O$ $CaSO_4$ $CaSO_4 \cdot 1/2H_2O$	1.53 1.58 1.57	70～80 96 92～96	1～5 1～5 90%<5	单斜晶系 斜方晶系 针状、叶状	2.32 2.96 2.51	25 20～25

续表

颜料	近似成分	折射率	干亮度/%	平均粒径/μm	结晶形式	相对密度	吸油性/[mg·(100mg颜料)$^{-1}$]
沸石 铝酸钙钠 铝酸硅钠	不定 不定	1.50 1.51	90 90	0.01~0.05 0.01~0.05	无定型 无定型	2.20 2.12	200 200
氧化锌	ZnO	2.01	97~98	0.3~0.5	六方晶系	5.60	15~20
硫化锌	ZnS	2.37	97~98	0.3~0.5	六方晶系	4.00	23
锌钡白	28%ZnS,72%BaSO₄	1.84	97~98	0.3~0.5	六方晶系	4.30	15~25
硅酸钙 天然研磨 合成	52%SiO_2,48%CaO SiO_2:CaO=3.3:1	1.62	90~95 95	1~5 0.01~0.05	针状 无定型	2.90 2.10	25~30 200
二氧化硅 合成 天然研磨 熔化煅烧	95%~99% SiO_2 SiO_2 SiO_2	1.50 1.4~1.49 1.4~1.49	98~99 65~70 90~92	0.01~0.05 90%<4 2~10	无定型 无定型、针状 中空盘状	2.10 2.00 2.30	150~200 90~100 90~100
氧化铝	60%~65% Al_2O_3	1.57	98~99	0.5~1	片状、单斜晶	2.40	

（4）颜料粒子大小与耐溶剂性能

颜料粒子大小与耐溶剂性能亦有关系。颜料粒子大（比表面积小），其耐溶剂性能就比粒子小的好。颜料黄1（耐晒黄G）、颜料黄12（联苯胺黄G）、颜料红53（金光红C）粒子大小与耐溶剂性能（五级制）的关系见表2-6。

表2-6　颜料粒子大小与耐溶剂性

颜料索引号	颜料名称	比表面积/(m²/g)	乙醇	甲苯	醋酸丁酯	丙酮	邻苯二甲酸二丁酯
颜料黄1	耐晒黄	43	3	1	1	1	1
		16	3~4	3	3	3	3
颜料黄12	联苯胺黄	86	5	2	3~4	3	4
		34	5	3	4	4	4~5
颜料红53	金光红	43	3	4	4	34	4~5
		16	3	4	45	4	3

二、涂布液常用颜料

1. 白色颜料

颜料是印刷纸涂料组分中的矿物质成分，占涂料总质量的 70％或更多，是印刷纸涂料成分中最重要的组分。

（1）涂布用白色颜料的基本要求

良好的白色颜料必须具有全部或大部分的下列性质。

①白度（亮度）、折射率高，遮盖力好；

②粒径分布适当；

③比表面积适当，胶黏剂消耗少；

④在水中的分散性好，易于分散研磨，分散液黏度低，可制得高固含量的涂料分散液；

⑤与涂料中其他成分如胶黏剂、添加剂的相容性好，化学性能稳定；

⑥机械磨耗小，质量稳定，来源丰富，成本低。

（2）常见白色涂布液颜料及其性质

常见涂布液用白色颜料中，使用比较普遍的白色颜料是高岭土、碳酸钙、二氧化钛和氢氧化铝，也用煅白、非晶硅、合成和工程颜料等。

①高岭土

高岭土是以高岭石族为主成分的黏土类矿物，属单斜晶系，呈六角形片状结构，六角形越规则，黏度越低。它的复合分子式是 $Al_2O_3 \cdot SiO_2 \cdot 2H_2O$，由硅氧层连接变形的三氧铝层构成。其理论化学成分是 Al_2O_3 39.51％，SiO_2 46.54％，H_2O 13.95％。

高岭土是涂布印刷纸的重要颜料成分，也用于特种纸做辅助颜料，如无碳复写纸的接受层（CF 纸）等。煅烧后的高岭土，转化为具有 75％孔隙率的定型排列的聚集晶体，为蓬松多孔结构，孔隙率大，使粒子具松散性，表观密度小，空气中的表观密度仅 $0.5g/cm^3$，在一定孔径分布范围内，可得最佳光散射率，能赋予涂布纸以较高的白度和光泽度。用于涂料中可增加涂层孔隙体积及松厚度，提高涂层覆盖能力和弹塑性能，减少压光对白度和不透明度的损失。

高岭土与其他颜料碳酸钙、二氧化钛及胶料等有良好的相容性。对涂料有较好的黏度稳定性，且有利于防止胶黏剂的渗透和迁移，易得均匀涂层。适宜配制高浓刮刀涂料。此外，高岭土吸油性良好，可用做热敏、喷墨打印用纸的填料。

涂料用高岭土包括含水土和脱水土、煅烧土等品种。

②碳酸钙（$CaCO_3$）

碳酸钙又称为白垩和研磨大理石，碳酸钙分子式 $CaCO_3$；相对分子质量 100.04。它具有高的亮度和光散射系数，价格较低，早期主要用在无光涂布产品中。目前，研磨（超细）碳酸钙及沉淀碳酸钙作为涂布颜料，应用越来越广。

碳酸钙分类如下。

碳酸钙 {沉淀（合成）
天然研磨（重质） {普通级 {粗颗粒——用于预涂布或施胶
细颗粒——用于面涂
湿磨或超细风磨

涂布用碳酸钙的粒径范围以 $0.5\mu m$ 以下的占 90% 较好，并希望严格调节粒径分布在狭小的范围内，$0.1\mu m$ 以下的很少使用。超细研磨碳酸钙和沉淀碳酸钙用于高级涂料印刷纸的涂料中。

表 2-7 为三种不同有效粒径的碳酸钙对光泽度影响对照表。

表 2-7　三种不同粒径分布的碳酸钙成品的光泽度

成品光泽等级	Ingersoll %	光泽度		
		$-1\mu m$（含 $1\mu m$）/%	$1\sim5\mu m$/%	$5\sim10\mu m$/%
钝光	28	2	88	10
中等光	38	5	95	0
高光	50	63	36	1

③二氧化钛

二氧化钛即钛白（TiO_2），具有很强的着色力和光扩散性，是最常用的白色无机颜料。钛白分散在油墨中的遮盖力达到 $45\sim75g/m^2$。钛白为多晶型化合物，粒径大小为 $0.1\sim0.7\mu m$，平均折射率为 2.72，吸油量为 45%～48%，另外，钛白还具有良好的耐光性、耐热性、耐碱性、耐候性和憎水性（疏水性）。

自然界中存在着三种结晶型的钛白粉，即金红石型、锐钛型和板钛型。锐钛型和金红石型二氧化钛的性能见表 2-8。

表 2-8　钛白的性能指标

品种 指标	二氧化钛	
	锐钛型	金红石型
外观	亮白色粉末	
密度/（g/cm^3）	3.8～4.1	3.9～4.2
折射率	2.50～2.55	2.70～2.76
着色力（雷诺 Reynolds 指数）	1200～1300	1650～1900
平均颗粒尺寸/μm	0.3	0.2～0.3

钛白粉通常与其他颜料配合使用，以提高纸的不透明度和遮盖率。在轻量涂布纸或需遮盖力较好的牛皮纸板涂布中用量 10%～20%，以达到遮光要求。随着

二氧化钛用量的增加，同一涂布量的涂布纸有更高的亮度和不透明度提高。

为了获得好的应用性能，经常需要对二氧化钛进行表面处理。

④滑石粉

滑石粉成分为硅酸镁水合物 $3MgO \cdot 4SiO_2 \cdot H_2O$。

滑石粉在涂布液中应用性能如下：

- 涂料的分散性。滑石粉结构每个单层表面都有裸露的—OH，在水中难以润湿和分散，需加聚氧乙烯和聚氧丙烯型非离子表面活性剂做润湿剂分散，某些等级的滑石粉可用 1.3％磷酸盐和 2.5％非离子润湿剂进行分散。
- 与瓷土混合使用。可改变涂料流变性，呈剪切稀化的假塑性流动。其涂料有触变性，触变区狭长，符合高速涂布的要求。
- 特殊的润滑性。滑石粉表面能比瓷土低得多，具有滑腻的本性，使用超细粒子滑石粉的涂布纸，经低压超级压光，能得到高光泽的成品。
- 硬度低，磨耗较小。有利于刮刀涂布。
- 可改进涂布纸亮度、不透明度，赋予纸张较高的吸墨性。但涂层拉毛强度降低。

滑石粉曾经用于低定量涂布纸或特种纸中，目前应用较少。

⑤煅白

煅白化学组成为 $3CaO \cdot Al_2O_3 \cdot 3CaSO_4 \cdot 32H_2O$（硫酸铝酸钙复盐）。

由于煅白含大量结晶水，其结构性能随时间而变，一般现制现用。控制制备过程的搅拌、稀释、加入原料的条件、温度等，可以得到煅白的均一颗粒。

煅白在涂料和涂布纸中的应用性能如下：

- 煅白空隙体积大，颗粒细而膨松，可提高纸的遮盖力和适印性质（油墨吸收性）。
- 亮（白）度和光泽度高，与高岭土配合使用，可使涂布纸获满意的煅面光泽、平滑度和白度，并对胶印纸提供好的抗湿摩擦。
- 可与大多数涂料相容，且价格低廉，可代替部分进口高岭土，降低成本。
- 温度超过 30℃时，涂料黏度就逐步上升，变成不稳定状态。高煅白含量的涂料只能配制 55％以下固含量较低的涂料，适宜气刀涂布。
- 需消耗较多胶黏剂，如要达到相同的表面强度，所需的干酪素量为高岭土的三倍，几乎是颜料中胶黏剂用量最多的品种。此外，它的化学性质活泼，与其他涂料成分相容性差。

  应用于施胶压榨预涂，遮盖力好、适印性和光泽度好。

⑥氢氧化铝

化学组成 $Al(OH)_3$，也可写作 $Al_2O_3 \cdot 3H_2O$。

应用特点有：

- 颗粒松软且细，分散性能良好。与多磷酸盐和聚丙烯酸结合，可得较好的分散。常用的分散剂为聚磷酸盐和聚丙烯酸钠，但不能用焦磷酸钠作分散剂，因它会使涂料黏度及保水性上升。胶黏剂用量要求类似于钛白粉（亚微米级）或#2高岭土（较粗级的）。
- 提高纸的光泽度和印刷光泽度，提高纸张的平滑度及吸墨性。
- 在整个紫外光区有95％的反射率，不干扰荧光增白剂的作用，特别适合需要用光学增白剂提高白度的涂布纸场合。
- 分散体系加入不合适的分散剂，会导致触变效应或剪切膨胀效应。

应用于印刷涂布纸，可得良好的白度。作为火焰延缓剂，可吸收大量热能释放结晶水及蒸发水，制作阻燃纸涂料。需注意涂料的 pH 值，pH 值在 3.5～10.5 时较稳定。与高岭土混合时，由于两者等电点不同，在强碱性溶液中发生凝聚。

⑦硫酸钡

化学式 $BaSO_4$，相对分子质量233。一般是无色斜方晶系结晶或无定型白色粉末，也有液体浆状物。亮度高，应用于照相纸基底，每100份 $BaSO_4$ 用明胶胶黏剂7～15份，可使涂层干燥后粒子界面有良好的光散射，得到较高的亮度，近年被 TiO_2 代替。用于印刷涂料纸中，需加入增塑剂和抗水剂。

⑧氧化锌

氧化锌（ZnO），具有光导性。氧化锌折射率良好，可提高纸张遮盖性。在 TiO_2 颜料出现前，主要使用氧化锌，由于它具光导性，在暗处充电可保持静电荷而早期被用于氧化锌静电复印纸，可以作为静电制版涂层主要成分。但是，氧化锌与干酪素混合制成的涂料，在储藏过程中会发生反应，形成酪朊酸锌，增稠涂料，所以，这种涂料混合后应立即使用。

⑨沉淀二氧化硅和硅酸盐（SiO_2，$MeSiO_3$）

沉淀（合成）二氧化硅亮度和硅酸盐空隙体积高，遮盖力高，颗粒度和磨耗低。其吸油值高、油墨吸收好，压光光泽度低，不会像二氧化钛那样吸收紫外线，妨碍增白剂效果，可防止低定量纸的透印。

二氧化硅和硅酸盐两者的密度特点，使它们制成的涂料黏度高，不适应制备高固含量和高剪切性能的涂料。可利用它们的高亮度和吸油性，涂布制造特种纸，如晒图纸底涂料和喷墨打印纸。

⑩塑料颜料

塑料颜料是20世纪70年代发展起来的新型颜料，它是合成聚合物颗粒在水中的分散体（固含量48％～50％），主要成分是苯乙烯和苯乙烯与丙烯酸酯共聚乳液。塑料颜料特指用来取代白色无机颜料的合成聚合物胶乳或颗粒。塑料颜料分成两大类：实心球形和中空球形，中空球体聚合物的水分散体（粒径为0.2～0.6μm）及实心球体聚合物的水分散体。涂于纸上干燥后，其颗粒不成膜，而是维持或多或少的离散状态，并提供像普通白色颜料那样的白度、遮盖性等，故亦为颜料的一种。

所有的塑料颜料，都是以分散在水中的聚合物粒子形式供货的。合成工艺与多数高聚物乳液相同，都采用自由基聚合反应而成，单体多采用苯乙烯、丙烯酸酯类或其共聚物，要求构成球体或空心球壁的聚合物玻璃化温度 T_g 高于50℃，否则在涂布干燥过程中球体高温时容易软化变形。实心球形要求整个聚合反应均一，以精确控制粒径和粒径分布。中空球形，球体内部充满水，干燥时，这些水通过球壁扩散出来，留下充满空气的内心。中空球形要求有更复杂的聚合工艺才能生产出充水小球和封闭光滑的球壁。

塑料颜料的粒子大小可按需控制，以提供最佳光散射和光泽，并增加油墨光泽。它在近紫外线部分反射比高岭土多，使颜料有蓝白光。在压光工序，由于塑料颜料具有热塑性，在高于玻璃化温度整饰时，颗粒非常容易受压变形，中空颜料受压变形更易发生。颗粒被压扁平后，表面微孔减少，起伏度降低，提高了平滑度和光泽度。同时，苯乙烯具可塑性，在一定温度下超压可得到良好光泽的纸。

因其密度特别小，可制得具优越光学和印刷性能的低定量纸，但价格昂贵。

⑪结构或工程颜料

结构或工程颜料是前几年国外市场上出现的一种新型颜料，属于半合成颜料。它是以细小的颜料颗粒（如瓷土）为基体，通过简单的化学絮凝或结构改变而得的一种颜料，结构疏松、密度低。高结构颜料的散射系数高，可做二氧化钛和煅烧土的替代品，价格与煅烧土相近。低结构颜料价格与含水高岭土接近，单独使用（固含量为63%～70%）于轮转印刷纸中，可得到良好的印刷质量。

（3）涂布纸颜料的性能对比及其发展

不同颜料对涂布纸性能的影响不尽相同，其部分颜料在涂布纸中的应用性能对比如表2-9所示。

表2-9　颜料及其在涂布纸中的应用性能对比

颜料种类	优点	缺点
研磨碳酸钙	流动性好，涂料固含量及白度高，胶黏剂需求量低	光泽度、不透明度差
沉淀碳酸钙	白度高，油墨吸收性和不透明度高	分散较困难、流动性较差，胶黏剂需求量高
高岭土	光泽度、平滑度高	白度、遮盖力稍差
煅烧瓷土	白度、不透明度高	流动性差，价格稍高
煅白	光泽度、平滑度、白度和不透明度高	流动性差，涂料固含量低，胶黏剂需求量高
钛白粉	白度、不透明度很高	价格很高，胶黏剂需求量高

续表

颜料种类	优点	缺点
氢氧化铝	白度高	价格高，流动性差
合成颜料	光泽度高，质轻，不透明度高	价格高
结构或工程颜料	白度和不透明度高，磨耗小	处于开发阶段，未广泛使用

上述颜料中，瓷土和碳酸钙应用最为广泛，煅白、硫酸钡和氧化锌只用于特殊纸中。塑料颜料、氢氧化铝、沉淀二氧化硅及硅酸盐等颜料替代钛白，可降低涂料成本。

2. 着色剂

某些涂布产品，需要略显色泽或者产生一定的色彩以满足需求，如施以蓝色以抵去黄色，使视觉上感到更白，或者通过成色剂显色形成图文以及影像，需用有色颜料或染料及其成色剂，亦称为着色剂。不同的着色剂有不同的光谱反射曲线，参见图2-2。

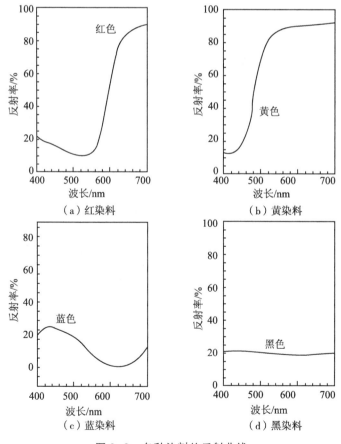

（a）红染料　　　　　　　　（b）黄染料

（c）蓝染料　　　　　　　　（d）黑染料

图2-2　各种染料的反射曲线

（1）着色剂分类

着色剂包括染料和颜料以及成色剂。染料在一定的溶剂中溶解；颜料是在水中和有机溶剂中都不溶解的着色材料；成色剂则是需要在一定条件下，经过氧化还原反应才显示颜色的物质。

颜料一般包括有机颜料和无机颜料两类。按照结构特征分类如下（图 2-3）。

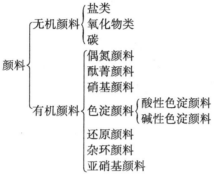

图 2-3　常用着色剂分类

按照色光将颜料分类表示如表 2-10 所示。

表 2-10　不同色光颜料分类一览表

颜料类属	色　光	构成/名称示例
无机颜料	黄色颜料	铬黄，镉黄，锌黄，铁黄
	红（橙）色颜料	铅铬橙，铅铬红，锡红，铁红，红丹
	蓝色颜料	铁蓝，群青
	绿色颜料	铅铬绿，锌绿，锡绿，铁绿
	白色颜料	氧化锌，锌钡白，钛白
	黑色颜料	碳黑，铁黑
	金属颜料	铁黄，铁红，铁黑，铁绿，铁棕，铁紫，云母状氧化铁，铝粉，铜粉
有机颜料	黄橙色	偶氮颜料，偶氮色淀颜料含磺酸基的萘系色淀颜料；喹酞酮颜料；苯并咪唑酮类颜料；喹吖啶酮颜料；异吲哚啉系颜料
	黄光红	偶氮颜料；β-萘酚色淀颜料；金属络合染料；苯并咪唑酮类颜料
	红色	β-萘酚系颜料；色酚 AS 系颜料；2，3-酸色淀颜料；色酚 AS 色淀颜料；含磺酸基的萘系色淀颜料；金属络合染料；喹酞酮颜料；硫靛类颜料；苯并咪唑酮类颜料；喹吖啶酮颜料；芘系颜料；异吲哚啉系颜料；吡咯并吡咯二酮（DPP）颜料；噻嗪类颜料

续表

颜料类属	色　光	构成/名称示例
有机颜料	紫—蓝色	色酚 AS 系颜料；β-萘酚色淀颜料，酞菁颜料，三芳甲烷类颜料；苯并咪唑酮类颜料；喹吖啶酮颜料；二噁嗪类颜料
	黄光绿	金属络合染料
	绿	三芳甲烷类颜料；酞菁颜料
	黑色	苝系颜料
其他	特种颜料	珠光粉，荧光颜料，光致变色和电致变色颜料，随角异色颜料，温致变色颜料
	防锈颜料	锌铬黄，铅酸钙，碳氮化铅，铬酸钾钡，铅粉，改性偏硼酸钡，铬钙黄，磷酸锌

（2）涂布液常用着色剂

①色淀

色淀是酸性、碱性或直接染料等有机染料，沉积于诸如瓷土、硫酸钡或氢氧化铝等基体上制得的一种不溶性颜料色浆。例如，碱性染料用复合无机酸处理制得色淀，但这些形成反应是可逆的，升温和高 pH 值会使色淀染料强度、色度和耐光性变差。

②有机染料

多用水溶性的染料，因其对瓷土、碳酸钙等涂布颜料亲和性好（二氧化碳例外），易被染色，且可提供比颜料更高的色强度，但耐光性和遮盖力不如颜料。主要有碱性染料（阳离子染料）、酸性染料和直接染料。其中，碱性染料（阳离子染料）对游离碱敏感，色泽强，价格低，但水溶性差，耐光性差，易与涂料中其他成分反应产生色度变化，干燥和压光会使色泽变化。因带正电，可能引起涂料混合物的絮聚。主要的碱性染料有丫啶橙、罗丹明、结晶紫、碱性棕、碱性红、甲基紫等。酸性染料大多是磺酸钠盐，色泽没有碱性染料强和亮，但与其他涂料成分混合时色泽不变，耐光性好。主要酸性染料有酸性蓝黑、酸性湖蓝、萘酚绿、酸性黄、酸性红、酸性橙、苯胺黑、酸性橙、吲哚花青等。直接染料包括阴离子型和阳离子型。

上述着色剂在涂布液中的添加，除了碱性染料和阳离子染料，一般颜料和有机染料可以在配料的任何时候加入到涂料中，可溶性染料与浆料的混合，应在色度上无相反效应。为了满足一定的色泽和色度要求，经常需由几种颜料或染料复配使用，此时需要操作人员的经验和仪器测试，获得精确的色度值。例如，涉及印刷品或者彩色图文复制的胶卷相纸涂布液制备，要经过严格的检验。

③成色剂

彩色多层感光材料，应用减色法原理形成彩色影像。在每一个乳剂层中，成色剂与显影剂氧化物分别生成黄、品红和青等三补色。根据成色剂所能形成的颜色不同，在化学结构上把它分为三种类型，即黄、品红和青成色剂。从溶解方面，分为油溶性和水溶性成色剂。

典型的水溶性成色剂，分子结构中都含有羧酸或者磺酸基团。这类成色剂可以直接在水中溶解，制备照相乳剂涂布液，但水溶性成色剂合成中难以提纯，应用到涂层中容易吸潮，对乳剂有增黏作用，已经被油溶性成色剂取代。

油溶性成色剂的分子特点是具有中等大小的亲油性基团，例如烃基，分子中几乎没有水溶性基团。应用时把成色剂溶于乙酸乙酯和油性高沸点溶剂（如邻苯二甲酸二丁酯等），然后在有分散剂或乳化剂如三异丙基萘磺酸钠，十二烷基苯磺酸钠等存在下，采用高速搅拌、胶体磨或乳化泵等方法，将明胶水溶液混合形成乳状液即油乳，再加入照相乳剂中，乙酸乙酯的存在，有助于含有成色剂的油相体系对明胶水相体系的扩散渗透。

相对于水溶性成色剂，油溶性成色剂的分散工艺复杂。成色剂在溶剂中必须有足够的溶解度。油乳中含有易挥发的溶剂乙酸乙酯，有毒，在分散和应用时，应有良好通风设备和溶剂回收装置。

应用于照相乳剂涂布液制备的功能性成色剂，可以参见有关专著。

④炭黑

黑色着色剂有黑色染料和颜料，黑色染料包括直接染料和拼色染料，无机颜料主要是炭黑，炭黑是碳氢化合物不完全燃烧或裂解的产物。炭黑可以认为是无机颜料，也可以认为是有机颜料。按照来源可分为灯黑、炉黑、槽黑、热裂解黑等。

炭黑的原生颗粒极为细小，比表面能高，通常以聚集体形式出现。根据炭黑聚集体粒子聚集程度，分为高结构炭黑及低结构炭黑。结构对炭黑的各项性能，如着色力、吸油量、分散度等有明显的影响。炭黑是聚集体，比表面积大，吸附性能力强。炭黑表面酸性越强，抗干作用越强。常用炭黑的性能见表 2-11 和表 2-12。

表 2-11 炭黑颜料的性能指标

指标 \ 品种	灯黑	槽黑	炉黑	热裂解黑	乙炔黑
密度/（g/cm³）	—	1.75	1.80	—	—
吸油量/（cm³/g）	1.05～1.65	1.0～6.0	0.67～1.95	0.30～0.46	3～3.5
平均颗粒尺寸/μm	50～100	10～27	17～70	150～500	35～50
表面积/（m²/g）	20～95	100～1125	20～200	6～15	60～70

续表

指标＼品种	灯黑	槽黑	炉黑	热裂解黑	乙炔黑
pH 值	3～7	3～6	5～9.5	7～8	5～7
挥发物	0.4～9	3.5～16	0.3～2.8	0.1～0.5	0.4
氢/%	—	0.3～0.8	0.45～0.71	0.3～0.5	0.05～0.1
氧/%	—	2.5～11.5	0.19～1.2	0～0.12	0.10～0.15
硫/%		0～0.1	0.05～1.5	0～0.25	0.02
苯萃取物/%（有机组分）	0～1.4	0	0.01～0.18	0.02～1.70	0.10
灰分/%（无机组分）	0～0.16	0～0.1	0.10～1.0	0.02～0.38	0

表 2-12　炭黑的性能与结构的关系

性能	低结构	高结构
吸油量	低	高
分散性	难	易
亮光	高	低
润湿性	快	慢
黏度	—	高
颜色	深	浅
底色	棕	蓝
着色力	高	低
触变性	低	高

　　碳系导电涂料是一种导电性复合材料，导电炭黑粒子（石墨）均匀地分散在液料中，形成一种包含溶剂的浆状物，处于绝缘状态。同化干燥之后，溶剂挥发，导电炭黑和黏合剂等固化，彼此之间紧密连结为一体，炭黑间的距离变小，自由电子沿外加电场方向移动形成电流。当炭黑分散于黏合剂中时，因为黏合剂是绝缘的，为了达到这种连续的电子流动，炭黑粒子必须彼此接触或彼此靠得极近。当炭黑填充量一定时，粒径、聚集体形状或结构、孔隙度影响炭黑聚集体之间的距离。粒径越小、结构越高，则彼此接触或彼此靠得极近的聚集体数目越多，导电性越高。水分是指炭黑的粒子表面所吸附的水，一般可达 1%～3%，炭黑比表面积越大，水分越多，则导电性就越差。

炭黑导电涂布液，应用于电磁屏蔽材料和防静电涂层中。石墨烯和碳纳米管等碳系导电材料，也值得关注与重视。

第三节　涂布液胶黏剂

一、涂布胶黏剂及其基本要求

胶黏剂又称成膜树脂、连结料，是涂布液不可缺少的成分。其主要作用是使颜料颗粒间及颜料与基底材料密切结合，或使涂料成分固着于涂布支撑材料上。胶黏剂对涂料的涂布工艺性能如黏度、流变性、保水性等及涂布纸的质量都有很大影响。

涂料胶黏剂有水性和溶剂性之分，本书重点讨论水性胶黏剂，特殊胶黏剂分布于各章中。

一般而言，涂布胶黏剂应具备下列条件。

（1）能使颜料颗粒间和颜料与基材间有较好的黏结力，且不影响涂布产品白度、不透明度、吸墨性等。

（2）色浅、不含杂质，与其他胶黏剂及其他涂料成分相容性好，不影响颜料的性质。

（3）对涂布液中的其他成分有一定的胶体保护作用，如达到一定的黏度、保持胶液稳定性等。

（4）给涂布液提供较好的工艺施涂性、流动性和保水性，一定温度下的成膜性好。在现代高速涂布条件下，高固含量低黏度、流动性好。

（5）稳定性，包括胶黏剂本身的机械稳定性、与涂料各成分混合后及涂布过程的稳定。

（6）有利于涂布产品表面性质，如光泽度、平滑度、抗水性、印刷光泽、油墨吸收性、油墨固着性等。

（7）不与涂布液中的其他成分发生化学反应。

二、胶黏剂用量及其选择

胶黏剂用量以实现足够的涂层强度为前提，可通过涂层强度试验来测知（如蜡棒试验法）。

1. 胶黏剂选择

胶黏剂性能与分子链长度、链的柔韧性、碳原子键的键合形式、黏结强度等因素有关。胶黏剂分子中，单键比双键柔韧，而双键有更强的黏合力。黏结力强的胶黏剂需用量较少。

2. 颜料对胶黏剂选择的影响

颜料的性能决定其相互结合所需要的黏合剂品种与数量。颜料比表面积越大，粒子越细，达到涂层同一表面强度的胶黏剂需求量越大。

3. 胶黏剂对涂布纸性能的影响

例如，不同的印刷光泽和印刷密度的涂布印刷纸，要求的胶黏剂量不同。此外，不同印刷方式和不同黏度的涂料，其胶黏剂需求量也不同。如表 2-13 所示。

表 2-13　胶黏剂对涂布纸性能的影响

涂布纸性能名称	胶乳用量比例	性能的变化
拉毛强度（IGT 法）	增加	增加，也受胶乳及辅助胶黏剂品种影响
油墨吸收（Patra）	增加	减少，也受胶乳类型影响
油墨接受性（Wiping Test）	增加	减少，也受胶乳类型影响
光泽度（Zeiro）	合成胶黏剂的使用	改进光泽度
平滑度（Bekk，Beneten）	用量增加或减少	一般不影响平滑度
涂层抗湿摩擦	胶乳类型和用量	用量增加，改进抗湿摩擦

三、常见涂布液胶黏剂

1. 淀粉及改性淀粉

淀粉作为涂料胶黏剂应用历史已久，它在高浓高速涂料中与胶乳合用，正在日益发展。

淀粉是天然产物，随淀粉品种变化，它们的化学成分和物理性质也不尽相同。各类淀粉的化学成分和物理性质见表 2-14 和表 2-15。

表 2-14　各类淀粉的化学成分一览表　　　　　　　％

成分	玉米	木薯	马铃薯	小麦
淀粉+碳水化合物	80.0	89.4	83.5	77.9
蛋白质	10.5	3.7	10.0	15.1
油类	4.5	1.4	0.5	2.3
纤维	2.5	3.7	2.0	2.6
矿物含量	1.5	1.8	4.0	2.1

表 2-15　各类淀粉的物理性能对比表

淀粉来源	颗粒度/μm	凝胶化温度/℃	热糊液黏度	溶液透明度	退减稳定度	抗剪切力
玉米	10~20	62~74	中黏	不透明	不良	尚好
小麦	30(其中20%<5)	52~64	中/低黏	不透明	不良	尚好
米	3~8	61~78	中黏	不透明	不良	尚好
马铃薯	15~100	56~69	极高黏	透明	尚好	不良
木薯	20~60	60~72	高黏	透明	尚好	不良
西米	5~25	52~64	中/高黏	透明	尚好	不良

注　凝胶化温度：将淀粉分散于水中加热后，水进入颗粒中，并开始膨胀，在一定温度时淀粉糊液黏度增加，呈"凝胶化"，此糊液黏度显著上升时的温度即为凝胶化温度。

退减（化）作用：直链淀粉部分并不真正溶于水，其有结合成束索状倾向，并因化学吸引形成晶体凝聚物，这种现象称为退减（化）作用。它可使溶液变为不透明，并成为不稳定的淀粉凝胶体，在大多数情况下是不可逆的。退减（化）结果，低浓度时产生沉淀，高浓度的结果是成为硬而刚性凝胶结构。退减（化）程度受直链淀粉分子量影响，分子量越小，退减程度越高。

支链淀粉溶液由于支链结构，可以避免分子间的紧密结合，限制凝胶和沉淀的形成，故支链淀粉比直链淀粉稳定。

一般工业淀粉的性能指标：水分≤14%，蛋白质≤0.5%，灰分≤0.1%，酸度≤20°T，细度为通过200目。

天然淀粉性质多变，黏度极高，流变性差，难以直接用作涂布胶黏剂。改性淀粉的主要目的是降低黏度、增强流动性、提高黏结力。

化学改性淀粉的主要品种如下：

（1）糊精

生淀粉加入酸或碱，并加热（120~180℃）处理，在不同温度条件下，可产生不同黏度的产品，经过水解、葡萄糖基转移及再聚合，获得改性淀粉糊精，经过酸处理，低温焙烧得白糊精；加入少量酸，高温处理得黄糊精；加入碱，加热焙烧而得英国胶（不列颠胶）。涂布液主要用白糊精。

利用白糊精的低黏度，组成某种高固含量的软刃刮刀涂布液，或单独或与其他改性淀粉混合使用，用于特高固含量涂料中。做涂胶标签和邮票纸涂布胶黏剂；还可用作晒图纸（如低速黑线）感光液胶黏剂。

（2）氧化淀粉

经氧化处理后，淀粉改变了原有分子结构，增加了分子中羧基含量，糊液的透明度、成膜性及成膜后拉伸强度都有所增加。同时，氧化使分子断链，降低了黏度，增进溶液稳定性和流动性，适宜于制备高固含量涂料，但耐水性和光泽度较干酪素差。

用于施胶压榨及颜料涂布纸或特种纸涂布液配方中，制备白度较高、涂层较柔软、适应性较好的涂布纸。

（3）酶转化淀粉

通过酶作用将原淀粉降解成为低黏度改性淀粉。

一般在凝胶化温度（80℃）下，pH值为6.5～7.5，反应30min。用α淀粉酶使淀粉分子链断裂，达到降解目的。控制转化温度，可以得到所需黏度的产品。

（4）热转化淀粉

淀粉浆料在高压蒸汽（夹套加热器内）和高剪切条件下进行高温处理，可以降低黏度。比酸处理之降解淀粉有较大的胶黏强度，有良好的溶液稳定性和流变性。应用于低固含量的涂料中使用，较多用于表面施胶压榨。

（5）热化学转化淀粉

兼具热转化和化学改性淀粉的优点，性质介于氧化和酸水解淀粉之间，须加入特殊淀粉稳定剂来增进流动性和储存稳定性。

（6）取代淀粉

淀粉葡萄糖环中有三个羟基，用各种化学基团取代其中一部分羟基，所得的淀粉即为取代淀粉。

淀粉葡萄糖环中的羟基被取代的程度称为取代度。在造纸工业中，标准取代度为0.01～0.10，即100个葡萄糖单元内的300个反应点（羟基）有1～10个羟基被取代。

取代淀粉有羟乙基淀粉、醚化淀粉、阳离子淀粉、磷酸酯淀粉、醋酸酯淀粉等。

（7）交联淀粉

交联淀粉的改性是利用淀粉与交联剂的反应，以提高凝胶化温度及对水的敏感性，交链反应被原位法实施，如反应剂乙醛酰与三聚氰胺或尿素甲醛树脂事先加入含有淀粉衍生物的涂布混合物中，改善涂布纸张的抗湿摩擦性。

2. 蛋白质胶黏剂

（1）干酪素

干酪素属天然胶黏剂，自1900年开始用于纸张涂料中，因它来源方便、黏度低、光泽及成膜性好、低温可溶解、易促成抗水而被广泛使用，几乎是气刀涂布或中速以下高级产品中不可缺少的胶黏剂，直至20世纪50年代。此后，由于价格猛涨、质量不稳，且不适应以后发展的辊式和刮刀涂布方式等原因，用量逐渐减少。

干酪素是蛋白质混合物，结构复杂。分子中有很多以阴离子基团为主的反应性侧基，酪烷分子的主要成分是氨基酸，易溶于酸或碱，前者黏度高，不宜作涂料;用作涂料的干酪素一般以碱做"助溶剂"或"分割"试剂(Cutting Agents)。

干酪素与丁苯胶乳以 50/50 的比例用于胶印涂料印刷纸,但目前大多已被改性淀粉替代,铸涂纸中仍使用;也可用甲醛、明矾等固化交联剂处理干酪素涂层,制得防水防油涂层。

(2)豆蛋白胶黏剂

豆蛋白胶黏剂主要成分是蛋白质氨基酸及多糖类物质。溶解性与干酪素相似,需在碱存在下制成溶液,但比干酪素易溶解。配制的豆蛋白液浓度越高,需要的碱量越多,所需的温度越高。溶液外观为半透明到不透明,色微黄或呈淡褐色。包括未改性、水解产品及化学改性和酶处理几种类型。

豆蛋白作为黏合剂,可作干酪素的补充,用于涂布纸板。使用时须注意所谓的"黏度冲击",即将豆蛋白液加入到颜料分散液中时,会引起黏度的骤然上升——冲击,可以在颜料分散液中先加入少量碱避免黏度冲击。它还可在高岭土存在下溶解(与干酪素相同),将豆酪素加到已成淤浆的高岭土颜料中,再加入碱溶解,可消除泡沫。

豆酪素与干酪素对于涂料的胶黏性能和对纸张平滑度、光泽度、不透明度、油墨吸收性的影响相近,又有不同之处。

(3)动物胶

①明胶和骨胶

明胶和骨胶用作涂料胶黏剂,特殊等级的明胶是照相乳剂、照相原纸施胶及钡底纸用胶,由动物之皮或骨的生胶蛋白在热水中水解制得。皮胶比骨胶强韧,黏结力也大。

明胶是由多种氨基酸混合组成的蛋白质,其中含量较多的氨基酸为脯氨酸、甘氨酸和羟基脯氨酸。

明胶在热水(50~60℃)中溶解,冷却至它的凝固点以下,呈冻胶状,并富有弹性,明胶具有一定刚性(即强度),这是明胶的一个重要指标。明胶长时间高温加热可引起水解,降低黏度和强度。

一般可用作感光材料用胶,低强度冻胶(如骨胶)用于胶纸带(如水性再湿封箱胶带)中,在无碳复写纸的明胶法微胶囊中应用。需要注意的是,明胶的溶液配制,首先要在室温水中溶胀,之后再升高温度溶解。

②甲壳素与壳聚糖

甲壳素胶料是由甲壳素提炼加工而成。它的物化性质与纤维素相近,因分子中含乙酰胺基而具有许多珍贵的可应用的特性,包括食品、日化、纺织、印染、医药、涂料等领域。

壳聚糖有良好的成膜性和特殊的生物性能,能提高纸张干、湿强度,改善表面印刷性能,用于印刷纸的生产和纸张配料中木浆含量低的纸的生产,但制造成本较高，影响普遍使用。

3. 合成胶黏剂

（1）甲基纤维素半合成胶黏剂及其相关产品

甲基纤维素由棉绒纤维或精制木浆类的纤维素经碱及有机溶剂氯甲烷处理转化而得，其他有机化学品与氯甲烷一起对纤维素进行改性，可得到各种纤维素衍生物，如羟甲基纤维素、羟丙基纤维素、羟乙基纤维素等，它们可作辅助胶黏剂，又是保水剂。

（2）聚乙烯醇（PVA）

聚乙烯醇（PVA）是黏结力最强的一种涂料胶黏剂，具有相当于尼龙的黏结强度而不受脂和油的影响。由聚醋酸乙烯酯在一定条件下用碱或酸水解（醇化）制取。

食品包装纸及防黏纸等的底涂料，以及多种技术用纸，如晒图纸、无碳纸、热敏纸、喷墨打印纸等的胶黏剂 PVA，外观是白色或微黄色粉状、粒状或片状固体，溶于热水和乙二醇、油等有机溶剂；黏结力强，其黏结强度三倍于干酪素，四倍于淀粉。涂膜的表面强度优于淀粉，经甲醛或三聚氰胺树脂处理，可形成抗水性涂膜，比淀粉抗水性好，且耐油脂和溶剂。

（3）聚醋酸乙烯酯胶乳

最早用作木材胶合板的胶黏剂，是继丁苯胶乳后十年出现的胶乳。由于轮转胶版印刷中需要高温干燥而造成纸起泡，试用 PVAC 后效果良好，于是在折叠箱板纸厂的漂白纸板涂料中被广泛使用，使它用于涂料的消耗量稳定增长。

用于白板纸涂料胶黏剂，特种技术加工纸的胶黏剂，具有下列特点：①胶黏力强，白度、光泽度好；②多孔性的结构使它用于涂料时，在水蒸发后涂层不起泡，并有好的油墨接收性；③能赋予成纸以好的挺度和光泽度。

由于成本高，本身易产生泡沫及设备刷洗困难等，其应用受限。

（4）聚丙烯酸类共聚胶乳

聚丙烯酸胶乳与其他涂料成分的相容性较好，用作涂料胶黏剂，能在纸板涂层上形成良好的薄膜，无残余臭味，黏度、机械稳定性，但会使涂层产生表面硬化，需使用特殊干燥方法，而发展了其他共聚胶乳。

①苯丙胶乳，是苯乙烯与丙烯酸酯的共聚物（乳液聚合），该乳液与涂料其他组分相容性好，机械稳定性及保水性好，可制成纯胶乳的高固含量涂料，涂布时有较好的操作性。涂层具有较好的耐光性、白度、光泽度。

②醋丙胶乳，是醋酸乙烯和丙烯酸酯的共聚物。具有较好的黏结强度、储存稳定性和机械稳定性。

（5）丁苯胶乳和羧基丁苯胶乳

1942 年出现第一种合成丁苯胶乳，四年后应用于纸和纸板涂布工业。胶乳与干酪素或淀粉一起作涂料印刷纸胶黏剂，既适应近代高浓度、高速度涂布方式，又可改善成纸的外观与印刷质量，尤其是之后发展的羧基丁苯胶乳，使胶乳性能得以进一步改善，应用广泛。

①涂料用丁苯胶乳性能的影响因素

苯乙烯为玻璃般清澈、坚硬、具刚性的材料，丁二烯是发黏的橡胶塑料原料，两者比例不同可制得不同硬度和黏性的产品。苯乙烯比例高，聚合物有低温成膜倾向、刚性较大、成膜光泽较好和黏着力较差。故两者比例需适当，光泽度随苯乙烯含量的增加而增加，抗湿摩擦值在苯乙烯含量低时最佳。一般用于涂布纸中的丁苯两者的比例为 60/40 或 50/50。

较小的粒子表面张力较大，有较高的黏合力和较高的黏度，也需较多表面活性剂用量来稳定其胶乳的分散性，故颗粒度需适当，一般颗粒度在 0.5～1.1μm。

②特性

低黏度、高浓度，涂布液流动性好，可制高浓涂布液，并易于干燥；作为乳液，使用方便；成膜均匀，耐水性好；具有热可塑性，易超压，经超压后可得较好的光泽和平滑度，又减少了掉粉、压痕，增强了折叠性能。但易造成过度压光和半透明压溃及黑斑；能改善纸的干、湿强度，尺寸稳定性，减少卷曲和变形；机械稳定性差，在高剪切力作用下会降低胶粘力，需外加干酪素使之稳定。不适合高浓高速涂布。

羧基丁苯胶乳与改性淀粉、干酪素等辅助胶黏剂配合使用，制备流动性、施涂性好，成纸性能优良的涂布液。羧基丁苯胶乳除了具有前述的丁苯胶乳的优点外，还具有优良的机械稳定性，与白色颜料、其他胶黏剂和助剂相溶性好，黏着力强，成纸有好的表面强度、平滑度和光泽度。

第四节　涂布液添加剂

添加剂是涂料中的辅助成分，用以改善涂料或涂层的性能，以满足配料或涂布时的各种特性要求，也是涂料不可缺少的部分，主要有分散剂、润滑剂、抗水剂、黏度调节和保水剂、消泡剂、防腐剂等。

一、分散剂

1. 分散稳定作用及其机理

分散剂是涂料组分中很微妙的部分。涂布液制备的第一步是将颜料颗粒分散悬浮于水中，但颗粒由于范德华引力而集聚，所以必须使之尽量稳定分散。

从一定意义上说，分散剂就是表面活性剂，其主要功能在于：调节涂布液黏度，影响涂布液流平性和流动性；减少或阻止颗粒絮聚，使颜料颗粒稳定悬浮在液体介质中，并在以后的生产过程中保持这一分散状态，保证涂料稳定。分散机理主要是双电层稳定和空间位阻稳定。

2. 影响分散效果的主要因素

（1）转速及时间。多数情况下，提高转速和延长分散时间，粒子变细，分散效果变好。

（2）混合强度。在一定范围内，随着混合强度的提高，分散效果逐渐增强。

（3）分散液浓度。一般而言，分散液浓度越高，分散效果越好，颗粒越细。

（4）聚合物分散剂分子量。聚合物分散剂分子量低，单个粒子表面可停留多个小分子，这样吸附于粒子表面的聚合物多，分散效果好，黏度低。若分子量成倍增长，一个聚合物分子的周围停留多个粒子，形成颗粒桥而难达到分散效果。聚合物分散剂的分子量大小应与颜料粒子大小相匹配。

（5）pH 值及分散剂用量。在低 pH 值阶段，增加 pH 值或分散剂用量，都可使絮聚作用减小，即分散效果增强，但 pH 值过高、用量过大会起反作用。多的分散剂用量在低 pH 值时有更好效果，少的分散剂用量在高 pH 值时效果好，但可能影响分散液黏度的稳定性。

（6）电解质。电解质会削弱平衡离子层，使其移向颗粒表面，颗粒就相互接近，也可压缩双电层，减少表面潜在电荷，引起絮聚。分散剂的不合理使用，可溶性盐、酸或高浓度碱都可减弱分散剂的稳定性。

（7）电荷效应。一般吸附离子为阴离子，相应地组成扩散层的阳离子云。单价的阳离子或溶液中阳离子浓度低，则云层厚而庞大；二价阳离子云或溶液中阳离子浓度高，则离子云层薄，粒子互相接近而凝聚，如钙、锌、镁等二价金属离子可引起分散剂负效应及聚合物交联剂的不溶，ZETA 电位为 30mV 左右时，分散体系比较稳定。

3. 分散剂用量与涂料性能关系

（1）分散剂用量与黏度关系

随着分散剂用量的增加，颜料分散液黏度先下降，下降至最低点，接着便上升。

不同颜料、不同分散剂有不同的黏度曲线，达到最低点时的分散剂用量是其最佳用量。针对不同颜料需作分散剂用量黏度关系曲线，求得最佳用量。

（2）分散剂用量与高剪切性

颜料分散剂的不同用量对高剪切性能也有一定影响，为了分散液的储存稳定性和流变性等其他涂料特性，选择分散剂的同时也必须测试此项性能，以确定最佳用量。

（3）最适分散剂用量的确定

结合对颜料、分散剂的最低黏度和最佳高剪切性能测试，综合考虑所用胶黏剂、涂布液储存稳定性等，确定最适宜分散剂用量。它有最低黏度要求量和操作要求量，一般分散剂的用量为 0.2%～1.5%。

（4）分散剂种类

分散剂主要是一些 HLB 值在 7～9 内的表面活性剂。常用分散剂种类及其适用范围如表 2-16 所示。从表中可见，分散剂和稳定剂之间，几乎无法完全区分。

表 2-16　主要分散剂及其应用一览表

名称	适用范围
六偏磷酸钠，焦磷酸钠等多磷酸盐	高岭土、碳酸钙、二氧化钛、滑石粉等
硅酸钠	高岭土、二氧化钛，碳酸钙
脂肪醇，醚	滑石粉，氢氧化铝
聚丙烯酸钠	高岭土、碳酸钙、煅白、硫酸钡等
淀粉与羟乙基淀粉	煅白、碳酸钙等
羟甲基纤维素（CMC）	煅白、碳酸钙
阿拉伯树胶	煅白、钛白粉
干酪素或豆蛋白（碱性下）	煅白、高岭土、碳酸钙等无机颜料
木质素磺酸钠	碳酸钙

4. 表面活性剂类分散剂 HLB 值

表面活性剂因能对两相界面性质产生影响，在实际应用中能显示出各种优异的性能，如乳化、洗涤、分散、湿润、渗透、起泡、消泡、增溶、去污、柔软、抗静电等。因此，表面活性剂还可以按照这些功能分类，称为分散剂、稳定剂、发泡剂等。

HLB 值是亲水性（Hydrophilic）和亲油性（Lipophilic）的平衡值（Balancc）的简称。表面活性剂分子中亲水基的强度与亲油基的强度之比值，就称为亲水亲油平衡值，简称 HLB 值。HLB 值决定着表面活性剂的表面活性和用途，表面活性剂在水中的溶解性与 HLB 值有极大的关系（见表 2-17）。

表 2-17　HLB 值与水溶性关系

HLB 值	水溶性
0～3	不分散
3～6	稍分散
6～8	在强烈搅拌下呈乳状液
8～10	稳定的乳状液
10～13	半透明或者透明备分散
13～20	溶解呈透明状

1949 年，美国学者 Griffin W. C. 首次提出用 HLB 值（Hydrophile-Lipophile Balance）来表示表面活性剂的亲水亲油性质如图 2-4 所示。以石蜡 HLB=0，油酸 HLB=1，油酸钾 HLB=20，十二烷基磺酸钠 HLB=40 作为参考标准，用实验直接或间接测定各表面活性剂的 HLB 值。HLB 范围为 1~40，由小到大亲水性增加，一般认为 HLB 值 10 以下亲油性好，大于 10 亲水性好。不同 HLB 值的表面活性剂功能不同，3~6 用于 W/O 乳化剂，7~9 用于润湿分散剂，8~18 用于 O/W 乳化剂，12~14 用于洗涤剂。

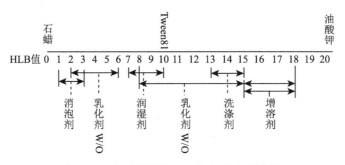

图 2-4　表面活性剂 HLB 值与亲水亲油性

表面活性剂的应用性能，取决于分子中亲水和亲油两部分的组成和结构，这两部分的亲水和亲油能力的不同，就使它的应用范围和应用性能有一定差别。

二、保水剂及流变性改进剂（WRRMS）

1. WRRMS 的主要功能

涂布液的失水和保水很重要，无论是表面张力压力或机械压力所形成的水（胶黏剂）迁移都可用增加涂布黏度来有效地减缓失水。保水剂及流变性改进剂（Water Retention and Rheology Moflifiers）可控制涂料保水性和流变性，这对涂料的可运行性、涂布量控制和成纸的光学机械性能等都起重要作用。

改进涂料施涂后的保水能力，控制涂料中游离水的流动度，减少向涂布基材的迁移，促成涂层分布均匀，这对高固含量的涂料尤其重要。

调整颜料或胶乳的聚集态，可以减少高岭土絮凝，对涂料增稠，优化分散效果，可改善涂料流变性和干湿结构。

2. 常用 WRRMS 剂

（1）海藻酸盐

海藻酸盐是由海藻植物精炼而成的天然多糖类化合物。

海藻酸盐水溶性和保水性好，对多孔基纸有较低的渗透性，应用于施胶压榨，可使胶黏剂留于成纸表面。应用于涂布纸，能使胶黏剂和填料停留于纸表面，改进成膜性和成纸的印刷性。

一般将海藻酸盐溶液加入涂布液中或直接将粒状海藻酸盐加入涂料使用。高黏度产品有较大的剂量效应，但涂料黏度难控制，小的剂量就会引起涂料黏度的很大变化。

（2）羧甲基纤维素钠

羧甲基纤维素钠（CMC）属于纤维素衍生物，是使用较广的保水剂，也是辅助胶黏剂。

其性能特点有以下几点：

①其保水性和黏度随 CMC 用量的增加而增加。CMC 用量达 0.5%（对颜料总量）时，黏度增值 3.6 倍，保水性增加近一倍。

②可在较广 pH 值范围内形成黏度稳定的溶液，容忍钙离子程度比海藻酸钠强。

③有较好的黏结力和成膜性，可作涂料的辅助胶黏剂，提高固含量，改善流变性，给成品纸以高的印刷光泽和油墨吸收性。

④良好的分散性，且对光学增白剂有较高保留率。

⑤遇钙离子或食盐等不沉淀，但可引起涂料降黏，遇铅、铁、银、锝、钡等重金属盐会产生沉淀。

羧甲基纤维素钠主要性能指标如表 2-18 所示。

表 2-18　CMC 主要性能指标一览表

性能	指标
固体外观	白色或微黄色粉末、颗粒或者纤维固体
醚化度 DS	> 0.8
黏度（2%水溶液）/MPa·s	6～100 不等，分高、中、低
pH 值（1%水溶液）	6.5～8.5
水分（%）	10～13
水溶性	好，取代度决定溶解度
溶液外观	半透明或透明黏胶液

使用时，加入需要的水分浸泡溶解后与涂料混合或在颜料分散时直接加入；低黏度的用于高固含量配方中，中、高黏度用于低固含量配方；不宜使用金属器皿，因为 CMC 与金属长时间接触易引起变质或降黏；用量一般为颜料绝干量的 1%～1.5%。

（3）羟乙基纤维素钠

羟乙基纤维素钠（HEC）是纤维素衍生物结构化合物。HEC 是氧化乙烯与纤维素反应的产物，其氧化乙烯的取代量以 MS 表示，MS 范围为 2～3mol（每纤维素链的葡萄糖单位），黏度范围较大，与 CMC 相似。

HEC 对高岭土吸收比相应分子量的 CMC 大，保水值比相同黏度和计量的 CMC 低，须使用较低黏度和较大剂量。可比 CMC 给以较高的 KN 油墨吸收性。HEC 用于纸板和轮转印刷纸涂料配方中，用法同 CMC。

（4）聚丙烯酸盐

聚丙烯酸盐一般为丙烯酸酯与丙烯酸的共聚体钠盐或丙烯酸与醋酸乙烯共聚体钠盐等。

性能特点：乳液状，呈酸性，在碱性条件下带阴电，相对分子质量在 10000 以上；溶液对 pH 值或聚合电解质敏感，遇额外多价离子可引起沉淀或失去效果。

聚丙烯酸盐用量一般是颜料量的 0.15％～1％，须根据涂料成分和固含量而定。

乳液可最后加到涂布液中，直至达到目标黏度。与其适应的涂布液 pH 值以 8～9 为好。

3. 影响涂布液流变性的其他添加剂

虽然 WRRMS 剂是控制涂料流变性的主要添加剂，但其他添加剂成分对涂料流变性及黏度也有影响，如分散剂、消泡剂及抗水剂等。

（1）分散剂的加入，可降低涂料黏度，而过量的分散剂则可增加黏度。同时，分散剂也影响 WRRMS 剂对瓷土的吸收和含水瓷土涂料的流变性。

（2）消泡剂在消泡的同时也改变涂料黏度，影响涂料流动性，也会与某些涂料成分发生相互作用。

（3）淀粉、干酪素等抗水剂，可引起涂料黏度的增加，如甲醛类，使用量过多或温度过高则更甚。苯乙烯马来酸酐树脂与淀粉一起使用也可增加涂料黏度。

三、耐水剂

1. 耐水剂及其主要功能

涂布纸或纸板采用的都是水性涂料，其胶黏剂尤其是天然胶黏剂，成膜后对水敏感，不利于成纸的各种抗湿性能，需用耐水剂来克服，以提高涂层的抗水能力。

早期常用甲醛、乙二醛和某些金属盐来提高涂层的抗水性，由于甲醛对健康不利而限制了使用。涂布速度的增长、碱性造纸的出现和印刷技术的发展，如印刷速度的增加、油墨品种的变化、水性凹版和苯胺印刷系统的普及、水性湿版液的使用等，这些都对纸的抗干、湿拉毛强度的要求更高，对耐水剂也有更高要求。在 20 世纪 70 年代后期及 80 年代初，涂料胶黏剂品种的变化，使抗水剂改用三聚氰胺甲醛和脲醛树脂。近来，含甲醛和释放甲醛的耐水剂也不受欢迎，不久的将来会被淘汰，无醛抗水剂如碳酸铵锆或环酰胺缩合物已被广泛接受。

耐水剂主要功能有：

（1）减少颜料、胶黏剂干燥成膜后的水溶性或对水敏感的程度。

（2）提高涂布纸的抗湿摩擦和抗湿强度，并在胶版印刷的压力牵引或再湿水的作用下，表面不受损，不会引起印刷掉粉、掉毛等现象。

2. 常用耐水剂作用机理及其应用方式一览表

常用耐水剂作用机理及其应用方式见表 2-19、表 2-20。

表 2-19　常用耐水剂作用机理

耐水剂	耐水作用机理及作用方式
重金属钙、锌、铝、锑或锆 醛及其衍生物 氨基树脂	与胶黏剂交联反应，形成复合物 交联成为水溶性低的物质 与胶黏剂分子中的氨基、羟基交联， 减低水溶性
乳液，聚醋酸乙烯，聚丙烯酸酯或丁苯乳胶， 改性 PVA 等	作为共胶黏剂或者交联抗水， 改性基团交联封闭羟基
少量使用蜡乳液或金属皂	通过高抗水材料本身提高抗水性

表 2-20　耐水剂使用方法

添加点	添加方式	备注
涂布液混合器	涂布液配制好后涂布前	加入过早会由于交联而增黏
加入压光机水箱	喷射、挤压辊或浸渍	耐水剂稀释液，应用于纸板抗水层
底涂层涂布液	过量使用	顶涂层不再加，可以避免过早增厚

四、润滑剂

主要作用在于以下几个方面：

（1）增加涂层塑性和平滑性，预防或减少成纸在压光、切割、完成、印刷过程中的掉毛掉粉现象及相邻物料的不希望的黏着和尘埃。

（2）改变涂料表面张力，改进涂料流动性。

（3）可降低超压时涂料中组分的摩擦系数，胶黏剂的流动促使颜料定向排列，提高涂层平滑性。

润滑剂最重要的功能是防止涂布纸超压时的掉粉，掉粉包括颜料和胶黏剂两种尘埃。

表 2-21 是主要润滑剂类型、性能及用途。

表 2-21　润滑剂类型、性能及用途

	主要品种	制　备	性　　质	用途或用法
金属皂	硬脂酸钙乳液	牛油与氢氧化钙在乳化剂存在下进行皂化反应而得	外观：乳白色液体 固含量：50%～55% pH值：11～12 密度：0.051kg/L	可在颜料分散后或涂料混合时加入，但不要太早加入，用量一般为干颜料的1%～1.25%，若要改进成纸的光泽和干、湿拉毛强度等，则比纯粹改进湿涂料的润滑性要多加些
蜡乳液	石油烃蜡（直链或正烃类）	石油精炼而得	外观：白色或淡琥珀色乳液 相对分子质量：360～600 熔点：55～65℃ 可改进纸表面平滑性、抗摩擦性及可印性等	用于纸和纸板的表面施胶，也可作涂料润滑剂
蜡乳液	微晶蜡（含侧链的萘的碱金属化合物）	同上	相对分子质量：580～700 熔点：65～95℃ 拉伸、黏着等性能，润滑性较差	一般使用较少
	氧化聚乙烯蜡	聚乙烯轻度氧化后乳化而得	固含量：25%～60% 密度：0.9g/mL（低）或0.98g/mL（高） 熔点：104℃ 有较好的乳液稳定性，较好的涂料塑性、折叠性及好的光泽，但比金属皂的抗尘性差	其稀释液可用于施胶压榨，尤其是瓦楞纸中间层的喷雾施胶，能大大减少中间层的分裂，也用作润滑剂

五、防腐剂

防腐剂是防止或阻止涂层微生物、细菌生长的化学添加剂。在一定条件下，各种涂布胶黏剂都可能被细菌腐蚀。

有效地防止涂料系统在所有情况下的微生物汇集生长，要点之一就是选择合适的防腐剂。防腐剂的选择，必须根据微生物侵害的严重程度、被防腐物质的性质、需要防腐的程度、所涉及的微生物类型、混合或分散方法、周围环境温度、pH值以及防腐剂与其他涂料成分的相容性等因素决定。防腐剂种类参见表2-22。

防腐剂的使用方式包括：

（1）在涂料制备后加入。

（2）其用量视涂料各方面性能要求，一般为涂料总固含量的（100～500）×10⁻⁶。

（3）避免一次使用两种防腐剂。

（4）确定了涂料的 pH 值后再选择防腐剂。

（5）防腐剂一般对身体有害，避免直接与皮肤和眼睛接触。

表 2-22　防腐剂种类

种　　类	代表性化合物
有机硫、卤、汞、锡化合物	醋酸苯汞，因毒性太强而不再使用
酚、醛类化合物	苯酚、甲醛、戊二醛等
季胺盐类化合物	烷基二甲基乙基氯化胺
硝基类化合物	2-溴，2-硝基丙烷，1，3-二醇，β-溴，β-硝基苯乙烯
硫代氰酸酯类	二甲基双硫氰酸盐
苯并咪唑类	苯并咪唑胺基甲酸甲酯（俗称 BCM 或多菌灵），低毒性，国内普通使用
异噻唑啉酮类	5-氯-2-甲基-4-异噻啉-3-酮氯化镁盐；2-甲基-4-异噻唑啉-3 酮，低毒性，可用于食品级纸种
噻二嗪类化合物	3，5-二甲基-1，3，5，2-四氢噻二嗪-2-硫酮，低毒性，可用于食品级纸种
有机溴类化合物	乙基溴代乙酸

六、荧光增白剂

荧光增白剂吸收 340～400nm 波长的不可见紫外光线，发射紫色或蓝色区域的荧光，不同产品的吸收范围略有不同，取决于光在哪一点上发射，其色度（shades）范围从带绿色的蓝光到带红色的蓝光，能与纸张日久变成的黄色形成补色而消除黄色产生增白的效果。

主要类型有二苯乙烯型、香豆素型、吡唑啉型、丙苯氧氮茂型及苯二甲酸酰胺型等。应用于水性涂料和造纸湿部、基纸涂布的表面增白及涂料的增白，但过量添加会引起色度偏黄绿而失去增白效果。

第五节　卤化银涂布液

卤化银感光材料涂布包括一次单层涂布和一次多层涂布，其中一次多层涂布根据产品功能分为 2～7 层不等，包括感光层、辅助功能层、保护层等，所以，感光材料涂布液需要满足不同功能涂层需求。

感光涂布液主要由照相乳剂和各种照相补加剂组成。生产中可能用到油乳，油乳是将成色剂用有机溶剂溶解后分散在明胶溶液中，形成的符合特定晶体要求的均相乳浊液。

一、照相乳剂

照相乳剂是卤化银晶体分散在明胶溶液中形成的具有感光特性的黄色或乳白色的乳胶液。基本过程及构成如下。

1. 乳化过程

计算机控制双注法乳化合成单分散高解像力乳剂立方体颗粒，以明胶为乳剂颗粒的分散支撑材料。NaCl 和 KBr 为卤盐，三丁酯为抑泡剂，硫醚为整形剂，铱盐在乳剂颗粒内部起电子陷阱作用，提高乳剂感光度。

（1）底液（A）配制

底液即为含有一定卤盐的明胶溶液，其作用在于防止卤化银微晶的凝聚和沉降，使卤化银晶体处于稳定的分散状态，此即明胶的保护作用。

底液配制操作温度 50℃，成分及比例如下：

水	2000 mL
明胶（酸性）	10g
NaCl	1.68g
三丁酯	1 mL
硫醚	10 mL

（2）双注乳化过程

双注乳化是将银液与卤液同时注入到充分搅拌下的胶液中，胶液中可含适量卤盐。这种混合方式可控制卤化银沉淀过程中卤离子浓度恒定。当最初的卤化银核生成后，通过混合速度的正确控制，使其只能不断增长，而不再形成新核，因而形成结晶形状和大小均一的卤化银颗粒，分布窄，反差高。

乳化结束后，将乳剂在一定温度下继续搅拌一段时间，使乳化时形成的卤化银小颗粒逐渐长大至适宜尺寸。由于颗粒成长是物理过程而称为物理成熟，又由于这一过程是先于化学成熟，亦称第一成熟或前成熟。

双注乳化操作过程控制如图 2-5 所示，过程温度控制 50℃。反应液配比见表 2-23 所示。

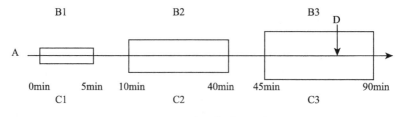

图 2-5　双注乳化过程示意

表 2-23　双注乳化反应液配比

	卤盐液（B）		银液（C）	
一液	NaCl KBr	3. 36g 6. 3g	硝酸银	10g
	水	40 mL	水	40 mL
二液	NaCl KBr	5. 88g 152. 8g	硝酸银	220g
	水	500 mL	水	500 mL
三液	NaCl KBr	5. 88g 152. 8g	硝酸银	220g
	水	500 mL	水	500g
D	铱盐	10 mL		

（3）沉降水洗

沉降法是利用明胶的凝聚作用使明胶在发生凝聚的同时与卤化银一起沉降，然后吸出母液以除去可溶性盐类，再经水洗除去多余的无机离子。操作方式是在乳化结束后，向乳液中加入沉降剂，醋酸溶液，调整 pH 值并控制水温低于 20℃水洗 3～4 遍，检测合格的乳剂冷冻保存。

沉降剂　　　　　110 mL　　　乳化结束加入

醋酸 10％　　　90 mL　　　　降温至 30℃加入

（4）复溶

乳剂经水洗处理后，再加水及碱，使其 pH 值升至明胶等电点之上，明胶分子羧基恢复水溶性，加热搅拌成卤化银乳液的过程即为复溶。

涂布前，将冷冻乳剂水浴 40℃复溶，涂布前补充添加剂调整性能。

水　　　　　　　　　　　1600 mL

NaCO$_3$（100g/L）　　　　20 mL

明胶　　　　　　　　　　190 g

2. 二成熟过程

在二成熟阶段，明胶中的微量杂质或人工添加物与卤化银晶体之间通过复杂的化学反应，在晶体表面形成 Ag、Ag$_2$S、Au 等感光中心，或称增感中心，显著提高乳剂的感光度。此阶段为化学成熟，由于它后于物理成熟，亦称第二成熟或后成熟。

可用硫金化学增感剂进行化学增感，加入防灰雾剂和稳定剂提高乳剂的稳定性和照相性能，加入苯酚防腐。

乳剂	1kg	金盐	5 mL
防灰雾剂	5 mL	583	40 mL
硫代硫酸钠	5 mL	苯酚	10 mL

3. 光谱增感过程

光谱增感，是在乳剂中加入一种光谱增感染料。这种染料能够吸收某种色光，并把吸收的光能量转移给卤化银，使之对该波段色光感光。光谱增感染料在扩大乳剂感光范围的同时，提高乳剂光谱感光度。

乳剂	1kg
增感染料 1	15 mL
增感染料 2	20 mL
增感染料 3	20 mL

增感染料根据具体配方要求进行选择添加。

增感温度为 40～50℃，时间 30min，光谱增感结束时冷却到室温。

4. 涂布过程

根据感光材料的性能要求，把经过熔化和补加（如表面活性剂等）所完成的照相乳剂及各辅助涂层溶液，定量地均匀涂布在运动着的支持体上，经过干燥成为感光材料，此谓涂布工艺过程，包括熔化、涂布、干燥、收卷。熔化工艺是指照明乳剂和各辅助涂层溶液的准备，包括乳剂称量、熔化、补加剂加入、过滤、恒温静置等操作，干燥过程包括涂层的定型、干燥、平衡（回潮）。

（1）感光层

乳剂	1kg	D-1	15 mL
B-1	20 mL	D-2	10 mL
F-1	5 mL	J-1	50 mL
F-2	10 mL	P-1	50 mL

（2）保护层

明胶	70g	D-2	10 mL
水	1800 mL	E-1	15 mL
C-1	5 mL	J-1	60 mL
D-1	15 mL	P-2	30 mL

感光层中，B-1 为增感染料，F-1、F-2 为防灰雾剂，降低胶片的灰雾；D-1、D-2 为表面活性调节剂，调节涂布液的表面张力，降低涂布液表面张力，有利于涂层在支持体上的铺展或多层匹配的需要；J-1 为坚膜剂，与明胶发生交联反应，提高涂布液的黏度和后期的使用强度；P-1、P-2 为增黏剂，调节感光层和保护层的黏度，保证涂布液的层流特性；C-1、E-1 是增塑剂、防静电剂、防污

染剂、防粘连剂等其他补加剂。

为满足使用需要，有些产品保护层的补加剂种类比感光层的补加剂还多。

二、卤化银体系涂布液主要功能助剂

根据产品的照相性能、物理机械性能以及客户应用性能等不同需求，涂布液中加入各种功能助剂来保证产品性能。这些功能助剂称为涂布液的补加剂，通常在涂布液的溶解过程中按次序、分时段、定时定量加入。卤化银体系的涂布液中涉及的补加剂主要如下。

1. 完善照相性能的补加剂

（1）光谱增感剂。这是一种能使乳剂的感光范围超越卤化银固有的感蓝紫光的范围，使之能扩大感光区至绿光、红光甚至到红外区的化合物。这种特殊的染料称光谱增感剂。

（2）稳定剂。保持感光材料在存放过程中照相性能稳定，防止发生感光度衰退、灰雾增长变化的化合物。它具有与卤化银中银离子形成络合物的能力，起到抑制继续成熟和阻止银离子还原成金属银的倾向，从而具有能使乳剂感光度衰退小，灰雾增长慢和保持照相性能稳定的作用。

（3）防灰雾剂。能防止照相乳剂灰雾上升，具有与卤化银中的银离子形成络合物的能力，起到阻止银离子转变为银原子作用的化合物。

（4）显影促进剂。能够帮助显影剂完成显影作用或者加速显影剂显影作用的化合物。

（5）防污染剂。防止彩色显影剂在彩色显影过程中被氧化时产生的"染色灰雾"的化合物，提高彩色照相材料的彩色还原和清晰度。

（6）遮盖力剂。大多是高分子化合物，它改变银颗粒的表面状态和排列情况，使显影银的遮盖力提高，增加银影密度。

2. 成色剂

多层彩色片是由感蓝、感绿、感红三种不同乳剂层组成。每个乳剂层中除了有加入各不同层增感染料的卤化银外，还有能生成各感色层补色的成色剂。成色剂是一种染料中间体，它本身无色（马斯克成色剂除外），但在显影时与显影氧化物起化学反应生成染料。根据成色剂发色基团不同分成黄、品红、青三类成色剂。

3. 改善光学性能的补加剂

包括内防光晕染料、紫外吸收剂、荧光增白剂、调色剂。

（1）内防光晕染料。它是能吸收乳剂颗粒表面和片基界面反射光、散射光及入射光产生的光晕现象，提高胶片解像力和清晰度的一种染料，也称阻光染料。一般有阻蓝、阻绿、阻红三种染料。它的水溶性好，最大吸收波长要与乳剂层的最大感光波长相一致，加入后会引起减感，用量要适度。

（2）紫外吸收剂。能吸收紫外线的化合物，将紫外线拦截于彩色画面之外，防止因紫外线照射作用下引起照片画面褪色。

（3）荧光增白剂。提高非影像区域的白度，吸收紫外线而放出可见光的化合物，又称光学增白剂，可提高画面的低密度部位的白度，使照片更明亮。

（4）调色剂。改善黑白相纸银影色调的化合物，将显影银由松散状态成为紧密状态而呈蓝黑色调，使黑白照片的色调清晰明快。

4. 改善物化性能的补加剂

包括表面活性剂、防腐剂、络合剂、pH 值调节剂、防静电剂、防粘连剂、增黏剂等。

（1）表面活性剂。降低涂布液表面张力，提高润湿性能以利涂布铺展，并能与物料中某些油性杂质起乳化或增溶作用，避免某些涂布缺陷。

（2）防腐剂。抑制或杀死细菌和真菌，防止熔化过程中微生物细菌的滋生，一般配制成 50％的水溶液，在熔化开始时缓慢加入。

（3）络合剂。与重金属离子产生络合作用，消除由于重金属离子形成的斑点。

（4）pH 值调节剂。酸或碱的化合物，调整涂布液的 pH 值，使物料性能稳定。徐徐加入，并搅拌十几分钟，防止出现胶的聚集和物料的析出。

（5）防静电剂。无机盐类的化合物，增加感光材料的导电性能，消除静电荷的聚集。

（6）防粘连剂。是防止感光材料粘连的化合物，它使胶片表面形成粗糙状态，产生毛面现象，使胶片间减少接触进而减少粘连。

（7）增黏剂。一般用含有大量阴离子基团的高分子聚合物，能与明胶中的氨基发生交联键合作用形成网状结构，提高黏度。

主要参考文献

［1］洪啸吟，冯汉保编著. 涂料化学. 北京：科学出版社，1997.

［2］姚荣国. 在卤化银感光材料中应用的表面活性剂. 感光材料，1986（5）：45 -49.

［3］罗玉干. 油乳分散工艺优化. 感光材料，1995（3）35-37.

［4］李路海. 印刷包装功能材料. 北京：中国轻工业出版社，2013.

［5］周春隆，穆振义编著. 有机颜料结构、特性及应用. 化学工业出版社［M］，2002（1）.

［6］盖恒军，胡开堂. 颜料粒度分布对涂层光学性能的影响. 纸和造纸［J］，2003（4）：18.

第3章 涂布液过滤

利用多孔性介质（如滤布）截留固—液悬浮液中的固体粒子，进行固—液分离的方法，称为过滤。其中多孔性介质称为过滤介质；所处理的悬浮液称为滤浆；滤浆中被过滤介质截留的固体颗粒称为滤饼或滤渣；通过过滤介质后得到的液体称为滤液。驱使液体通过过滤介质的推动力可以是重力、压力或离心力。过滤是常用的固液物质分离手段。过滤的目的，或者在于获得滤液，或者在于获得滤饼，或者进行分离纯化。

第一节　过滤原理与分类

一、过滤原理

一般而言，过滤方式包括表面过滤、深层过滤、动力过滤三种。过滤运行又有间歇、半连续和连续等方式，前两种是间歇和半连续式出现，第三种可以连续式运行。

1. 表面过滤

借助于过滤介质的阻隔，小于过滤介质孔径的固体粒径，被阻留在过滤介质表面。形成的滤饼，其厚度随过滤时间延长而增厚。典型的过滤效率达微米级。

过滤时，悬浮液位于过滤介质的一侧，过滤介质常用多孔织物，其网孔尺寸未必一定须小于被截留的颗粒直径。在过滤操作开始阶段，会有部分颗粒进入过滤介质网孔中发生架桥现象［图3-1（b）］，也有少量颗粒穿过介质而混于滤液中。随着滤渣的逐步堆积，在介质上形成一个滤渣层，称为滤饼。不断增厚的滤饼才是真正有效的过滤介质，而穿过滤饼的液体则变为清净的滤液。通常，在操作开始阶段所得到滤液是混浊的，须经过滤饼形成之后将初级滤液返回重滤。

2. 深层过滤

深层过滤介质表面无滤饼形成，过滤是在过滤介质内部进行的。颗粒尺寸比

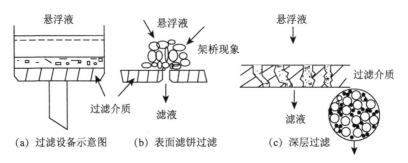

图 3-1　表面过滤与深层过滤示意

介质孔道小得多，滤材孔道弯曲细长，颗粒进入孔道后容易被截留，由于流体流过时所引起的挤压和惯性冲撞作用，颗粒紧附在孔道的壁面上。另一种理解是，深层过滤过滤元件的孔径比较大，液体中的固体，借助过滤元件表面材料比较高的比表面积，例如粒子（砂子、纤维）或毛状物吸收被阻留下来，积累到一定程度，大大提高过滤材料的阻隔性［图 3-1（c）］，进而实现过滤。

实际上，大多数过滤介质（孔径 x），是同时作为表面和深层过滤器，因为 $d > x$ 的颗粒被阻留在表面，$d < x$ 的颗粒吸附于过滤介质中间。

3. 动力过滤

过滤时，对固体颗粒施加和过滤方向相反或 90° 的外力，能防止或大大减少滤饼形成。动力过滤能长时间或连续运行。最常用的是以膜表面过滤模式运行的错流过滤，即超滤（图 3-2）。

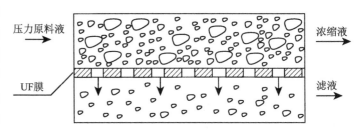

图 3-2　动力过滤之超滤原理示意

典型的超滤过滤效率达到亚微米范围，甚至达到分子量 1000 道尔顿（kDa）。

二、过滤分类

1. 按料液流动方向分类

按料液流动方向不同，过滤可分为常规过滤和错流过滤。常规过滤时，料液流动方向与过滤介质垂直；错流过滤时，料液流动方向平行于过滤介质。

2. 按操作压力分类

按操作压力不同，分为常压过滤、减压过滤和加压过滤。

3. 按过滤方式分类

按过滤方式的不同，有表层过滤和深层过滤。深层过滤器有滤芯和滤膜（板）两种。滤芯由滤材打褶、线绕、烧结等工艺加工制造，可自由地吸附或机械捕捉液体中的颗粒。

4. 微滤

微滤又称微孔过滤，是以静压差为推动力，利用膜的截留与可透过作用进行的膜分离过程。微孔过滤膜具有明显的孔道结构，主要用于截流高分子溶质或固体微粒。在静压差的作用下，小于膜孔（截留精度，通常用微米表示）的粒子通过滤膜，粒径大于膜孔径（截留精度）的粒子则被阻拦在滤材上，使粒子大小不同的组分得以分离。微滤可以截留亚微米甚至纳米尺寸的物质。

根据微粒在膜中截留位置，分为表面截留和内部截留。截留机理主要有三种。

（1）筛分。膜拦截比其孔径大或与孔径相当的微粒，也称机械截留。

（2）吸附。微粒通过物理化学吸附而被膜截获。因此，即使微粒尺寸小于孔径，也能因吸附而被膜截留。

（3）架桥。微粒相互推挤，导致都不能进入膜孔或卡在孔中不能动弹。

筛分、吸附和架桥既可以发生在膜表面，也可发生在膜内部。

5. 超滤

超滤是一种在静压差的推动力作用下，原料液中大于膜孔的大粒子溶质被膜截留，小于膜孔的小溶质粒子通过滤膜，从而实现分离的过程。与微滤类似，超滤膜截留溶质的机理有吸附、架桥和筛分。超滤膜比微滤膜的孔径更小，一般认为其分离机理是机械筛分原理。

6. 反渗透

反渗透是以膜两侧静压差为推动力，克服溶剂的渗透压，通过反渗透膜的选择性透过，使溶剂（通常是水）透过而离子物质被截留，从而实现对液体混合物进行膜分离的过程。反渗透同纳滤（NF）、超滤（UF）、微滤（MF）一样，均属于压力驱动型膜分离技术，操作压差一般为 1.0～10.0MPa 或更大，截留组分可以为达到大于溶剂分子（例如水）的小分子溶质。

第二节　过滤材料

一、滤材及其类型

过滤介质也称滤材，由惰性材料制成，既不与滤液起反应，也不吸附或很少吸附待滤液中的有效成分，耐酸、耐碱、耐热。适用于各种滤液，要求过滤阻力小、滤速快、反复应用易清洗；还应具有足够的机械强度，价廉易得。

许多材料可以作为过滤介质，一般包括下列类型：

①滤纸。常用滤纸的孔径为 $1\sim30\mu m$。

②脱脂棉。

③织物介质。包括棉织品纱布、纤维线绳、帆布等。

④烧结金属过滤介质。

⑤多孔塑料过滤介质。

⑥垂熔玻璃过滤介质。

⑦多孔陶瓷。

⑧微孔滤膜。

二、滤袋

袋式精密过滤器，由滤袋、滤筐、容器三部分构成一个简便、高效、经济的过滤系统。需要过滤的流体，从上口进入滤袋，杂质被阻挡在袋内，从而得到清洁的流体。由于其使用方便、经济合理，因而广泛应用于石油产品、化工产品、化妆品、油漆、油墨、食品及饮料、污水等方面过滤。

过滤机内部由金属网篮支撑滤袋，液体由入口流进，经滤袋过滤后从出口流出，杂质被拦截在滤袋中，更换滤袋后可继续使用。

滤袋一般由无纺布缝制，它不仅可以应用于气—固相过滤，还可以应用于液—固相和液—液相过滤。离心机过滤以及许多油漆和油墨过滤，都可以通过滤袋实现。

袋式精密过滤器流通能力和过滤效率高，成本低、操作便利、清洗方便、耐腐蚀。适用于任何微细颗粒（少于 1000ppm）的过滤。过滤范围 $1\sim1000\mu m$，能力 $1\sim1000m^3/h$。

三、滤芯

滤芯式液体过滤器主要包括滤器和滤芯两部分。不同材质和不同精度的滤芯，可有效除去各种微小杂质。滤芯种类很多，包括纤维烧结滤芯、热熔黏接复合纤维滤芯、缠绕式滤芯、折叠筒式滤芯和 PE 系列折叠滤芯，不锈钢粉末烧结管、不锈钢丝网滤芯和不锈钢丝网烧结板等。用于深层过滤的滤芯主要为缠绕式、折叠式（图3-3）；烧结式滤芯主要用于表层过滤。不同结构的滤芯构成及其性能见表3-1。

表3-1 不同结构滤芯构成性能一览表

名称	结构及特点
折叠多孔膜滤芯	过滤精度高，有效过滤面积大，高纯去离子水的终端过滤和使用点过滤；膜材料：复合玻璃纤维、聚丙烯膜、尼龙膜、聚醚砜膜、PTFE 膜等。

续表

名称	结构及特点
熔喷聚丙烯滤芯	采用无毒、无味的100%纯聚丙烯为原料,经熔融、喷射、牵引、接收形成的管状滤芯; 外层粗滤面,保证足够的纳污面,减小过滤阻力,从内到外梯度变化; 应用于石油、化工、水处理、PCB印刷线路板、制药、电子等行业
线绕滤芯	线绕滤芯由纺织纤维以特定方式缠绕在多孔骨架上形成; 骨架:聚丙烯、不锈钢; 缠绕层材质:聚丙烯、漂白棉、玻璃纤维
活性炭滤芯	集吸附、过滤、截获、催化等作用于一体,耐酸、碱及各种有机溶液,比颗粒活性炭过滤能力强; 具有良好的除氯、除臭、除有机化合物的性能
树脂黏结过滤芯	由木质纤维素与酚醛树脂或密胺树脂制成管状纤维结合物,高温烘烤形成高刚度滤芯,滤芯表面的沟槽设计,提高过滤流量和使用寿命; 特别适合黏稠液体、油墨、涂料、油漆、食品、饮料等的过滤
金属过滤芯	不锈钢纤维烧结毡和不锈钢编织网,波纹状滤芯具有孔隙率高、过滤面积大、纳污能力强、再用性强; 不锈钢编织网波纹状滤芯强度好、不易脱落、容易清洗、耐高温、使用经济; 用于高分子聚合物及药品、液压油、水处理、高温气体等介质的过滤

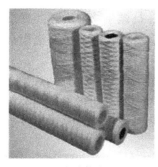 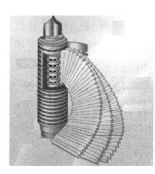 

（a）缠绕式　　　　　　　（b）折叠式　　　　　　　（c）烧结式

图 3-3　缠绕式、折叠式、烧结滤芯

四、滤膜及膜组件

按膜的孔径大小分,有微滤膜（0.025~10μm）、超滤膜（0.001~0.02μm）、反渗透膜（0.0001~0.001μm）、纳滤膜（平均孔直径2nm）。按膜结构分,有对称性膜和复合膜。按照膜的构成材料,分为有机合成聚合物膜、无机材料膜等。

结合材质及功能分类如图3-4所示。

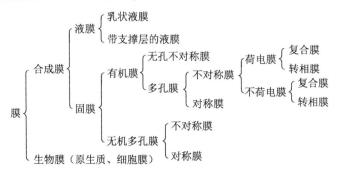

图3-4　滤膜及膜组件分类图示

过滤膜必须具有耐压、耐温、耐酸碱性、化学相容、生物相容、成本低等特性。

目前重点关注的，是以氧化铝、氧化钛、氧化锆等材料经特殊工艺制备而成的多孔非对称陶瓷膜。陶瓷膜过滤是一种"错流过滤"形式的流体分离过程。在压力的驱动下，原料液在膜管内流动，小分子物质透过膜，含大分子组分的浓缩液被膜截留，从而使流体达到分离、浓缩、纯化的目的。

陶瓷膜的过滤精度涵盖微滤和超滤，微滤膜的过滤孔径范围在 $0.05 \sim 1.4 \mu m$ 之间，超滤膜的过滤精度范围可在 $10 \sim 50 kDa$ 之间，可根据物料的黏度、悬浮物含量，选择不同孔径的膜，达到澄清分离的目的。

无机陶瓷膜具有耐高温、耐化学腐蚀、机械强度高、抗微生物能力强、渗透量大、可清洗性强、孔径分布窄、分离性能好和使用寿命长等特点，主要应用在化工与石油化工、食品、生物和医药等领域。

由膜、固定膜的支撑体、间隔物（spacer）以及收纳这些部件的容器构成的一个单元（unit），称为膜组件（membrane module）或膜装置。膜组件的结构根据膜的形式而异，目前市售商品膜组件，主要有平板式、管式、螺旋卷式和中空纤维（毛细管）式四种，如表3-2所示。

表3-2　膜组件及其特点一览表

形　式	优　点	缺　点
管式	易清洗，无死角，适于处理含固体较多的料液，单根管子可以调换	保留体积大，单位体积中所含过滤面积较小，压降大
中空纤维式	保留体积小，单位体积所含过滤面积较大，可以逆洗，操作压力较低，动力消耗较低	料液需预处理，单根纤维损坏时，需调换整个膜件

续表

形　式	优　点	缺　点
螺旋卷式	单位体积中所含过滤面积大，换新膜容易	料液需预处理，压降大
平板式	保留体积小，能耗介于管式和螺旋卷式之间	死角体积较大

第三节　过滤装置

一、普通漏斗

莲蓬漏斗和布氏漏斗，常用滤纸、长纤维和脱脂棉以及绢布等作过滤介质。莲蓬漏斗主要应用于从罐体中，吸收滤液，在涂布液过滤中，应用较少。莲蓬漏斗和布氏漏斗如图 3-5 所示。

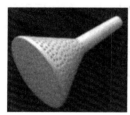

（a）莲蓬漏斗　　　　　　　　（b）布氏漏斗

图 3-5　莲蓬漏斗和布氏漏斗

二、垂熔玻璃滤器

系以硬质玻璃烧结成具有一定孔径的滤板，再黏结不同规格的漏斗、滤球而成。按滤板孔径大小分为 1～6 六种规格，由于厂家不同，代号不同。一般 1～2 号滤除大颗粒的沉淀，3～4 号滤除细沉淀物，5～6 号可滤除细菌。应用时在板上面盖 1～2 层纸，减压即可。

分为垂熔玻璃漏斗、滤球和滤棒三种。

三、砂滤棒

主要有两种，一种是硅藻土滤棒，另一种是多孔素瓷滤棒。硅藻土滤棒的主要成分为 SiO_2、Al_2O_3。根据自然滴滤速度分为粗号（500 mL/min 以上）、中号（300～500 mL/min）及细号（300 mL/min 以下）三种规格。此种过滤器质地较松散，一般适用于黏度高，浓度较大滤液的过滤。多孔素瓷滤棒系白陶土烧结而成，此种滤器质地致密，滤速慢，特别适用于低黏度液体的过滤。砂滤棒和砂滤器如图 3-6 所示。

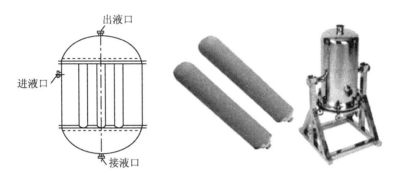

图 3-6　砂滤棒与砂滤器

四、板框式压滤机

由多个中空滤框和实心滤板交替排列在支架上组成，是一种加压下间歇操作的过滤设备（图 3-7）。广泛应用于培养基制备的过滤及霉菌、放线菌、酵母菌和细菌等多种发酵液的固液分离。适合于固体含量 1％～10％的悬浮液的分离。

优点是过滤面积大、结构简单、价格低，动力消耗少，对不同过滤特性的发酵液适应性强。缺点在于不能连续操作、设备笨重、劳动强度大、卫生条件差，非过滤的辅助时间长。

五、微孔滤膜过滤器

常用的有圆盘形和圆筒形两种（图 3-8）。在过滤薄膜上分布有大量的穿透性微孔，孔径规格 0.025～14μm。微孔滤膜主要用于注射剂的精滤或末端过滤，也可用于除菌过滤以及细菌、癌细胞、寄生虫等检验。

优点是孔径小而均匀、截留能力强，质地轻而薄（0.1～0.15mm），孔隙率高（微孔体积占薄膜总体积的 80％左右），液体通过薄膜时阻力小、滤速快，与同样截留指标的其他过滤介质相比，滤速快 40 倍；滤膜吸附少，不滞留药液等。缺点是易堵塞，有些纤维素类滤膜稳定性不理想。

六、工业过滤器

1. 管道类过滤器

工业过滤器由壳体、多元滤芯、反冲洗机构、电控箱、减速机、电动阀门和差压控制器等部分组成。壳体内的横隔板将其内腔分为上、下两腔，上腔内配有

（a）外观

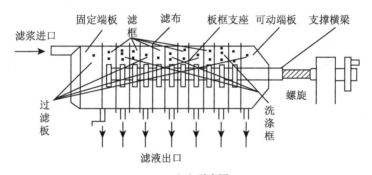

（b）示意图

图 3-7　板框式压滤机

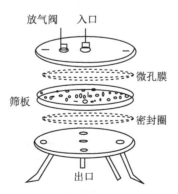

图 3-8　微孔膜圆盘式过滤器外观及主要构件示意

多个过滤芯，充分利用过滤空间，缩小过滤器的体积，下腔内安装有反冲洗吸盘。工作时，浊液经入口进入过滤器下腔，又经隔板孔进入滤芯的内腔。大于过滤芯缝隙的杂质被截留，净液穿过缝隙到达上腔，从出口送出。图 3-9 是 T 形管道过滤器的示意图。其他多种管道过滤器，可以参见有关文献介绍。

2. 离心机过滤器

离心机是利用离心力，分离液体与固体颗粒或液体与液体的混合物中各组分的机械。离心机适用于低黏度物料过滤操作。

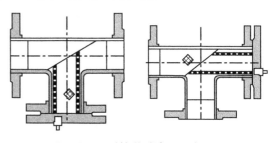

图3-9　T型管道过滤器示意

按结构和分离要求，将工业用离心机分为过滤离心机、沉降离心机和分离机三类。

离心机有一个绕本身轴线高速旋转的圆筒，称为转鼓，通常由电动机驱动。转鼓壁上有许多小孔，壁内有过滤网（滤布），悬浮液在转鼓内旋转，靠离心力把液相甩出筛网，而固相颗粒被筛网截留，形成滤饼，从而实现固、液分离。悬浮液（或乳浊液）加入转鼓后，被迅速带动与转鼓同速旋转，在离心力作用下，各组分分离，并分别排出。通常，转鼓转速越高，分离效果也越好。适应于固相含量高、固体颗粒较大的悬浮液（$d > 10\mu m$）。

常见机型有三足式（图3-10）、上悬式、刮刀卸料式、活塞卸料式、离心卸料式等。

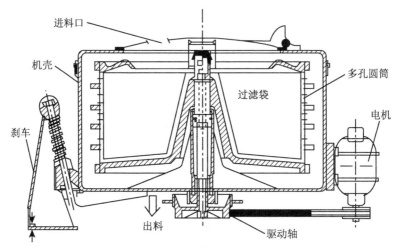

图3-10　三足式上部卸料离心机工作原理示意

离心分离机的作用原理有离心过滤和离心沉降两种。离心过滤是使悬浮液在离心力场下产生的离心压力，作用在过滤介质上，使液体通过过滤介质成为滤液，而固体颗粒被截留在过滤介质表面，从而实现液—固分离。离心沉降是利用悬浮液（或乳浊液）密度不同的各组分在离心力场中迅速沉降分层的原理，实现液—固（或液—液）分离。

通常，对于含有粒度大于 0.01mm 颗粒的悬浮液，可选用过滤离心机；对于悬浮液中颗粒细小或可压缩变形的，则宜选用沉降离心机；对于悬浮液含固体量低、颗粒微小和对液体澄清度要求高时，应选用分离机。

（1）粗颗粒悬浮液：粒径 $d>50$ μm

高浓度悬浮液：浓度 $>10\%$ 选用过滤式离心机

（2）细颗粒悬浮液：粒径 $d<50$ μm

低浓度悬浮液：浓度 $<10\%$ 选用沉降式离心机或过滤机

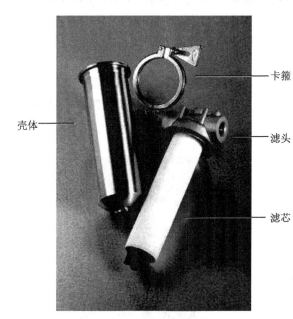

壳体

卡箍

滤头

滤芯

图 3-11　滤芯式过滤器样品

离心机噪声大，生产能力强，但使用不当，如转头超速、超载、不平衡等，都有可能损坏仪器，甚至炸头，威胁人身安全，所以要特别注意安全，按照规程操作。一定要等机器停稳以后，才能打开桶盖出料。

3. 滤芯式过滤器

滤芯式过滤器由滤芯和滤壳两部分组成（图 3-11）。其特点是结构紧凑，操作方便，滤液损失少，环保安全，适应面广，用于工业生产与加工制造各个工艺工序的过滤。

折叠式滤芯、聚合物熔喷纤维滤芯、纤维烧结滤芯、热熔黏结复合纤维滤芯、缠绕式滤芯、不锈钢粉末烧结滤芯、不锈钢丝网滤芯和不锈钢丝网粉末烧结滤芯等都适合安装。滤材可以是有机聚合物膜或无机膜，有机纤维或无机纤维，金属丝、粉末烧结或它们的复合体。不同滤材可以有不同精度和特性，相同滤材也可以有不同精度和流量特性，再加上滤芯结构尺寸或构型的多样性，故工业上应用的滤芯选择非常广泛，但主要依据过滤流体的特性如过滤器与过滤液的化学相容性、对颗粒物的去除要求和工艺参数（温度、压力、流量、黏度等）决定。

滤壳的材料可以是金属如不锈钢，也可以是塑料如聚丙烯或氟聚合物。过滤器滤壳有供过滤液体通过的进口和出口，还有排气口、排污口和压力表安装口，便于过滤器启用、运行和更换安装。

滤壳的大小和与之相配套的滤芯长度通常根据过滤量、预计更换周期和允许的安装空间确定。有的工艺要求单位时间内过滤量大，这时单个过滤器滤壳中要安装多支滤芯。

七、囊式过滤器

在线涂布与打印过滤中，囊式过滤器是重要的一类。它具有过滤面积大、体积小又轻便、利于安装与更换、过滤液浪费少的特点，特别适合空间有限的机台、价值较贵的流体、易受环境影响或对环境产生不利的流体和要求轻便的地方使用。

囊式过滤器是把滤芯和滤壳结合在一起的一次性过滤器，其壳体可以是聚丙烯、可熔性聚四氟乙烯 PFA、高密度聚乙烯或其他高分子材料，通常具有进、出、排气和排液等连接口，连接方式有软管接头、NPT 或公制螺纹接头和鲁尔快接头等。囊式过滤器如图 3-12 所示。

囊式过滤器中的滤芯可以是尼龙膜、聚四氟乙烯膜、聚砜或聚醚砜膜、聚丙烯纤维和树脂固结玻璃纤维等折叠式滤芯，也可以是聚丙烯熔喷纤维深层或深层折叠滤芯。

（a）MAC型　　　　　　　　　　　　　（b）DFAC型

图 3-12　囊式过滤器样品

八、实验室过滤器

1. 滤膜夹持器

滤膜夹持器（图 3-13）可用于实验室规模研究试验，夹持器中可以放置不同材质或精度的滤膜，通常 47mm 直径的滤膜应用较多。待过滤流体在压力（泵或压缩气体）的驱动下由进口进入夹持器，通过安装在夹持器中的滤膜实现过滤。

图 3-13　滤膜夹持器样品

　　基于试验流体过滤量和滤出液的品质，对流体相对于试验滤膜的可滤性和滤膜精度的选择进行评价，当然它本身也可用于过滤液样品的制备。

2. 实验室用小过滤器

　　实验室用小过滤器主要由 1 英寸长滤芯和与之配套的滤壳组成（图 3-14），用于可滤性试验、过滤器选择、过滤后流体质量评价和小规模生产制备（图 3-15）。1 英寸长深层滤芯、膜式滤芯、折叠滤芯和深层折叠滤芯都适合使用，滤材与精度也可以根据过滤流体的性质、过滤目的和要求选择。

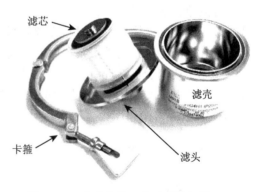

图 3-14　实验室用 1 英寸过滤器样品

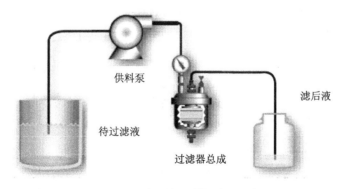

图 3-15　实验室可滤性试验示意

对低黏度流体（1～15MPa·s），过滤初始流量通常控制在 200 mL/min 左右，而对于较高黏度流体（16～40MPa·s），过滤初始流量通常控制在 100 mL/min 左右。

九、其他

还有超滤装置、钛滤器、多孔聚乙烯烧结管过滤器等。伴随过滤技术的进展，各种各样的过滤设备，层出不穷，基本原理相同，主要是形式上变化。

第四节　过滤在涂布液制备中的应用

一、超滤应用

理论上，所有过滤器在涂布液研究与生产中，都可以应用。实际上，在通过过滤控制涂布液性能方面，需要根据液体特点以及涂布产品要求，选择不同的过滤方式。高黏度流体，过滤材料需要比较高的强度，电子产品微细流体，需要选择微细孔径的滤材，高档次浆料生产用去离子水，离不开超滤技术应用。

超滤主要用于料液澄清、溶质的截留浓缩及溶质之间的分离。其分离范围为相对分子质量 $500 \sim 1 \times 10^6$ 的大分子物质和胶体物质，相对应粒子的直径为 $0.005 \sim 0.1 \mu m$。操作压力一般为 $0.1 \sim 0.5 MPa$。

二、微细颗粒用过滤技术

有许多过滤形式，如板式过滤、筒式过滤、薄膜过滤等应用于工业微细颗粒过滤。筒式过滤的过滤小室允许容留气泡，如果过滤操作时有空气垫，则过滤器起到料液输送系统压力脉动缓冲器的作用。

过滤技术与设备的选择，与过滤颗粒的粒径有直接关系，如图 3-16 所示。

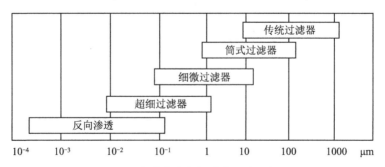

图 3-16　细小颗粒过滤技术与过滤方式对应关系示意图

第五节　过滤器应用实例

一、过滤器应用需要考虑的因素

1. 过滤溶液的化学性质

过滤器与过滤溶液应该具有良好的化学相容性。过滤器在使用中是稳定的，既不会被过滤溶液所腐蚀或降解，也不会释放自身物质到过滤溶液中去。

2. 混合物中悬浮颗粒的性质和大小

一般情况下，悬浮颗粒越大，粒子越坚硬，大小越均匀，过滤越容易进行。有些涂布液中含有树脂或聚合物，其凝胶类颗粒在较高静压差下过滤时会产生形变，在较低的静压差下过滤有利于凝胶类颗粒的去除。

3. 混合液的黏度

流体黏度越大，过滤时产生的阻力越大，过滤越困难。通常混合液的组成越复杂，浓度越高，黏度越大。

4. 操作条件

压力容器，非压力容器，温度升高，流体黏度降低。调整 pH 值也可改变流体黏度。

5. 助滤剂及其使用

助滤剂是一种不可压缩的多孔微粒，它能使滤饼疏松，吸附胶体，扩大过滤面积，滤速增大。

常用的助滤剂有硅藻土、纤维素、石棉粉、珍珠岩、白土、炭粒、淀粉等，其中最常用的是硅藻土。助滤剂的使用有两种方法，一种是在过滤介质表面预涂助滤剂，另一种是直接加入发酵液，也可两种方法同时兼用。使用方面有一系列注意事项，例如预涂助滤剂时，间隙操作助滤剂的最小厚度为 2mm，连续操作则要根据所需的过滤速率来确定。

6. 多级过滤

对悬浮颗粒含量高或去除颗粒负担重的溶液，可以考虑多级过滤的方法来优化过滤过程。多级过滤器的选择通常是由粗到细，粗过滤器容污能力大，在前面作为预过滤器把大颗粒去除，减轻后面过滤器的负担，延长过滤器的使用寿命。终过滤器精度较高，可以去除尺寸更小的颗粒，确保流体品质以实现过滤目标。

二、过滤器在光敏乳胶制备和涂布工艺中的应用

光敏乳胶制备过程由多个操作单元组成（如图 3-17 所示），多数单元都有物料加入，都有可能带入污染物颗粒，而最终产品光敏乳胶中含有较大的卤化银颗

粒，没有办法在最终一步既保留卤化银颗粒，又去除其他污染物颗粒。故分散过滤是一种有效的解决方法，即在加入物料的每个操作单元实施过滤。

为了防止和减少涂布工艺中因颗粒污染物导致条道、拉丝、划伤、刮伤、点子和砂眼等不良缺陷，涂布工艺中的过滤（见图3-18）亦同样重要。

图3-17中1～7过滤器和图3-18中1～4过滤器通常采用微滤滤芯，尼龙、聚砜、聚醚砜和聚丙烯等折叠膜式过滤器及聚丙烯纤维深层或深层折叠过滤器都可以选用。过滤精度从0.2μm到数十微米不等，对清洗水、溶剂和水性化学溶液，过滤精度要求高，达亚微米级，对感光乳胶悬浮液的过滤，要让有效颗粒通过，则过滤精度较粗。过滤器滤壳可以是塑料或不锈钢金属，由所过滤物质的化学相容性确定。

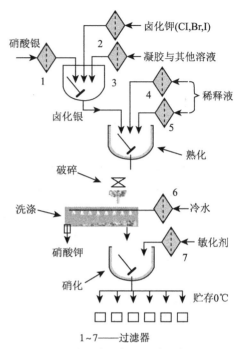

图3-17 光敏乳胶制备中过滤器应用示意

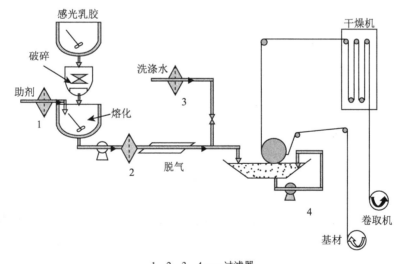

图3-18 光敏乳胶涂布中过滤器应用示意

过滤器的大小由过滤液的流量和料液工作状态时的黏度决定，流量大，黏度

高，要求过滤器面积大，滤芯的长度大或支数多。一般控制过滤器的初始静压差
在 0.02MPa 以下。

三、过滤器在数字打印系统中的应用

过滤技术在数字打印系统中的应用有助于保护精细的打印，让系统连续稳定
运行和保持均匀一致的打印质量。打印墨水在贮运过程中可能会有凝胶或不溶物
存在，需要用过滤方法去除，过滤器安装在数字打印系统中供墨泵的后面，称为
前端过滤器。为了捕获设备老化或磨损产生的碎片，在数字打印系统打印头二级
墨盒前需要配置过滤器，称为终端过滤器（图 3-19）。

前端过滤器一般采用囊式过滤器（图 3-20），容易监控和更换，有多种接口
可供选择，过滤精度为 1～5μm，应达到打印喷嘴孔径的 1/10。熔喷纤维深层滤
芯或折叠滤芯应用较多，其过滤面积较大，容污能力强，承担去除凝胶和污染物
颗粒的主要任务。塑料滤壳可耐压 0.6MPa 以上，除通常使用的白色滤壳外，对
光敏感和需防紫外线墨水要采用黑色滤壳。

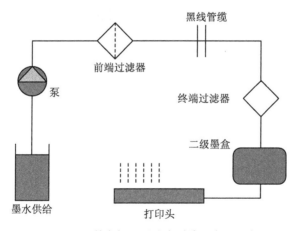

图 3-19　数字打印系统中过滤器应用示意

终端过滤器是打印喷头的最终保护过滤器，精度为 6～20μm，应达到打印喷嘴孔
径的 1/2。终端过滤器（图 3-21）有 25mm、37mm 和 50mm 多种规格，接口有鲁尔和
Jaco 等快接头与打印系统配套。对光敏感和需防紫外线墨水需采用黑色滤壳。

图 3-20　前端过滤器　　　　　　　图 3-21　终端过滤器

参考文献

[1]　王志魁编. 化工原理. 北京：化学工业出版社，2005 年 3 月第一版.

[2]　冷士良，陆清，宋志轩主编. 化工单元操作设备. 北京：化学工业出版社，
　　　 2007 年 8 月第一版.

[3]　赵伯元译. 现代涂布干燥技术. 北京：中国轻工业出版社，1999 年 10 月第一
　　　 版.

[4]　美国颇尔公司技术资料.

第4章 消泡与脱气

所谓泡沫，就是液体中的气体（通常是空气），也即在互相连接的液膜间所含的气体，又称为气泡。尺寸大的几厘米，小的 $1\mu m$ 以下。根据处于液体中的气泡的大小和形态，可以分成游离气泡和溶解气泡两类。游离气泡以个体的方式存在于液体中，能够从液体中逸出，当涂布到支持体上时，会形成气泡弊病；溶解气泡是一种肉眼看不到的气泡，或者是气体以分子的方式完全溶解于液体中，在条件没有突变时，不容易从液体中游离出来，涂布后不形成气泡弊病。两者在一定条件下可互相转换。比如在输送涂液过程中，当温度或压力发生突变时，溶解气泡就可能从液体中重新聚集游离出来，形成游离态气泡。

1. 气泡形成影响因素

（1）在液相、气相界面的表面活性剂倾向于形成较低的表面张力，促使形成气泡。

（2）涂布液中的很多成分都易促成气泡，如天然胶黏剂中的杂质、乳化剂、合成胶乳分散剂、乳化剂等。

（3）涂布液的快速搅拌及施涂过程，改变了体系的自由能，易将表面气泡带到浆液内。

2. 气泡对涂布的影响

（1）涂布液中的气泡会增加系统黏度，并可改变涂布液密度或比容，使其体积增加，导致涂布量不准确。泡沫所占体积越大，固含量越低。

（2）若细微的气泡充斥液体或泡沫在表面，浓缩难以分离和消去，就会造成涂布液流动性差，无法使用，或导致管道流动和传送问题。

（3）含有气泡的涂布液施涂于纸上后，气泡在干燥时破裂，使纸表面产生疵点，若是涂布印刷纸，就会在印刷后留下色斑点。

3. 控制泡沫产生的措施

控制气泡产生或消除气泡，有一系列措施可用。从设计和操作角度可以控制；合理设计搅拌器形状，使料管长度达到容器底部；传送泵内部阀门和结合处密封不漏气，泵安装密封套；调节叶轮或旋转速度，安装挡板，使空气不打到涂布液中；涂布液混合时，尽可能使料液充满容器或待液体量超出搅拌桨叶时再开动搅拌；保持料盘及其他容器在满的循环状态，使之在流出口不产生涡流；不要将涂布液垂直或快速倾倒到容器中；加入泡沫控制剂。

由于气体在液体中有一定的溶解性，当环境条件改变时，气体从液体中溢出构成气泡，这些气泡的消除过程，称为脱气。气泡在涂布中存在，会造成一系列涂布弊病，因此，在大多数情况下，涂布前必须消泡。

除去液体中气体的方式有：降低贮液容器总压力，升高温度降低液体黏度，增大蒸汽压，避免流体输送过程气液接触。实际应用中的消泡方法包括但不限于：抽真空、加热、静置、加入消泡剂，缓慢机械搅拌消泡、超声波消泡等。静置消泡需要的时间长，但是成本比较低。需要根据实际情况选择使用。

第一节　消泡剂消泡

一、消泡剂

消泡剂是在液体中发挥控制泡沫产生与消除作用的物质，又称为破泡剂、防泡剂或抑泡剂等。消泡剂不仅能除去液面上的泡沫，还可改善过滤、脱水、洗涤和各种操作的排液效果，确保各类容器的处理容量，提高工业装置的生产效率。

二、消泡原理

消泡剂具有低表面张力和 HLB 值，能在泡沫体系中产生持续的表面张力不平衡，破坏泡沫体系表面黏度和弹性，使之破裂。化学消泡剂有两个特点：首先是不溶于起泡介质，它们以液滴、包裹固体质点的液滴或固体质点的形式，喷洒于起泡体系中，阻止气泡生成；其次是具有比起泡介质更低的表面张力，在气泡表面铺展，降低表面黏性，并进入液膜，使气泡破裂。水溶液消泡过程原理如图 4-1 所示。

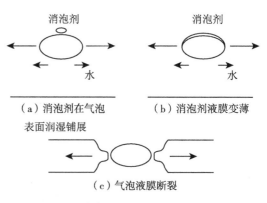

（a）消泡剂在气泡表面润湿铺展　（b）消泡剂液膜变薄

（c）气泡液膜断裂

图 4-1　消泡剂消泡过程原理示意图

一般情况下，消泡剂在溶液表面上铺展得越快，则液膜越薄，消泡作用越强。能在液体表面铺展起消泡作用的液体表面张力较低，易于吸附在液体表面，取代原来的起泡剂分子形成强度较差的膜。由于消泡剂的吸附，使液体局部表面张力降低，润湿铺展从此处开始，同时带走表面下一层的液体使液膜变薄，泡沫破坏。

消泡剂的主要作用有：

（1）泡沫局部表面张力降低导致泡沫破灭。

（2）消泡剂向气液界面扩散破坏膜弹性而导致气泡破灭。

（3）能促使液膜排液，因而导致气泡破灭。

（4）添加疏水固体颗粒可导致气泡破灭。在气泡表面的疏水固体颗粒会吸引表面活性剂的疏水端，使疏水颗粒产生亲水性并进入水相，从而起到消泡的作用。

（5）增溶表面活性剂可导致气泡破灭。某些能与溶液充分混合的低分子物质如辛醇、乙醇、丙醇等醇类，可以使助泡表面活性剂被增溶、使其有效浓度降低。它们不仅可减少表面层的表面活性剂浓度，而且还会溶入表面活性剂吸附层，降低表面活性剂分子间的紧密程度，降低泡沫的稳定性。

（6）电解质破坏表面活性剂双电层而导致气泡破灭。泡沫的表面活性剂双电层形成稳定的起泡液，加入电解质即可破坏双电层消泡。

三、消泡剂分类

工业中常用的消泡物质，大致分为聚硅氧烷、酰胺、聚氧乙烯、羧基化合物及脂肪醇、磷酸酯等。多数消泡剂并非由一种物质组成，而是含多种成分，少则2~3种，多则5种以上，按基本功能，分类为主消泡剂、辅助防泡剂、载体、乳化剂或展开剂、稳定剂或配合剂。

如前所述，消泡剂有抑泡和消泡两种功能，统称泡沫控制剂。表4-1给出了部分泡沫控制剂的作用及种类。表4-2是部分消泡剂的化学组成。

表4-1 泡沫控制剂作用及其分类

试剂	作用	种类
抑泡（消泡）剂	在涂布液分散或者制备时加入，渗入泡沫体中破坏气泡弹性膜，抑制气泡生成	聚乙二醇脂肪酸混合物； 磷酸酯（磷酸三丁酯）； 非离子脂肪混合物； 有机硅树脂、硅酮树脂、乳化硅油
消泡剂	消除制备好的涂布液气泡，其低表面张力端捕获泡沫表面憎水端，使气泡膜壁逐渐减薄，张力平衡打破，气泡破裂	醚和聚乙二醇脂肪酸混合物； 醇类——乙醇、异丙醇、正辛醇等； 蔬菜油、油酸、矿物油等； 缩水山梨糖醇月桂酸单酯、三酯； 聚乙二醇酯； 金属皂类材料

表4-2　各类消泡剂组成成分

消泡剂类型	组成
油性	纯硅油、硅油溶液、脂肪酸及脂肪酸溶液
膏脂型	饱和脂肪酸酯、石蜡、矿物油、脂肪酸皂、乳化剂、稳定剂等
分散体型	二氧化硅、滑石、黏土、脂肪胺、重金属皂类和高熔点聚合物分散在矿物油、煤油、植物油、脂肪醇以及有机硅溶液中
乳液型	硅油、矿物油为油相；聚乙二醇、脂肪酸酯、萘磺酸盐、脂肪酸甘油酯、山梨糖醇脂肪酸酯及脂肪酸皂等为乳化剂；聚丙烯酸酯、醋酸乙烯-顺丁烯二酸酯聚合物和黄原酸树脂为稳定剂
固体或粉末型	蜡、脂肪醇、酯类和皂类

涂布液多使用聚氧化烯类、乙二醇硅氧烷为消泡剂。水基涂布液，可使用脂肪酸酯混合物的乳液型乳状液与疏水质点油的混合物构成的乳状液为消泡剂。醇类，特别是丙醇，也是常用的单一构成消泡剂。

四、表面活性剂抑泡

多数表面活性剂具有稳定泡沫的作用，泡沫液膜吸附表面活性剂后，当泡沫液膜受到外力冲击或重力作用，导致局部变薄或液膜面积增大时，表面活性剂有使液膜厚度恢复的作用（图4-2），从而使液膜厚度恢复，这可以用张力梯度驱动的马瑞冈尼效应（Marangoni effect）解释。

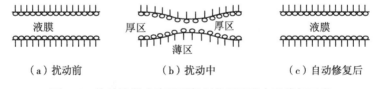

（a）扰动前	（b）扰动中	（c）自动修复后

图4-2　泡沫液膜在表面活性剂作用下的自我修复示意

当液膜受到扰动或重力排液时，局部变薄，此时液膜面积增加，单位面积上的表面活性剂浓度减少，引起表面张力上升，形成局部的表面张力梯度，由于马瑞冈尼效应，厚区的表面活性剂向薄区迁移，使薄区的表面活性剂浓度恢复，表面活性剂在迁移过程中，会携带液体一起迁移，使得薄区的表面张力和液膜厚度同时恢复。这种效应，使得泡沫液膜犹如有弹性似的可收缩，实现自我修复，又称为Gibbs-Marangoni弹性。

当表面活性剂分子具有下述特征时，抑泡效果明显。

（1）亲水基在分子链中央，油性侧链含有支链时，表面活性剂分子的内聚力大大下降，不易在泡沫液膜形成紧密吸附层。

（2）分子链中有双键和叁键等不饱和键，抑泡能力上升。

（3）分子具有过高的扩散系数，表面活性剂对泡沫的稳定作用不强。

（4）极低的表面张力，使得表面张力梯度 $\mathrm{d}y/\mathrm{d}x$ 值偏小，表面活性剂稳定气泡的能力也不强。

五、消泡剂使用要求

1. 抑泡剂用量

抑泡剂用量一般为胶黏剂量的 $2\%\sim6\%$，为颜料量的 $0.01\%\sim0.05\%$；消泡剂用量一般为总涂布液量的 $0.1\%\sim0.4\%$。

2. 严格控制加入量

消泡剂必须稀释，大多以喷雾形式加入涂布液中，并慢慢搅拌，使气泡与消泡剂作用后慢慢上升破裂。配好的消泡剂即使不分层，使用前也应适当搅拌。若分层，更需充分搅拌后再用。

必须严格控制加入量，过多的消泡剂会给涂布纸带来针眼、泡痕、鱼眼、油点以及条痕等弊病。最好分次添加，根据涂布液制备阶段，添加不同作用的消泡剂，在研磨分散颜料阶段，用抑泡效果大的消泡剂，涂布液配制后用破泡效果大的消泡剂。

六、典型消泡剂品种及效果比较

典型消泡剂的使用效果见表 4-3。

表 4-3　典型消泡剂及应用效果

品　种	优　点	缺　点
磷酸三丁酯	消泡能力强	抑泡性差，搅拌后再生泡沫，成本高
醇类	低成本，兼有抑消泡效果	抑、消泡能力差
硅酮、乳化硅油	消泡能力强	操作控制难
聚乙二醇脂肪酸酯、聚丙二醇等	有抑消泡作用，低毒	高分子量时微溶于水
有机磷酸钠复配	用量少效率高消泡持久	—
油酸、松节油	乳化后可消泡，易洗净	直接使用不及与其他基团结合效果好

第二节　机械消泡

一、从固体壁上去除气泡

气泡表面能高，附着于固体表面的能力强，经常附着在器壁表面。在液体输送系统管线内部，能去除气泡的唯一力量是流动液体本身。Dussan 对这一问题做了理论研究，着重研究四周流体处于运动的情况。求得使气泡不能在固体上停留的极限流速表达式如下（4-1）。

$$\frac{du}{dy} \geqslant \frac{0.452\sigma\theta_A^{\frac{4}{3}}(\theta_A - \theta_R)}{V^{\frac{1}{3}}\mu} \tag{4-1}$$

式中　du/dy——在管壁处的速度梯度，s^{-1}；

　　　σ——表面张力，N/m；

　　　θ_A——前接触角，rad；

　　　θ_R——后接触角，rad；

　　　μ——周围液体黏度，Pa·s；

　　　V——气泡的体积，m^3。

圆形管道管壁处的速度梯度，很容易由上式计算得到，用式（4-2）可推导出能被流动液体从管壁冲走的气泡最小直径。最小直径随液体表面张力和管径及前接触角的减小而变小，随液体流速及黏度的增加而变大。

$$d_B \geqslant \frac{0.44R^3\sigma_A^{\frac{4}{3}}(\theta_A - \theta_R)}{\mu q_v} \tag{4-2}$$

式中　d_B——气泡直径，μm；

　　　q_τ——体积流量，m^3/s；

　　　R——管径，m；

　　　σ——表面张力，N/m；

　　　θ_A——前接触角，rad；

　　　θ_R——后接触角，rad；

　　　μ——周围液体黏度，Pa·s。

最终从液体中脱气除泡是"亡羊补牢"。最好的措施是在涂布液制备时避免或者减少气泡生成，脱气后的水在混合和搅拌操作时，防止气体进入。同时，脱气和输送系统都保持在正压下操作，防止气体从管件缺陷处进入液体。最后，在脱气操作的下游，应避免液体表面和空气接触，使液体保持低气体浓度。在输送系统的最后阶段，不能用气压输送液体，除非气相与液相之间有隔离。

二、钟罩面消泡

倾角大时，气泡去除更困难。因为此时不仅使平行于重力液膜厚度矢量增大，而且使平均液膜速度增大，从而使液膜停留在斜面上的气泡上升到自由面时间缩短。当气泡自然破裂或用机械气液分离器除气或气泡捕集器（有空气室的过滤器）除气时，气泡在浮力作用下逸出液体表面。

对于在斜面上的液膜，直径大于式（4-3）临界值的气泡能在流动中去除。

$$d_B = \left(\frac{18\mu q_r}{\rho_1 g \cos\theta L W} \right)^{\frac{1}{2}} \tag{4-3}$$

式中　q_r——体积流量，m^3/s；

W——斜面宽度，m；

L——斜面长度，m；

θ——斜面和水平面的倾斜角（rad）；

g——重力加速度；

ρ——液体密度，kg/m^3；

μ——液体黏度，$Pa \cdot s$。

利用上述原理，在实践中，可以通过液体在钟罩表面流淌方式，将液体分成膜状，即降低液层厚度，气泡消除变得相对容易。通常将液体喷洒到从顶到底倾斜的钟罩面上来实现气泡的去除，如图 4-3（a）所示。

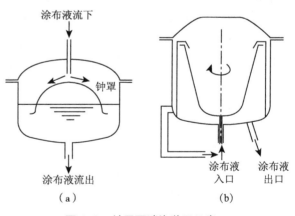

图 4-3　钟罩面消泡装置示意

三、离心消泡

用离心加速度代替重力加速度，通过脱气离心机，能有效地改善消泡效果，见式（4-4）。

$$G = \gamma \omega_2 \tag{4-4}$$

式中　γ——转动半径，m；

ω——角速度，rad/s。

离心力对气泡上升的作用，比减低压力作用的大小高两个数量级。通过比较完善的转动设备和去泡沫装置［图 4-3（b）］，可以消除气泡。

当然，机械消泡方式多种多样，用于大多数涂布液，特别是精密涂布液，机械消泡选择性更强。

四、超声波消泡

泡沫中的分子随声波的作用而振动，声波的频率愈高，分子得到的能量也愈高。

把超声波作用在液体中，使液体质点达到的加速度比重力加速度大十几万倍，这样巨大的加速度，会使液体质点产生急速运动，使泡沫破裂，甚至破坏它的分子结构。一般强度的超声波通入液体中产生的附加压力可达 0.3～1MPa。泡沫在受到超声波作用前只受到大气压力，当超声波加到泡沫上后，声波振动使其压缩，其所受压力增大，促使泡沫破裂；如果声波振动使分子稀疏，则泡沫所受压力小于大气压力而膨胀破裂。

此外，在超声波辐射下，液体中的气泡由于声压作用，聚集成大气泡，上升速度加快而很快被去除。消泡效率随气泡初始直径减小而降低。

超声波辐射体把电能转变成压力波，压力波从下往上传播到顶盖，把一部分气泡推往顶部聚集，而另一些气泡则在压力波的打击下，变成小气泡。小气泡又变成更小的气泡，直至溶解于溶液中，成为不引起弊病的溶解气泡。在消泡器的出口设置压力控制阀，以保持消泡器内有适当的压力，这个压力有助于击碎气泡，若压力太大，涂液在流出压力控制阀减压时，其中的溶解气泡会重新游离出来；若压力太小，则不能达到最佳消泡效果。消泡器的顶部安装排放阀，用于在涂布前或长时间涂布之后排放消泡器顶部的气泡。消泡器的效果由壳体的直径和高度、气泡的大小和数量，以及超声波的频率和能量等几个因素决定。

五、真空消泡

降低系统的压力，能有效地提高消泡效率。根据等熵（理想）气体定律，在压力 P_0 下气泡的直径 $d_{B,0}$，如果压力从 P_0 降到 P，则

$$d_B = d_{B,0}\left(\frac{P_0}{P}\right)^{1/(3\gamma)} \tag{4-5}$$

γ 表示等熵指数，空气 $\gamma=14$。由于压力只能降到液体的蒸汽压这一极限，对气泡上升速度的效率只达到 10 的数量级。

理论上，可以降低静压，提高气泡穿过液层上升的速度，产生同样效果。然而，如果液体喷洒成膜时，这一方式的效果不明显。

升温消泡也是常用操作。提高液体温度，能有效地脱气和除泡。一方面由于温度升高，使流体黏度减小，从而加快气泡上升速度；另一方面，由于温度升高，

引起蒸汽压增大，降低气体在液体中的溶解浓度。

第三节　卤化银涂布液的消泡

一、卤化银涂布液气泡来源

在涂布生产中，涂布液中的空气来自整个供料系统各个环节，主要来自两个方面。

1. 供料系统外部引入气体

即外界气体通过供料系统的各个环节进入涂布液。

（1）加入溶解锅内的水、胶、乳剂和补加剂等原料所带的空气，不容易逸出，一部分空气滞留于溶液中，成为游离气泡。

（2）高速搅拌、补加剂加入和温度变化等过程中，容易使空气进入溶液内，产生游离气泡。

（3）供料管路上的接头、阀门、泵、过滤器等部件泄漏而使空气进入系统，或有在线注入的支路引入空气，产生游离气泡。

（4）供料开始时，用涂布液驱赶管路内的水不彻底，将导致气泡积累于涂布嘴腔体内或形成气泡弊病。

2. 供料系统内部产生气泡

供料系统由于温度、压差和功能助剂等条件发生了变化，造成涂布液产生气泡。

（1）供料过程中，供料系统由于压力或温度的变化，而使溶解气泡转化成游离气泡。如溶解气体的涂布液，如果温度升高，超过其本身的溶解度极限，气体就会从溶液中出来形成气泡。

（2）低表面张力的功能助剂，表面活性剂过量，在齿轮泵、滤芯、涂布嘴出口间隙等某个环节前后遇到大的压差时会产生气泡。

二、气泡消除方法

针对气泡的不同来源，可采用不同方法加以解决。脱气要素在于：①防止外界气体进入系统。②涂布液脱气。

常见卤化银涂布液脱气方式如下。

1. 浸泡脱气

溶化过程中的脱泡溶化的主要原料如干胶是空气的载体。为避免干胶等原料带入太多的空气，可采用浸泡脱气的办法，在常温下让干胶在水中浸泡，再进行溶化。对高黏度胶液，如果工艺条件允许，可让胶液在较高温度下，静置一段时间，使溶化后的涂液含气量降低。另一方面，溶化过程中也会有空气进入，因此，要尽可能避免高速搅拌或生成搅拌旋涡。高黏度溶液也要避免局部温差过大而产生气泡，特别是采用蒸汽和冷水作为热源的溶化锅，而补加剂的加入，宜采用分散慢速的方式。

2. 静置消泡

溶化之后的涂布液消泡非常重要。传统方法采用静置消泡，即将熔好的涂液输送到静置锅中或直接在溶化锅中静置，让气泡有足够时间从涂液中逸出来。为了缩短静置时间，达到更好的消泡效果，也可使用一定的真空度。但静置消泡法所需时间过长，缩短了涂布液的使用寿命，而且对于黏度较高的涂布液效果不理想。

3. 混合醇降黏脱气

在黑白感光材料生产过程中，将醇类如丁醇和乙醇的混合液直接喷洒到涂布液中，或作为补加剂加入涂液。这种方法对低黏度涂液有一定消泡效果，但加入的化学药品对涂布和产品都产生严重影响，已不再使用。

4. 超声波脱气

目前，超声波消泡已成为涂布液脱泡的主要手段。一般是将消泡器安置在供料管路上。可以把整个溶化锅当作一个巨大的消泡器，使得溶液中的气泡在超声波的作用下，更易快速地逸出，从而达到涂布液在锅内大量脱泡的目的，这将大大减轻后续消泡负荷。

超声波消泡器用于供料管路上的涂布液脱泡。目前国内外先进的供料工艺都离不开超声波消泡器，这种消泡器大致分为两类，一类是常压消泡器，这类消泡器多为敞开式容器，超声波辐射体装在容器的底部或侧面，涂布液从上方进入消泡器，经过超声波的振荡，小气泡聚集成大气泡，从涂布液中上升逸出，涂布液则从底部流出送往涂布。消泡器配有自动液位控制，并且可在其中设置隔板，以分离处理前后的涂布液。消泡器的效果与超声波的频率和能量、涂布液的黏度和流速等因素有关。另一类是加压消泡器，这类消泡器多为密闭式容器，由顶盖、壳体和底部的超声波辐射体等组成，涂布液自上部进入壳体，经超声波振荡，从底部流出。

（1）超声脱气装置

乳剂超声波脱气装置为一水平放置的圆柱式容器。乳剂从容器下端进入，脱气后从另一端下部排出。上部为排气室，下面为带有喇叭的超声波振荡器。其喇叭位于容器底孔中间，并伸到乳剂中。乳剂在重力作用下从贮槽自流到容器中，流量可由水平感受器所控制的流量阀调节，使容器内乳剂保持一稳定液面。

乳剂中排出的气体由真空泵排出。排气时真空度要低，以免因真空度过高而造成液体沸腾。脱气后的乳剂可以直接送去涂布，也可以打循环，再次处理。部分循环则有助于除去在管路中的气体。如在脱气装置的前面串联几个压力室，这样可以更有效地去除残余的部分气体。乳剂在压力室中，经超声波振荡，使带出来的气体聚集在室顶，然后被送回脱气装置中排出。脱气装置，如图4-4所示。

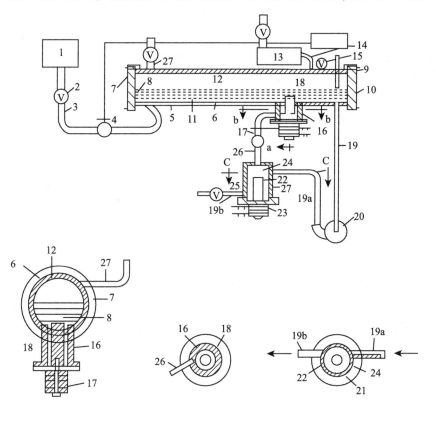

圆筒式超声波a-a剖视　　圆筒式超声波b-b剖视　　管式超声波b-b剖视

1—贮槽；2—自动阀；3—管路；4—调节阀；5—入口；6—容器；7、9—容器堵头；
8—挡板；10—出品；11—乳剂；12—排气室；13—真空泵；14—管路；
15—空气调节阀；16—底孔；17、23—超声波传送卷；18—圆筒状喇叭；
19、19a、19b—管路；20—输出泵；21—压力室；22—管式喇叭；24—入口；
25—出口；26—管路；27—进水管；28—泵；29—管路

图4-4　超声波脱气装置示意

（2）操作过程

经过溶化处理的明胶卤化银乳剂，在重力作用下，由贮槽进入卧式圆柱容器6。容器6入口与容器的堵头7成一定角度，入口正对面有挡板8。进入容器中的乳剂量控制为容器容积的一半。乳剂液面通过一个自动调节阀4（如液面传送器和积分比例控制器所组成的装置）来控制。真空泵13，通过管路把排气室12内的气体抽出。空气调节阀15安装在真空管路中，以调节真空度。

　　容器的底部有一个底孔 16，孔中插进超声波传送器 17，传送器带有圆筒状的喇叭 18，插在底孔内，并有很短一段伸到乳剂中。喇叭把超声波能量传给乳剂，使气泡聚集上升，穿过乳剂层进入排气室 12。喇叭的长度通常是波长的 3/4，插进主体设备内约 0.25～0.5 英寸，其自由端处在振动波幅中，以便将能量最大限度地转送到乳剂中。不同材质和型式的传送器喇叭长度不同。喇叭的位置距出口近而离入口远，这样可以更有效地发挥超声波的作用。

　　在图 4-4 的装置中，管路 19 包括两部分，一部分是 19a，另一部分是垂直的柱状压力室 21。室底有第二个传送器 23，内插第二个管式喇叭 22。乳剂通过一个近似切向的入口 24 进入压力室 22，乳剂围绕喇叭 22 旋动，通过压力室底部出口 25 流到管路 19b 中。在压力室 21 中，夹带着一些气体进入乳剂，在超声波的振荡下乳剂中的气体同样在压力室的顶部聚集。聚集的气体与乳剂一起通过控制阀 26 返回主体容器 6 中。即带有气泡的乳剂通过底孔 16 侧壁上的一个近似切向的入口流进去，围绕着喇叭 18 旋动，从而除去由压力室 21 中带进的气泡，以及循环管路 26 中由于压力减小在乳剂中产生的部分气体。采用切向溢流的方法可以防止乳剂沉降或析出。

　　容器中经脱气处理后的乳剂，由离心泵通过管路输送到涂布头。

　　脱气装置需要定期清洗。在容器 6 的进料端装一个带有控制阀的进水管 27。清洗水同样可以沿着压力室 21 和底孔壁流入，形成涡流进行清洗。三个单元操作均是圆柱体，这样水洗效果较好。

　　不带压力室的循环装置。乳剂由管路 19' 进入 26'，而后协同夹带的气体经底孔 16'，进入容器 6'，循环脱气，如图 4-5 所示（图注同图 4-4）。

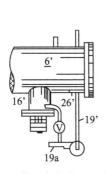

图 4-5　不带压力室的循环装置示意

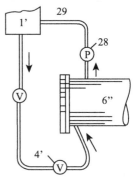

图 4-6　全充满乳剂脱气装置局部示意

　　另一种形式的装置，是在容器 6" 充满乳剂的情况下脱气，如图 4-6 所示（图注同图 4-4）。通过泵 28 和管路 29 把带有气泡的乳剂由容器打回到原来贮槽 1' 中进行循环。装置其余部分同图 4-4 和图 4-5。这种形式的装置不需要真空泵，也不需要精确地控制乳剂液面，但是进到容器 6" 的乳剂量与通过泵抽出的乳剂量要保持平衡。

5. 涂布嘴腔体涂布液的脱气

涂布前，涂布嘴腔体内可能会积存气泡或杂物，可以使用大流速的水流冲洗涂布嘴，用长度比涂布嘴缝隙短的塑料片插入缝隙中央，让水流从缝隙两边高速喷出，以带走腔体内的气泡和杂物。供料开始时，用大流量的涂布液把管线中的水和气泡自锅至涂布嘴方向逐段驱赶排除，直至从涂布嘴坡流面上流出。这时被驱赶出来的气泡可能会有一些滞留在涂布嘴腔体内，可以采用涂布液进行大流量驱赶或者瞬间变流速驱赶等办法排除腔内气泡，最终得到纯净的涂液。

总之，涂布液中的空气有游离态和溶解态两种存在形式。游离态气泡会产生涂布弊病，经过消除或者使气泡溶解，则不产生涂布弊病，但必须防止其转化为游离气泡。

必须尽量使溶化锅中的气泡转化为游离气泡。同时，锅内涂布液的脱泡很重要，如此可以减轻供料线上消泡器的负荷，确保涂布液的彻底消泡。采用超声波消泡器是消除涂布液中气泡的一种有效途径。

三、涂布液脱气操作示例

1. 卤化银体系供料系统

常见的卤化银体系的供料系统如图 4-7 所示，涂布液经真空静置（在 40℃ ± 1℃和真空-0.03～0.07MPa 下静置 1 小时）后，从溶解锅/静置锅/受槽流出，经粗过滤（滤除杂质颗粒）后进入计量泵，经细过滤、缓冲罐、质量流量计到静态混合器，超声波消泡，最后到涂布嘴。

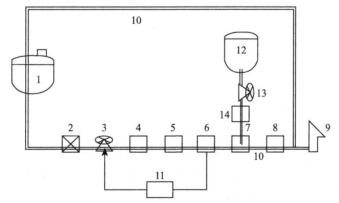

1—静置锅/受槽；2—粗过滤；3—计量泵；4—过滤器；5—缓冲罐；
6—质量流量计；7—静态混合器；8—超声波；9—涂布嘴；10—循环管线；
11—仪表控制盘；12—坚膜剂锅；13—计量泵；14—过滤器

图 4-7　供料系统理论生产工艺流程

2. 卤化银体系供料系统排泡

（1）供料系统的一些必要条件

①供料系统脱气框架

a. 供料系统中，根据涂布液的特性，要安装必要的消泡装置、缓冲罐、过滤罐、计量泵、超声波消泡器等，如选取合适的静力学计量泵，过滤罐的体积、形状，以及其顶盖内部弧线的设计等都需要仔细考虑。至于超声波消泡器，根据涂布液特性和质量要求，可以选择过滤罐和超声波消泡器的一体化装置，也可以选择独立的超声波消泡器，甚至选择气泡监测识别、定向追踪信号反馈和消泡频率相互配套的先进脱气装置。

b. 涂布液的供料管线要短，在保证涂布液正常流动的前提下，管线内径尽可能要小，管线要求内壁抛光"有弧度、无死角"，管线内壁材质应是高能表面，如金属材质等，利于涂布液的充分铺展，达到很好的脱气目的。从溶解锅出来的管线到涂布嘴，应由低到高缓缓提高位置，管线从始到终类似"爬坡"状，其倾角应大于15°，便于开始供料时气泡正常排出。

c. 供料系统中各种装置，如过滤、计量泵、缓冲罐、质量流量计、静态混合器以及超声波消泡器到涂布嘴，其连接接口要有一定的弧度和角度，每个装置的进出口位置高低、管径大小、各装置放置的倾斜角度等都需要系统考虑和设计。做到每个环节不产生气泡，管线流畅、无死角、无突变、无阻碍。

值得注意的是，排泡过程中使用的扳手、螺母、丝扣等辅助工具都要配套设计，操作规范、简单实用、容易维护。

②供料系统温度的控制

在卤化银体系中，不论是哪一层涂布液，在物料供料系统中都有温度控制要求，一是涂布液需要温度控制，保证其物化性能，保证流体特性；二是防止温度剧烈变化造成涂布液产生气泡。尤其是较长的供料管线，更应该进行温度控制。如安装保温水套，安装在线注入管线、循环管等。整个供料系统工作间都要进行温度监测和控制。

除了上述以外，工作间内供料系统位置固定，标识清楚，分区管理。

③工艺参数保证脱气的稳定性

除了管线材质应是金属等高能表面利于铺展之外，涂布液的组分、黏度、表面张力、流速、计量泵转速、滤芯等组件前后之间的压差都会影响涂布液脱气。

（2）供料系统的排泡原理及方式

①供料系统排泡原理

其原理类似于涂布，即在供料管线、组件等内壁，实现液体取代空气。

排泡三要素：

a. 供料前的涂布液本身无气泡。

b. 供料系统各环节无外界气体进入。

c. 涂布液本身在供料过程中不产生气泡。

在保证排泡三要素中的 a、b 要素不出现问题的基础上，才能考虑供料系统的排泡。

②排泡方式的选择

通常情况下，用涂布液直接进入供料系统排泡，排好后进行涂布生产。其优点是操作简单，无污染。但是排泡过程中涂布液消耗较大，生产成本较高。

有时用"以水代料"排泡方式实现排泡，然后涂布液和排泡水切换。排泡水是根据涂布液的物化特性制成专门用来排泡的液体，要求无污染、低黏度、低表面张力，可以加入和涂布液相同种类的、一定量的表面活性剂，改善管壁的铺展效果。除此之外，排泡水有一定的温度要求，排泡时控制一定的流速，即用排泡水填充管路排走管路中的空气，后用物料置换管路中的排泡水，达到排泡目的。其优点是排泡过程涂布液消耗小，生产成本低。但是需要增加排泡水所需的相关配方、溶解锅、管线和切换等配套装置，操作相对复杂。

（3）供料系统排泡操作

①排泡前的准备工作

a. 供料系统的清洗。根据涂布液特性进行清洗，如甲醇水、含胶水、含表面活性剂水、纯水等，也可复合使用，起到杀菌、防污染、洁净的作用。

b. 供料系统漏气的检查和确认。重点检查供料系统各个组件的连接处、阀门等。

c. 供料系统温度控制，根据涂布液的特性制定温度范围，一般控制为标准值±0.5℃。

②操作步骤

a. 安装滤芯并将所有管路连接好，溶化工段按配方量送排泡水。直到排泡水从涂布嘴流出。

b. 打开排泡罐和过滤罐排气口，将里面存的气泡排掉，同时观察从里面流出的水是否有气泡。确认无泡后，关闭排泡罐和过滤罐排气口阀门，振动带静态混合器的爬坡管路，将里面窝存的气泡排净。

c. 溶化工段停排泡水，立即切换涂布液，按配方量供料。涂布嘴确认坡流面无气泡后，上嘴涂布。

（4）排泡的注意事项

①滤芯浸泡时间不得少于 30min，浸泡滤芯最好用纯水，纯水要有一定的温度。

②打开排泡罐和过滤罐排气口时，控制阀门开度，排泡水流速不能太大。

③冲水排泡时间一般不少于 10min。

④确认排泡水无泡时，再进行涂布液的切换。

参考文献

［1］李保福．涂布液的脱泡技术．感光材料，1995（3）：23-24.

［2］照相乳剂涂布工艺．中国乐凯胶片集团公司内部培训教材，1983—2008.

［3］柯亨·古塔夫编，赵伯元译．现代涂布干燥技术．［美］ED. 中国轻工业出版社，1999.10.

第二篇

涂布装置及应用

第5章 干燥系统

　　所谓干燥，是指通过应用热能将固体、半固体或液体涂料中的液体成分蒸发为气体，使涂料转变为固体。干燥的条件为干燥介质（通常为热空气）的流动速度、湿度和温度。当热空气从涂料的表面稳定地流过，由于热空气与涂料之间的温度差而使其之间存在传热推动力，在湿涂料干燥过程中，存在着传热和传质两个相互的过程，所谓传热就是热空气将热量传递给湿涂层，用于汽化其中的液体并加热涂层及其载体基材，传质就是涂层中的液体蒸发并迁移到热空气中，使涂料中的液体逐渐降低，得到干燥。

　　湿涂层的干燥过程有表面干燥和内部干燥之分。开始时，蒸发作用发生在涂层的顶层，当蒸发面穿过涂层的边界层的时候，介质（涂料中的液体）从涂层的内部向表面迁移并被蒸发掉，这就是所谓的表面干燥。随着干燥的继续进行，蒸发区域逐步深入涂层中去，介质（涂料中的液体）连续地移动到蒸发区，并且从涂层中往其表面扩散，最后就脱离边界层。与此同时热能也必须通过边界层往涂层及其载体的内部传递进去，直到从涂层中没有更多的游离介质（涂料中的液体）被排放到空气中去。当涂层中的液态成分含量很小的时候，液体的蒸发就变成不连续的状态，而蒸发作用仅仅发生在局部。在这时候，液体的扩散是在涂层中进行，这就是所谓的内部干燥。

　　涂层的干燥速度会受到许多因素影响，比如涂层的厚度、溶剂挥发速度与溶剂的沸点、溶剂与涂料的结合力、烘干温度、表面风速、风压、风的湿度等因素。从理论上讲，涂层的干燥速度不能超过水分或有机溶剂蒸发到其表面上的速率。如果涂层干燥要超过这个速率，就会出现表面烤焦老化等质量问题。同时有机溶剂相对水溶性溶剂来讲，其干燥的速度通常要快一些。

　　常见干燥类型包括：

　　（1）对流干燥。通过热空气与湿涂料层直接接触，对流传热，溶剂挥发并由气流带走。具体形式有气流干燥、喷雾干燥、流化干燥、回转圆筒干燥和箱式干燥等。

（2）传导干燥。通过湿涂料与加热壁面直接接触，热量由壁面热传导传给湿涂料，溶剂挥发并由排气装置排出。具体形式包括滚筒干燥、冷冻干燥、真空耙式干燥等。

（3）辐射干燥。热量以辐射传热方式投射到湿涂料表面，被吸收后转化为热能，水汽溶剂挥发排出，如红外线干燥。

（4）介电加热干燥。将湿涂料置于高频电场内，电能加热而使水分汽化，包括高频干燥、微波干燥。

与对流干燥方法不同的是，传导、辐射和介电加热干燥方法中，涂层受热与带走溶剂的气流无关，湿涂料也可不与空气接触。

第一节　热风干燥

本节主要介绍以溶剂型涂层为干燥对象的热风干燥系统，其主要表现形式为箱式干燥。

热风干燥系统是涂布生产过程中非常关键的一个工艺环节。干燥工艺与涂布工艺是一样重要，但对精密涂层加工来说干燥工艺重要性甚至要高于涂布工艺。干燥工艺既能提高也能降低涂布产品的性能，其直接影响到产品的性能、形态、质量及过程的能耗。热风干燥技术的覆盖面广，既涉及复杂的热质传递机理，又与物料的特性处理规模等密切相关，最后其又通过各种不同的干燥设备机械结构及应用工艺使其所得的干燥效果也不尽相同。

干燥工艺与涂布工艺是相互影响的，由于涂层干燥过程的局限性，限制了涂布工艺的最佳化，反之亦然。一套涂布机的投资费用主要取决于干燥技术和涂布技术，实际上其都与生产的线速度成正比。在干燥对干燥敏感的湿涂层时，是干燥工艺而不是涂布工艺限制涂布速度，比如精密的光学电子类材料的涂层，其干燥的硬件费用较大。

另外热风干燥也是一种高能耗的干燥方式。

一、热风干燥原理

1. 冲击干燥与流体边界层

由于流体内摩擦力作用，流体在固体表面流动时，存在着一个静止的边界层。在对流传热干燥中，干燥物表面上形成的边界层，严重地阻碍了迅速干燥。这种阻碍作用随空气膜厚度增加而增大。而空气膜的厚度与表面流动空气的速度和方向有关，随速度增加而减薄，但永远不会消失。

冲击干燥就是采用高速气流冲击干燥的表面，减薄空气膜厚度来提高干燥速度的。具体设计中，喷射气流的流型、喷射气流速度衰减、边界层厚度以及空气通过喷嘴时的压力损失，都是必须计入的因素。

图 5-1 为喷射气流场示意图。

2. 干燥平衡

感光胶片乳剂层干燥，包括恒速干燥和降速干燥两个阶段。由恒速阶段转为降速阶段时，乳剂的湿含量称为临界湿含量。不同乳剂临界湿含量，因其配方和干燥条件而异，一般变化范围在 5％～7％。

当乳剂干燥达到平衡时，其湿含量不再随干燥时间而变化，此时乳剂湿含量称为平衡湿含量。乳剂平衡湿含量与干燥空气状态有关，见图 5-2。

普通乳剂的最初湿含量为 70％～90％，乳剂中大部分水是在干燥道恒速阶段去除的。在降速阶段去除的水分，只是其中极少的一部分。乳剂在干燥道中，从临界湿含量到平衡湿含量的干燥过程是很短暂的，主要阶段在于胶片收卷后，在平衡空气中逐渐平衡。因此，胶片干燥道设计可按恒速干燥进行计算。

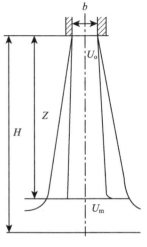

图 5-1　喷射气流场示意

二、空气加热装置及风量计算

1. 空气加热方式

空气加热方法，一般包括直接加热法和间接加热法。

直接加热法热源为煤气或者天然气，在空气中燃烧直接加热空气，没有热损失，空气热度高，方法简易，对卫生洁净等要求不高的产品如烫金膜等包装材料生产，已经得到很多应用。间接加热法热源为煤炭、油、天然气或电，用导热油或者水蒸气作介质，通过散热器间接加热空气。这种间接加热空气的方法，虽然热效率比直接加热低一些，但空气清洁，成本低，热源也没有问题。

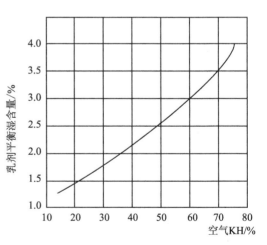

图 5-2　典型乳剂湿含量平衡曲线

导热油作介质的空气加热方法，温度高，压力低，操作安全，是近年来出现的一个比较好的方法，适用于空气加热温度较高，且不适于用电做热源的有防爆要求的场所。但要处理好热油管路的密封性能，防止漏出高温油烫伤人。

2. 蒸汽加热装置

水蒸气作介质的空气加热装置，由离心风机，散热器、减震器、软接头、底架等主要部件组成。

减震器和软接头，作为防震装置，可以减少噪声，为避免轴承温度高，用风机冷却轴座。散热器一般采用传热性能较好的翅片散热器。离心风机与散热器的匹配，根据干燥道所需要的风量及空气温度要求，通过下列计算进行适当的选择。

加热空气所需的热量（kcal/h）：

$$W_1 = GC\,(t_2 - t_l) \tag{5-1}$$

式中　G——被加热的空气流量，kg/h（取干燥道需要的风量，乘以这时的空气比重）；

　　　C——空气的比热，0.24kcal/kg·℃；

　　　t_2——加热后的空气温度,℃（t_2 取干燥道所需要的空气温度）；

　　　t_l——加热前的空气温度,℃（t_l 取该地区最冷月份的平均温度）。

空气加热器的散热量（kcal/h）：

$$W_2 = F_1 K\left(t_p - \frac{t_2 - t_1}{2}\right) \tag{5-2}$$

式中　F_1——空气加热器的散热面积，m^2；

　　　K——空气加热器的传热系数，kcal/m^2·h·℃；

　　　t_p——空气加热器的表面温度,℃。

3. 热风的传热系数

在干燥时间短的情况下，平均每小时供给干燥产品的热量十分重要。参考计算方式如下：

$$Q' = \alpha_d\,(\theta_2 - \theta_1) \tag{5-3}$$

式中　α_d——热传导系数，kcal/（m^2·h·℃）；

　　　θ_2——热风温度,℃；

　　　θ_1——产品表面平均温度,℃。

4. 排气量的计算

排气量的选择主要与溶剂蒸发量有关，溶剂蒸发量越大，排气量越大。溶剂蒸发量与涂布量和涂布车速有关。减少涂布量，从而减少排气量，可以提高生产效率和节约能源。

排气量 L，m^3/min。

$$L = WV/\{60\,(H_1 - H_2)\} \tag{5-4}$$

式中　V——湿空气比容，m^3/kg；

排风机容量为：V (1+0.3)，m³/min。

蒸发成分为溶剂时，

$$V = 2.400 \times 5W / 60\rho\beta \tag{5-5}$$

式中　ρ——溶剂的分子量；

　　　β——溶剂的爆炸浓度下限，%；

　　　W——蒸发溶剂量，kg/h；

　　　H_1——外气的湿度，kg/kg；

　　　H_2——排气的湿度，kg/kg（一般在 0.05kg/kg 左右）。

涂布干燥安全生产事故原因多种多样（图 5-3），排气设计必须考虑干燥废气的爆炸极限，涂布生产中常见挥发物质的爆炸极限见表 5-1。

表 5-1　涂布生产常见物质爆炸极限一览表

物质	分子量	爆炸极限/%
水	18	
乙醇	46	4～19
苯	78	1.5～9
甲苯	92	1.4～6.8
二甲苯	106	1.0～6

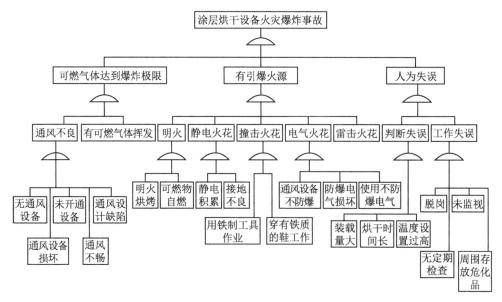

图 5-3　涂布干燥火灾爆炸事故原因分析

5. 送风量的选定

送风量的选择主要由送风开孔比和送风风速决定。而送风开孔比和送风风速是由干燥速度、保证产品质量来决定的。通常，对于特定涂布工艺而言，送风量是固定的。

产品面风速　　并流，回流式时　1～3　m/s，V_1

多孔板式时　0.5～5　m/s，V_2

喷嘴出口风速　喷射式的场合　20～50　m/s，V_3

V_1、V_2、V_3 根据产品质量及干燥条件要求按经验选。

送风量　$L = 60A_0V_1$ m^3/min

$= 20A_PV_2$

$= blNV_3/1000$

式中　A_0——干燥箱断面积，m^2；

A_P——多孔板全面积，m^2；

b——条缝喷口开口宽，mm（2～10mm）；

l——条缝喷口开口长，m（产品宽+100～200mm）；

N——条缝喷口数（间距 100～300mm）。

三、常见热风干燥形式

干燥形式随着涂布工艺的改进而不断发展。根据走料方式，涂布的热风干燥工艺通常分为以下几种。

1. 托辊式干燥器

托辊式干燥器是目前较流行的干燥器结构，世界上有 90％～95％干燥器采用此种结构，特别是印刷等纸品加工行业。该种干燥器内部排列一系列导辊，以支托运行的基材，热风喷嘴位于导辊正上方垂直吹基材表面（图 5-4）。

空气在正压下可由长孔、圆孔和风刀式风嘴吹到基材的涂层表面，实际应用中，有许多结构经调整后应用于各种干燥过程，图 5-4 是一个典型的托辊式烘箱结构。

托辊式干燥器对基材运行起到支托和输送作用，能减小基材张力，保证基材与喷嘴恒定的距离，垂直喷嘴的布置提高干燥速率。循环风机位于烘道外部，节能降噪，结构紧凑。

对于涂层较厚的产品，如果烘箱温度过高（尤其是高于树脂固化温度），涂层表层干燥太快，内部溶剂出不来形成表干，最终发生结皮龟裂。添加红外干燥可予以解决：导辊一侧增加加热装置，如红外线加热或孔板热风加热，使涂层里面先干，溶剂往外挥发，避免结皮现象产生，可同时提高整机速度。图 5-5 为流平段上下微孔风嘴吹风设备，为方便清洗，导辊表面涂一层特氟龙，上风嘴用微孔式，使风速均匀，不会导致涂层干燥形成水波纹。

（a）风刀式风嘴 　　　　　　　　　　　（b）孔板式风嘴

图 5-4　托辊式干燥器

　　另外，喷嘴一般置于托辊正上方，以减少因吹风导致的基材弯曲变形，影响张力稳定性，但若基材容许张力较大时，可在导辊之间增加喷嘴，以提高干燥能力。

　　总之，托辊式干燥器对低、高定量的材质单面涂布加工，都有一定的适应性，尤其适应于中、低车速以及中档定量涂布纸、板纸、卡纸、膜等材质涂布加工干燥。

2. 气悬浮干燥器

　　气悬浮干燥器如图 5-6 所示，其内部设置一系列上下水平交错排列的气流喷嘴，使基材被浮托在热风上运行而进行干燥。气悬浮干燥是利用呈湍流的热风作用于基材的两面实现干燥的。当基材通过喷嘴时，

图 5-5　流平段上下
风嘴结构

热风承托着基材前进，因此它有较长的接触时间，故干燥时间延长，干燥能力提高。气悬浮干燥器的优点是排除了干燥器内部的导辊，干燥器对基材两边加热效率高于单面加热效率。涂布基材两面加热干燥可控制涂料中胶黏剂的迁移，减小纸张卷曲。

　　气悬浮干燥属于非接触干燥方式，可用于双面涂层干燥，不会造成基材表面

涂层剥离。这种干燥器广泛用于铜版纸、浸渍纸、钞票纸、无碳复写纸、硅油纸、压敏纸等涂布纸产品和一些功能性薄膜涂层加工。气悬浮干燥器投资费用较高。达到同样干燥指标，气悬浮式干燥器造价要比托辊式或气润滑式干燥器贵 30％以上，支承干燥基材与喷嘴的风速有关，为此必须有一个精确制造的喷嘴，否则气流的变化将使基材运行不稳定，干燥不均匀。所以，设计、制造气悬浮干燥器有一定难度。

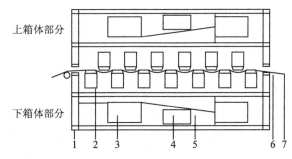

1—箱体；2—风嘴；3—进风；4—排风；
5—倒流隔板；6—导辊；7—基材
图 5-6　气悬浮干燥器示意

3. 立式干燥

立式干燥又称为"立式风道"，是在平板干燥之后发展起来的一种热风干燥方式。

立式风道的结构，是有一个布满风嘴的金属片环，片环两侧各有一排托辊，片环下端有为基材转向用的半圆形气垫轴。高速热风从片环的气孔吹出形成气托。基材沿着托辊垂直热风方向运行，绕气垫轴无接触转向。整个立式风道由几个或几组带有气垫轴的金属片环组成。

立式干燥结构紧凑、干燥效率高、均匀性好，可以满足高速多层涂布工艺的干燥要求。

4. 螺旋气垫干燥

螺旋气垫干燥，是继立式干燥之后发展起来的一种热风干燥方式。

螺旋气垫的主体，是一段密布孔眼的风筒（图 5-7）。干燥热风由孔眼喷出，吹向涂层面，形成气垫把基材托起。基材以一定的角度沿风筒外壁无接触绕行，然后通过转向装置，进入另一段风筒。风筒所需数量根据工艺要求而定。基材运行的螺旋角度结合片幅宽度和风筒之外道径而定。如片宽为 1.2 米，风筒外道径为 3 米，长 14 米，则螺旋角为 9°。为了有效控制风量，使片路运行稳定，在风筒外面的片道之间可加胶片。在片路中，螺旋气垫干燥宜设在高温段的后半段和平衡段。

螺旋式干燥可以防止划伤和避免产生静电，既适用于单面涂布，又适用于一次双面涂布工艺。与立式干燥不同，干燥和气垫是一种气源，成本低、设备简单、便于维修、拉力均匀，无须调节张力装置，便于改善干燥条件，对不同风筒可提供不同温度的热风。

5. 气润滑式干燥器

气体润滑式干燥器由德国发明设计，其原理是干燥器内部分配风管输送 90% 的热风至基材上面垂直喷嘴，10% 的热风输送到基材下的气垫箱内，热风从气垫箱面上溢出，对基材运行起到气垫作用以减小滑动摩擦，减小基材拉拖力。气体润滑式干燥器主要优点是基材通过干燥器无导辊支承，基材拉拖力小，造价比气悬浮干燥器低，但目前很少使用。

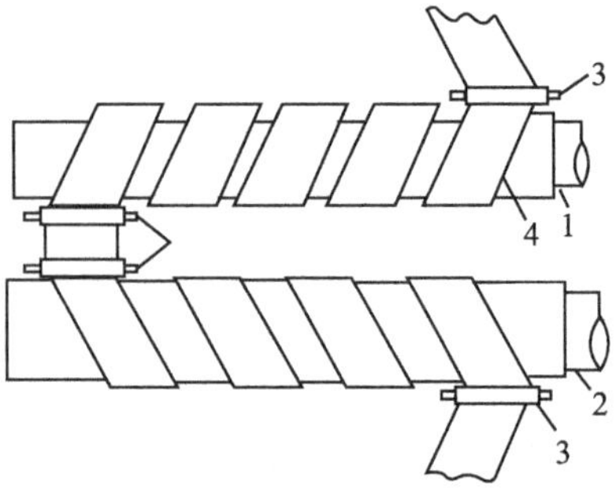

1—第一风筒；2—第二风筒；
3—中间段；4—基材

图 5-7　螺旋气垫干燥示意

6. 挂杆干燥

挂杆干燥是一种早期的热风干燥方式。其形式是，卤化银胶片从涂布冷风道出来后，背面搭在一根根木杆上形成片环。木杆两头架在两条可以平行移动的链条上，经过低温、中温、高温和平衡四个阶段，干燥过程结束。干燥所用热风，一般由干燥道顶部送入，从底部回风道排出。

因为胶片仅靠自重松弛地悬挂，不论怎么改变送风方式，出口风速都局限在 5m/s 以下，而到达片环兜底部的风速度就更小。加上送风方向与涂层平行，涂层表面有较厚的滞流边界层，不利于传热与传质，所以挂杆干燥动力消耗大，干燥效率低。又由于干燥不均匀，涂布胶片照相性能统一性也差。此外，还易产生掉杆、粘连、溶流、死折等弊病。

7. 平板干燥

平板干燥是为了克服挂杆干燥的一些缺点而发展起来的一种热风干燥方式。可以用运输带、滚筒，也可以用气垫输送胶片。输片方式可一平到底，也可折叠一次至数次，用气垫转向。

平板干燥的干燥热风，是通过孔板或条缝垂直吹向涂层表面的。垂直送风可以破坏湿涂层表面的滞流边界层，有利于传热与传质，所以干燥能力强，干燥均匀性好。

干燥区段的设置，与挂杆式相同，也是遵循温度由低到高的原则，但还可把整个干燥段划分为更多的段，依次循环加温使用。

第二节　热风干燥系统的基本构成

一、热风干燥过程的阶段分布

在热风干燥过程中，涂料是由一定尺寸的颗粒物质和溶剂组成，其干燥过程通常为一个热力过程，将热能提供给流体涂层使溶剂蒸发掉，干燥过程可能只是去除溶剂的物理过程，也有可能发生有助涂层固化的化学反应。由于涂层体系不同、溶剂的不同、涂层的厚度不同、涂层的黏度不同等配方的多变性，实际上涂层表面干燥和内部干燥的两个干燥过程的机理与干燥理论是不相同的，干燥理论上是将传热传质过程分为热气流与涂料表面的传热、传质过程和涂料内部的传热传质过程。由于这两种过程的不同而影响了涂层的干燥过程，两者在不同的干燥阶段起着不同的主导和约束作用。所以我们将涂层的干燥过程分成不同阶段。

1. 涂布干燥过程的多阶段分布

一般涂布热风干燥箱都有流平、干燥、固化、冷却定型几个阶段，针对不同的工艺要求，有时增加平衡段。

2. 流平阶段

流平阶段是一个关键的区域，特别是涂布的弊病可能在此形成。根据空气条件与溶剂的挥发性，在这段过渡区域可能发生部分干燥，如果环境和空气控制不当，达不到与干燥时空气一样的洁净度，有可能污染涂层。

流平阶段是让涂布完的涂料在基材上流动，实现表面平整。流平阶段长短要根据涂料特性和工艺要求，流平阶段最好与水平面夹角不要太大，避免有些涂层较厚黏度较低涂料会向下流，形成纵向纹。

对感光胶片行业，流平阶段后进入定型段。定型指在基材上的湿涂料由流动状态变为不可流动状态的湿涂料，定型又可分为冷定型和热定型。送风温度在 0～10℃称为冷定型，送风温度在 30～50℃称为热定型。定型阶段吹向湿涂料表面的风速不能太高，以不改变其表面特性为准。湿涂料定型后，为干燥阶段创造条件。

以感光胶片涂布干燥为例，片基涂上湿乳剂后，由于两面张力不均衡，会发生卷曲，乳剂层越厚，卷曲越严重。在多层挤压涂布时尤其明显。同时，感光乳剂未经冷凝定型时，因卷曲会造成

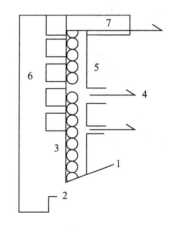

1—片基；2—涂布辊；3—组辊传动；
4—抽真空；5—组辊上升冷凝；
6—冷凝风道；7—水平冷凝通道
图 5-8 组辊传动垂直上升冷凝结构示意

流淌。为此，经常在涂布点垂直冷凝部分，设置一组紧密排列的平行滚筒，在滚筒背侧抽真空，胶片乳剂面用条缝吹送 8℃左右的冷风，使胶片在传送时紧贴滚筒面成波纹形上升，逐渐冷凝，其结构如图 5-8 所示。

3. 干燥阶段

如图 5-9 热风干燥原理曲线图所示，湿涂层在干燥过程中需要经历三个阶段，即预热阶段、恒速干燥阶段、降速干燥阶段。

（1）预热阶段

为加快溶剂的蒸发，必须先使材料和涂层达到所用溶剂湿球温度。

（2）恒速干燥阶段

在预热阶段后，涂层表面未形成结皮，材料和涂层的温度始终保持在溶剂的挥发温度并快速地吸热蒸发。在这个阶段，输入热量主要用来蒸发溶剂，溶剂可以自由移动到表面边界层，并离开液体表面。提高送风温度、送风量等，都可以提高干燥速率。在恒速干燥阶段，溶剂的蒸汽分压力恒定，干燥速率与溶剂浓度无关。

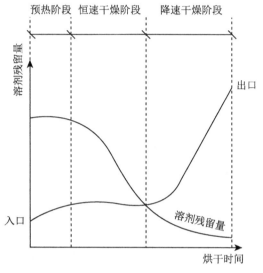

图 5-9　热风干燥原理曲线

（3）降速干燥阶段

在恒速干燥阶段进行到一定程度，在涂层表面完全干燥后，由于溶剂移动到表面边界层的阻力增加，溶剂蒸发减慢，干燥速率开始下降，即进入降速干燥阶段。所有材料在到达某一干燥程度时，都有干燥速度下降的特性，在此阶段，内部的溶剂开始向外扩散并蒸发，涂层内部的质量传递，是决定干燥速率的主要因素。此时进入固化段，材料和涂层的温度开始上升，烘箱温度一般要求较高，涂料树脂完成固化成膜。

4. 平衡段

根据工艺要求，有时在主要干燥区段之后，还有一个在收卷前进行涂层处理的附加区段，这个区段风速、风温都比较低，提供了涂层与环境空气相平衡的时间。在这个区段不仅有温度的平衡，还包括湿含量的增加或减少。比如感光胶片相纸以及涂布纸生产，都存在上述阶段。

二、干燥器硬件及其系统构成

涂布技术的发展需要更高效干燥器发挥作用。受材料及涂布工艺的影响，及国内功能材料的涂布工业起步较晚，热风干燥器的应用源于造纸工业和印刷工业，再应用于新兴新型材料的表面功能型涂层加工领域，比如感光胶片、光学膜、电子类膜、新能源等新型材料。目前国内绝大部分涂布装备采用辊式热风干燥器，但由于国内设备制造厂家对烘干技术的理解不同,其制造的热风干燥器机构及其干燥效果均有所不同。传统热风干燥器的典型代表有陕西北人、松德等设备厂家,其主要是以软包装印刷材料为干燥主体;但随着新型功能性材料的发展需要,涂层加工技术要求层出不穷,在热风干器的干燥一致性、涂层溶剂挥发的一致性及低溶剂残留等方面,对涂布干燥工艺提出了更新、更高的要求。

国内企业通过优化干燥风道的进、排风平衡系统和提高烘道的安全性能,开发了一系列新的涂布干燥技术。汕头欧格等针对精密功能性涂层干燥的一致性要求,对热风干燥技术的应用细分化。目前干燥器技术已涵盖辊式干燥、气悬浮式干燥、半气悬浮式干燥、混合式干燥等,包括平板式、气浮式及桥式干燥道等。

当前,由于热风干燥系统的复杂性及测试实验的手段缺乏,热风干燥技术的一些关键性的特点和特征往往被忽视,比如:

①热风干燥技术中的空气动力学的特征,没有通过"风洞"实验来推断与验证是不合理的。

②热风干燥属于多学科交叉技术,牵涉面广,变化因素多,机理复杂。需要理论计算结合实验验证开展工程设计。

③被干燥的涂层结构及其基材材质与厚度的不同,其传质、传热性相差甚远,比如金属箔与 PET 的热传导性能相差甚远,PE 与 PET 的耐热性能有很大的不同等,这也往往被忽视。

由于上述原因,加之精密涂布装备研制起步晚,国内部分涂布设备制造公司并没有完全理解热风干燥技术及其实际应用的特性,再加上部分材料生产厂家往往不注重热风干燥风道的实际机理,但又基于涂布工艺保密需要,造成在涂布设备的选择过程中技术交流不彻底,制造厂家无法获得完整的涂布设备的干燥性能指标,没有对涂布工艺进行深入探讨,所以仅能对设备的涂布方式、外观方面等进行交流,反而忽略了关键的干燥器的综合效果及涂层干燥过程的数字量化控制方面的指标。结果是涂布设备在使用过程中效果不佳,严重的甚至造成整个涂布工程投资失败。

所以,充分了解热风干燥器的原理及其产品实际结构的应用效果及其应用案例,以数据为参考依据并保证其实用性,才是选择涂布装备的最关键的要素。

热风箱式干燥器的选择,主要考虑两个关键性内容:

①干燥器的干燥一致性。主要体现在三个一致:一是烘箱热风温度的一致,即单箱(区)的温度误差不大于1℃;二是涂层的热交换量的一致,即从风嘴出口任意点风速、温度纵向累加值偏差控制在±1%内;三是最大程度的使涂层的溶剂挥发速率一致。只有在这三方面做到量化精准控制,才能保证涂层一致的干燥效果。

②对基材材料范围及其涂层的适应面要广,其主要有两个适应:一是对基材材料的厚薄、宽窄及其特征的适应;二是涂层的湿涂量厚薄的适应性。

以汕头欧格设计制造的的OG型辊式烘干器①的结构为例，分析热风干燥器的构成及其使用过程中的量化关键指标，并就其性能与传统热风干燥器进行对比分析。

OG型辊式热风干燥器是由干燥箱箱体、进排循环风系统、热交换器、热风过滤器、热源装置、控制系统等组成（图5-10）。

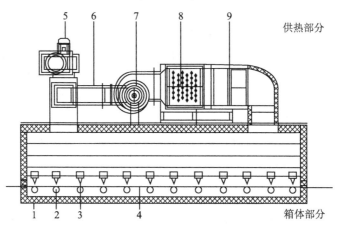

1—箱体；2—导辊；3—风嘴；4—基材；5—排风风机；
6—循环风管；7—进风（循环）风机；8—热交换；9—高效过滤

图5-10　OG型辊式热风干燥示意

干燥过程：冷空气通过热交换器后变成热空气被直接吹到涂层边界形成湍流状态，热空气在流动中使涂层和基材升温，同时带走涂层中的溶剂，使溶剂可轻易地由涂层移到干燥气流中，使溶剂的蒸发更快；混合后的热空气可回收循环或排放。由于传热系数的提高，涂层在恒速段的干燥时间缩短，提高了干燥速率。将风嘴合理分布并靠近基材，可保持边界层的湍流状态，以更高的气流速度维持湍流。有效的回流状态可使空气冲击到涂层上，阻止蒸发的滞留。

1. 干燥箱箱体

干燥箱一般由外壳、送风静压箱、风嘴、导辊、开合机构、密封及保温材料构成。为减少热损失，箱体外壳采用双层结构，中间填充足够厚的保温材料，目前一般有50mm、80mm、100mm三种厚度，保温层的厚度根据使用要求而定。常用的保温材料为硅酸棉类。为保证烘道内干净环境，箱体除基材进出口外，所有

————————

①OG型辊式烘干器：其关键技术体现在烘道的温度均匀一致、风速风量的精准控制，使其烘干的涂层的干燥一致性卓越。已成功应用于各种精密功能性涂层领域，如显示器背光模组、PCB胶片、电路抗蚀干膜、洁净型离型膜、氢燃料电池质子交换膜、锂电隔膜等，尤其在特殊薄型材料如PE薄膜、厚涂层成膜方面应用的干燥一致性效果显著。

的接缝、安装孔，开合接口均需配置耐温的密封材料。为保证安全，烘箱设置安全泄爆口，当烘箱内溶剂残留超过爆炸极限时，爆炸产生的气压瞬间通过泄爆口卸除，使危险和损失降到最低；为了穿基材、清洁和维护的需要，烘箱分上下箱体开合机构，开合的驱动方式有气动、电动、液压等方式可选。在上下箱打开后，必须启动机械式防落安全杆机构，防止烘箱非正常的动作影响人身、财产安全。结合特定的需求，箱体可以增加有视窗，动态观察已涂基材在烘道内的运行状态。风嘴一般有条缝和孔板两种。风嘴到干燥膜间距、送风面积比（开孔比）、风嘴形式等因素都会影响干燥效率。

辊式烘箱中的支撑装置为导辊，而气悬浮烘箱中的支撑装置是用气流托起基材。基材的输送由驱动导辊、变频电机及其变频控制器组成。基材可以是水平的或垂直的走向。导辊和风嘴的布置，要有合适的间距使基材在滚筒面上有足够的包绕角度，同时还要使干燥涂层处在风嘴的有效作用范围内。所以在涂层基材的干燥过程中，一定要保证基材的速度和滚筒的线速度保持一致，同时进风速度及风量（进、排风保持区域平衡）对基材的作用力使基材和滚筒面有一定的包绕角度，三者之间保持微观平衡，这一点在薄基材应用中尤为关键。

要根据不同干燥阶段选用孔板或条缝式风嘴。孔板送风的传热效果优于条缝送风，气流垂直时干燥效果好；但条缝送风方式可以为干燥空气提供较大的排气空间，送风阻力小于孔板，可以减少高速气流产生的"哨声"，不易吹花涂层。

干燥箱体的选择，需要综合考虑，比如投资额、空间、产品需求、基材特性和传热的需要等多种因素，不可一概而论。

2. 风循环系统

连续生产工程烘道内干燥空气中各种溶剂的比例逐渐提高，当工作空气中的溶剂达到饱和时，干燥能力则丧失。为控制空气中的溶剂含量，需要不断地把空气中多余的溶剂带走。有两种方法：一是补充室外新鲜空气和排走烘道中高溶剂含量的空气；二把干燥空气中的溶剂去除后再送回干燥系统。这两种方法本质相同，都需要合理的风循环系统发挥作用（图 5-11）。

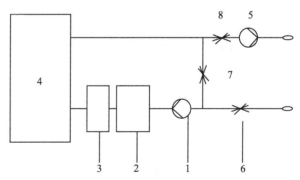

1—循环风机；2—热交换；3—高效过滤；4—烘道；
5—排风风机；6—进风阀；7—循环阀；8—排风阀

图 5-11 干燥风循环系统示意

对于不同厚度的涂层、涂层涂料固含量、涂料的黏度、溶剂的成分、涂布速度、新风的温度湿度等，要求烘箱的长度不同，温度控制段也不同；需要对不同的温度控制段采取不同的风嘴风速、风量、温度设定与控制。所以烘干段的参数设定与控制是一个综合考虑的过程。

比如 100μm 厚的涂层、涂层固含量为 30％、溶剂为醋酸乙酯的涂布液涂布干燥。这既需要考虑溶剂的挥发速度与烘道溶剂含量即 LEL 值的大小，防止烘道空气中的溶剂浓度过高而造成爆炸，也需要考虑涂层干燥的均匀性及因干燥过快而造成涂层表面结皮等缺陷，所以，在烘干箱的前段采用大风量低风速，最大限度地降低烘道中的溶剂浓度，同时适当降低干燥温度，以抑制溶剂的挥发速度与总量。

（1）循环风道

循环风道由进风风机（循环风机）、进风阀、热交换、高效过滤、箱体风道和风嘴、回风风道、排风阀、循环阀、排风机等构成。

一般选用中高压型离心风机，重点考虑风量和风压及风道溶剂残留的安全问题。风量的选择见本章其他部分，风压选用要考虑换热器阻力、高效过滤器阻力、风管阻力、静压箱内阻、风嘴阻力等。另外，当涂层内含易燃易爆溶剂时，要注意选用防爆型风机。

（2）烘箱的技术要求

由于成本和烘干精度的要求不同，不同结构的烘箱的进排风静压箱，其空气的利用效率也相差甚远。当前，精密功能涂布烘干风道系统，不仅要求高净化率，还要求涂层干燥综合效果的一致性。为达到涂层干燥高效、一致、超低溶剂残留等效果，与传统烘箱风道系统相比，需要保持进风温度一致性、热交换一致性、箱内风道压力一致性。

精密型涂布生产线的烘干技术在这三个方面均进行了数字指标的量化。

①温度的一致性［单箱（区）温度控制的温度误差<±1℃］

与传统烘箱的静压箱内部风道（图 5-12）的结构相比，OG 型的静压箱内部风道（图 5-10）分为进风口、混合区、分流板、均压区、风嘴、基材几个部分。冷热风经过风道不同功能区域的动态混合与导流，使在风嘴出口处的风温度误差<±1 ℃；而传统的烘箱温度误差<±5℃。

②热交换量的一致性

包括以下两个指标：

a. 整个箱内的风嘴出口任意点的风速纵向累加值偏差控制在±1％内；

b. 整个箱内的风嘴出口任意点的温度纵向累加值偏差控制在±1％内；

温度纵向累加值偏差低于±1％，表示涂层基膜从烘箱进口到出口，经过若干段烘箱，每个烘箱有若干风嘴，其风嘴出口任意点的温度纵向累加值偏差低于1％。如四段烘箱（每箱 12 支风嘴）设定温度为 60℃、80℃、100℃、90℃，即纵向温度累加值总温度值为 60℃×12+80℃×12+100℃×12+90℃×12＝3960℃。则纵向实测累加值偏差低于 39.6℃（低于 1％）。

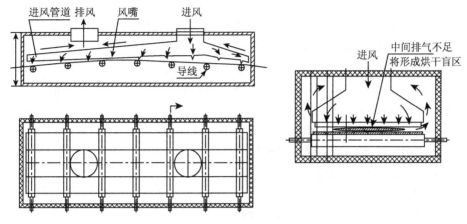

图 5-12 传统烘箱风道机构示意

风速纵向累加值偏差低于±1％，表示涂层基膜从烘箱进口到出口，经过若干段烘箱，每个烘箱有若干风嘴，其风嘴出口任意点的风速纵向累加值偏差低于1％。如四段烘箱（每箱 12 支风嘴）工艺风速为 3 m/s、8 m/s、10 m/s、15 m/s，即风速纵向累加值的基准值为 3 m/s×12＋8 m/s×12＋10 m/s×12＋15 m/s×12＝432m/s。则风速纵向实测累加值偏差低于±4.32 m/s（低于 1％）。

要实现上述两个指标，需要在烘箱结构上及风流道进行精密的设计、加工与装配。如图 5-12 所示，传统烘箱由进风管道、风嘴、排风管、导辊和外箱组成，对精密涂布装置而言，这种传统烘箱结构具有明显的缺陷：

a. 各个风嘴在风量变化时风速/温度不均匀。

b. 排风不均匀，往往在基材中间存在盲区。两边干燥充分，中间排风不够，有溶剂残留，造成整个幅面干燥不均。

c. 这种烘箱很难保证微正压/微负压运行控制，往往为了安全加大排风量，浪费能源。图 5-13 是大负压风损示意图。

d. 导辊运转不同步。各个干燥段生产工艺不同，即使导辊全部直径一致，因为温度及风速不同，与基材接触压力就不同，造成基材表面擦伤。为了解决传统烘箱的不足，适应新型功能性涂层工艺的需要，OG 精密型烘箱的风道采用点对点、等距的上排废气结构，废气排放口在两风嘴间均匀排布，实现了基材表面的气流场的一致，从而保证基材涂层表面横向任意点排放的一致（图 5-14）。

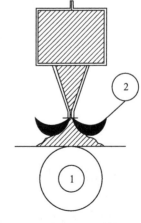

1—导辊；2—风损

图 5-13 大负压风损示意

③ 箱内风道压力的一致性

在满足进风风速和温度的均衡、高精度的同时，还需要排风的均匀，只有在进排风均达到一种微压力场（±5Pa）的平衡，如图 5-14 所示，并同时保证烘箱内每两个风嘴间的微压力一致，才能实现整个烘箱溶剂的点对点排放，使基材表面经过每一个风嘴的气流场一致，保证基材涂层表面横向任意点溶剂饱和度的一致。

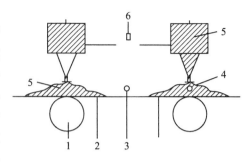

1—导辊；2—涂层基材；3—微压测量；
4—温度测量；5—进风；6—排风

图 5-14　风压系统示意

3. 换热器

换热器的具体造型，需要根据热源种类、加热温度以及加热量来确定，同时还要考虑干燥空气性质和洁净等级问题。目前，国内生产的换热器种类齐全，性能参数稳定，根据厂家样本，可以计算出其传热系数，再根据计算的总耗热量，可以计算出需要的换热器散热面积。

换热器的主流方式有电加热方式、导热油方式、蒸汽方式、热风方式。

4. 过滤器

常用空气过滤器分类如图 5-15 所示。

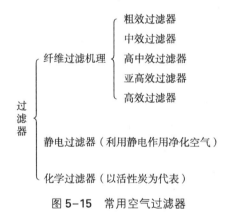

图 5-15　常用空气过滤器

过滤器的选择主要根据工艺要求，综合考虑过滤效率以及过滤器阻力和容尘量确定。

5. 烘干系统安全与控制

（1）烘箱安全要求

①烘干风道系统具备安全联锁功能，如总排风机不启动，各路进风机不运行，加热系统不动作。

②烘箱采用全封闭式结构（除基材进出口），箱顶设安全泄爆口。

③烘箱内风压力监控，箱内压力数字化实时监控，超压报警。

④温度监控，超温报警，有极限温度设定与报警。

⑤烘箱 LEL 浓度检测安全联锁保护动作如下：

a. 废气报警信号与进排风风机联锁，当 LEL 浓度检测装置检测浓度超标时停机；自动加大进排风量并报警。

b. 箱内差压联锁，浓度超标时大负压，排风风机加大到最大。

c. 超过最后的膨胀系数，机械式安全泄爆口自动冲开卸压防爆。

（2）干燥系统控制

烘箱的干燥系统基本的参数包括干球温度、空气溶剂含量和空气总量，烘箱空气温度特征曲线、基材温度是关键的变量，必须保持温度的测量与控制、风量的测量与控制。

6. 热风强对流干燥器的干燥效果

湿涂层干燥时溶剂挥发速率及其干燥的一致性是热风干燥器研究中最关键的内容。热风干燥器干燥效果是产品涂层的品质和生产速度的决定性因素。强对流热风干燥技术是目前热风干燥技术中最高效的一种干燥技术，上述 OG 型烘干器是其典型代表，该干燥技术是利用空气喷射流体力学原理而发展起来的高效干燥技术。

强对流热风干燥器的进风嘴形状类型及数量、风腔结构、回风路径结构是强对流干燥技术的关键组成部分，在保证热风干燥系统的温度一致、热交换量一致、烘箱内风道压力一致的基础上，其可根据不同产品功能涂层的工况要求，在满足送风要求的同时，使风道中的热空气形成强对流，同时满足湿涂层表面溶剂挥发速率一致，防止挥发速率过快造成涂层表干里不干或挥发速率过慢造成溶剂残留而干燥不良。

经实际应用证明，强对流热风干燥器的干燥效率比传统干燥效率的高，其既保证了卓越的、持续稳定的高品质涂层产品，又精准控制热风温度、风量的热量交换值、湿度场（溶剂饱和度）、气压场一致性均匀，能使涂层不老化，不龟裂，不掉粉，耐折度高，抗拉强度更好；并使基材在烘箱内能得到低张力运行，其内应力一致，表面无暗纹、无水波纹，无翘边翘角等瑕疵。

第三节 微波干燥

一、微波干燥原理

微波干燥过程，即微波使物质内部分子旋转而摩擦生热的过程。Jerome R. White 从下列两方面说明其机理。

1. 离子的电导性

介质中的自由电子或离子在外电场作用下，便形成传导电流而产生热效应。离子在电场下得到动能而运动，在与水分子碰撞之后，即失去动能。液体内分子碰撞频率的数量级为 10^{13} （或更高）。因此，在一个微波周期内，每个离子都要经过上千次的碰撞。这样，微波能的电场能首先转换成有规则的动能，继而转换成无规则的热能。被干燥材料由于内部产生了热，水分便蒸发出来产生干燥效果。

2. 偶极分子的旋转

极性分子振动，即产生热。物质内的偶极分子本身不能自由旋转，但在外电场作用下，分子总数的十万分之一到千分之一即按电场方向规则排列。在偶极分子旋转时，电场能量首先转换成位能，然后再转换成动能即热能，从而达到干燥效果。

当水性湿涂层通过微波能电磁场时，水分子因受电场作用而生热。电磁场在某种频率下是交变的。例如，使用 2450 兆赫的频率时，电场的方向在一秒钟内发生 24 亿次以上的变化，而水分子也随之发生方向性的变化，从而摩擦生热，导致湿涂层内部的温度高于表面温度，内部蒸汽压高于表面蒸汽压，于是，水分便从涂层内蒸发出来。微波频率越高，水分子的摩擦就越激烈，所产生的热也就越多。

二、微波干燥的特点

微波干燥与热风干燥向涂层提供能量机理不同，干燥效果也有差别。微波干燥以辐射方式提供能量，涂层下层水分可以直接瞬时获得能量而向外扩散蒸发；热风干燥以传导方式提供能量，干燥速度慢、均匀性差，干燥过程中涂层表里水分浓度差大，容易产生"磨砂"等涂布弊病。微波干燥则不然。微波加热实际上也是一种介质加热。在干燥过程中，涂层潮湿的部分吸收能量多，干燥快，而干燥的部分几乎不吸收能量，不再继续干燥。这样自动调整的结果，会大大提高干燥均匀性。

微波对片基、空气等非极性分子的物质不加热，金属对微波会产生反射，也几乎不吸收能量，故微波只干燥水分，效率高而节能。另外，微波加热反应快、无惯性；便于生产过程闭环控制。

三、微波干燥装置及其分类

1. 按照用途分类的微波装置

实际用途不同，微波装置的结构形式不同，如表5-2所示。

表 5-2　微波装置及其应用分类表

结构名称	用途	备注
腔式装置	干燥小型块状和粉状材料	家庭用微波炉等
传送带式装置	干燥大型块状物	
开槽式蛇形波导装置	干燥片状材料	感光胶片

2. 按照微波功率的传输分类

根据有关文献介绍，按照微波功率传输方式，列出微波装置分类如表 5-3 所示。

表 5-3　微波装置及其功率传输分类表

结构名称	特征	备注
驻波装置	功率顺向传输	驻波装置采用"谐振腔"，使各种不同传向的行波于腔内形成相干波的"混波场"
行波装置	多向反射相干传输	采用蛇形波导，适宜干燥胶片等片状材料
辐射装置	微波能辐射到一定空间，对被干燥材料进行照射	多用于粉碎岩石等坚硬物体和医疗上对人体照射

3. 行波装置

按其结构分为下列三种。

（1）直波导干燥装置

此装置采用直波导，是一种最简单的行波装置。

直波导是由两块"U"形体组成；中间留有足以通过胶片的缝隙（图 5-16）。这种形式，一般适用于干燥 35mm 宽度胶片。

微波功率由波导的一端输入，逐渐减弱，剩余功率一般由水负载吸收，以防返回微波管造成破坏。这种装置，在设计上需要考虑到功率之入口与匹配负载的间距长短问题，以防有较多的功率进入匹配负载。功率进入波导的方向与被干燥材料运行方向有逆向和顺向之分。一般多采用逆向传输。其优点是，微波功率先与含水量多的材料接触，分布均匀，有利于解决入端匹配问题。缺点是，被干燥材料由于大部分水分已被蒸发，最后又在功率入口处与强功率接触，易发生过热现象。顺向之优缺点与

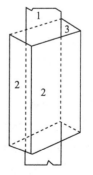

1—窄胶片；2—"U"形体；3—缝隙

图 5-16　直波导示意

逆向恰恰相反。

这种装置，由于受波导横向尺寸的限制，只可用于窄胶片的干燥。有时由于波导过长过窄，就是窄胶片传送也很不方便。

（2）蛇形波导干燥装置

这种装置采用开槽式蛇形波导。波导每边尺寸，一般宽边与窄边之比值为2，但有时也用大于2的扁波导。扁波导能使装置组合更紧凑。

蛇形波导是对前两种形式的改进。目前干燥宽胶片多用此种形式。其腔体呈蛇形折叠，两侧开槽（图5-17）。调节杆可以调节波导中部槽缝的宽度，同时亦可调节波导波长和驻波节点的位置，从而提高加热均匀性。

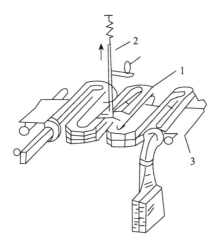

1—波导体；2—调节杆；3—胶片
图 5-17　蛇形波导示意

为了使波导内的横向温度分布均匀，有时采取相关措施采用逆向输送，可减弱功率入口处电场强度，有助于温度均匀分布。

被干燥材料吸收功率不宜过大。如要降低场强，可采用两组波导。使用传送带时，可从带的两侧输入功率，以便互相补偿。为避免反射波与入射波相干而形成混波现象，宜将行波在波导内的反射降到最低程度。波导的截面形状与电场的分布有关，"单脊"波导易增强场强，"双脊"波导易减弱场强。如果在高功率的输入口附近用一段"双脊"波导，则可避免产生过热现象，并使横向温度分布更为均匀。

蛇形波导装置干燥宽胶片，比直波导装置优越。

（3）慢波干燥装置

在一般传输线中，行波之相速等于或大于光速；而在慢波传输线中，由于波之行向是沿导体曲折前进，其相速小于光速。这种现象称为"慢波传输"。其特点是：电子场基本上集中在慢波线的表面附近，形成"边缘电场"。慢波装置就是利用这种"边缘电场"，使被干燥材料靠近慢波线吸收微波功率而进行干燥的。被干燥的材料距电场的远近，可以决定温度的高低。

慢波装置有两种：一种是循环带吸湿耦合器；另一种是气垫传送干燥器。

（4）其他波导管类型

导管是用以传输微波能的一种金属空心腔体。微波的频率比较高，用两根导线敞开传输，辐射能损耗太大，影响效率，故必须用不易被辐射穿透的铜或铝制腔体。腔体截面矩形居多，也有圆形或同轴式的。为了能有效地传输微波能，其尺寸与波长有一个大致的比例，一般长边不应小于波长的一半。因此，不同波段要使用不同尺寸截面的波导。

①矩形波导

矩形波导是一种形式最简单的波导。在垂直平行的两个宽面上开有通过胶片的缝隙（图 5-18）。这种形式一般用于感光胶片加工干燥。

②交叉指状波导

交叉指状波导是由两排指状波导交错排列而成。两排波导各有其能源，都使用四分之一波长的线段。第一排波导把微波能与第一排照射体偶联起来，第二排波导把微波能与第二排照射体偶联起来。两排照射体相间排列或者排在一个平面上，或者排在两个平面上，中间留有胶片通过的槽缝。

③曲折波导

曲折波导是由一系列的曲折照射体所组成（图 5-19）。波导的长度与四分之一波长的倍数相等。这种结构有利于电场的均匀分布。

上述各种形式中，蛇形波导应用最普遍。

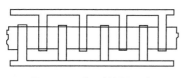

图 5-18 矩形波导示意

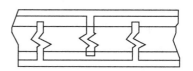

图 5-19 曲折波导示意

四、微波干燥的实际应用

关于微波在涂布机上具体应用，人们并不主张在干燥阶段全部以微波取代热风。因为风温较低时，空气中容纳不了微波干燥胶片蒸发出来的水分，必然在波导内出现冷凝水，影响干燥质量。另外，热风干燥具有工艺成熟、设备简单、运行可靠及价格低廉等显著优点。因此，需要考虑如何合理使用微波及其与热风干燥如何配合的问题。

1. 微波功率的选择

若以每平方米片基上乳剂含水 110 mL 来计算，在 30m/min 车速下，每小时需蒸发水分 225kg。设其中 40％用微波来除去，约 90kg。每小时蒸发 90kg 水需多少微波功率或电力，1kW·h 的电能变成热能可发出 864 大卡的热量。微波能也不例外，蒸发 1kg 水则需 586 大卡的热量。因此微波的理论干燥能力 $K=1.47kg/kW·h$。实测结果为 $1.22～1.38kg/kW·h$。这些结果是以微波蒸发的水量与胶片实际吸收的微波能的比值来确定的。实际上磁控管输入的微波能有一部分没有被胶片吸收而至终端负载，因此引入了一个胶片吸收效率 $\eta_{吸}$ 的概念。其意义为干燥过程中胶片吸收的微波功率占总输入微波功率的百分数。此值的大小取决于微波加热器的换能方式、微波实际有效加热面积以及胶片的涂布量、含水量等因素，一般由试验或经验确定。以 BJ-9 蛇形波导为例，输入 5kW，采用 915 兆赫微波，胶片涂布量为 120mm/m²，使用五节开槽波导，$\eta_{吸}$ 为 73%。引入脊弓波导后，在相同条件下用四节开槽波导，$\eta_{吸}$ 可达 85%，$\eta_{吸}$ 标志了该系统对微波能利用率的高低。显然微波的实际干燥能力应为 $K \cdot \eta$。在确定每小时需蒸发的水量 G kg 以后，所需的微波功率可按下式计算

$$P = H \frac{G}{K \cdot \eta_{吸}} \tag{5-6}$$

需电网功率：

$$P_1 = \frac{G}{K \cdot \eta_{吸} \cdot \eta}$$

式中　H——余量系数，试验数据一般为 1.07～1.21；

　　　η——电能转变成微波能的效率，包括电源及磁控管的效率，一般为 0.5～0.6。

2. 微波加热区位置的选择

图 5-20 是乳剂层干燥过程的定性描述。曲线 1 为单纯用热风干燥的曲线。起初乳剂含水量很大，容易蒸发，干燥速度很快，近似直线，即等速干燥段。随着乳剂中水分的减少，干燥速度渐逐降低，到后期就极不容易干燥，此谓降速干燥阶段。设胶片干燥终点含水 3%，如果在整个干燥阶段都加入微波，干燥速度可提高到热风的 8 倍（曲线

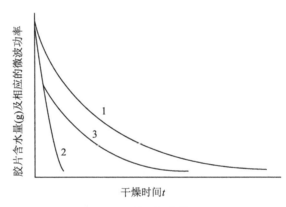

图 5-20　乳剂干燥曲线

2）。假设此时投入的微波功率为 97，并以此作为比较的基准。如果将微波与热风结合起来，先用微波去水 40%，再用热风干燥至终点，则干燥速度可增至热风的 1.5 倍（曲线 3），这时投入的微波功率是 40。如果先用热风使水分降到 20%，然后再用微波干燥到终点，则干燥速度可增至热风的 2 倍（图 5-20），这时投入的微波功率仅为 17。

综上可见，在胶片干燥的后期，即降速干燥段加入微波才能事半功倍。以上分析说明，由于胶片干燥曲线的非线性，在不同区域加入微波所起的作用是不同的。

3. 安全环保问题

（1）防止火花

在干燥过程中，一般高场强易产生电压而出现火花。低功率干燥系统也可能发生火花。有人建议用导电带包覆喷气嘴，防止火花，效果很好。另外，在波导内增强气流之冲击力，将聚集的尘埃吹走，也可以防止火花产生。

（2）抗流与防漏

微波干燥装置的电源盖板边缘以及各种缝隙，由于加工不好，容易泄漏功率，影响干燥效率和人身健康。蛇形波导的槽缝过宽时，容易泄漏功率，过窄则容易造成片面划伤。通常规定宽度 10～30mm，最低 6.35mm。还可以将槽缝外部加工成为翻边，并把缝之两端连同翻边，做成梭形，以限制微波的反射和泄漏。

第四节　红外干燥

一、红外线加热干燥

1. 红外线干燥原理

红外线干燥器是采用辐射原理设计的一种干燥设备，其辐射热源主要由短微波发生器发出高能量辐射波（波长 $1.2～1.8\mu m$）。与传统的热风箱和烘缸干燥相比较，红外线干燥具有热效率高、非接触式、能控制纸板横幅水分均匀和节省安装空间的优点，红外线通过辐射直接将热量传送至纸板，其极强的穿透性能使湿纸板里的水分由里向外蒸发。红外线具有非常高的热能密度，能使涂层里面的水分快速蒸发，涂料在很短的时间内就能达到固化点，从而有效地防止胶黏剂的迁移与流失，提高涂布质量，所以红外线特别适应于对涂布纸的干燥。同时，由于红外干燥是从涂层内外同时进行，所以有利于厚涂层干燥，减少涂层龟裂现象发生。

2. 红外线的种类

红外线发生器分为电红外和燃气红外两大类，两种红外线在造纸干燥方面都有广泛应用，究竟应该选择哪一种红外发生器，应根据具体工艺、烘干质量和烘干成本要求而定。

燃气式红外线成本比电红外略低（燃气式红外线干燥成本受燃料价格波动影响因素较大），但干燥效率较低，并且需要较长时间的加热才能达到预定工作温度，其维修保养费用也远比电红外线装置高；另外，燃气式红外线要求有极为严格的安全保障措施。

二、红外干燥计算

在干燥过程中，涂层单位面积吸收的热量等于通过对流、传导和辐射传递的热量之和，大多数情况下，对流在这个热量传递过程中起主导作用，因为只有对流传热才能有效加强热量传递过程。

涂布干燥的基本计算公式还可以表达为：

$$Q = kA\ (\theta_2 - \theta_1) \tag{5-7}$$

式中　Q——传热量，kW；

k——传热系数，$kW/m^2℃$；

A——传热面积，m^2；

θ_1——涂层表面温度，℃；

θ_2——干燥空气温度，℃。

式（5-7）中，干燥空气温度 θ_2 理论上可以是比 θ_1 高的任何温度，在工程实践中，θ_2 受到工艺条件、热源、设备等多方面影响，变化较大，尤其在定型、恒速干燥、降速干燥三个阶段有明显区别。涂层表面温度 θ_1 在恒速干燥阶段是恒定值，与干燥空气的湿球温度相同，在降速干燥阶段，θ_1 温度逐渐上升，最终与干燥空气温度 θ_2 相同。传热系数 k 的确定比较复杂，影响 k 的因素比较多，干燥方式、风量、风速等都对 k 产生影响，由于风速、风量比较容易实现，所以干燥方式成为提高干燥速度的研究方向，目前根据不同干燥方式，k 值多是在工程实践中得来。

在干燥方式中，热风干燥以对流为主，还有，如红外线加热干燥以辐射为主。红外线加热干燥的基本计算公式如下。

$$Q = \frac{MC\Delta\theta}{\eta_1\eta_2 t 860} \qquad (5-8)$$

式中　Q——需要加热的总热量，kW；

M——被加热物的重量，kg（或以每小时处理量计 kg/h）；

C——被加热物的比热，kcal/kg；

$\triangle\theta$——被加热物的温升，℃；

t——加热时间，h（当 M 为每小时平均处理量时 $t=1$）；

η_1——反射罩效率×热利用率，%，η_1 值，随着箱形状、照射距离、保温方法、排气量等不同而异，（80%～90%）；

$$\eta_2 = \frac{\eta_0 A_0}{(Ap + Ar)(1 + \eta_0 - Rm)}$$

式中　η_2——被加热物的有效热吸收率，（10%～95%）。

η_0——一般的吸收率；

A_0——被加热物体的被照射的总面积，m^2；

R_m——反射罩及箱内壁的平均反射率。

$$R_m = \frac{ArRr + ApRp}{Ap + Ar + As}$$

式中　Rr——反射罩的反射率，92%；

Ar——其正投影总面积，m^2；

R_p——炉体内面的反射率；

A_p——从总面积扣除 A_r 的值，m^2；

A_s——炉体出入口的面积，m^2。

三、红外线干燥器的应用

典型涂布干燥流程如下：

涂布干燥系统流程：底涂涂布机→热风干燥箱→面涂涂布机→红外线干燥器→热风干燥箱→平衡烘箱。

1. 电红外干燥器工艺参数

红外线干燥器总功率为 696kW，共有 29 个加热模块，每个模块长度为 150mm，共计 4350mm，每个模块装配有 8 个红外线灯泡，每个灯泡 3kW，合计 24kW；红外线灯泡具有很长的使用寿命（在正常情况下，使用寿命超过 2 年）并且很容易更换；功率控制元件能在 0%～100% 范围内调节。

红外线干燥器总蒸发率 $>136kg/h^{-1}$，单位蒸发率每米幅宽 $>31.8kg/h^{-1}$，干燥热效率 $>60\%$；进红外线干燥器前基材的温度 55～60℃，出红外线干燥器后基材的温度约为 65℃；红外线干燥器亮度 1200 Amp；干燥器工作电源 380V，50Hz；加热时间 1～2s，冷却时间 2～5s。

2. 主要构件

红外线干燥系统流程如图 5-21 所示。干燥器由加热模块和支撑框架组成，每

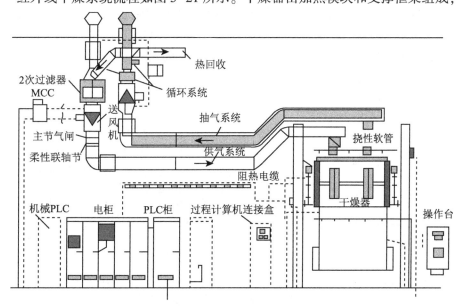

图 5-21　红外线干燥系统流程示意

个加热模块包括：支撑板、由陶瓷纤维材料制成的反射板、8 个卤素石英灯（每只 3kW）、石英玻璃防护板和连接专用防热电缆。由卤素石英灯组成宽度为 150mm 的加热模块产生红外线辐射，灯的工作温度最高达到 2100℃，由于有些部分不能承受高温，灯箱内需要吹入空气对其进行冷却。

反射器位于基材背面，将穿透过纸页的红外线反射回去，以提高热效率；反射板由特殊的陶瓷材料制成。反射器由收缩移动机构调节其位置，当断纸时，反射器由气缸操纵自动离开基材；反射器也设有通风管道。

通风系统由冷风鼓风机和废气抽吸风机组成，用于冷却发热元件、加热纸页和去除蒸发出来的水分，热风温度约 110℃。在鼓风机前装有空气过滤器（两道过滤层），新鲜空气需经过滤以防止脏物污染干燥器。

第五节　涂布干燥废气处理技术

具有实际应用价值的涂布干燥废气处理技术，主要有蓄热式燃烧（RTO）法、深度直接冷凝法和活性炭纤维吸附法。

一、蓄热式燃烧（RTO）法

1. RTO 工作原理

RTO（Regenerative Thermal Oxidizer，简称 RTO），蓄热式氧化炉。其原理是在高温下将可燃废气氧化成对应的氧化物和水，从而净化废气，并回收废气分解时所释放出来的热量，废气分解效率达到 99％以上，热回收效率达到 95％以上。RTO 主体结构由燃烧室、陶瓷填料床和切换阀等组成。

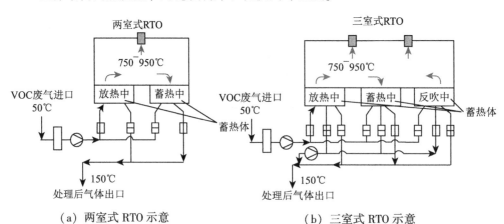

（a）两室式 RTO 示意　　（b）三室式 RTO 示意

图 5-22　多室固定式 RTO 工艺流程示意

实际操作中，生产排出的有机废气经过蓄热陶瓷的加热后，温度迅速提升，在炉膛内燃气燃烧加热作用下，温度达到 680～1050℃，有机废气中的挥发性有机物成分（VOC）在此高温下直接分解成二氧化碳和水蒸气，形成无味的高温烟气，然后流经温度低的蓄热陶瓷，大量热能即从烟气中转移至蓄热体，用来加热下一次循环的待分解有机废气，高温烟气的自身温度大幅度下降，再经过热回收系统和其他介质发生热交换，烟气温度进一步降低之后排至室外。

一米多高的蜂窝陶瓷蓄热体会阻止火焰直接传递到进气管，安全可靠。RTO 包括多室式［图 5-22（a，b）］和单室进气阀门旋转式（图 5-23）。图 5-24 为单室旋转式 RTO 空气流动示意图。

阀门旋转式 RTO（图 5-25）的废气室在下方，炉膛在上部，旋转式 RTO 蜂窝陶瓷在中部，在蜂窝陶瓷下部有一个旋转的转阀（B），用来调节废气进入燃烧室路径和对蜂窝陶瓷进行预热路径。废气从炉子的下方经过预热过的蜂窝陶瓷进入燃烧室燃烧，产生的热量被送到热交换器给涂布机或复合机加热，部分热量则从燃烧室经蜂窝陶瓷流到下方的废气室，给蜂窝陶瓷预热。为使进入的废气与流出的热气流分开，同时又让蓄热室所有的蜂窝陶瓷都能够均匀被预热，废气室被分成多个小格（如 12 个小格）。旋转使进入的废气和流下的热量每若干

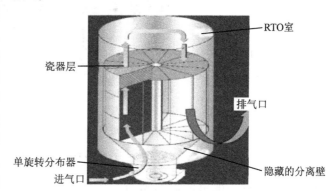

图 5-23　单室旋转式 RTO 示意

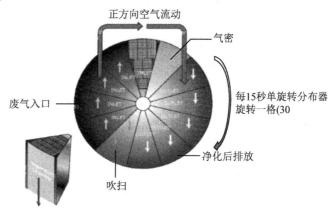

图 5-24　单室旋转式 RTO 空气流动示意

秒就变换一个小格，这样就使到蜂窝陶瓷被均匀加热，废气从蜂窝陶瓷的进出，如图 5-26 所示。该装置特点在于不需要固定式 RTO 的频繁气路切换。

RTO 节能减排技术核心在于对涂布机及涂装设备进排气系统进行优化，达到排放有机废气浓度提升，总排风量减少，设备无功损耗减少，设备投资减少，节

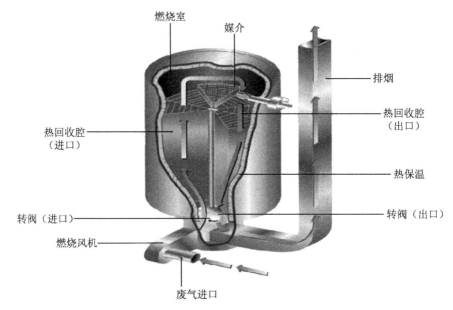

图 5-25 转阀式 RTO 的结构示意

能效果更明显。排出的有机废气
VOC 浓度较大时，超出 RTO 自供
热运行平衡点以上热量可回用到烘
干箱上；从 RTO 排出来处理后的
气体，通过热交换器预热新鲜空
气，再把预热后气体送到烘箱，这
样可大大节省加热烘箱能耗，其优
点有运行费用省，有机废气的处理
效率高，不会发生催化剂中毒现
象，为企业创造很大的经济效益，
实现了节能减排，因此国际上较先
进设备 VOC 处理较多采用这种
方法。

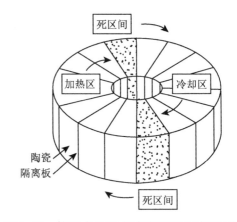

图 5-26 旋转式 RTO 蜂窝陶瓷预热过程示意

2. 适用处理废气

几乎可以处理所有含有机化合物的废气，包括烷烃、烯烃、醇类、酮类、醚
类、酯类、芳烃、苯类等碳氢化合物以及含有容易使催化剂中毒或活性衰退成分
的废气。处理有机废气流量范围宽（名义流量 20%～120%），可处理低于 25%
LFL 浓度的有机物，废气中含有多种有机成分，或有机成分经常变化状态。对废
气中夹带少量灰尘、固体颗粒不敏感，在所有热力燃烧净化法中热效率最高

（>95％），在合适的废气浓度条件下无须添加辅助燃料而实现自供热操作，净化效率高（>99％），维护工作量少，操作安全可靠，有机沉淀物可周期性地清除，蓄热体可更换，装置的压力损失较小，使用寿命长。

缺点在于采用陶瓷蓄热体，装置重量和占地面积大，只能放在室外；一次性投资费用较高，要求尽可能连续操作，不适用于含有较多硅树脂废气处理。

3. 发展潜力

国内进口 RTO 有安装在 3M 公司的涂布线、当纳利印刷线、汽车涂装线、外资制药化工生产线、德国漆包线生产等。近十年来国内技术人员通过消化吸收国外先进技术和使用国外设备总结摸索出来的经验，自行研制生产出的 RTO 性能已经与进口产品相当，但性价比更高，如杭州天祺环保设备有限公司在使用中 RTO 就有一百多台，其用户如秋雨印刷（上海）有限公司、上海当纳利印刷有限公司、乐凯、中来、福斯特等印刷涂布生产线，还有化工、汽车涂装线上 RTO 已经达到进口同类产品技术水平。国内还有几十家公司，正在研发生产 RTO。

实际应用中，在某国产汽车涂装线上，将有机废气加热到 760℃ 以上，使废气中的 VOC 氧化分解成二氧化碳和水。氧化产生的高温气体流经特制的陶瓷蓄热体，使陶瓷体升温而"蓄热"，此"蓄热"用于预热后续进入的有机废气。从而节省废气升温的燃料消耗。陶瓷蓄热体分成两个（含两个）以上的区或室，每个蓄热室依次经历蓄热—放热—清扫等程序，周而复始，连续工作。蓄热室"放热"后应立即引入适量洁净空气对该蓄热室进行清扫（以保证 VOC 去除率在 95％ 以上），待清扫完成后进入"蓄热"程序。

二、活性炭纤维吸附法

1. 吸附原理

吸附剂具有高度发达的孔隙构造，其中有一种被叫作毛细管的小孔，毛细管具有很强的吸附能力，同样发达的孔隙构造也意味着吸附剂有着很大的表面积，使气体（杂质）能与毛细管充分接触，从而被毛细管吸附。当一个分子被毛细管吸附后，由于分子之间存在相互吸引力的原因，会导致更多的分子不断被吸引，直到填满毛细管为止。

不是所有的微孔都能吸附有害气体，这些被吸附的杂质的分子直径必须是要小于活性炭的孔径，即只有当孔隙结构略大于有害气体分子的直径，能够让有害气体分子完全进入的情况下才能保证杂质被吸附到孔径中，过大或过小都不行。所以需要通过不断地改变原材料和活化条件来创造具有不同的孔径结构的吸附剂，从而适用于各种杂质吸附的应用。

吸附剂在活化过程中，巨大的表面积和复杂的孔隙结构逐渐形成，吸附剂的孔隙的半径大小可分为：大孔半径>20000nm；过渡孔半径 150～20000nm；微孔半径<150nm。

（1）吸附剂

活性炭是一种含碳材料制成的外观呈黑色，内部孔隙结构发达，比表面积大、吸附能力强的一类微晶质碳素材料，是一种常见的吸附剂、催化剂或催化剂载体。

活性炭分为粒状活性炭、粉末活性炭及活性炭纤维，但是由于粉末活性炭有二次污染且不能再生而被限制利用。

粒状活性炭（GAC-granular activated carbon）一般为直径在 0.42～0.85mm 的圆柱状颗粒。理论上讲粒状活性炭产品颗粒越小，接触空气面积就越大，比表面积也越大，吸附性能就越好，但是颗粒越小，粉碎制作过程中损耗也越大，粉尘也越多，成本也就越高，所以很多厂家为降低成本，使用大颗粒活性炭，性能当然不好，一般颗粒大小在 0.5 毫米左右的活性炭既达到了最佳性能，又确保不是粉末，没有污染。GAC 的孔结构一般是具有三分散态的孔分布，既具有按 IUPAC（International Union of Pure and Applied Chemistry）分类的孔径大于 50nm 的大孔，也有 2.0～50nm 的中孔（过渡孔）和小于 2.0nm 的微孔。但是由于 GAC 的孔状结构、孔径分布等原因，它的吸附速度较慢，分离率不高，特别是它的物理形态使其在应用和操作上的有诸多不便，GAC 的应用范围受到了限制。

活性炭纤维（ACF）是继粉状与粒状活性炭之后的第三代活性炭产品。20 世纪 70 年代发展起来的活性炭纤维是随着碳纤维工业发展起来的一种新型、高效的吸附剂。其最显著的特点是具有发达的比表面积（1000～3000m²/g）和丰富的微孔，微孔的体积占总孔体积的 90% 以上，微孔直径约 10 Angstrom（1 Angstrom = 1×10^{-10} m）左右，故其有很强的吸附能力。

与传统的粒状活性炭（GAC）相比，ACF 具有以下特点：

①ACF 与 GAC 的孔结构有很大的差异，如图 5-27 和图 5-28 所示。ACF 的孔

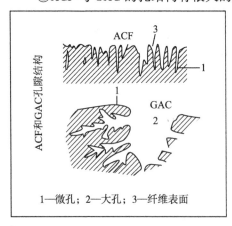

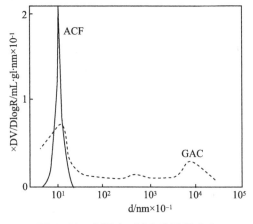

图 5-27　ACF 和 GAC 的孔结构模型　　　　图 5-28　ACF 与 GAC 的孔径分布

分布基本上呈单分散态，主要由小于 2.0nm 的微孔组成，且孔口直接开口在纤维表面，其吸附质到达吸附位的扩散路径短，纤维直径细，故与被吸附物质的接触面积大，增加了吸附几率，且可均匀接触。

②比表面积大，最大可达 2500m²/g，约是 GAC 的 10～100 倍；吸附容量大，约是 GAC 的 1.5～100 倍；吸附能力为 GAC 的 400 倍以上；吸附、脱附速度快，ACF 对气体的吸附数 10 秒至数分钟可达平衡。

③孔径分布范围窄，绝大多数孔径在 100 Angstrom（1 Angstrom $= 1 \times 10^{-10}$ m）以下，GAC 的内部结构有微孔、过渡孔和大孔之分，而 ACF 的结构只有微孔及少量的过渡孔，没有大孔，并且孔径均匀，分布比较狭窄，为 0.1～1nm，这是 ACF 吸附选择性较好的原因。

④ACF 不仅对高浓度吸附质的吸附能力明显，对低浓度吸附质的吸附能力也特别优异，如当甲苯气体含量低到 10ppm（$1ppm = 1 \times 10^{-6}$，即百万分之一，以下同）以下时，ACF 还能对其吸附，而 GAC 必须高于 100ppm 时方能吸附。

⑤耐热、耐酸碱；具有很强的氧化还原特性，可将高价金属离子还原为低价态。

⑥体积密度小，滤阻小，约是 GAC 的 1/3。可吸附黏度较大的液体物质，且动力损耗小。

而且 ACF 易再生，工艺灵活性大（可制成纱、布、毡或纸等多种制品）；以及不易粉化和沉降等特征。这些特征有利于吸附和脱附，使得 ACF 对各种有机化合物具有较大的吸附量和较快的吸、脱附速度。

（2）吸附性能

吸附剂的吸附性能由吸附剂的比表面积、吸附剂的孔隙直径来决定，其吸附性能的值 $\log [(C_0 - C) / C]$ 可由下式计算求得：

$$\log [(C_0 - C) / C] = 0.0064S - 0.123D - 0.935 \tag{5-9}$$

式中　C_0——初始浓度；

　　　C——平衡浓度；

　　　S——吸附剂的比表面积，m²/g；

　　　D——吸附剂的孔隙直径，nm。

由式（5-9）可见，吸附剂的比表面积越大，吸附能力也越大；吸附剂的孔隙直径越小，所具有的吸附能力就越大。

（3）活性炭纤维再生脱附的几种方法

①升温脱附。物质的吸附量是随温度的升高而减小的，将吸附剂的温度升高，可以使已被吸附的组分脱附下来，这种方法也称为变温脱附，整个过程中的温度是周期变化的。微波脱附是由升温脱附改进的一种技术，微波脱附技术已应用于气体分离、干燥和空气净化及废水处理等方面。在实际工作中，这种方法也是最常用的脱附方法。

②减压脱附。物质的吸附量是随着压力升高而升高的，在较高的压力下吸附，降低压力或者抽真空，可以使吸附剂再生，这种方法也称为变压吸附。此法常常用于气体脱附。

③冲洗脱附。用不被吸附的气体（液体）冲洗吸附剂，使被吸附的组分脱附下来。采用这种方法必然产生冲洗剂与被吸附组分混合的问题，需要用别的方法将它们分离，因此这种方法存在多次分离的不便性。

④置换脱附。置换脱附的工作原理是用比被吸附组分的吸附力更强的物质将被吸组分置换下来。其后果是吸附剂上又吸附了置换上去的物质，必须用别的方法使它们分离。例如，活性炭纤维对 Ca^{2+}、Cl^- 有一定的吸附能力，这些离子占据了吸附活性中心，可对活性炭纤维吸附无机单质或有机物产生不利影响。因此，用活性炭纤维吸附待分离溶液中的物质后，选用 $CaCl_2$ 作为脱附剂可降低活性炭纤维对吸附质的吸附稳定性，从而达到降低脱附活化能的目的。

⑤磁化脱附。由于单分子水的性质比簇团中的水分子活泼得多，能充分显示它的偶极子特性，从而使水的极性增强。预磁处理能增大水的极性，这就能充分解释经过预磁处理后活性炭纤维的吸附容量减小的现象。当磁场强度增大时，分离出的单个水分子越多，则阻碍作用就越大，从而吸附容量减小得也就越多。活性炭纤维本身为非极性物质，活性炭纤维的表面由于活化作用而具有氧化物质，且吸附剂是在湿空气条件下活化而成，它使活性炭纤维的表面氧化物质以酸性氧化物占优势，从而使活性炭纤维具有极性，能够吸附极性较强的物质。由于这些带极性的基团易于吸附带极性的水，从而阻碍了吸附剂在水溶液中吸附非极性物质。这种方法常用于溶液中对吸附质的脱附。

⑥超声波脱附。超声波（场）是通过产生协同作用来改变吸附相平衡关系的，在超声波（场）作用下的吸附体系中添加第三组分后，体系相平衡关系朝固相吸附量减少方向移动的程度大于在常规条件下的吸附体系。根据超声波的作用原理推测，可能是因为第三组分改变了流体相的极性，增加了空化核的表面张力，使得微小气核受到压缩而发生崩溃闭合周期缩短的现象，从而产生更强烈的超声空化作用。因此，在用活性炭纤维吸附待分离溶液中的物质后，可以用超声波（场）产生协同作用来改变吸附相平衡关系，降低活性炭纤维对吸附质的吸附稳定性，从而达到降低脱附化能的目的。

2. 活性炭纤维吸附回收装置

（1）装置组成

①预处理部分。预先除去进气中的固体颗粒物及液滴，并降低进气温度（如有必要）。

②吸附部分。通常采用 2~3 个吸附器并联或串联。

③吸附剂再生部分。水蒸气脱附有机组分，干燥风机吹扫降温使活性炭纤维

再生。

④溶剂回收部分。不溶于水的溶剂可与水分层、易于回收、水溶性溶剂需采用精馏法回收。对处理量小的水溶性溶剂也可与水一起掺入煤炭中送锅炉烧掉。

（2）装置工艺

①预处理——吸附。有机废气经风机加压，然后经过预处理后进入吸附器，废气中的有机组分穿透活性炭纤维吸附层时被吸附，而净化后的气体由吸附器顶部排出。

②脱附——再生。装置采用水蒸气为脱附剂，脱附蒸汽由吸附器顶部进入，穿透活性炭纤维毡层，将被吸附浓缩的有机物脱附出来并带入冷凝器。脱附后需要由干燥风机或二级吸附风机向吸附器内吹扫，使碳纤维吸附床层迅速降温，以便再次吸附。

③冷凝回收。脱附蒸汽与有机物的混合蒸汽经过冷凝器冷凝，有机物和不凝气的混合物流入分层槽，通过重力沉降分离，达到回收有机物的目的，分离后的水排放至厂方污水系统集中处理后排放，不凝气回到风机前再次进入吸附器吸附。

装置一般有二个至四个吸附器组成，由自动控制系统控制吸附器轮流切换以上工艺动作。

（3）技术特点

①工艺设计合理，根据工况合理配置吸附器规格和吸附剂装填量，充分吸收尾气中的有机溶剂，吸附容量大，吸附再生速度快，系统吸附效率高。

②积累多年设计和制造经验，系统化防爆设计和安全节点监控，严格的产品质量保证体系，确保设备本质安全，满足化工生产场所的苛刻要求。

③吸附是物理过程，分离温度低，回收的有机物组分不变，可以直接回用生产，净化空气的同时获得较高的经济效益。

④采用德国西门子 PLC 控制，集成电磁阀、气动元件执行动作，系统自动化程度高，性能可靠，无人值守运行。设计有运行参数优化程序，大幅降低蒸汽和用电耗量，为客户节省运行费用。

⑤设备结构紧凑，占地面积小，操作方便，便于维护，配套工程投资少。为保证客户其他工艺过程和吸附装置安全运行，配备有事故紧急排放通道和动力电源、压缩空气突发故障情况下的安全设计。

⑥设备使用寿命长、投资回报期短，根据客户工况参数不同一般在 10～18 个月内可收回设备投资。

（4）可回收的有机物种类

①烃类：苯、甲苯、二甲苯、n-乙烷、溶剂油、石脑油、重芳烃、碳氢清洗剂等。

②卤烃：三氯乙烯、全氯乙烯、三氯乙烷、二氯甲烷、氯苯、三氯甲烷、四

氯化碳等。

③酮类：丙酮、丁酮、甲基异丁酮、环己酮等。

④酯类：乙酸乙酯、乙酸丁酯、油酸乙酯等。

⑤醚类：二氧杂环己烷、THF、糠醛、甲基溶纤剂等。

⑥醇类：甲醇、乙醇、异丙醇、丁醇等。

⑦聚合用单分子物体：氯乙烯、丙烯酸、丙烯酸酯、醋酸乙烯等。

（5）适用行业

石油化工、农药、涂布、涂装、特种纤维、人造革、制药、印刷、汽车部件、电子、电子元件、橡胶、塑胶、酿造、化学试验等。

三、深度直接冷凝法

深度直接冷凝法，即烘箱充满惰性气体，热风由涂布机出口段循环到进口段，浓度较高，进入深冷机，首先与冷凝出来的冷风热交换，再进入多级深度冷凝，成为液态回收。冷风经冷凝机的冷凝器加热，再与进风热交换，进入涂布机末端烘干箱。如此周而复始循环，保持溶剂在密闭空间挥发和冷凝，规避环境污染。

在涂布干燥过程中，通过干燥箱的材料，涂层中溶剂含量伴随挥发逐渐降低，出烘箱处涂层溶剂浓度要尽量低，最好为零（用新鲜空气）。如图5-29所示，将后部烘箱抽出来的尾气通过风机抽回到热交换器控制好温度，再到前部烘箱，以保证烘箱内溶剂气体浓度由材料出口到进口由小到大。

烘箱后部出来的尾气回用到前部烘箱，使总的对外排气量减少，通过热泵将排气冷却后用热泵蒸发器冷凝，回收溶剂，将排风通过热泵冷凝器加热，再把加热后温度较高的气体送回烘箱循环利用。

因实际使用的有机溶剂如苯类、酯类、酮类等有机溶剂属易燃易爆物品，为提高冷凝前溶剂浓度，减少能耗，提高冷凝效果，保证操作生产过程的安全性，烘箱循环利用气体最好为不含氧气（或氧气浓度较低），可用氮气、二氧化碳或其混合气体等无毒经济的惰性气体代替原来的空气。

因循环利用气体会含有少量的溶剂，为达到产品残余溶剂不超标和节能的效果，后段烘箱中基材所带溶剂量很少，可采用单独的进排风系统，不参与回收系统。

评价干燥操作的指标主要是干燥产品质量和经济性。干燥产品的质量指标，不仅有产品的含水量，还有各种工艺质量和经济指标要求。

例如：蔬菜的干燥要求不破坏营养成分，并保持原来的多孔结构；木材的干燥要求产品不扭曲燥裂；热敏物料的干燥则要求不变质等。干燥是能量消耗很大的操作，单位产品所消耗的能量，是衡量经济性的一个指标。

对流干燥的热量利用通常用热效率来衡量。干燥操作的热效率，是指用于水

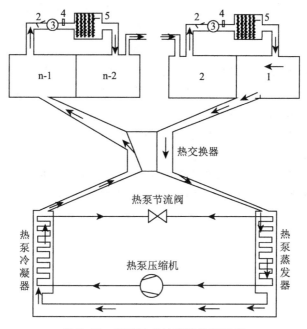

图 5-29 深度直接冷凝法流程示意

分汽化和物料升温所耗的热量占干燥总热耗的分率。提高热效率的途径，除了减少设备热损失外，主要是降低废气带走的热量。为此应尽量降低气流的出口温度，或设置中间加热器以减少气体的用量。衡量干燥操作经济性的另一指标是干燥器的生产强度（单位干燥器体积或单位干燥面积所汽化的水量或生产的产品量）。为此应设法提高干燥速率。

干燥操作的成功与否，主要取决于干燥方法和干燥器的选择是否适当。要根据湿物料的性质、结构以及对干燥产品的质量要求，比较各种干燥方法和设备的特性，并参照工业实践的经验，才能做出正确的决定。

参考文献

[1] 赵伯元 . 胶片热风冲击干燥的设计与操作 . 感光材料, 1979 (5) .

[2] 胡开堂 . 纸张干燥技术及发展 . 上海造纸, 1988-03-01.

[3] 曹升点, 史美亮 . 涂布纸和涂布技术 . 上海造纸, 1982-05-31.

[4] 鲁伟 . 涂布系统的开发和应用 . 中国知网, 2004, http: //acad. cnki. net/ kns55/brief/result. aspx? dbPrefix=CMFD

[5] 钱鹭生, 哈继助 . 涂布加工纸干燥器选型 . 上海造纸, 1996 (27) .

[6] 关慧娟译 . 乳剂多层涂布及干燥方法 . 1978 (1) .

［7］石化龙．微波干燥工艺及其在胶片工业上的应用．感光材料，1975-03-02.

［8］曹福东．谈谈微波干燥胶片工艺．感光材料，1981-03-02.

［9］王仲军．有机光导OPC鼓涂布干燥理论与实践．影像技术，2005（1）.

［10］宋浩泰．涂布机干燥道热风装置的设计．天津造纸，1983-07-02.

［11］周锐，谢宇鹰，郭子坤．应用红外线干燥器提高涂布车速的实践．纸和造纸，2007，26（5）：13-15.

［12］陆耀庆．实用供热空调设计手册（第二版）．北京：中国建筑工业出版社，2008-05-01.

［13］杨峥雄．印刷涂布烘干系统的创新技术．广东包装，2012（3）.

［14］杨峥雄．印刷包装有机溶剂VOC处理方案探讨．中国包装报，2009（6）.

［15］杨峥雄．一种蓄热式燃烧装置．实用新型专利，201020232156.X

第6章 涂布机驱动及速度和张力控制系统

涂布生产线主要包括：放料（1或2组）、牵引部（若干组）、涂布单元（1或2到3组）、烘箱及热风系统（1或2到3组）贴合或冷却部（1组）、收料（1组）、电气控制系统（1套）。

传动系统的主要工作职能是通过对涂布机速度、张力的控制，满足以下工艺要求：控制涂布机在一定速度下平稳运行，保证涂布均匀度；控制各阶段张力，使片路运行平稳，避免产生张力线、划伤等弊病。使成品收卷整齐、松紧适度，在存放、运输中不受损失。

由于计算机、人机界面、程控器、通信技术、电力电子技术、传感器技术的飞速发展，涂布机的控制精度和自动化水平有了大幅度提高，操作更加便利，故障诊断和远程监控系统更是免除了用户的后顾之忧。

第一节 速度控制

一、基准部

所有涂布机，必须以某个牵引辊作为速度基准，该牵引辊的速度就是生产设定的线速度，此处不受张力调节，速度精度最高。一般以接近涂布站的牵引辊作为基准，这样有利于保证涂布精度，其他牵引辊跟随基准辊，通过速度调节来保证张力稳定。

基准部是机器的主导部，见图6-1。它通过旋转带动卷材向前运动从而控制其通过全部设备的速率，来建立涂布机中卷材的速度。一个好的主导部，可以维持低速至最高速度的所有

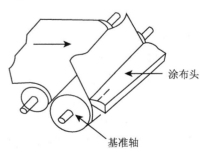

涂布头

基准轴

图6-1 涂布机的基准或主导部分

速度下对卷材的控制，并经受住在任一速度下可能发生的瞬变。

机器中的主导辊，必须能将力矩从电动机通过滚筒传递给卷材，而不让卷材打滑，这是基准部的一个重要原则。

所谓卷材，就是连续的、挠性带状的物质，它是被输送到加工机械中去涂布、复合或作其他处理的一种纸、薄膜、箔或基材类物质。

二、涂布机常用调速方式

1. 直流调速

（1）直流调速的概念

直流调速是指在直流传动系统中人为地或自动地改变电动机的转速，以满足工作机械对不同转速的要求。从机械特性上看，就是通过改变电动机的参数或外加电压等方法，来改变电动机的机械特性，从而改变它与工作机械特性的交点，改变电动机的稳定运转速度。

速度调节，可以通过手动给定信号并经过中间放大、保护等环节来实现。电动机转速人为给定，不能自动纠正转速偏差的方式称为开环控制。在很多情况下还希望转速稳定，即转速不随负载及电网电压等外界扰动而变化。此时，电动机转速应能自动调节，即采用闭环控制。该系统称为闭环系统。

（2）直流调速的分类

①无级调速和有级调速

无级调速，又称连续调速，是指电动机的转速可以平滑地调节。其特点为：转速变化均匀，适应性强而且容易实现调速自动化。因此，在工业装置中曾被广泛采用。

有级调速，又称间断调速或分级调速。它的转速只有有限的几级，调速范围有限且不易实现调速自动化。

②向上调速和向下调速

电动机未作调速时的固有转速，即为电动机额定负载时的额定转速，也称为基本转速或基速。一般地，在基速方向提高转速的调速称为向上调速。例如直流电动机改变磁通进行调速，其调速极限受电动机机械强度和换向条件限制。在基速方向降低转速的调速称为向下调速。例如改变直流电动机电枢电压进行调速，调速的极限即最低转速，主要受转速稳定性的限制。

③恒转矩调速和恒功率调速

恒转矩调速：有很大一部分工作机械，其负载性质属于恒转矩类型，即在调速过程中不同的稳定速度下，电动机的转矩为常数。如果选择的调速方法能使电磁转矩 $T_e \propto I =$ 常数，则在恒转矩负载下，电机无论在高速或低速运行，其发热情况始终是一样的。这就使电动机容量能得到合理而充分的利用。这种调速方法称为恒转矩调速。例如，当磁通一定时，调节电动机的电枢电压或电枢回路电阻的方法，就属于恒转矩调速方法。

恒功率调速：具有恒功率特性的负载，是指在调速过程中负载功率 P_L 为常数的负载，其负载转矩 $T_L = \alpha \dfrac{1}{n}$（$\alpha$ 为励磁调节系数）。这时，如果仍采用上述恒转矩调速方法，使调速过程保持 $T_e \propto I$，则在不同转速时，电动机电流将不同，并在低速时电动机将会过载。因此，要保持调速过程电流恒定，使功率 $\propto I$，这种调速方法称为恒功率调速。对于直流电动机，当电枢电压一定时，减弱磁通的调速方法属于恒功率调速。用恒功率调速方法去带动恒转矩负载也是不合理的，在高速时电机将会过载。

2. 交流变频调速

交流变频调速是目前使用范围最广、性价比最高的一种调速方式。要求速度精度优于 0.3％时，一般使用带编码器的转速闭环控制。如果使用较好的变频器，即使采用开环矢量控制，也能保证优于 0.5％的速度精度。选择变频器时需考察其相关技术指标，不同变频器相差较大。

（1）交流变频调速基本原理

交流变频调速是以变频器向交流电动机供电，并构成开环或闭环系统。变频器是把固定电压、固定频率的交流电变换为可调电压、可调频率的交流电的变换器，是异步电动机变频调速的控制装置。逆变器是将固定直流电压变换成固定的或可调的交流电压的装置（DC-AC 变换）。将固定直流电压变换成可调的直流电压的装置称为斩波器（DC-DC 变换）。

在进行电机调速时，通常要考虑的一个重要因素是，希望保持电机中每极磁通量为额定值，并保持不变。

如果磁通太弱，即电机出现欠励磁，将会影响电机的输出转矩。

$$TM = KT\Phi MI_2\cos\phi_2 \tag{6-1}$$

式中　　TM——电磁转矩；

　　　　ΦM——主磁通；

　　　　I_2——转子电流；

　　　　$\cos\phi_2$——转子回路功率因数；

　　　　KT——比例系数。

由式（6-1）可知，电机磁通的减小，势必造成电机电磁转矩的减小。

由于设计电机时，电机的磁通常处于接近饱和值，如果进一步增大磁通，将使电机铁芯出现饱和，从而导致电机中流过很大的励磁电流，增加电机的铜损耗和铁损耗，严重时会因绕组过热而损坏电机。因此，在改变电机频率时，应对电机的电压进行协调控制，以维持电机磁通的恒定。用于交流电气传动中的变频器实际上是变压（Variable Voltage，简称 VV）变频（Variable Frequency，简称 VF）器，即 VVVF。所以，通常也把这种变频器叫作 VVVF 装置或 VVVF。

根据异步电动机的控制方式不同，变压变频调速可分为恒定压频比（V/F）控制变频调速、矢量控制（FOC）变频调速、直接转矩控制变频调速等。

（2）变频器分类

①从变频器主电路的结构形式上可分为交—直—交变频器和交—交变频器。

交—直—交变频器首先通过整流电路将电网的交流电整流成直流电，再由逆变电路将直流电逆变为频率和幅值均可变的交流电。交—直—交变频器主电路结构如图 6-2 所示。

图 6-2　交—直—交变频器主电路结构

交-交变频器把一种频率的交流电直接变换为另一种频率的交流电，中间不经过直流环节，又称为周波变换器。它的基本结构如图 6-3 所示。

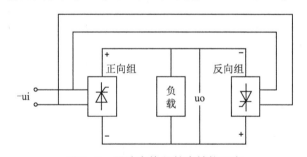

图 6-3　周波变换器基本结构示意

常用的交—交变频器输出的每一相都是一个两组晶闸管整流装置反并联的可逆线路。正、反向两组按一定周期相互切换，在负载上就获得交变的输出电压 U_0。输出电压 U_0 的幅值决定于各组整流装置的控制角 α，输出电压 U_0 的频率决定于两组整流装置的切换频率。如果控制角 α 一直不变，则输出平均电压是方波，要得到正弦波输出，就在每一组整流器导通期间不断改变其控制角。

对于三相负载，交—交变频器其他两相也各用一套反并联的可逆线路，输出平均电压相位依次相差 120°。

交—交变频器由其控制方式决定了它的最高输出频率只能达到电源频率的 1/3～1/2，不能高速运行，这是它的主要缺点。但由于没有中间环节，不需换流，提高了变频效率，并能实现四象限运行，因而多用于低速大功率系统中，如回转窑、轧钢机等。

②从变频电源的性质上看，可分为电压型变频器和电流型变频器。

对交—直—交变频器，电压型变频器与电流型变频器的主要区别在于中间直流环节采用什么样的滤波器。

电压型变频器的主电路典型形式如图 6-4 所示。在电路中，中间直流环节采用大电容滤波，直流电压波形比较平直，使施加于负载上的电压值基本上不受负载的影响，而基本保持恒定，类似于电压源，因而称之为电压型变频器。

图 6-4　电压型变频器的主电路典型形式

电压型变频器逆变输出的交流电压为矩形波或阶梯波，而电流的波形经过电动机负载滤波后接近于正弦波，但有较大的谐波分量。

由于电压型变频器是作为电压源向交流电动机提供交流电功率，所以主要优点是运行几乎不受负载的功率因数或换流的影响；缺点是当负载出现短路或在变频器运行状态下投入负载，都易出现过电流，必须在极短的时间内施加保护措施。

电流型变频器与电压型变频器在主电路结构上基本相似，所不同的是电流型变频器的中间直流环节采用大电感滤波，见图 6-5，直流电流波形比较平直，使施加于负载上的电流值稳定不变，基本不受负载的影响，其特性类似于电流源，所以称之为电流型变频器。

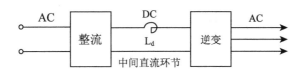

图 6-5　电流型变频器电感滤波示意

电流型变频器逆变输出的交流电流为矩形波或阶梯波，当负载为异步电动机时，电压波形接近于正弦波。

电流型变频器的整流部分一般采用相控整流，或直流斩波，通过改变直流电压来控制直流电流，构成可调的直流电源，达到控制输出的目的。

电流型变频器由于电流的可控性较好，可以限制因逆变装置换流失败或负载短路等引起的过电流，保护的可靠性较高，所以多用于要求频繁加减速或四象限运行的场合。

一般的交—交变频器虽然没有滤波电容，但供电电源的低阻抗使它具有电压源的性质，也属于电压型变频器。也有的交—交变频器用电抗器将输出电流强制变成矩形波或阶梯波，具有电流源的性质，属于电流型变频器。

③交—直—交变频器根据 VVVF 调制技术不同，分为 PAM 和 PWM 两种。

PAM 是把 VV 和 VF 分开完成的，称为脉冲幅值调制（Pulse Amplitude Modulation）方式，简称 PAM 方式。

PAM 调制方式又有两种：一种是调压采用可控整流，即把交流电整流为直流电的同时进行相控整流调压，调频采用三相六拍逆变器。这种方式结构简单，控制方便，但由于输入环节采用晶闸管可控整流器，当电压调得较低时，电网端功率因数较低，而输出环节采用晶闸管组成的三相六拍逆变器，每周换相六次，输出的谐波较大。其基本结构见图 6-6（a）。另一种是采用不控整流、斩波调压，即整流环节采用二极管不控整流，只整流不调压，再单独设置 PWM 斩波器，用脉宽调压，调频仍采用三相六拍逆变器，这种方式虽然多了一个环节，但调压时输入功率因数不变，克服了上面那种方式中输入功率因数低的缺点。而其输出逆变环节未变，仍有谐波较大的问题。其基本结构见图 6-6（b）。

PWM 是将 VV 与 VF 集中于逆变器一起来完成的，称为脉冲宽度调制（Pulse Width Modulation）方式，简称 PWM 方式。

PWM 调制方式采用不控整流，则输入功率因数不变，用 PWM 逆变同时进行调压和调频，则输出谐波可以减少。其基本结构见图 6-6（c）。

在 VVVF 调制技术发展的早期均采用 PAM 方式，这是由于当时的半导体器件是普通晶闸管等半控型器件，其开关频率不高，所以逆变器输出的交流电压波形只能是方波。而要使方波电压的有效值随输出频率的变化而改变，只能靠改变方波的幅值，即只能靠前面的环节改变中间直流电压的大小。随着全控型快速半导体开关器件 BJT、IGBT、GTO 等的发展，才逐渐发展为 PWM 方式。由于 PWM 方式具有输入功率因数高、输出谐波少的优点，因此在中小功率的变频器中，几乎全部采用 PWM 方式，但由于大功率、高电压的全控型开关器件的价格还较昂贵，所以为降低成本，在大功率变频器中，有时仍需要使用以普通晶闸管为开关器件的 PAM 方式。

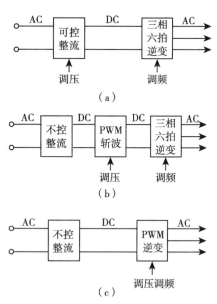

图 6-6　PWM 调制方式基本结构

（3）变频器的种类

①通用变频器：速度控制、位置控制、（扭矩控制）。

FR-S500、FR-E500、FR-A500、（FR-A700）。

②专用变频器：扭矩控制、位置控制、速度控制。

FR-V500、FR-A700、Varispeed F7、Varispeed G7。

FR-F500　　　风扇用；

FR-V500　　　矢量专用；

FR-A700　　　通用或矢量（需 FR-A7AP）；

Varispeed F7、Varispeed G7　通用或矢量（安川）。

（4）变频器选择注意事项

①最低可控制的转速为：V500：1.2Hz　　　　A700：3Hz

②变频器的控制方法；

③低转速区域的控制性；

④感应电机的扭矩特性；

⑤再生容量；

⑥低扭矩指令时的启动特性；

⑦需要根据控制方法决定变频器的等级。卷轴控制时，一般需要选定矢量变频器以上的等级；

⑧选定合适的齿轮比；

⑨转速范围为：只需计算（最大速度/最小速度）×（最大卷径/最小卷径），即可计算转速范围。但在扭矩控制时，需要尽量减小齿轮比。

变频器参数选择如图 6-7 所示。

（5）涂布机用变频器选用注意事项

由于各牵引辊前后张力不同，可能有些牵引辊电机处于发电制动状态，导致变频器直流侧电压升高，甚至造成故障停机。一般可将变频器的直流母线通过快速熔断器连接起来，使各电机能量平衡。在紧急停车时，需要使用制动电阻。如图 6-8 所示。

当然，有些工程型的变频器可配备 AC-DC 转换模块，制动能量可回馈电网。如图 6-9 所示。

3. 伺服系统

伺服系统在机械制造行业中用得最多最广，各种机床运动部分的速度控制、运动轨迹控制、位置控制，都是依靠各种伺服系统来实现的。它们不仅能完成转动控制、直线运动控制，而且能依靠多套伺服系统的配合，完成复杂的空间曲线运动的控制，如仿型机床的控制、机械人手臂关节的运动控制等。

伺服系统的种类很多，组成状况和工作状况也多种多样，可简单地用图 6-10 所示方框图表示，它有检测装置，用来检测输入信号和系统的输出，有放大装置

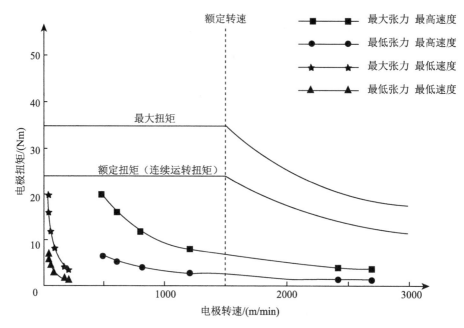

图 6-7 变频器参数选择

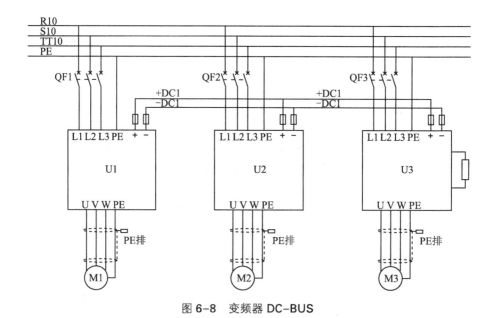

图 6-8 变频器 DC-BUS

和执行部件，为使各部件之间有效地组配和使系统具有良好的工作品质，一般还有信号转换线路和补偿装置。

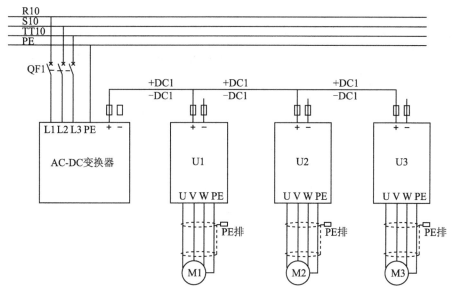

图 6-9　工程型变频器 AC-DC 转换模块

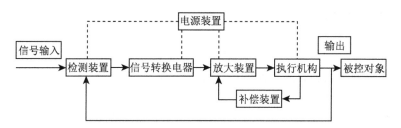

图 6-10　伺服系统的组成状况和工作状况示意

从控制方式看，伺服控制系统不包括单纯的开环控制，而具有以下类型（见图 6-11）。

（1）按误差控制的系统

第一种是按误差控制的系统 [图 6-11 （a）]，它由前向通道 G （s）和负反馈通道 F （s）构成，亦称闭环控制系统。系统的开环传递函数和闭环传递函数分别为：

$$W \text{ （s）} = G \text{ （s）} F \text{ （s）} \tag{6-2}$$

$$\varphi(s) = \frac{G(s)}{1 + G(s)F(s)} \tag{6-3}$$

将系统输出速度 V_c（或角速度 Ω_c）转变成电压信号 U_f 反馈到系统输入端，用输入信号 U_r 与 U_f 的差

$$U_r - U_f = \triangle U$$

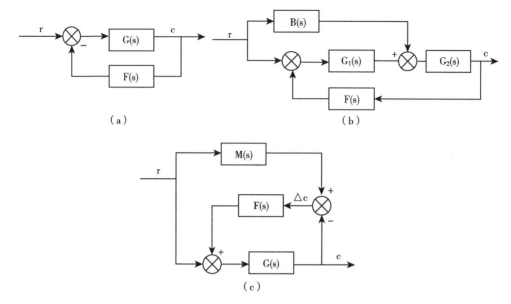

（a）

（b）

（c）

图 6-11　伺服系统的基本控制方式

来控制系统，即构成速度伺服系统，通常系统主反馈通道的传递函数是个常数，即

$$\mathrm{F}(\mathrm{s}) = f$$

根据系统的线路和它的工作特点，有单向调速系统、可逆（即双向）调速系统和稳速系统等区别。

将系统输出转角 φ_c（或位移 L_c）反馈到系统主通道的输入端，同输入角 φ_r（或 L_r）的差 e，即

$$\mathrm{e} = \varphi_c - \varphi_r$$

来控制系统，即构成位置伺服系统（随动系统）。它的开环传递函数和闭环传递函数之间有以下简单关系

$$\varphi(s) = \frac{W(s)}{1 + W(s)} \tag{6-4}$$

按误差控制的系统历史最长，应用也最广。使系统输出精确地复现输入，系统的动态响应品质和系统稳态精度存在矛盾，这是设计这类系统需要认真解决的问题。

（2）按误差和扰动复合控制的系统

第二种是按误差和扰动复合控制的系统，采用负反馈与前馈相结合的控制方式，亦称开环—闭环控制系统，如图 6-11（b）所示形式。其系统传递函数为：

$$\varphi(s) = \frac{[B(s) + G_1(s)]G_2(s)}{1 + G_1(s)G_2(s)F(s)} \tag{6-5}$$

式中 B（s）代表前馈通道的传递函数。

无论是速度伺服系统，还是位置伺服系统，都可以采用复合控制形式，它的最大优点是引入前馈 B（s）后，能有效地提高系统的精度和快速响应，而不影响系统闭环部分的稳定性。

（3）模型跟踪控制系统

图 6-11（c）表示的系统，称为模型跟踪控制系统，除具有前向主控制通道外，还有一条与它并行的模型通道 M（s），它通常用电子线路（或用计算机软件）来实现，将两者输出的差

$$\Delta c = c_m - c$$

作为主反馈信号，通过 F（s）反馈到主通道的输入端，要求系统的实际输出 c 跟随模型的输出 c_m，与复合控制系统类似，该系统 [图 6-11（c）] 的传递函数可表示成

$$\varphi(s) = \frac{[1 + M(s)F(s)]G(s)}{1 + G(s)F(s)} \tag{6-6}$$

适当选取模型通道的传递函数 M（s）和反馈通道的传递函数 F（s）可以使系统获得较高的精度和良好的动态品质。它可以看成是由复合控制演变而成，故仍属于相同的一类。

模型跟踪控制用于速度伺服系统比较方便，在位置伺服系统中只宜将它用于速度环的控制。

4. 速度给定

对于高精度的调速系统，还必须注意给定信号的精度。一般程控器模拟量输出模块分辨率是 12 位的，即 4096；而通过现场总线或 RS485 通信的分辨率是 14 位，即 16384。另外，对于高速涂布机，必须充分重视现场总线的传输周期，这和总线拓扑结构、波特率有关。

5. 其他调速方式

（1）使用调节辊进行速度控制

通过张力调节辊进行速度控制，即使在加减速时，也容易获得稳定的张力；即使距离较长，也容易同步；还有吸收冲击的作用。张力控制精度取决于气压和机械机构。

（2）使用张力检测器进行速度控制

通过张力检测器控制速度，其结构简单，易于进行速度控制。张力精度高于张力调节装置。控制精度受材料特性影响较大。

（3）通过卷轴控制供卷速度，有时速率变化偏大。

（4）通过主轴控制进给速度，生产线上必须设置决定基准速度的部分。

（5）使用磁粉制动器和离合器，结构简单，适用于低速控制。

三、涂布机常用控制方式

涂布机常用的控制方式有张力控制和速度控制方式。下面仅以简图示意，以后章节详细介绍。即使速度变化，张力、卷径和扭矩的关系也不变化，这个关系在速度控制中也成立（图6-12）。

由于制动力与张力直接相关，张力控制精度较高；卷轴转速由进给电机牵引情况决定，会造成进给电机和卷轴的同步偏差。速度控制不能控制张力，因为张力调节辊受力决定张力。当卷轴转速与进给电机同步时，张力稳定。

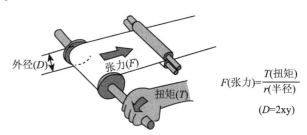

$$F(张力) = \frac{T(扭矩)}{r(半径)}$$

$$(D=2xy)$$

图6-12　张力、卷径和扭矩关系

第二节　张力控制

能控制张力的部分，包括供卷架或复卷机、啮合辊、压光机、某些类型涂布器（没有光滑的压区）、浸渍机。

一、张力控制与工业生产

造纸、纺织、印染和化纤以及涂布生产中，其加工物都是带状，并且全都卷绕成圆筒形，为使加工物不断传送，既不能堆叠又不能被拉断，卷绕紧密、整齐，并且保证产品质量，在卷绕过程中，要求在被加工产品内，建立适宜的张力并保持恒定，这就需要张力控制系统。特别是涂布印刷行业，张力控制效果直接影响着生产的各个环节。

卷绕机构恒速恒张力的传动控制，必须考虑卷

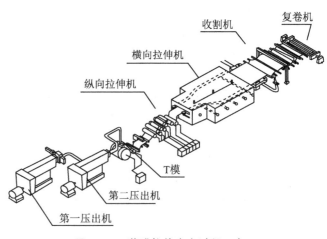

图6-13　薄膜拉伸生产过程示意

辊的转速因素，为了保证加工物能以恒线速度通过，卷辊上卷时的转速随卷辊直径增大而应逐渐减小。另一因素是，供卷辊适应张力要求形成适当的制动力矩，使加工物张力达到一定的技术要求。图 6-13 所示的薄膜拉伸生产过程，就有多处涉及张力控制。

越来越多的工业控制过程在使用计算机控制技术，并在实时控制方面取得了很好的效果。计算机控制技术、交流异步电机的变频调速技术，具有直流调速所无法达到的优点，正在逐步取代具有较多缺陷，但在调速领域占统治地位的直流电机调速。近几年来得到快速发展的电液比例技术，实现了电子控制与液压传动控制的优势互补，使传统工业通过电子技术与计算机技术联系起来。采用交流变频调速技术、电液比例控制技术和计算机控制技术相结合，是目前卷绕机构张力控制设备发展的主要方向之一。

二、张力控制方式

1. 张力控制装置构成及影响张力的因素

（1）张力控制装置构成

图 6-14 所示的卷绕机构张力控制装置，主要由三部分构成：张力、速度检测装置，控制装置，执行机构。

执行机构是两侧的收卷机构和排卷机构侧卷筒。下面的控制器是系统的控制核心，它将速度、张力等传感器采集来的信号进行处理，通过与事先给定的控制指标进行对比，根据控制性能要求进行数据处理，再将调整信号发出，通过放大环节来控制执行机构运动，调整张力和速度，完成控制过程。

执行机构的张力控制方式，主要有电机张力控制系统、电液张力控制系统和磁粉制动张力控制系统，其他方式还有杠杆摇摆式、卧式储线张力调节等。在许多系统中，收卷和供卷机构可以通过控制系统的调整发生转换，从而进行收卷与供卷功能的互换。

在实际生产中，实现卷绕机构张力控制方法主要有 3 种：

①直接法。采用张力计直接检测加工物的张力，构成张力闭环，或直接检测加工物的线速度，构成线速度闭环。

②间接法。由于引起张力 F 或线速度 v 变化的主要扰动量是卷径 D 的变化，所以可以采用扰动补偿控制。

③复合控制。结合以上两种方法实现张力控制。

不管采用哪种控制方案，都必须设置检测装置，构成控制闭环。这在实际生产中常常带来许多困难，即使采用扰动补偿控制也是如此。

（2）影响张力的因素

为了定性分析张力的影响因素，需要简化张力系统，按照图 6-15 所示的物理

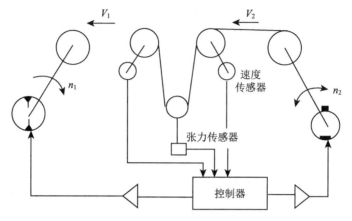

图 6-14　卷绕机构张力控制系统示意

模型进行分析。

当卷筒匀速运转为供缆或供卷时，根据扭矩平衡公式

$$FR - T = \beta\omega \qquad (6-7)$$

得到静态张力方程

$$F = \frac{T + \beta\omega}{R} \qquad (6-8)$$

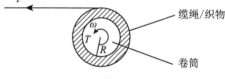

图 6-15　张力影响因素分析模型

当卷筒受到其他干扰因素影响时，速度或张力发生变化时产生加速度，得到动态平衡方程

$$FR - T = \beta\omega + J\frac{d\omega}{dt} \qquad (6-9)$$

推导出

$$F = \frac{T + \beta\omega + J\dfrac{d\omega}{dt}}{R} \qquad (6-10)$$

式中　F——张力；

R——卷筒实时半径；

T——马达输出扭矩；

β——摩擦阻尼系数；

ω——转速；

J——为卷筒（包括上面负载的惯量）的转动惯量。

由式（6-8）可知，系统在匀速状态下张力与扭矩 T、速度 ω 构成线性关系，只需保持 $T+\beta\omega$ 随半径 R 成比例变化即可保证张力稳定。

在动态过程中如式（6-10）可知，此时影响张力变化的因素增多，并且是非线性变化。其中惯量 J，转速 ω，加速度 $\frac{d\omega}{dt}$，半径 R，都对张力产生影响，增加了系统的控制难度。由于卷筒绕弯一周需要一定时间，故可将半径 R 在一段时间内看作定值，假设 J 值稳定，先讨论速度对张力的影响。

求角加速度 $\frac{d\omega}{dt}$，设在时间增量 dt 内，长度增量为 dl，半径增量为 dR，基材厚度为 b，运动线速度为 v，则卷筒端面面积增量为

$ds = dl$，$b = 2$，$RdR = vbdt$

即

$$\frac{dr}{dt} = \frac{vb}{2\pi R} \tag{6-11}$$

根据圆周运动角速度公式 $\omega = \frac{v}{R}$；

有角速度公式

$$\frac{d\omega}{dt} = \frac{d\omega}{dR}\frac{dR}{dt} = (-1)\frac{v}{R^2} \cdot \frac{vb}{2\pi R} = -\frac{v^2 b}{2\pi R^3} \tag{6-12}$$

$$\frac{d\omega}{dt} = -\frac{v^2 b}{2\pi R^3} \tag{6-13}$$

将式（6-13）代入式（6-7）后得

$$FR - T = -J\frac{v^2 b}{2\pi R^3} + \beta vR \tag{6-14}$$

式中，$J = \frac{1}{2}mR^2 = \frac{1}{2}\pi R^4 bp$（$p$）为单位质量

代入式（6-14）得

$$FR - T = -\frac{1}{2}\pi R^4 bp \cdot \frac{v^2 b}{2\pi R^3} + \beta vR = \frac{1}{4}rb^2 v^2 p + \beta vR \tag{6-15}$$

即

$$F = \frac{T}{R} - \frac{1}{4}b^2 v^2 p + \beta v \tag{6-16}$$

式（6-16）即为当速度和张力开环控制时，张力 F 与线速度 v 之间的关系式。

此式表明，当其他条件不变时，基材的线速度增大则其张力也增大，反之亦然。但二者的影响大小不一样，即两个控制变量之间的相互影响是不对称的，线速度对张力的作用远大于张力对线速度的影响，张力对速度的影响很小，但速度

对张力的影响则非常大，每当速度有较小的变化，都会引起张力的较大变化。

以上的分析，是在忽略半径 R 的变化，并假设转动惯量 J 值稳定的前提下进行的。实际上，无论是缆张力控制系统还是其他的卷绕机构，在控制张力的问题上，都会遇到 R 实时变化这个问题以及它带来的其他问题，如转动惯量 J 值的变化。

如图 6-15 所示，J_0 为卷筒初始转动惯量，J 为实时转动惯量，推导得

$$J(t) = J_0 + \frac{\pi h \rho}{2}(R^4(t) - R_{min}^4) \tag{6-17}$$

式中　　H——织物宽度或缆绳单位时间横向宽度；

　　　　ρ——卷筒上物体的线密度。

将式（6-17）代入式（6-14）中得到

$$FR(t) - T = -\left(J_0 + \frac{\pi h \rho}{2}(R^4(t) - R_{min}^4)\right)\frac{v^2 b}{2\pi R^3(t)} + \beta v R(t) \tag{6-18}$$

推出

$$F = \frac{T}{R(t)} - \left(J_0 + \frac{\pi h \rho}{2}(R^4(t) - R_{min}^4)\right)\frac{v^2 b}{2\pi R^4(t)} + \beta v \tag{6-19}$$

化简公式令 $K_1 = \dfrac{\pi h \rho}{2}$　　　$K_2 = \dfrac{b}{2\pi}$ 得到

$$F = \frac{T}{R(t)} - (J_0 + k_1(R^4(t) - R_{min}^4))k_2\frac{v^2}{R^4(t)} + \beta v \tag{6-20}$$

由公式（6-20）可见，考虑实时半径 $R(t)$ 的变化和速度的变化因素时，张力 F 所受的影响，还与卷筒初始转动惯量、初始半径及卷筒上的缆绳或基材的密度有关。如果卷筒的初始转动惯量较大并且半径较大，那么张力受实时半径 $R(t)$ 变化的影响就相对要小，速度对张力的影响，仍然比张力对速度的影响要大。考虑到缆绳张力控制系统中，卷筒与导辊的转动惯量相对于绕在上面的缆绳的转动惯量要大很多，并且惯量增长较慢（因为系统速度较低），所以在动态时缆绳张力控制系统受实时半径变化的干扰很小，对卷绕机则相对较大，但就绝对影响量来分析，由于幅材的厚度较薄，惯量增长也较慢，所以总的影响也比较小。

总之，在卷绕机构的张力控制系统中，速度是影响张力控制的干扰最主要因素之一。因此，在设计控制张力系统时，要着重考虑克服速度冲击带来的干扰。

2. 常用张力控制方式

（1）机械式自动控制

图 6-16 是机械式张力控制机构的示意图，由齿轮 7 输入一个转速 nH，根据工艺要求分解为卷辊 1 和卷辊 2 两个转速。在卷绕过程中，卷辊 1 和卷辊 2 上加工物的表面速度必须相等。卷辊 1 的转速随着退卷而增大，卷辊 2 的转速随着卷取要相应减小，利用图中这种混合轮系即可满足响应的张力控制要求。

（2）气动式自动控制

图 6-17 是卷筒随动式气动张力控制装置示意图。该装置能够用连接到控制阀的随动臂来调节。控制阀依照供卷辊半径大小，调节进入制动器的压缩空气的压力。

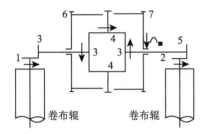 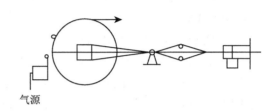

图 6-16 机械式张力自动控制台示意　　　图 6-17　气动式张力控制装置示意

（3）电气自动控制

电气自动控制是普遍应用的一种张力控制手段。控制系统方框图如图 6-18 所示。图中○表示比较元件，它能将测量单元测得的被控制量的实际值与给定值比较，得出偏差信号 $e=X-Z$。偏差信号放大后输给执行元件，图中的箭头表示信号的传递方向。随着交流变频调速技术的迅速发展，异步电动机加变频控制器，应用于许多卷绕机的控制系统。

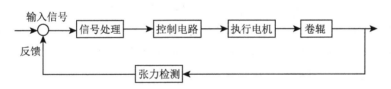

图 6-18 电气自动控制方框图

直流电动机在卷绕机构传动控制方式中占据相当重要的地位，在变频调速技术出现以前，主要以直流电机传动来实现卷绕机构的速度调节和张力控制，在传动控制方面具有一定的优越性。

为保证产品的加工质量，一般要求在卷绕过程中，张力和速度均为恒定，并根据工艺要求进行调节。在线速度恒定时，卷取辊的转速与卷径成反比，因此，通过调节卷取辊的直流电机转速，即可实现加工物的线速度。而加工物的张力控制，通过调节供卷辊所连接的直流电机，其产生的一个与加工物传送方向相反的制动力矩，由于该电机是被加工物拖着转的，在发电制动状态工作，张力与供卷辊转速成双曲线关系，故其受基材线速度和卷径的干扰。只要利用一卷径测量装置构成速度闭环控制系统，调节励磁电流即可实现加工物线速度控制。

另外，直流电动机虽然解决了速度和张力控制问题，但却有其难以克服的缺点。由于直流电机使用机械式换向器，其易于损坏且不易维修，同时比交流电机结构复杂且价格昂贵，调速系统还是很复杂。交流变频调速技术使交流电机能担负起直流电机的调速功能，而且控制简单方便，工作可靠且节能，因此交流电机变频调速技术迅速得到应用。

电机张力控制方式，可以进一步细分为电动变阻器张力控制系统、变频器张力控制方式等。

3. 磁粉离合器的传动控制

磁粉离合器是一种较新的卷绕机构的传动控制方式。主要工作原理是，磁粉在激励线圈通电时，使间隙内的磁粉在从动件与主动件间成链状连接，从而将转矩由输入端传给从动件，从动件即可驱动机器运转。磁粉离合器所能传递转矩的大小，随激励电流增大而增大。

磁粉离合器的结构如图6-19所示。在机座（定子）部分有一组激磁线圈环绕于外转子的外侧，通过控制激励电流，向离合器的激磁线圈供电。在定子内有两只转子，一只为外转子，与输入轴联成一体，又称为输入端；另一只为内转子，和输出轴联成一体，称输出端。内外转子都用低剩磁材料做成，在内外转子之间，填入低剩磁的磁粉颗粒。

当激磁线圈未通电流时，在线圈周围无磁场，磁粉不被磁化，但由于离心力的作用，磁粉分布在外转子的内壁，内外转子处于"离"的状态，这时不传递转矩。当激磁线圈通入电流时，根据电磁效应，磁粉被磁化，按极性方向"排队"形成无数个磁粉"链"并与内外转子紧紧联结成一体，使内外转子处于合的状态。这样就可传递一定的转矩。通过电流越大，则所能传递的转矩也越大。激磁电流消失，由于内外转子和磁粉都由低剩磁材料做成，所以转矩也随之消失。只要激磁电流大小不变，所能传递的转矩也不变，即使超载使内外转子产生滑移时，力矩值也不改变，所以磁粉离合器在给定的条件下，所能传递的能力，仅跟激磁电流大小有关，跟滑差无关，具有恒转矩特性。

磁粉离合器存在下列不足，制动力矩与线圈电流的线性关系较差；响应速度慢。磁粉离合器是主要滞后因素；耗能量大。这些制约了控制精度的提高。

4. 液压传动控制

液压控制技术广泛地应用于工程实际中。与电液伺服控制相比，电液比例控制系统，动力传递方便，输出功率大，价廉可靠，维护方便，控制精度和响应特性均能满足要求。目前，国内外均将液压控制技术应用于各类卷绕机构上，包括在轧钢等大功率生产线中，取得了良好的传动控制效果。与现代电子技术相结合，使卷绕机构的控制性能和自动化程度得到了大幅提高。

（1）电液比例控制技术

电液压伺服控制系统于第一次世界大战期间首先作为军舰操舵装置开始使用。此后，火炮稳定系统的控制、自行武器的控制系统、飞行器控制系统等应用研究，也取得了极大的进展，由于液压伺服控制系统具有动态响应快，控制精度高，功率—重量比大等优点，在军事上得到了广泛应用。

20 世纪 80 年代出现的电液比例控制技术，使电液控制系统并与电液伺服控制技术相互融合渗透，有力地推动了电液伺服控制技术的发展，使廉价伺服阀得到了工业开发及广泛应用。目前，电液比例控制技术与电液伺服控制技术的界限已经很难严格区分，一些传统的液压伺服控制技术领域中，已有用电液比例阀作为主控制器件。而在电液比例阀及电液比例控制技术中，也广泛采用伺服控制中的深度负反馈、零开口、高动态相应等概念。

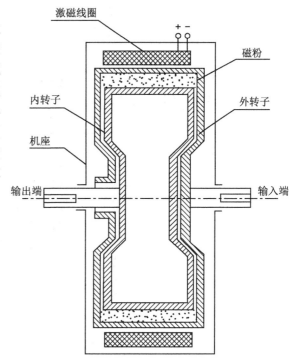

图 6-19　一种磁粉离合器的结构

（2）电液比例控制器控制元件

缆张力电液控制系统，是以工控机为控制核心的液压伺服控制系统，系统整体分为专用液压源、控制中心、牵引机构、检测装置和被测系统（负载装置）五部分。此处重点介绍控制、检测装置、牵引机构三个部分。缆张力电液控制系统组成如图 6-20 所示。

①控制元件

很大一部分比例液压控制元件集中在比例阀方面。比例阀是以传统的工业液压阀为基础，采用可靠、价廉的模拟电液—机械转换器（比例电磁铁等）和与之相应的阀内设计，从而获得对油质要求与一般工业阀相同，阀内压力损失低，性能又能满足大部分工业控制要求的比例控制原件。从 20 世纪 80 年代开始，比例元件进入一个新的发展阶段，比例元件的设计原理进一步完善，采用了压力、流量、位移内反馈和动压反馈及校正等手段，使阀的稳度精度、动态响应和稳定性都有了进一步的提高。比例技术与伺服控制的相互融合，产生了具有伺服阀的动、

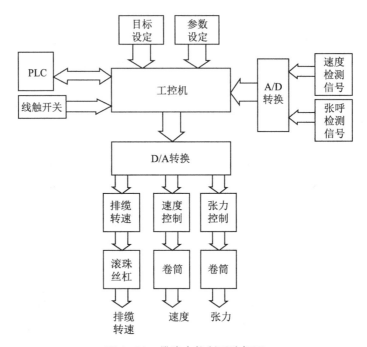

图 6-20　缆张力控制系统框图

静态特性及比例阀的抗干扰、抗油污特性的比例/伺服阀，使得工程电冶伺服控制的成本及适用面扩展到更为广泛的应用领域。

目前，高性能比例/伺服阀采用了内部电反馈技术，无零位死区，工作频宽可到 20～40Hz，可满足大部分伺服控制系统的需要。

整个液压系统由一个单独的专用液压油源系统供油，提供给系统稳定的动力源，保证压力与流量的稳定，同时可以限制张力的极限值防止意外发生。

②牵引机构

牵引机构是系统中最主要的执行装置，包括牵引绞车和排缆绞车两部分。牵引绞车负责收供缆绳，调节输出扭矩进而控制张力大小。排缆绞车负责将缆绳均匀（并且可随要求在运转中改变间距）地排在牵引绞车的卷筒上。系统的张力就是由牵引马达来调整，当系统流量一定时，扭矩的大小，通过控制马达进出口两只溢阀的压差来调整，马达的转速由比例方向阀来控制。

③检测装置

张力控制系统的检测部分包括 4 个压力传感器，一个张力传感器和 3 个速度传感器，4 个接近开关，信号数据采集卡，以及显示器件。

图 6-21 是液压系统原理及电控系统简图。从图中可以看出，系统的速度和张力是由两个闭环来控制的。张力的控制是由卷筒、两个比例溢流阀与张力传感器、压

力传感器和工控机构成力—电反馈闭环控制系统；速度主要是由卷筒、比例方向阀与速度传感器和工控机构成另一个闭环控制系统。同时两个闭环互相嵌套相互影响。

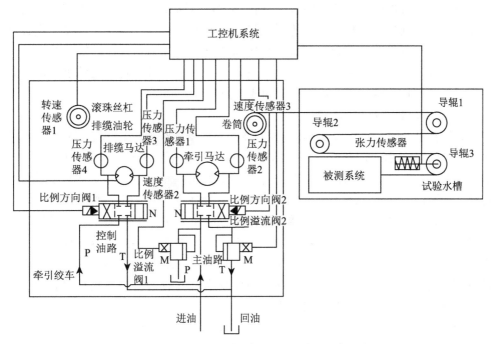

图 6-21　液压系统原理及电控系统简图

a. 传感器

电液控制系统使用的传感器主要是压力传感器、位移传感器，还有接近开关等。

液压系统中使用的压力传感器种类较多，主要有电容式、电感式、金属应变式、半导体应变式以及电位计式压力传感器。各种形式的传感器性能相差不大，但电容式、电感式压力传感器一般用在零漂及抗干扰性能要求较高的化工的行业，其动态相应较慢，价格也较高。液压系统中一般采用金属应变式传感器。但是金属应变式压力传感器的输出信号较弱，一般只有 10mV 以下，必须配专用的应变放大器，抗干扰性能难以保证。电位计式压力传感器价格较低，性能指标及输出信号也较为理想，但其最大缺点是电位计的触电为接触式输出，寿命及可靠性难以保证。半导体应变式压力传感器为一种新型传感器，性能与金属应变式压力传感器相似，但其原始输出信号较大，因而后续放大器电路较为简单，可做到与传感器一体化安装。半导体应变式压力传感器的缺点是原始零漂较大，但是半导体工艺及电子电路的改进已基本上解决了零漂补偿问题。在实际系统中应根据系统的不同要求，选择性价比高的传感器。

位移传感器主要有接触式和非接触式。非接触式又分为直线式和旋转式两大类。直线式位移传感器的测量长度有严格的规定，特别是大尺寸的直线式位移传感器种类少，价格高。多圈旋转式位移传感器可以通过设计不同的直线—旋转变换比来适应不同的测量长度，其绝对测量精度不随测量总长度变化，易于设计高精度的长行程测量装置。旋转式位移传感器主要有光电编码盘，旋转脉冲计数器等。光电编码盘输出为数字脉冲信号，较易与计算机接口。光电编码盘的输出脉冲信号还可用作速度信号，进而得到加速度信号。

b. 伺服控制器及控制计算机

伺服控制器的发展与电子技术及控制器件的发展紧密联系在一起。从 18 世纪的蒸汽机上的简单的反馈控制及第一次世界大战中军舰火炮控制器起，经历了机械控制器、电子管控制器、晶体管控制器、模拟集成电路控制器、数字集成电路及数字计算机控制器，以及广泛使用的微型计算机、微处理器、可编程控制器等几个过程。

采用计算机及数字电路控制器具有传统控制所无法比拟的优点。一是控制器的设计简单化，可靠性高。二是采用计算机可以实现智能化控制器设计。三是可以采用一些复杂的控制算法，如模糊控制、自适应控制、智能 PID 控制及自学习控制等，这些控制算法与传统的 PID 反馈控制或简单的 P 反馈控制算法相比，在相同条件下可得到较理想的控制性能。

数字计算机控制器一般有两种常见的实现形式，一种是采用 intel、PhiliPs、NEC、TI 等公司生产的微处理器的嵌入式控制器，如采用 MCS96、MCS51 系列的单片机，或者运算处理能力较强的 DSP 等。另一种是采用通用型微型计算机。它具有很强的浮点运算能力，更宽的数据总线，提供更多的系统内存，而价格却越来越便宜。目前许多公司都推出针对工业控制专用的工业控制 PC 机，在电源、抗干扰等方面做了专门设计，提供了众多可扩展的专用接口卡及外围电路，极大地方便了工业控制应用系统的设计。

（3）电液比例张力控制的优点

电液比例控制技术与其他传动控制方式相比，具有以下明显的优点：

①良好的调速特性。电机与液压技术的结合，能够在大范围内实现无级调速（调速范围可达 1：2000），并且可以在运行的过程中进行调速。若与交流变频技术结合，不仅具有较好的调速特性，还能显著地节能降耗。

②输出功率大。在同等的条件下，液压传动控制能够输出更大的功率，而且控制性能不受影响。

③易于实现自动化。由于液压传动与电子检测技术和计算机技术结合越来越紧密，易对液体的压力、流量和流动方向进行控制和调节，从而实现自动化控制。

④易于实现过载保护。当负载过大时，系统压力升得过高，系统安全溢流阀打开，系统泄油。因此可以通过调节系统安全溢流阀调定系统最高工作压力，来

限定额定工作负载。

⑤容易对张力的控制。通过构成一定的压力控制回路，可以对系统进行压力控制。

⑥由于系统中充满油液，因此对于各液压元件均能做到自行润滑，不易磨损，经久耐用。

三、涂布机张力控制

涂布的机械结构主要由供卷辊、涂布辊、牵引辊、烘箱和收卷辊等组成，如图 6-22 所示。生产过程首先将一卷待涂的卷材放在供卷辊上，该卷材经各导向辊后，被拉到橡胶辊和涂布辊之间，并通过压缩空气把基带紧压在涂布辊上，由于涂布辊的下端是一直浸在涂料中的，涂布辊在涂布电机带动下转动，涂料就黏附在涂布辊表面，再经过与紧压的卷材接触，此时，涂布辊表面的涂料就被转移到卷材表面，涂好的潮湿卷材经牵引电机传送，进入烘箱干燥。卷材被拉出烘箱时，涂料涂层已被烘干，之后经收卷辊收成整卷，整个涂布过程完成。

整个涂布过程，由于卷材沿着涂布方向运动，不可避免地出现一些张力不均匀状态，张力变化与速度变化互相影响。张力变化，对涂布效果有一定影响（后续章节描述），会导致张力线等涂布弊病，所以，必须控制涂布过程张力均匀一致。涂布机张力控制分为开环和闭环两种方式。

1. 张力开环控制

通过控制电机、磁粉离合器、制动器等的转矩，间接控制片路张力。开环控制对放大器、执行器的线性度、综合精度要求较高。采用闭环矢量控制的变频器，转矩精度为额定转矩的 ±5%；采用直接转矩控制的变频器，转矩精度为额定转矩的 ±3%；同时，传动设备的摩擦力也会直接影响张力精度。因此开环方式需合理配置电气、机械系统，否则精度较低。

2. 张力闭环控制

使用张力传感器或浮动辊等反馈器件，通过 PID 调节，实时修正电机速度、转矩，从而实现较高的张力精度。原理图如图 6-23 所示。

给定信号多由人机界面（监控系统或触摸屏）设定，控制系统多为 PLC 控制器及其输入输出模块，检测装置有张力传感器和浮动辊。

目前的张力传感器有三种方式：应变电阻（例如蒙特福）、差动变压器（例如三菱）、磁致伸缩（例如 ABB）。张力传感器灵敏度高，不会与导辊不平衡造成的张力波动形成共振，但张力传感器不易缓冲收卷翻转等造成张力扰动。

浮动辊作为反馈器件的历史较长，它能够缓冲各种张力扰动，但可能与导辊不平衡造成的张力波动形成共振。另外，浮动辊摆动时，张力波动也较大。浮动辊一般使用多圈电位器做检测元件，它结构简单、价格低廉，但精度不高，寿命

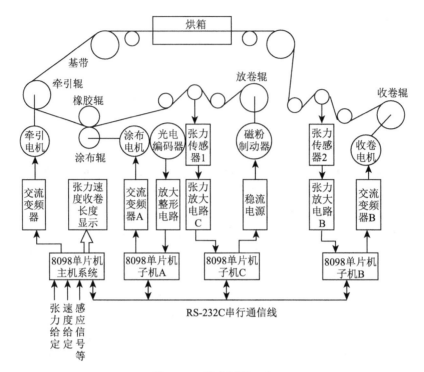

图 6-22　涂布过程示意

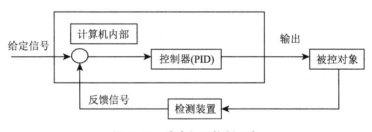

图 6-23　张力闭环控制示意

短。也有使用自整角机的，它的寿命长，但精度也不高。近来在精度要求高的场合，使用绝对值编码器的情况逐渐增加，它通过现场总线，直接输入 PLC。

　　一般使用比例积分调节器即可，将智能 PID 控制和模糊控制的方法引入到张力控制中，会有效地抑制超调，获得更高的精度。

3. 胶片生产实时张力控制原理

　　要实现在胶片表面一次性地涂抹多层乳剂，一是要有多层一次涂布的"挤压嘴"，二是要有连续送片机构，即一条长达数百米的生产线，柔性胶片需要多个电机接力拖动。

生产线设计原则如下：①涂布柔性胶片乳剂的生产过程必须连续、不间断。②在胶片更换和电压波动等因素的作用下，为保证乳剂涂布均匀，胶片张力必须控制在较小的波动范围内。

图 6-24 中 11 表示胶片。其工作原理是未加工的胶片片基 11 盘绕在滚筒上，把滚筒空套在行星齿轮轴 1、1' 上，当一卷胶片在送片时，另一卷胶片就可以安装或拆卸。在一卷胶片用完时，贴于胶片末端的磁片从接片台表面 2 滑过，通过电磁感应装置控制滚筒 3 停转。此时，电机将控制间歇运动机构，使轮系杆 13 转动 180°，两行星轮及同轴的滚筒 1 和 1' 随着行星轮转动并互换位置，使新的一卷胶片的始端投入接片台 2。该轮系

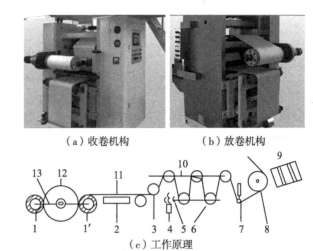

（a）收卷机构　　　　（b）放卷机构

（c）工作原理

1，1'—行星齿轮轴；2—接片台；3—电磁感应控制装置滚筒；
4—步进电机；5—丝杠；6—动滑轮组；7，8—滚筒；
9，10—定滑轮组；11—胶片片基；12—中心轮；13—轮系杆
图 6-24　放片、送片机构及原理示意

由一个中心轮和两个行星轮组成，轮系杆 13 由间歇运动机构控制，在正常送片时不转动，此时的行星轮 1、1'，与中心轮 12 是定轴转动，在胶片被拖动时跟随转动供片。中心轮与行星齿轮齿数相同，相对于系杆按等角速度转动供片。由于巧妙地设计了定滑轮组 10 和动滑轮组 6，在粘贴和连接新一卷胶片的始端和前一卷胶片末端以实现连续生产时，两卷胶片的连接端在接片台 2 上都处于静止状态。与此同时，滚筒 8 仍在继续转动送片，这将使张力传感器随张力作用变形，这一变形量经 A/D 转换器成为数字信号，并由单片机控制步进电机 4 使丝杠 5 转动使构件即动滑轮组向上运动，把两滑轮组 10、6 间的胶片继续送出以使涂布过程不因胶片的换卷而停止。当接片结束，滚筒 3 又开始送片时，因胶片张力松弛，控制过程正好相反，使动滑轮组 6 重又回到原来的下方位置。涂布机的供片和中间拉片均为恒张力控制，而收卷采用锥度张力控制，即随着直径增大，张力逐渐减小，实现了在涂布不停机情况下的胶片更换。为防止多个电机间传动不协调所产生的拉扯，电机拖动的空心滚筒都设计了吸气泵，而空心滚筒表面密布微小的吸气孔，用滚筒内外的气压使胶片柔性而无滑动地吸附在滚筒上并产生正压力，使滚筒能依摩擦力带动胶片，通过控制滚筒的转速可调节胶片在两滚筒间的张力。

同时设置了多个步进电机传动和张力辊测试，以调节张力。由于各层乳剂极薄且厚度要求极高，在设计中，可以采用国产 00Cr1ZNi14Mo3 超低碳不锈钢（其性能相当于日本的 316L），以减少热处理的变形和提高不锈钢的防乳剂腐蚀能力。

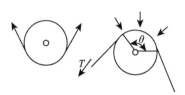

图 6-25　滚筒力学模型

（1）胶片的张力模型及分析

为了讨论胶片在卷绕和运动过程中张力的影响因素和控制原理，根据图 6-24 的传动原理建立图 6-25 所示的力学模型。如图示，胶片绕过一滚筒时的包角为 θ，空心滚筒内外的气压差使胶片贴紧滚筒，则张力所产生的力矩主要为摩擦力矩与动力矩之和。

摩擦力矩为：

$$M_1 = \int_0^\theta \sigma_0 \mu l r^2 \mathrm{d}\varphi \qquad (6-21)$$

式中　M_1——胶片与滚筒之间的摩擦力矩；

σ_0——滚筒内外单位面积气压差；

μ——胶片与滚筒表面的滑动摩擦系数；

l——滚筒轴向长度；

r——滚筒半径；

θ——胶片在滚筒上的包角；

φ——角变量。

由于速度波动引起的力矩：

$$M_2 = J_\mathrm{D}\varepsilon \qquad (6-22)$$

式中　M_2——由于从动件速度波动引起的动力矩；

J_D——从动件的当量转动惯量；

ε——角加速度。

从以上讨论可知，由于从动件的速度波动以及胶片随之时而绷紧时而松弛，尽管电机拖动的主动滚筒中构件是恒力矩拖动的，但张力的波动是不可避免的。

（2）胶片张力实时控制的原理

为保持胶片张力恒定，采用了图 6-24 所示的控制方法。当由于更换胶片卷等原因使胶片张力变化时就会反映到拉力传感器 7 上。拉力传感器是由易变形的金属杆制成，上贴电阻应变片，在金属杆上的四个电阻构成一桥式电路，从而使桥式电路的输出电压值变化。输出的电压信号经 A/D 转换器成为数字信号，单片机读入这一信号后与设定值比较，求出偏差值。这一数值再经 D/A 转换后成为控制信号，使步进电机 4 转动，从而使丝杠 5 转动。使动滑轮组 6 上下运动以绷紧和放松胶片，达到调节张力的作用。张力控制原理如图 6-26 所示。

对于电压波动等原因引起的小范围张力变化，具体的控制设计方法见图 6-27。

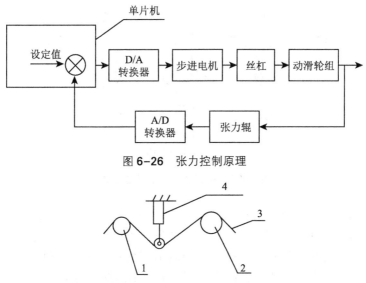

图 6-26 张力控制原理

1, 2—步进电机控制空心滚筒; 3—基材; 4—张力检测与控制

图 6-27 电压波动张力控制

由于胶片是柔性的, 又在长达数百米的生产线上被拖动, 就必须设置多点接力生产传动。图 6-27 是经简化后的两拖动点之间胶片张力检测和控制的模型, 这种模型对其他柔性构件的张力控制和速度调节同样具有实际意义。图中 1、2 为步进电机控制的空心滚筒, 其外圆表面密布针状小孔, 由真空泵产生滚筒空心内的负压, 使胶片被吸附在滚筒外圆上。由张力辊测出张力变化信号后, 信息被传送到步进电机 2 或电机 1 上, 从而加快或减慢滚筒 2 或滚筒 1 的转速, 由于胶片是无摩擦地吸附在滚筒上, 通过胶片张紧和松弛就达到了控制张力的目的。

在单片机软件的处理上, 采用扫描 A/D 转换器传来的反映张力偏大和偏小的信号, 发出控制步进电机的信号的方法。在张力正常情况下, 由于没有张力偏差信号输入, 单片机只需采用定时程序, 规律地控制步进电机运转即可。不过, 定时长短要根据不同机器, 在安装调试时确定。

例如, 当胶片张力过大时, 胶片绷直程度加剧, 张力传感器受更大压力, 受力杆变形使贴在杆上的电阻应变片发电信号给单片机, 单片机经信号转换后使控制滚筒 2 的步进电机运行节奏减慢, 使滚筒 1、2 间的胶片微量松弛, 降低张力。反之, 当两滚筒间的张力过小时, 张力传感器会向单片机发信号, 单片机控制滚筒的步进电机运行节奏加快, 滚筒 2 的转速微量加大, 使胶片绷紧, 提升张力。

4. 张力调节辊的种类

(1) 重锤张力调节装置

重锤张力调节装置如图 6-28 和图 6-29 所示。

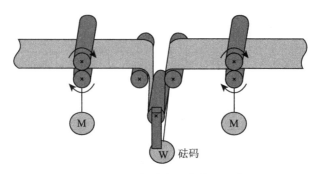

图 6-28　重锤张力调节装置示意

　　要求张力等于砝码重量的 1/2，此时，张力调节位置和张力无关，张力调节位置取决于输入输出速度，即使气压一定，如果张力调节辊位置变化，张力也会发生变化，如果张力调节辊移动，由于张力调节辊机构的重量惯性，张力也发生变化。若张力调节辊不能一直保持静止，则张力也不能保持稳定。

　　（2）弹簧张力调节装置

　　弹簧张力调节装置如图 6-30 所示，要求弹簧的弹力等于张力。调节过程中，张力调节位置因张力大小而变化，张力调节位置与速度差异无关。

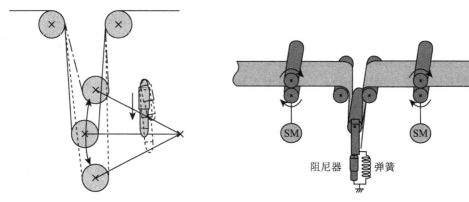

图 6-29　臂式重锤张力调节装置示意　　　　图 6-30　弹簧张力调节装置示意

第三节　人机界面

1. 微机监控

　　利用计算机的强大功能，对涂布机及其配料、空调等系统进行全方位的监控。一般使用成熟的监控软件，进行二次开发，组合出针对涂布机的监控系统。可根据用户要求，选用较大尺寸的液晶显示器，但需配置工控机。

其主要功能有：实时数据监控、故障诊断、现场图像监控；报表和传递卡打印；语音报警等。

2. 触摸屏

触摸屏便于在现场安装，也便于操作，因此在监控内容比较简单的场合，是最佳选择。目前可选择的厂商较多，基本上都能与各类型 PLC 连接，实现监控要求。

第四节　共直流母线传动节能技术

复合生产线一般含有两台放卷机，为维持放卷机的张力，放卷机的传动电机需发生制动，而国内的复合生产线中放卷机通常采用在电机的变频器中配备制动单元和制动电阻来实现，变频器通过短时间接通电阻，使制动产生的电能以热方式消耗掉。这种消耗电能的方式致使传统的复合设备能耗大，生产成本高。

共直流母线技术的传动系统具有节能、维护量小、故障率低等优点，在多电机的生产线上备受青睐。共直流母线技术是在多电机交流调速系统中，采用单独的整流/回馈装置为系统提供一定功率的直流电源，调速用逆变器直接挂接在直流母线上。当系统工作在电动状态时，逆变器从母线上获取电能；当系统的发电功率大于电动功率时，制动引起的再生能量通过母线及回馈装置直接回馈给电网，从而达到节能的目的。

对于多个驱动器系统而言，我们可以将全部 PID 控制置入 PLC，然后通过 controlnet 或者 ethernet/IP 网络调整 VFD，可以获得极高的性能。

共直流母线控制系统由整流/回馈单元、公共直流母线、逆变器等组成。如图

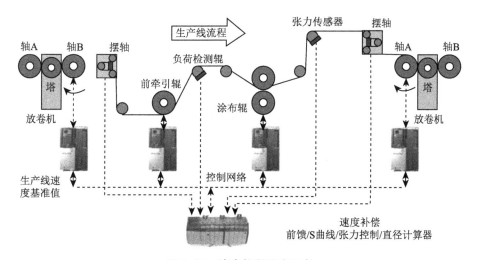

图 6-31　张力控制系统示意

6-31所示。主回路部分为交直电压型，功率单元采用IGBT组件。本系统采用一套整流/回馈单元供应多台逆变器，每台逆变器的直流母线均并联在一起。每个电机都用单独的逆变器驱动，因而逆变器反馈的能量可以彼此再生利用。所有逆变器能量不足的部分再由整流桥提供，由交流电源供电，因此，这种应用方式节电率最高。同时可以提高设备运行可靠性，减少设备维护量和设备占地面积等。

参考文献

［1］ 王丰．电液张力控制系统的研究．浙江大学硕士论文，2002.

［2］ 胡协和，赵光宙．涂布机张力控制系统的研制．中国造纸，1994（2）：12-17.

［3］ 易继锴等．电气传动自动控制原理与设计．北京：北京工业大学出版社．1997-10，第一版．

［4］ 胡佑德等．伺服系统原理与设计（修订版）．北京：北京理工大学出版社．1999.

［5］ 吴江波，沈金强，张理，张婧婧，黄政红．智能化数字化节能技术在挤出复合生产线上的应用．包装前沿，2015（2）．

第7章 涂布机纠偏

第一节 卷材偏移产生原因及其危害

一、跑偏原因分析

卷状基材（如纸张、铝箔、塑料薄膜、无纺布等）简称卷材，又称带材。由于其本身的厚度缺陷以及各种外界因素的影响，当它被牵引通过机械设备导辊时，经常有一种往横向偏移的趋势，这种趋势称为跑偏。基材跑偏会导致很多问题，轻者会收卷不齐，严重时影响产品涂布质量，甚至无法正常运转，影响生产。

一般情况下，卷材在传输中会经过三个环节。即放卷、经过中间辊、收卷。在这3个环节中，都可能发生卷材跑偏。具体分析后，将跑偏原因及其现象归结为以下几个方面。

（1）传动辊之间的轴线不平行，与带材运行方向不垂直导致跑偏。

（2）传动辊表面圆柱形不够规整，或其外形不同心、不对称，以及表面加工缺陷等，都会造成跑偏。

（3）卷材厚薄不均以及本身的带形缺陷。

（4）卷材张力不稳定，运动过程中导致偏移。

（5）湿度、温度或走膜过程中张力变化等原因，导致的机械或卷材变形，也会使卷材跑偏。

（6）机器磨损导致卷材跑偏。

由以上内容可以看见，卷状材料跑偏，是多方面相互作用的结果，下面的例子，比较好地说明了各种因素综合作用，在跑偏中发挥的作用。

二、卷材偏移危害

如前所述，很多因素可能导致卷材在收放卷过程中发生偏移。运动过程的偏移，会形成多种问题。

（1）由于卷材层间压缩力过小，层间含有的许多空气层没有排除，导致卷松弛现象，而发生卷偏移，形成竹笋形、望远镜形收卷结果（图7-1）。

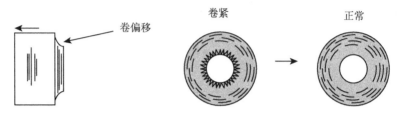

图7-1　卷材收卷偏移弊病图示

（2）由于卷材运动中偏离中心线会导致不能正常涂布和卷材划伤。

第二节　调偏装置的设计

一、执行机构和控制部分的阀芯设计

调偏装置的设计要考虑的问题很多，此处介绍执行机构和控制部分的阀芯设计。执行机构的设计主要考虑的是调偏量。调偏量与执行机构各参数即主要尺寸的关系式如下：

$$C = L \cdot \sin\left\{180 - \left[\text{arctg}\frac{b}{a_1} + \text{arctg}\frac{\Delta y}{b} + \right.\right.$$
$$\left.\left.\text{arccos}\frac{2b^2 + \Delta y^2}{2 \cdot \sqrt{a_1^2 + b^2} \cdot \sqrt{b^2 + \Delta y^2}}\right]\right\} \tag{7-1}$$

$$C = L \cdot \frac{\Delta y}{b} \tag{7-2}$$

式中　C——调偏量；

a_1——拉杆长度；

b——拉杆转动中心至滑架中心的距离；

L——调偏双辊外侧之间的距离；

Δy——滑架中心移动量即油缸活塞杆的伸缩量。

上面式（7-1）是用余弦定理导出的，计算比较精确。式（7-2）是其简化式。两式计算结果最大相差不超过2%。但对调偏量的估算可以略去不计。

结合上述的关系式，可以按工艺需要的调偏量，确定执行机构的各个参数。但应当指出，油缸直径的选择应参考$\sqrt{1-4TK_c}$算式，式中T为时间常数。

$$K_c = \frac{F}{K} \cdot \frac{L}{b} \cdot \frac{L}{F_g} \cdot a \cdot f \qquad (7-3)$$

式中　f——测头的传递函数；

a——流量系数；

F——膜合作用面积；

K——弹簧系数；

F_g——油缸活塞的作用面积；

L——双辊外侧之间的距离；

b——摆杆转动中心至滑架中心的距离。

当 $\sqrt{1-4TK_c} \geq 0$ 时，系统的调节过程为纯衰减的调节过程；

当 $\sqrt{1-4TK_c} < 0$ 时，系统的调节过程为衰减正弦振荡调节过程。

从上述系列关系式中不难看出，要得到较稳定的调节系统，必须减小 T 和 K_c 的数值。而减小 K_c 值，就必须减少 F、L、a、f 值，增加 K、b、F_g 值。根据这一分析结果，在设计油缸时，应适当增加活塞直径，尽量减小 a 值。在实际设计、试验中，既考虑其他参数，又着重考虑 F_g 和 a 值。把 F_g 的数值由 $\pi 2^2$ 平方厘米增到 $\pi 3^2$ 平方厘米。a 值是通过改变立阶式阀芯为 $6°$ 斜槽阀芯来减小的。这样，不但减小 a 值，而且使之更加线性化，从而使系统更加稳定。此外，设计阀芯，不但要考虑 a 值，而且还要考虑阀芯和阀体相对位置的尺寸公差。

二、调偏灵敏度的确定

调偏速度等于调偏量与调偏时间之比，调偏速度的确定比较复杂，需要理论计算和实际经验相结合，它的确定取决于卷轴的整齐度、片路的长短及运行速度、设备的制造和安装精度等综合因素。如涂布生产线 80m/min 的生产速度，调偏速度 10mm/s 即可满足要求。调偏量的确定根据使用的场合及要求不同而不同。调偏量一般在 $\pm(30 \sim 90)$ mm，轴向移动式执行机构取较大值。调偏量的计算方法取决于纠偏装置的结构。电动调偏灵敏度的调整比较简单方便，调整控制器里的灵敏度旋扭，根据现场使用情况合适为止。

第三节　调偏装置安装布置

一、调偏装置布置原则

调偏装置可以布置在收卷装置、供片装置和片路中间。对于片路较长的生产线需安排多个调偏装置。

调偏装置布置时应遵循以下原则：

（1）调偏点设置以"多点少偏"为原则，即多设调偏点，每点调偏量小，这有利于减少张力对片路的影响；

（2）在最容易发生跑偏的地方设置测控点；

（3）各点最大跑偏量不准超过纠偏机构极限行程，否则应增加测控点；

（4）凡是开卷、收卷处，建议采用轴向移动式执行机构，这样应力小、精度高。

二、不同部位的调偏装置

1. 放卷纠偏（解卷纠偏）

该方式主要用在卷材退卷过程中，通过来回移动开卷滚筒的位置，来确保卷材始终按预设的位置进行开卷作业。检边传感器独立固定，在退卷过程中，它的位置不随卷筒运动。应注意的是，测头前所有导辊必须随供片机同时左右移动，否则将引起片子振荡、反应滞后而引起片子划伤。

2. 片路间纠偏（行进间纠偏）

该方式一般用在卷材生产过程中，为防止出现蛇行现象或连接下一个工序时出现边缘不齐的情况而采用。传感器独立固定，根据卷材位置偏移状况，控制导向辊部分作回转运动，使卷边始终通过检测点。根据应用场合的不同，可分为中心支点式和端支点式两种。根据导向辊数量的不同，端支点又分为双辊和单辊两种结构。在卷材处于生产线中间部位使用时，采用双辊结构。当卷材方向改变90°时，采用单辊结构。双辊调偏装置可采用中心支点方式，该机构包括一个固定基座和一个带有导向辊的浮动框架。该种方式除了安装要求复杂外，是行进间调偏控制中效果最好的一种。

调偏装置在片路中需符合有关要求。现以常见的双辊调偏机构为例，说明如下。图7-2中，辊子间距 b 通常为幅宽的2/3，线段 a 通常为幅宽，传感器的安装位置尽可能靠近出料导向辊，检测口距离出料导向辊中心的距离约为200mm；如果走膜速度高时，可以将此距离适度缩短；如果走膜速度偏低时，同时料膜跑偏严重，可以将此距离适度加大。

单辊调偏安装时应尽量使调偏辊水平摆动，调偏辊片路包角最好接近90°，所有测头位置在片路出口处。

3. 收卷纠偏

该方式主要用于确保卷材收卷时卷边整齐。收卷调偏与供卷调偏看上去十分类似，但运动方向正好相反，安装时有较大区别。传感器测头与收卷轴为一体，随卷边的偏移而摆动，而不是纠正它，这样由于与收卷轴一体的传感器一直跟踪卷边，所以卷边能够齐整。

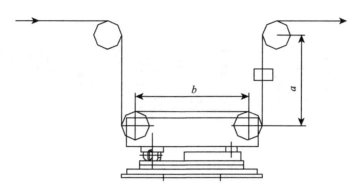

图 7-2 双辊调偏机构示意

总之，在幅状材料的生产和加工过程中，防止卷材跑偏非常重要，但设计调偏机构时，应注意其执行机构应有足够的强度，以免变形；应考虑便于操作、穿片；调偏量不能太大而损坏卷材；推动器应有保护装置等。

单辊纠偏装置示意如图 7-3 所示。

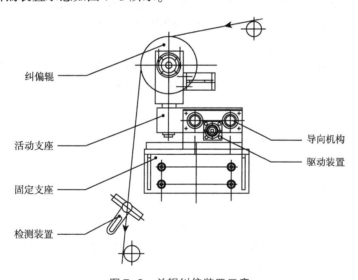

纠偏辊

活动支座

固定支座

检测装置

导向机构

驱动装置

图 7-3 单辊纠偏装置示意

参考文献

［1］李开林 . 带材传输中的跑偏及其纠正 . 武汉化工学院学报，1989（3）：40-45.

［2］王凤格 . 气液伺服式自动调偏装置 . 感光材料，1981.

［3］包承鄂 . 胶片涂布自动调偏装置 . 感光材料，1978.

第8章 空气的除尘净化与调节

在涂布生产过程中，一般对空气质量都有一定要求，需要对干燥空气和周围环境空气进行除尘净化。

在感光材料工业中，特别是在制造过程中，空气中的灰尘污染会严重地影响产品质量，而静电又会加重这种危害。如何控制和消除灰尘污染已引起人们的极大重视。采用科学管理、空气净化技术和静电消除技术，可以大大提高产品质量和成品率，避免生产事故。

如前边章节所述，感光材料涂布生产分不同阶段进行。通过不断总结，人们发现，在不同的生产阶段，可以控制不同的空气净化程度。

第一节 洁净等级标准

一、国际洁净度等级标准

洁净度是指洁净室内空气中大于、等于某一粒径的浮游粒子的浓度。关于洁净度等级，各国有各自的标准规定，目前我国执行的国标 GB 50073—2001 洁净室级别标准与 ISO 国际标准一致。

洁净室内空气的洁净度，在不同状态下是不同的，现行国标 GB 50073—2001 对洁净室状态有如下定义：

（1）空态。设施已经建成，所有动力接通并运行，但无生产设备、材料及人员。

（2）静态。设施已经建成，生产设备已经安装，并按业主及供应商同意的状态运行，但无生产人员。

（3）动态。设施以规定的状态运行，有规定的人员在场，并在商定的状态下工作。

显然，参照前述内容可知，"动态"条件下，室内的空气中悬浮粒子浓度最大，而在测试空气洁净度时所处的"状态"，应与业主协商确定。

一般以美国联邦标准 209A 为基本标准，分为 100 级、1000 级、10000 级、100000 级。100 级的含义是在每立方英尺空气中 ≥0.5μm 的尘粒数目不多于 100 个，这一级通常称为超净级标准。

在 100 级超净空气净化区域中，规定空气速度极限为（90±20）英尺/分。最重要的是排出净化空气必须为层流，在净化区形成稳定的气流，不使周围空气中的尘粒卷入到净化区。

二、感光胶片生产的净化标准

如前所述，任何灰尘落到胶片上，都会形成不同形态的斑点。其危害程度除与尘埃大小有关外，主要取决于尘埃性质。一般的灰尘不和乳剂发生化学反应，其影响的面积仅是灰尘本身的大小，如纤维、皮屑等。有的灰尘，如铁、铜、硫以及有机物等，它能与乳剂层发生化学反应，影响的面积比其本身大得多。因此，简单地按灰尘颗粒大小和多少来确定净化等级。从提高产品质量、满足用户要求出发，应该在可能情况下提高车间的洁净程度。但是，过高的标准势必造成投资和运行费用的提高。所以，涂布车间的净化标准，应区别情况确定。

乳剂生产部分，按我国净化等级设计为一般空调净化，即30000级。涂布工段的工艺房间，如涂布机室、收片机室、成品库等和产品直接接触的场合，通常按300 级设计。

第二节　洁净室设计原则及其构成

一、洁净室设计原则

为保证空间的洁净要求，洁净室设计应从四个方面考虑。

1. 防止灰尘直接侵入室内

（1）室内维持正压，防止洁净度比该洁净室低的周围空气直接侵入。

（2）经高效过滤器后的空气，不得被送风口等再污染。

（3）防止人员、设备等进入洁净室带入灰尘。

2. 防止灰尘积聚

（1）室内表面不得有凸出物、沟缝等，以免积聚灰尘。

（2）设备、管路等易于清扫。

（3）设置真空清扫设施。

3. 防止灰尘产生

（1）易发尘的建筑材料、家具、用具等不能使用。

（2）人员的个人卫生、洁净服、操作遵循洁净规程。

（3）提高生产工艺的自动化程度。

4. 排除室内产生的灰尘

（1）利用经过滤的空调空气排除室内产生的灰尘。

（2）必须比常规空调有足够的风量和合理的气流组织来实现灰尘的排除。

二、空气过滤控制室内尘粒污染

1. 入室空气过滤

如前所述，空气的微尘污染包括外界因素和内部因素两个方面，因此，要实现洁净必须杜绝外部的尘埃进入车间，同时尽量减少室内产生灰尘和提高洁净室的自净能力。

为了达到规定的洁净标准，必须对送入室内的空气进行过滤，使达到高度净化。这样一方面可以减少外界尘粒的带入，另一方面可以稀释由其他污染源所产生的尘粒。为了达到理想的洁净效果，送入房间的空气应有一定的换气次数，并有良好的气流组织，使到达工件关键部位的灰尘数量减到最少。

2. 空气过滤器分类

洁净室所采用的过滤器，按效果分为三类。

预过滤器，主要分离 $10\mu m$ 以上的灰尘，例如浸油金属网格过滤器、自动清洗油过滤器，粗孔泡沫塑料过滤器等均属于这一类。

中效过滤器，主要分离 $1\sim10\mu m$ 的灰尘，例如纤维填充过滤器、细孔泡沫塑料过滤器静电除尘器等。

高效过滤器，主要分离 $0.1\sim1\mu m$ 的灰尘。高效过滤器也称 HEPA 过滤器，原是美国原子能委员会为捕集放射性尘埃而研制的，其后加以改进，获得现有的性能。这种过滤器用（D.O.P）二辛基酞酸盐法测定时，要求对 $0.3\mu m$ 尘粒的过滤效率在 99.97% 以上。

为了延长高效过滤器的使用寿命，保证其使用效果，在高效过滤器前需要设置中效过滤器，在户外新风入口处还要装设预过滤器，以滤掉由室外进入的大颗粒灰尘。

高效过滤器的过滤介质为过滤纸，有超细玻璃纤维纸、石棉纤维纸、超细玻璃纤维石棉纤维纸等多种。

3. 其他保证措施

为了保证过滤器的使用效果，除了要求正确的计算和合理的布置外，过滤器本身安装时的密封性是十分重要的。尤其是高效过滤器，安装时要特别注意与安装框架紧密结合，防止漏风。设计时，应将高效过滤器尽量靠近送风口，这样既可防止风管沿途污染，也有利于风管系统的阻力平衡。

为了保证经过过滤的空气的有效利用，洁净室的气流组织形式要尽量减少紊流。洁净室内的灰尘除了由进风系统带入外，人体和加工过程中也都会散发尘粒。因此，洁净室内灰尘的产生是一个连续过程，为此需要对洁净室内空气不断用高效过滤器过滤。

三、洁净室的构成

1. 洁净室维护结构
由土建材料现场构筑或工厂预制的构件构筑。

2. 空调净化系统
在空调装置基础上，强化空气过滤，控制正压，保证足够风量。

3. 附属设备
为保证洁净室的要求，重视人员和物品的净化设施，如空气吹淋、传递窗、余压阀、清扫装置等。

第三节　洁净室风量确定

一、洁净室风量

洁净室空调系统风量包括送风量、回风量、排风量、新风量，主要取决于洁净要求和温、湿度要求，所以洁净室风量可以取以下两项数据中的较大者：消除发尘量所需风量，消除热湿负荷所需风量。根据实际经验，消除发尘量所需风量往往远大于消除热湿负荷所需风量，另外送风量必须大于局部排风量。

二、新风量的确定

洁净室新风量，取以下三者中的较大值：

保证室内每人 $30\sim40\text{m}^3/\text{h}$ 的新风量；补偿局部排风量和保持正压所需的新风量；保持净化空调系统一定的新风比，对非单向流洁净室为 $15\%\sim30\%$，对单向流洁净室为 $2\%\sim40\%$。

三、非单向流洁净室风量计算

由于消除发尘量所需风量往往远大于消除热湿负荷所需风量，所以非单向流洁净室风量主要决定于消除发尘量所需风量，消除发尘量所需风量的计算式可以根据进入和流出洁净室的灰尘量平衡的原理导出，也可参考 GB 50073—2001《洁净厂房设计规范》中经验数据确定。

四、单向流洁净室风量计算

由于单向流洁净室的净化并非稀释作用，其污染物对房间无扩散污染，污染物是由活塞作用排出房间，所以使房间保持单向流，并具有一定速度是关键措施。

$$Q = v \times A \times 3600 \tag{8-1}$$

式中　Q——单向流洁净室送风量，m^3/h；

　　　v——单向流的速度，m/s，一般取 $0.2 \sim 0.5 m/s$；

　　　A——洁净室面积，m^2。

第四节　洁净室的气流组织

一、洁净室的气流组织原则

（1）净化空调系统的送风气流应以最短距离、不受污染地直接送至工作区，要求覆盖工作区。

（2）尽量减少涡流，避免把工作区以外的污染物带入工作区。

（3）控制上升气流的产生，防止灰尘的二次飞扬。

（4）工作区气流尽量均匀，并满足生产工艺要求。

二、洁净室气流分类

1. 常规式气流

洁净室的气流组织，主要有单向流（层流）和非单向流（乱流）两种方式，单向流又可分为垂直气流、水平气流。另一种说法是可以分为常规式和层流式。图 8-1 为常规式气流示意图，其送风口设在顶棚上，排风口设在靠近地面处，常规式洁净室造价便宜、管理简单，一般每小时换气 20 次左右，适用于一般洁净度场合，洁净度可以达到 10000～100000 级。

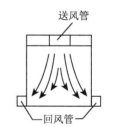

图 8-1　常规式送风示意

2. 层流式气流

层流式洁净室包括水平层流（图 8-2）和垂直层流

（图 8-3）两种，水平式层流结构比较简单，洁净度可以达到 100～10000 级，每小时换气 150 次左右。垂直式层流洁净室构造复杂，造价高，室内自洁力很强，能够达到 100 级，一般每小时换气 400 次左右。

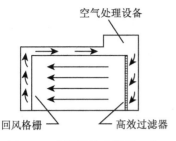

图 8-2　水平层流式送风示意

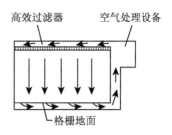

图 8-3　垂直层流式送风示意

第五节　净化空调系统的特点

涂布生产用净化空调系统，属于专业设备，具有以下特点。

（1）风量大。洁净空调系统送风量比民用建筑大。

（2）风机风压大。由于一般洁净空调系统都经过三级空气过滤系统，比一般空调系统风机风压高 400Pa 以上，另外随着过滤器阻力的增加，系统风量会变化，所以要设定风量装置以保持风量恒定。

（3）空调冷负荷大，负荷因素特殊。办公、旅馆等民用建筑冷负荷一般在 $100\sim130W/m^2$，而有的洁净厂房冷负荷高达 $500\sim1000W/m^2$，同时其负荷构成也比较特殊，主要为工艺设备、新风和输送能耗。

（4）正压控制严格。必须保证恒定的正压，以防止临近区域不同洁净级别的空气产生干扰，通常采用合理的风量平衡设计和设置余压阀来保持。

（5）采用二次回风方式。由于洁净要求所需风量远大于消除热湿负荷所需风量，可通过二次回风方式或短循环方式满足要求。

第六节　应用实例

一、感光材料涂布车间的空气调节

涂布车间的空调分为工艺空调和卫生空调两类。工艺空调通常由定型阶段、干燥阶段、平衡阶段三个空调系统组成。卫生空调根据车间大小，房间多少及布置分为几个系统。工艺空调是涂布干燥工艺的一个组成部分。它为涂布干燥过程的不同阶段提供适合的工艺参数，保证良好的胶片干燥条件，直接影响着涂布的质量和速度。因而，工艺空调必须满足干燥工艺的要求。

1. 定型阶段的空调

乳剂涂布于片基上之后，需要良好的定型，才能保证胶片的乳剂层厚度均匀和表面平整光滑。定型的方法有冷法和热法两种，目前多采用冷法定型，也有的采用热法定型。

（1）冷法定型

是向乳剂层吹送低温空气，当乳剂层的温度降到其含胶量所对应的凝固点以下时，形成胶冻，使乳剂层失去流动性。

根据车速和品种的不同，通常采用 $6 \sim 10℃$，$\varphi = 90\% \sim 95\%$ 的冷风。在此条件下，一般定型时间为 $30 \sim 60$ 秒。目前多数采用表面冷却器系统处理空气。冷却器内通以低温盐水，盐水温度控制在 $-4 \sim -2℃$。盐水温度太低会引起冷却器结霜堵塞，在浸涂工艺中还会影响乳剂层的润湿，影响涂布质量。

表面冷却器处理系统设备简单，但处理后空气相对湿度较高，冷风对乳剂层只有降温作用，没用干燥作用。为了适应大涂量和高速涂布，国外多采用向定型阶段以垂直气流方式送冷风干球温度 $2℃$、露点温度 $-5 \sim -3℃$ 的方法。冷风经氯化锂去湿处理。干冷风不仅能降低乳剂温度，而且能使乳剂中一部分水分蒸发，更有利于定型。

（2）热法定型

是向乳剂层吹热空气，使乳剂层表面水分急速蒸发，提高乳剂的含胶浓度。水分蒸发时，吸收了乳剂层和周围空气的热量，乳剂表面达到凝固点，失去流动性。热法定型需要一分钟左右的时间。热法定型时，胶片在整个定型过程中处于水平状态，送风湿球温度不得高于乳剂含胶浓度相应的凝固点。热法定型对乳剂的涂布量、黏度、涂布速度、风温、风速都有较严格的要求，需要恰当地搭配才能保证良好的定型，因而工艺要求严格，适应性较差。

热法定型的优点是在采用多段循环干燥工艺的情况下，定型段就是干燥段的第一循环系统，因而节省冷量，定型段也起到了干燥作用。在涂布量小、品种单一的情况下，是一种较为经济的方案。

2. 干燥段的空调

胶片乳剂中的水分，绝大部分是在干燥段去掉的。旧的设计将干燥段分为低温段、中温段和高温段。在低温段和中温段，分别设一个空调去湿系统，新的设计则多采用逐段升温的多段循环一次去湿处理系统。后者处理风量较小，可节省热量和冷量。在采用强风干燥的条件下，无论采用哪种系统，作为干燥介质的空气状态和风量大小，对于胶片干燥效果起着决定作用。为了保持循环空气的干燥，干燥段的空调，无论冬夏都用低温水处理回风，以去除干燥过程中进入循环空气中的水分，保持介质干燥。从提高干燥速度出发，干燥段空调处理后的空气，其含湿量越低越好。它受到冷水温度的限制，用 $5℃$ 水双级喷雾处理后（图 8-4），含湿量可达到 8 克/千克干空气，但由于空调室挡水板过水量的影响，实际送入干燥道的空气往往在 8.8～9.0 克/千克干空气，甚至更高。从干燥理论可知，干燥介质的干燥程度，直接影响着胶片的干燥速度，但在实际生产中，经常遇到去湿效果不佳的情况。

主要原因有几方面：

（1）冷水温度达不到设计要求，特别是夏季。

（2）冷水太脏，堵塞喷嘴，降低了淋水系数。

$$\mu = W/G \tag{8-2}$$

式中 μ 为淋水系数，W 为喷水量（千克/时），G 为处理风量（千克/时）。

（3）不按设计要求的口径装置喷嘴。

（4）挡水板结垢堵塞，或风管装置不当，使空调室断面风速不匀，甚至产生涡流。

（5）后挡水板加工质量不好，空调室断面风速太高，都会增加过水量。有的空调室过水量达到 2 克/千克干空气

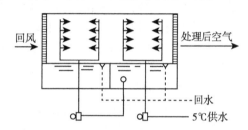

图 8-4 双级喷雾系统图

以上，而干燥介质在干燥道整个循环中的增湿才有 2.5～3.5 克/千克干空气，可见其危害之大。

（6）加热器、疏水器失修，漏气进入循环系统。

为保证去湿效果，除冷冻站保证供水温度外，采取如下措施：

（1）5℃上水入口管上装置水过滤器，并及时清理。

（2）严格按照设计要求的口径装置喷嘴，不得随意代用。

（3）定期清理前后挡水板，风管配置不当者，采取导流措施，使空调室断面风速均匀。

（4）严格注意挡水板的加工和安装质量，因地制宜采取堵漏措施，处理得好，可以使过水量在 0.5 克/千克干空气以下。

风量达不到设计要求的原因主要有：风机的传动皮带松弛；碎胶片堵塞了回风口或加热器；阀门开度不当；过滤器未及时清洗或更换。

在实际生产中，当出现去湿不好或风量不足，影响干燥效果时，往往靠提高干燥温度来保证一定的生产车速。这是一种对生产不利而又浪费能源的措施。由于提高干燥温度，不仅增加热量消耗，而且回风温度提高，加大了空气处理焓差，增加冷量消耗。

$$Q_{冷} = G(i_1 - i_2) \tag{8-3}$$

式中 $Q_{冷}$ 为冷耗量，大卡/时；G 为处理流量，千克/时；i_1，i_2 为处理前后空

气热焓，大卡/千克。

因此，当干燥效果不佳时，必须查明原因，采取措施，不宜简单地靠提高风温来弥补。目前，许多涂布机干燥时间较短，干燥温度较高，这对胶片的性能是不利的，因而降低干燥温度是当前干燥工艺提出的一项任务。

在现有基础上，降低干燥温度，应当从合理利用空气着手，措施包括：

（1）减少风盒开孔比，提高孔口出风速度。原来设计的风盒，开孔比一般为4％～5％。实践表明，开孔比为2％～3％时效率较高，在相同风量时减小开孔比，风速将有较大提高。

（2）减小风盒距片表面距离。国内外的实践证明，距离30毫米较为理想，但为了操作方便，通常这个距离保持在40～60毫米，这样会造成空气速度的较大衰减，不利于提高干燥速度。应从操作和设备构造上采取措施，尽量保持较小的距离。

（3）改进风盒结构。平面型孔板，制造简单，但回风条件较差，干燥均匀性不好，而凹凸型孔板或条缝式风盒，回风条件较好，风速也比较均匀。

（4）防止设备、管道以及软连接处漏风。

为了适应多层挤压涂布和提高涂布车速的需要，国外在胶片干燥中多采用氯化锂吸湿技术。我国生产的三甘醇液体吸湿机也已有商品生产，试验和试用证明，它处理空气较之5℃水去湿空调，可以获得更低的空气露点。根据冷却水温的不同，去湿后含湿量可达到3～8克/千克干空气。如有充足的冷却水，可以省去干燥去湿的冷耗量，如果用5℃水作冷却水，则可获得 $d=3.0$ 克/千克干空气，因而可降低干燥温度。

3. 平衡段空调

平衡段空调向干燥完了的胶片送温湿度稳定的空气，使胶片最后得到温度和湿度的平衡，其作用是使胶片由最后干燥温度，冷却到平衡段要求的温度，一般为20～23℃。使胶片的最后实际含水量达到3％左右，乳剂层内外湿度均匀。

要保证平衡段温湿度稳定，重要的是做好平衡段和高温段之间的风量平衡，不让高温段的空气串到平衡段来。简便的做法是在高温段和平衡段之间设一隔段，同时，平衡段送风适当大于回风，使平衡段处于正压。为此，平衡段需要补充20％的新风。因新风受外界气温影响，会增加温湿度的不稳定性，所以平衡段最好设自动控制设备，来保证送风参数的稳定。

平衡的时间以三分钟较为理想。但在平板干燥中，不可能保证如此长的平衡片路。因此，将平衡段处理后的空气，还送至后储片架和收片机室，以增加平衡时间。平衡段应和半成品库及整理车间保持相似的空气参数，以避免由于环境变化引起胶片湿度的变化。

二、不同净化区域的压力设计

图8-5为国外某胶片厂的厂房断面，上层为空调机房，涂布机在密封罩内，

由室内吸风，室内操作区的洁净度为 100000 级，经过滤后密闭罩内可达到 100 级，边侧为操作区，虽也有洁净要求，但洁净度就低得多（100000 级）。各区之间气密性良好，内外有压差，涂布机处密封罩内空气压力最高，外面操作区的压力低些，但比室外要高使空气只能从洁净度高的空间向洁净度低的空间渗漏。

感光材料厂洁净室的设计和一般的洁净室有所不同。因为感光乳剂中往往采用甲醇、丙酮等有机溶剂，故设计空调系统时要考虑部分含溶剂空气排出。进行溶剂回收，使密封罩内空气中的有机溶剂含量低于气体的爆炸下限，补入较多的新鲜空气。另外，涂布机、涤纶片

空调机房		
操作区	封闭置内	操作区
100000级	100级	100000级
微正压	正压	微正压

图 8-5　工厂空调机房及压力设计分区示意

基拉幅机内的空气用于干燥或热定型，温度较高，而一般的高效过滤器都是常温下使用的。高温用的高效过滤器在构造和选材上和常温有些不同，外框不用木材，用铝板或钢板分隔板系，用铝箔用耐高温的黏合剂来粘封。为了防止洁净室外部空气的侵入，必须使洁净室内保持一定的正压差。整个洁净室的正压值应按各部分的洁净度高低来分布。洁净度高的部分布置在里边，正压值最高洁净度低的房间布置在外边，正压力值低些的辅助性工段和走廊的压力最低，但也要比室外高些。这样就能保证洁净室内的空气只能由洁净度高的房间流向洁净度低处。

为了保持不同洁净度区域之间的压差，要求厂房建筑或设备罩的密封性能良好，不漏风。另外，可采用控制送风量的办法，对正压区多送空气，使进风量大于回风量，而形成一定的压力。还可以利用门宽的缝隙或一定大小的排风口，使空气从压力高的区域流向压力低的区域，或者在回风口上加装过滤器或特殊的余压阀，使之造成一定的压降。

参考文献

[1] 赵伯元. 感光材料工业中的空气灰尘污染及消除. 感光材料, 1984 (5)：25-28.
[2] 蔡尔辅. 感光材料工业中的空气净化. 感光材料, 1975 (5).
[3] 覃建军. 浅析 FFU 在电子洁净室的应用. 印制电路信息, 2009 (6)：61-64.
[4] 刘慧永. 关于胶片生产中空调和净化的若干问题. 感光材料, 1982 (5)：14-18.
[5] 吴乃诚. 液晶器件生产对空调净化的要求. 暖通空调 1992 (6)：9-11.
[6] 吴乃诚. 胶片生产与空调净化. 感光材料, 1986 (5)：28-29.

第9章 彩色感光材料涂布技术

目前，感光材料行业涂布生产技术，以坡流和落帘涂布工艺为主，但是在20世纪的前半叶，是以浸涂工艺为主。本章将以坡流涂布为主，重点概括三大预定量涂布技术，适当介绍浸涂工艺及其基本原理。

第一节 浸涂原理

一、浸涂（dip coating）

当支持体与润湿性涂液接触时，因为毛细压力，在接触处的涂液会沿支持体升高一些，并形成凹形表面。从前述可知，任何弯曲液面，由于表面张力的作用，产生一个合力形成一个附加压强，指向液体的内部或外部视曲面的凹凸而定。涂液润湿壁面形成凹形表面，表面张力的合力指向液体的外部，此时液体内部压强小于外部压强；相反，形成凸形表面时，则表面张力的合力指向液体内部，此时液体内部压强大于外部压强。它们所受的附加压强为：

$$p_s = 2\sigma/r \tag{9-1}$$

即附加压强的数值与表面张力系数 σ 成正比，与曲率半径 r 成反比。r 愈小，p_s 愈大。

润湿性的涂液液面，产生了指向液体外部的附加压强，能抵消一部分垂直指向固体表面的合力，涂液弯月面的曲率半径越小，附加压强越大，合力抵消得越多，结果导致涂层减薄。这就是涂液弯月面曲率半径的变化能使涂层厚度发生变化的物理基础。

下面讨论涂液弯月面形成的形态。

在静止状态下，涂液毛细上升高度所产生的压强，与弯月面产生的附加压强相平衡，即：

$$P = 2\sigma/r = \rho gh \tag{9-2}$$

式中　h——弯月面上升高度；

　　　g——重力加速度；

　　　ρ——涂液密度。

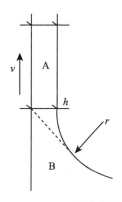

当被润湿的支持体具有一定速度后，由于固—液间附着力和液体内部摩擦力（黏滞性）作用，破坏了上述的平衡，静止状态下的涂液弯月面发生形变，形成如图 9-1 所示的 A 区和 B 区。

在 A 区，由于附着力和内摩擦力的综合影响，重力影响被克服，使与支持体表面相接触的涂液，获得了与其相同的运动方向和速度，支持体在恒定的运动速度下，流经该区横截面的涂液量也恒定不变。假设 A 区横截面上的涂层是由若干极薄的液层组成的，那么对支持体表面而言，由近到远的多个液层的运动速度，则由大到小而呈递减变化，它们中间存在着一个速度梯度，并服从于牛顿内摩擦定律。由于附着力作用，靠近支持体的液层容易达到与支

图 9-1　浸沉涂布的涂液弯月面

持体相同的速度，加上液层内摩擦力影响，涂液层不易下流；而远离支持体面的液层受附着力影响小，重力作用大，涂液回流由近到远逐渐加快。提高涂布速度，必然增大涂层的速度梯度，剪切力也就增加，减小了涂液回流，增加了涂布厚度。同样，增大涂液黏度，也会引起内摩擦力增大，涂层同样加厚。

二、浸涂影响因素

1. 涂布速度 U 和拉出角 α

将一块板子从液体中斜拉出来，板上沾的液体厚度与拉出角和速度有关，如图 9-2 所示。

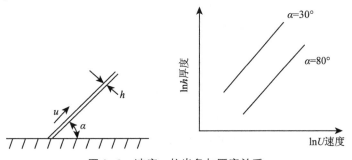

图 9-2　速度、拉出角与厚度关系

拉出角越大，膜越薄。湿膜厚度与速度关系为 $h_\infty U^m$（$0.5 < m < 0.6$）。

2. 黏度

液体黏度对浸涂影响如图9-3所示，在拉出角和速度相同时，涂膜厚度h随液体μ变化，$h_\infty \mu^n$（0.6<n<0.7）。

前苏联学者曾利用古典的流体力学原理，推导出影响涂层厚度的公式：

$$h = \frac{2}{3}\sqrt{\frac{U \cdot \mu}{\rho \cdot g\sin\alpha}} \qquad (9\text{-}3)$$

此公式只考虑黏性力和重力的平衡，忽略了表面张力和惯性的因素，因此只适用于低车速和厚涂层的情况。当涂布车速快、涂层薄时，$\mu \cdot v \ll \sigma$，不适合上面的公式。

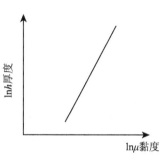

图9-3 黏度与涂层厚度关系

根据公式

$$\tau y\nu = -\mu\frac{\partial V x}{\partial y} \qquad (9\text{-}4)$$

剪切力速率

$$\dot{r} = \left[\frac{\partial V x}{\partial y}\right]$$

得出：

$$\tau = \mu\dot{\nu}^n \qquad (9\text{-}5)$$

从上式看出：

（1）剪切力与黏度成正比。当$\dot{\nu}^n \neq 1$时是非牛顿流体；$\dot{\nu}^n = 1$时是牛顿流体；

（2）剪切力是从高速的区域传送到低速区域；

（3）剪切力与速度梯度成正比。

3. 表面张力

在拉普拉斯（laplace）公式$P_0 - P = \frac{\sigma}{R}$中，$R$为毛细上升现象所形成的弯月面曲率半径。

$$\frac{1}{R} = \frac{d^2 h(x)}{dx^2} \qquad (9\text{-}6)$$

式（9-6）代拉普拉斯公式得：

$$P = P_0 - \sigma\frac{d^2 h}{dx^2} \qquad (9\text{-}7)$$

$$\frac{dp(x)}{dx} = -\sigma\frac{d^3 h(x)}{dx^3} \qquad (9\text{-}8)$$

考虑到毛细管压力，得出如下关系式：

$$-\frac{\partial p}{\partial x} + \mu\frac{\partial^2 U x}{\partial y^2} + \rho g\sin\alpha = 0 \qquad (9\text{-}9)$$

表达了剪切力、重力和毛细压力之间的平衡。

考虑速度因素

$$\frac{\mathrm{d}^2 Ux}{\mathrm{d}x^2} = -\frac{\rho g}{\mu}\sin\alpha - \frac{\sigma}{\mu}\frac{\mathrm{d}^2 h}{\mathrm{d}x^3} \tag{9-10}$$

$$Ux(y) = -\left[\frac{\sigma}{2\mu}\frac{\mathrm{d}^3 h}{\mathrm{d}x^3} + \frac{\rho g}{2\mu}\sin\alpha\right](h-y)^2 + \left[\frac{\sigma}{2\mu}\frac{\mathrm{d}^3 h}{dx^3} + \frac{\rho g\sin\alpha}{2\mu}\right]h^2 - U \tag{9-11}$$

毛细管数是一个无因次量：

$$Nca = \frac{\mu U}{\sigma} = \frac{剪切力}{表面张力} \tag{9-12}$$

苏联学者提出的公式，在 Nca≪1 时成立，

$$h_\infty = \frac{k(\mu U)^{\frac{2}{3}}}{\sqrt{1-\cos\alpha}(\rho g)^{1/2}\sigma^{1/6}} \tag{9-13}$$

常数 $k \approx 0.94$

归纳起来，当 $\alpha = 90°$，当 $Nca \gg 1$，即高黏度高速度时：

$$h_\mathrm{m} = \sqrt{\frac{\mu u}{\rho g}} \tag{9-14}$$

当 $Nca \ll 1$，即低黏度低速度时：

$$h_\mathrm{m} = 1.32R\left(\frac{\eta u}{\sigma}\right)^{\frac{2}{3}} \tag{9-15}$$

可见，减小弯月面曲率半径，可以获得比较薄的涂层。减小弯月面曲率半径的方法，包括使用气刀、刮刀、多辊等涂布方式以及从反方向抽真空等措施。

三、浸沉涂布的缺点和局限性

（1）它一次最多允许涂布两层。由于涂层厚度与速度和黏度成正比，要想减薄涂层和提高车速，一般是采用稀释涂液的办法，增加了干燥负荷。

（2）由于弯月面曲率半径大，涂一层的湿厚度（涂布量），即使用很低的黏度，也在 60g/m² 以上。

（3）浸涂涂层表观均匀度不好。

（4）涂布车速低。在国外，浸涂车速也难以达到 30m/min 以上。于是，在感光材料行业里，效率更高、质量更好的坡流涂布工艺就应运而生了。

第二节　坡流涂布

一、坡流涂布（slide coating）

坡流涂布机主要由一个带有倾斜坡流面的多层涂布模具和距涂布模具唇部很

近（0.2~0.4mm）、由一个滚筒支撑的移动支持体组成。通过分布涂液的腔体和限流狭缝（或称出口缝隙）供给涂布液，在坡流面上形成相互叠加而不对流混合的多个涂层，坡流涂布液的两侧由边导板控制。

在滑板底端边缘，模头与支持体之间的窄缝由涂液架接，涂液润湿支持体并被支持体带走。当涂珠（Coating bead，或称液桥或悬垂弯月面）上、下两个自由面限定的涂液液流稳定、连续、均匀而没有涡流时，坡流涂布操作是成功的。

通常在液桥下方施加微弱的，比其上方的环境压力 P_A 最多小 1000Pa 的局部环境压力 P_V，压差 $\Delta P = P_A - P_V$ 为"液桥真空度"，或简称负压。

在坡流涂布过程中，支持体速度允许范围非常大，为 0.1~4m/s。标准的湿涂层厚度大约为 100μm，但涂层厚度小于 40μm 时涂布很困难。总厚度由若干个只有几微米厚的涂层厚度相加而得。

二、坡流涂布模头的构成及其基本要求

1. 涂布模头与涂层数

一个坡流涂布模头由几块堰板组成，原则上一个堰板对应一个涂层，这几块堰板安装成一倾斜的滑动面如图 9-4 所示。通常，各堰板几乎是相同的长方形块。也可以根据流变学和每个特定涂层的流速来设计不同层次的堰板。

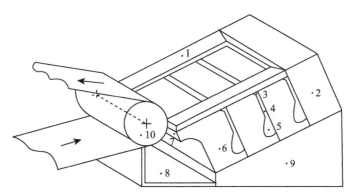

1—边导板；2—最上游堰板；3—狭缝出口；4—阻流狭缝；5—腔体；
6—堰板；7—涂布唇；8—真空箱；9—垫板；10—涂布轴

图 9-4　涂布模头透视

原则上，可设计一次涂布无限多个涂层。但实际上，如果靠增加堰板数来增加一次性可涂布的层数，会延长模头坡流面的长度，从而使多层涂液在坡流面上流动的稳定性，成为一个严峻的问题。另外，增加部件数量，会使系统的精度大幅度下降。

2. 限流（出口）狭缝

坡流涂布工艺的限流狭缝出口几何形状非常重要。首先，它的液体出口时有

一个冲量，可以往上高出坡流面几个毫米，要流下若干个出口宽度的长度才能平复；其次，最上一个出口缝的物料，不仅往上冲，还会因为毛细现象而往上"爬"，形成并不平直的润湿线，影响涂布均匀度。国内学者对这些问题进行过计算和分析。下面讨论几种限流狭缝出口存在的问题和解决方案。

最简单的限流狭缝出口，由两块顶边安装在倾斜滑板同一平面上的堰板组成，如图 9-5（a）所示。从限流狭缝中流出的涂液，将在其他已形成的涂层下流动，其冲量可能产生的分离作用，容易导致涡流。这种涡流会造成涂布不均匀。再者，这样的几何结构，最上面的涂液常常倒爬而润湿上方滑板，容易产生涂布条道，如图 9-5（b）所示。

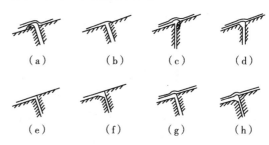

图 9-5　限流狭缝出口形状详解示意

加大靠近出口处的限流狭缝宽度，可以避免产生涡流。有人提出图 9-5（c）所示的结构，但这种设计有一个严重缺陷，悬浮颗粒在限流狭缝加宽部分的滞流区可能沉降而造成拉丝。如果加宽部位改在下方堰板的边缘，图 9-5（d）所示的削角，实际效果好一些。

升高上方堰板，如图 9-5（e）所示，并将下方堰板削角，如图 9-5（f）所示，可以避免在最上层狭缝出口处的上游，被涂液倒爬而产生不平直的静态润湿线。

也可将同样的概念用于其他狭缝出口的设计中，如图 9-5（g）和图 9-5（h）所示，应该根据上方涂层的流速接近于直线运动时的流动参数，来确定阶梯的高度差，通常落差为 0.5～1mm。这种阶梯式几何结构有一个缺点，就是边导板底部不能采用单一平面的简单设计，而需要设置更复杂的边导器。

总之，根据流变学和涂层实际流速设计的限流狭缝出口，是最佳选择。

3. 涂布应用角 α

如果按图 9-6 的方式布置，在启动或涂布头唇口到达涂布间隙前，所有排出的涂液都流入溢流槽中，很容易排掉。

在实际应用中，模头唇部边沿是在涂布辊水平中心线之下。这样布置的另一个优点是可以加大唇口端面与支持体之间的下反角 γ，这有利于防止液桥润湿唇口端面。

4. 滑板倾斜角 β

图 9-6 装置中，倾斜滑板与水平面之间夹角 β 有一个最佳值。倾斜角小时，滑板上涂液厚度 Hs（涂层厚度）大。

$$Hs = (3\mu Q/\rho\, g\sin\beta)^{1/3} \tag{9-16}$$

其中，Q 是单位宽度流量，μ 是黏度，ρ 是涂液密度，g 是重力加速度。

这个表达式适用于一个涂层的情况，也可以简单地将其扩展而用于多层涂布体系。滑板上涂液的冲量，是与流

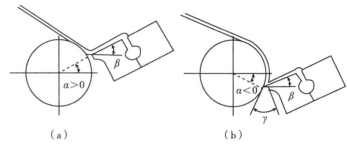

图 9-6　涂布角 α 及滑板倾斜角 β

速的平方除以滑板上液层厚度成正比。因此作为流动动力的冲量，能促进润湿过程，并随倾斜角减小而趋于 0。

另外，倾斜角加大会使液流不稳，即随着 $\sin\beta$ 加大，会增加倾斜板上液流的波动。为达到最大涂布速度而引起的滑板上液流不稳定和启动复杂是不值的。绝大多数研究机构提出的倾斜角在 15°～30°。根据经验，在这个范围内几个角度的变化不会造成较大的影响。

5. 涂布坡流面长度

滑板的长度应尽可能短，因为一旦产生波动，它将随滑板长度的延长而呈指数加剧。实际上，生产中为保证机械稳定性，每块堰板的最小长度（堰板厚度）为 3～6cm。涂布幅度越宽，制造滑板尽可能短的涂布模头就越困难。

6. 间隙宽度 H_G

安装涂布头时，应使之靠近支持体，在实际涂布过程中，模具唇口与支持体之间的间隙宽度范围为 0.1～0.5mm，当宽度为 0.2～0.4mm 时更好。

间隙小则液桥受到的干扰少，因为压力差作用将变小，因此涂布窗口扩大。另外，涂布头必须能允许支持体接头或其他不平整的地方通过。间隙太窄，支持体被卡断的概率会增高；假如支持体没有被卡断，而是刮蹭到模具唇部端面，将改变固定润湿线而产生拉丝等弊病。当产生这些问题时，建议增大间隙宽度。

7. 涂布模头唇口端面

为控制固定润湿线的位置，涂布唇的几何形状很重要。为了使涂布均匀，对于所有的涂布工艺而言，固定润湿线应该是直的。根据有关理论，将该接触线锚定在一锐利的边沿，就可以做到这一点。润湿线在一个有形边界的锐利边沿的曲率半径应小于 100μm，最好小于 50μm。当然，边沿越锐利，其被损伤的风险会增大。

下弯月面固定接触线，是固定在滑板的边上，还是润湿了滑板唇口的端面，取决于模具唇口的几何形状和流动参数。涂布唇口端面与支持体之间的夹角 γ 越大，滑板边就越易阻滞涂布液流润湿端面。提高涂布速度或黏度，或者减少间隙

H_G 宽度，或减少液桥的负压值，均可迫使润湿接触线上移，并最终被锚定在边界上。

应该避免唇口端面被润湿，不仅因为接触线可被弯曲，而且因为在弯月面最下面，位于涂布唇和支持体之间的部位，有产生回流的可能性。此外，数学计算表明钉住接触线可以降低涂布对干扰的敏感性，即增强抗干扰能力，有利于涂布。

8. 负压箱

为了在液桥上下形成一个压力差，而在涂布模具与涂布辊的下方设置一个负压箱。为保持稳定的压力差，需要连续、均匀地将负压箱中的空气抽出。为此，要尽量减小涂布辊与固定部件间的缝隙，以保证在最小的抽气量的条件下保持适用的负压值。为此，抽气系统应解决缓冲问题，双腔式负压箱在工业生产中也有应用。

三、感光材料行业中涂布工程的目标

为了得到合乎要求的涂布产品，在涂布工程中，一般希望高速实现预计量涂布。涂层具有薄层、均匀的特点，还希望一次涂布多层。坡流涂布工艺的特点，恰好可以实现这些目标。

1. 实现预计量涂布

浸沉涂布时涂布量难以精确控制，而坡流涂布却可以实现定量涂布。顾名思义，定量涂布就是所供应的涂液，可以全部涂布在所控制面积的支持体上，当供入的涂液都被涂布到支持体上时，涂布的平均湿厚度 t 正好是单位宽度上的流量 q 除以车速 U：

$$t = \frac{q}{U} \tag{9-17}$$

假如 q 单位是 $cm^3/(s \cdot cm)$，U 单位是 m/s，则上式可改写成：

$$t = \frac{q(cm^2/s)100(cm)}{U(m/s)m} \tag{9-18}$$

$$t = 100\frac{q}{U}(\mu m) \tag{9-19}$$

给出 t 的厚度单位是 cm^3/m^2，这正好等于微米。

当然，所指的定量有一定的限制条件。这里介绍悬垂弯月面的自动调节作用。图 9-7 是一个悬垂弯月面的受力图。

弯月面下表面半径，主要是由唇口与支持体之间的距离决定，而弯月面上表面半径 R_2 值，主要由计量泵输出的流量及支持体速度所决定。同时，R_2 值反映了涂液涂布厚度 h 值。涂液输送量增大，弯月面上表面半径 R_2 值增大，涂层厚度增大；相反，涂液输送量减少，弯月面上表面曲率半径变小，涂层减薄。当增加的涂液多到不能全部带走，发生涡流或溢流状态时，视为涂布量的上限；而供给涂液减少到液桥破裂时，视为涂布量的下限。

坡流涂布过程中，选择好涂液黏度、涂布间隙、车速和负压值等参数，其最大涂布量极限值与最小涂布量极限值之间，可以存在 4～6 倍的关系。因此，在相当宽广的范围内，控制计量泵输送涂液的流量，就可控制涂布量。

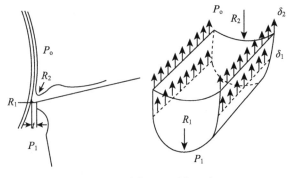

图 9-7　悬垂弯月面受力示意

2. 高速涂布

由于摆脱了涂层厚度依赖于黏度和车速的关系，坡流涂布车速可以高达 4m/s。同时，与浸涂工艺相比，它可适应较高的黏度，这样它用的物料无须稀释，还可以适当浓缩，对提高干燥效率和干燥质量有利。

此外，坡流涂布运用载液层技术后，有利于高速涂布，后面会有介绍。

3. 薄层涂布

薄层涂布主要是针对多层结构产品而言。坡流涂布总涂布量的适涂范围为 $100～150\mathrm{g/m^2}$，而彩色相纸有 7 个涂层，总涂布量 $120\mathrm{g/m^2}$ 以下，平均到每个涂层只有 $15～17\mathrm{g/m^2}$。某些涂层的涂布量可以少到 $10\mathrm{g/m^2}$ 以下。就总涂布量而言，坡流涂布量的下限一般是 $50\mathrm{g/m^2}$。国外控制水平高的生产线，可以低到 $40\mathrm{g/m^2}$。

从涂布原理方面来说，其弯月面曲率半径是涂布间隙 H_G 的 1/2。因为影响涂布量的是上弯月面曲率半径，其半径也只是稍大于 H_G 的 1/2，也就是 $R_2 \approx 0.2\mathrm{mm}$。坡流涂布过程中的弯月面曲率半径小，是能涂薄层的原因所在。

4. 多层涂布

一次可以涂布多层是坡流涂布工艺一大优势，彩色胶卷生产，可以一次涂成 16～17 层结构。其原理是基于著名的雷诺试验。

5. 涂布均匀

因为温度较低的支持体浸入槽中时，会降低涂液温度，加上槽中涂液不能充分流动，形成了滞流的区域。浸涂涂布方式涂布槽里物料的温度难以保持一致。温度的不一致造成涂液黏度不同，因而涂层精度差。

坡流涂布时，涂液黏度与涂布量没有直接关系，其横向均匀度依靠模具的均流分布作用保证，而其纵向均匀度，主要依靠供料精度和支持体的拖动精度来保证。其中拖动精度为 0.3％～0.5％，供料系统流量精度为目标值的 ±1.5％，涂液温差目标值为 40±0.6℃，都是可以达到的。按照国际上涂布行业的说法，坡流涂布的涂布精度为 2%，精度水平与落帘涂布工艺相当。

四、影响坡流涂布质量的参数

1. 影响涂布质量的参数

以下四类十二种参数可能对坡流涂布标准波形图（图9-8）造成影响。

（1）涂液性质：ρ—密度；μ—黏度；σ—表面张力。

（2）固/液特性：ζ（Zeta）—动态接触角。

（3）装备设计：E—嘴唇下沿与支持体距离；E_1—嘴唇上沿与支持体距离；β—涂布坡流倾角；γ—重力场与支持体夹角；L—嘴唇厚度。

（4）操作参数：D—涂层湿厚度；S—涂布速度；P_a-P_b—涂布液桥负压值。

2. 坡流涂布力场分区和力的平衡

坡流涂布力场可分四个区域（图9-9）：①重力场区；②过渡转移区；③液桥区；④薄膜带入形成区。

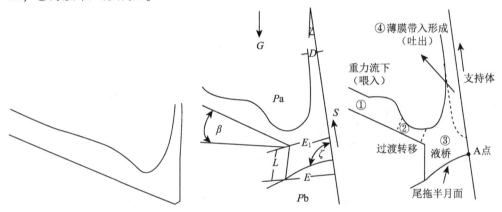

图 9-8　坡流涂布标准波形图　　　　图 9-9　涂布力场分区示意

涂液由①至③时受重力影响，液压大于液桥区，所以②成为一个过渡区域，其内液压必须由大气压区①转变成为低于大气压的③区，其内的压力梯度，必须以剪切应力来平衡，故液膜变薄，流速增加，以产生足够的速度梯度作此平衡。其变化式如下。

$$\tau = \mu \left(\frac{\partial U}{\partial x} \right) \tag{9-20}$$

从上式可以看出，速度提高则变形增大。

在低速薄膜的情况下，液体在液桥区内之主控力为表面张力，在高速多层涂布时则必须考虑惯性力和黏性力。

在低速涂布时 $\mu \cdot U \leqslant \dfrac{\sigma}{R}$。通常低速涂布时的黏度不会超过 50MPa·s。

涂液在第④区，液压沿涂布支持体运动方向逐渐增至大气压。

涂液在动润湿线附近的流体流动情况如图9-10所示。

在涂布力场分区图中，沿E至与支持体相接触的那一点称为A点。在实际涂布条件下那是一条线，即液、固、气三相相互作用的一条线，称为三相线。临界涂布速度取决于三相线处各种力的平衡，只有A点在压力场平衡状态下，产品才能涂好。如空气压力大于涂液压力，就会开始脱涂。

3. 液桥处作用力的平衡

图9-11是液桥存在的平衡力和不平衡力。由于表面张力在定义适涂极限最小流量时并不重要，所以在图中没有标示。

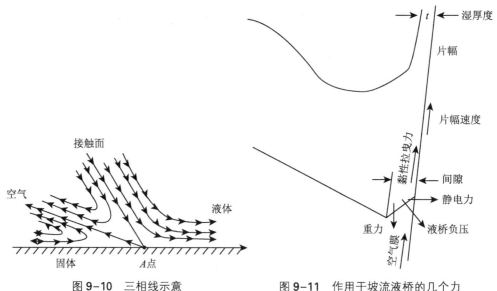

图9-10　三相线示意　　　　图9-11　作用于坡流液桥的几个力

（1）不稳定力

不稳定力包括由支持体带动作用于涂液的黏性拉曳力，由支持体带动的空气滞留层的动量，试图将涂液甩出转动的涂布背辊的离心力。不稳定力凭借支持体托住底弯月面，并试图将底弯月面向上推离支持体。

黏性拉曳力是推动涂液跨越间隙并把涂液带走的力。黏性拉曳力或剪切力正比于黏度和切变速度：

$$\tau = \mu \frac{\mathrm{d}u}{\mathrm{d}y}$$

总黏性拉曳力等于支持体接触涂液处的剪切应力，从接触线向下到没有剪切力处，全部区域的积分。切变速度可以近似地看作支持体速度除以涂布间隙。因此，黏性拉曳力粗略正比于黏度和支持体速度之积除以涂布间隙。

空气的动量正比于支持体速度的平方。在临近支持体表面的流体和支持体间无相对运动，支持体带动一层空气膜运动。这层空气膜的动量试图把弯月面向上推，动态接触角增大，增大到 180° 时，大量夹带空气，涂布过程中断。

涂液在支持体上随涂布辊转动运动而产生离心力，此力试图把涂液往外甩。离心加速度为 U^2/r，如支持体速度为 1m/s，在半径 0.1m 的涂布辊上转动，其离心加速度为 10m/s²，几乎与重力加速度相同。由于涂层非常薄，离心力也非常小，通常忽略不计。

（2）稳定力

凭借支持体使液桥保持稳定，阻止涂布中断的稳定力是重力、涂液惯性力、液桥负压值和静电力。

重力有助于借着支持体稳住液桥，但液桥非常薄，通常不到 1mm，其作用微不足道。

液桥负压是稳定液桥和薄层涂布的重要因素，其压差迫使液桥靠向支持体。单位长度上的力等于液桥负压乘以弯月面长度。因为过度的负压会把弯月面拉到唇部端面，并把它从间隙吸走，通常使用较低的负压值和较宽的涂布间隙。静电力能稳定液桥，而支持体表面不均匀的静电，会造成涂布不均匀。可以先往支持体上充直流电，然后再用反向电荷中和的方法，解决支持体上静电不均匀的问题。

如果不用负压和静电，并假设可以忽略稳定力中重力和惯性力的重要性，必须有其他的力抗衡黏性拉曳和空气滞留层动量的不稳定力，则只有液体的内聚强度或拉伸黏度能抗衡这些干扰力。

4. 液桥的稳定和液桥高度

液桥是坡流涂布真正的核心。在这里，从坡流面上流下的涂液改变方向，润湿移动的支持体并被支持体带走。液桥上有两个重要过程：首先，在动态润湿线，涂液取代原来附着在支持体上的空气滞流层，叫润湿支持体；其次，当涂液被支持体携带走的速率，与涂液供应的速率达到精确平衡时，允许液桥改变上下两个自由液—气界面的几何形状，使人们能用坡流涂布工艺这样参数范围较宽的计量涂布体系，获得满意的涂布效果。

图 9-12 是一个给定了控制体积的液桥，它由（bc）和（fg）两个自由面界定，移动支持体（ab）、坡流面（de）、入口区（ef）位于坡流面末端附近驻波的凹槽下面，距边（d）的距离为 L_{de}；出口区（ag）位于被支持体携带走的涂液平均速度达到 90% 支持体速度（U）的地方；这点的涂层厚度为 $H_\infty/0.9$。其中 H_∞ 表示最终的湿涂层总厚度。出口区（ag）和动态润湿线（b）之间的距离为液桥高度 L_b。为简化起见，假设一个垂直移动的支持体，一个垂直的涂布唇面（cd），一个牛顿型流体具有恒定表面张力为 σ，下自由面位于（c），下自由面（c）与边缘（d）之间有一很短的距离 L_{cd}，有明显的固定接触角 θ_0 和一个可动接触角 θ_D 的一种牛顿流体。

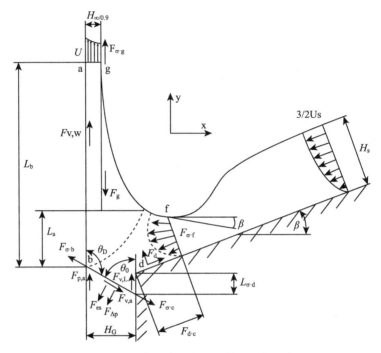

图 9-12　控制容积液桥和其上的作用力

在该控制容量中冲量的变化率由作用于涂液的所有外部作用力决定。

5. 液桥区产生涡流的影响因素和看法

正如所有与涂布质量相关的参数一样，液桥高度 L_b 也有一个允许范围，假定令人满意的坡流涂布效果，则有一个上限值 $L_b\text{max}$ 和一个下限值 $L_b\text{min}$。超过上限值造成的缺陷可能是形成涡流和溢流，超过下限值的后果应该是液桥破裂。应避免产生涡流，因为涡流是液桥不稳定的一种表现，它可以捕获颗粒和气泡，而造成拉丝等涂布弊病。

产生涡流的部位分液桥上部和下部两类。国外学者推断出，当比值 Hs/H_∞ 比极限值小时，涡流是否产生主要取决于 Ca 值。在靠近上自由面处产生涡流时，存在一个最大雷诺值。$N_{\Delta p}$ 值非常大时（压力差大和/或间隙宽可导致 $N_{\Delta p}$ 值大），会导致 L_b 值非常大。在这种情况下，涂液将向支持体和唇口端面之间的间隙延伸并将其填满，这将严重地润湿唇口端面。除了有可能使固定接触弯曲，还将在支持体和唇口之间产生另外一种涡流，见表 9-1。

表 9-1　在所列状态下能观察到一个涡流参数表

倾斜角 $\beta/°$	30
间隙宽度 $H_G/\mu m$	350

续表

压力差 Δp/Pa	500
涂层厚度 H_∞/μm	30-70-110
黏度 μ/（MPa·s）	1-3-10-30-100
支持体速度 U/（m/s）	1-2-3
表面张力 σ/（mN/m）	15-40-65

图 9-13 是按指定参数值计算的流场，由图 9-13 可知物理机理不同，可能造成至少四种涡流。（a）是没有涡流的情况。由于改变了一个参数，（b）～（f）的液桥高度与（a）相比都增高了，都产生了涡流。

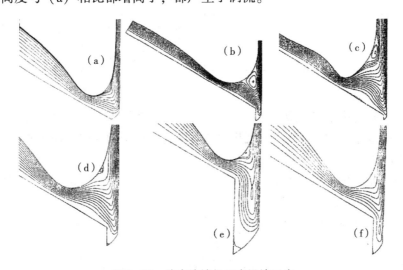

图 9-13　涂布液流场下方涡流示意

当自由表面处的涂液减速到某一点而停止流动时产生一种上方涡流（如图 9-13 中 b、c、d 和 e 所示），并产生倒流。这种情况发生于由黏性临界层携带走的涂液量与临界层到达自由表面之前，由坡流面流下的涂液量相等时。

当支持体与涂布唇之间的间隙被涂布液充满，并且支持体携带走的涂液量小于规律性 Couette-Poiseuille 流动所允许的量，则导致一个部分填满间隙宽度的涡流，而形成一种下方涡流（如图 9-13 中 c、f 所示）。

处于滑板末端的驻波下面，也会出现涡流，如在图 9-13e 隐约观察到的。这是由从滑板流下的涂液冲撞支持体时，产生的强大逆压力差造成的，韦伯数高时易产生这种涡流。

最后，涂布唇被润湿时，在靠近固定润湿线的地方，可能形成一种微弱的涡流（如图 9-13 中 d、e、f 所示），这是液体在锐角处流动常出现的情况。

表9-2列出了各种参数改变与图9-13图形之关系。

表9-2　各种参数改变与图9-13图形之关系

图	$U/$（m/s）	$H_\infty/$μm	$\mu/$（MPa·s）	$H_G/$μm	$\Delta p/$Pa	$L_b/$mm	主要影响因素
a	0.6	100	8	200	200	1.6	
b	0.2	100	8	200	200	1.8	U 低
c	0.6	275	8	200	200	11.1	H_∞ 大
d	0.6	100	5	200	200	2.6	μ 小
e	0.6	100	8	500	200	3.0	H_G 大
f	0.6	100	8	200	500	2.9	Δp 大

6. 溢流

在发生溢流的涂布试验中，部分涂液没有被支持体带走，而是漏进了负压箱，或者自液桥边缘流出。其结果使沉积层的厚度远远小于预期值，并且非常不均匀，厚度也不准确。

这种情况，在实际工业生产过程中很难发生。只有当涂层非常厚、涂布速度非常慢、间隙非常大、涂液黏度十分小的条件下，才会发生这种极限情况。

当模具唇口端面特别短，或者切削得很锐时，也易造成溢流。

鉴于垂直冲量的大小和坡流涂布的可操作性极限值之间的定性关系，认为可涂布下限可能与液桥高度 L_b 有关，当液桥高度 L_b 大于某一上限值时，易产生涡流，L_b 高也易产生溢流。所以，液桥高度 L_b 是坡流涂布工艺的一个重要指标，为获得令人满意的涂布效果，该值应保持在最大值和最小值之间。

实践中，涂层厚度 H_∞ 和黏度 μ 对 L_b 有很大影响。可以通过减小涂层厚度 H_∞、间隙宽度 H_G 和压力差 ΔP 或提高支持体速度 U、涂液黏度 μ 和表面张力 σ 来扩展可操作的极限值。

五、坡流涂布的极限适涂能力

坡流涂布的适涂能力极限有两方面：一是当涂布湿厚度小于某一值时，涂布质量受损，涂布过程无法继续进行，称为低流量极限；二是当涂布速度增大到某值，涂布质量急剧恶化，涂布过程不能继续进行，称为高速极限。

黏度、速度和间隙对最小厚度 a 的影响，见表9-3。

表 9-3　黏度、速度和间隙对最小涂布厚度的影响

指数变量	黏度	涂布速度	涂布间隙
Gutoff 和 Kendrick（1987）			
$\Delta P = 0$	0.8	0.9	小
$\Delta P = 50\text{Pa}$	0.7	0.4	小
$\Delta P = 100\text{Pa}$	0.6	0.5	小
Garin 和 Vachagin（1972）			
低 ΔP	0.1	0.5	−0.3
高 ΔP	0.7	1.0	−1.1
Tallmadge（1979）无负压	0.5	0.3～0.4	−0.15

当动态接触角 θ_D 达到 180°，而支持体夹带的空气没被涂液替代时，润湿失败。对于所有的涂布工艺来说，液桥（或弯月面）的主要功能都是润湿支持体。润湿失败是坡流涂布操作的一个极限。几位科学家对涂布速率极限值 U_{AE} 进行了试验研究，推导出：

$$U_{AE} = \mu^{-b}\sigma^{-a}$$

并给出了一系列 a、b 值，见表 9-4。

表 9-4　不同研究者给出的 a、b 值

研究者	a	b
Burley 和 Kennedy（1976）	0.335	0.67
Gutoff 和 Kendrick（1982）	—	0.67
Bracke、Devoeght 和 Joos（1989）	1.0	1.0

研究者一致认为极限速率 U_{AE} 取决于黏度，但对表面张力对 U_{AE} 的影响，意见不统一。表面张力 σ 变动范围在实践中很窄（Ca 为 20～72mN/m），这也许是研究者意见不统一的原因。

六、坡流多层涂布中层间某些物理量的匹配问题

在多层坡流涂布过程中，层间物理量的匹配是值得研究的问题。有的专利在讨论类似问题时，认为第一、第二层含胶量和黏度的比例，第一层涂量与总涂量的比例，是比较重要的因素。这里重点讨论多层黏度和流量流速的匹配，以及多层涂液的表面张力的匹配。

1. 黏度和流量流速

影响坡流面上液体流速的公式

$$u_{最大} = \frac{\rho g \sin\theta}{2\mu} \cdot h \tag{9-21}$$

除了 $\rho g\sin\theta$ ，与湿膜厚度成正比，与黏度成反比。

图9-14是单层涂布。根据流体力学奈维—斯托克微分方程，应用于重力场中薄膜缓慢定常运动的方程为

$$\frac{\mu}{\rho}\frac{\partial^2 V_x}{\partial y^2}+g\sin\varphi=0 \qquad (9-22)$$

上式边界条件为：

在自由表面上，即 $y=h$ 时，$\dfrac{\partial V_x}{\partial y}=0$ \qquad (9-23)

在坡流板上，即 $y=0$ 时，$V_x=0$ \qquad (9-24)

在式（9-22）、式（9-23）边界条件下，将式（9-21）积分得：

$$V_x=\frac{\rho g\sin\varphi}{\mu}y\left(h-\frac{y}{2}\right) \qquad (9-25)$$

当 $y=h$ 时，V_x 为最大，即

$$V_x=\frac{\rho g\sin\varphi}{2\mu}h^2 \qquad (9-26)$$

由上式可知，在坡流面上，物料流动速度为曲线分布，在自由表面处流速最大，在与坡流板接触处流速为0。

多层涂布时情况较为复杂，见图9-15。

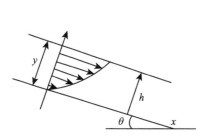

图9-14　坡流面单层流动

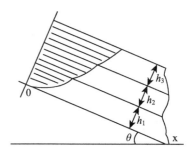

图9-15　多层涂布时各层流速分布

$Y=h_1$ 及 $Y=h_1+h_2$ 处，上下层涂液流速是趋于一致的，只是各层的速度分布曲线略有不同，这是正常涂布的情况。但是，如果 $Y=h_1+h_2$ 或 h_2+h_3 处 h_2、h_3 流速过快，或流速过慢，层流会被破坏，多层涂布失败。决定坡流面上物料流速的因素有坡流角 θ、流量 Q、比重 ρ、重力 g 和黏度 μ，通常 θ 一致，g 与 ρ 相近，经常起作用的就是 Q 和 μ。所以控制多层流速相近时，可综合考虑流量与黏度因素。如各层流速趋于一致，则其流速分布类同于单层流动情况。

上节提到，多层涂布工艺的极限速率 U_{AE}，取决于润湿支持体的涂层的黏度，因为在多层涂布中，其底层处于受剪切应力最大的位置，控制较低的黏度，可以减少剪切应力。

由于多层中的最上层，不能借助别的层的重力，又与空气形成界面，要靠涂液铺展系数自发铺展，故其黏度也会设计得比较低。

综上所述，在多层坡流涂布中，必须将黏度匹配设计成"枣核"形，即最下和最上两层黏度小，中间数层的黏度较高并且尽可能相近。

2. 表面张力

液体在固体上铺展时，要求液体的表面张力要低于固体的表面能。表面能与表面张力的单位不同，但其数值一样。可以用展开系数 S 衡量液体在固体上展开的能力。

$$S = \gamma_{SA} - \gamma_{SL} - \gamma_{LA} \tag{9-27}$$

如果 S 是正值，则液体将在固体表面展开；如果 S 是负值，则液体不能在固体表面展开。

多层涂布体系，除其最底层为液体在固体上铺展润湿外，其余各层均为液—液间的铺展润湿，亦可用 S 表示

$$S = \gamma_b - \gamma_a - \gamma_{ab} \tag{9-28}$$

其中，γ_a 为滴液表面张力，γ_b 为底液表面张力，γ_{ab} 为两液间的界面张力。$S > 0$ 时，上液可在下液上自动铺展；若 $S < 0$ 则铺展不能发生，只能形成液滴。由于我们的涂层都是水溶液，或以水为介质的悬浮液体，彼此可以混溶，不存在界面，故 S 值取决于 γ_a 与 γ_b 的相对大小。

$$S = \gamma_b - \gamma_a = \pi \tag{9-29}$$

可见表面压 π 是铺展的动力。根据以上规律可以得出：凡 $\gamma_a > \gamma_b$ 者不能铺展，凡 $\gamma_a < \gamma_b$ 者皆可铺展。

在多层坡流涂布体系中，作为保护膜层或每次涂布的最上层，必须严格遵循上述原则，但是作为其下诸层，有各层叠加形成的重力的影响，其表面张力的匹配就是少量地颠倒，如上层比下层大零点几 mN/m，或大 1～2mN/m，还可以维持涂布。但由于下层的缩边，容易形成厚边，或边部渐变得不均匀。

实际上，习惯从下层到顶层保持相近的或稍稍提高的润湿能力，以便在坡流面上立即形成稳定的多层形态。尽管确保润湿要求的表面张力梯度，没有一个定值，但是几个 mN/m 的差别已经足够。另外，相同数量级的错误梯度差，会促使润湿不良。对于液—液间的匹配，如果配合不当，会产生大小不等的扩散圈，小的直径几毫米，大的直径可达数厘米。

为了在多层体系中容易形成正确的表面张力梯度，其表面张力范围设计得宽一些，要好掌握一些。如一个七层的产品，其最上层 28～29mN/m，最下层 35mN/m，梯度达 6～7mN/m，就比梯度 3～4mN/m 时好调控。

七、多层涂布和运载涂层

多层涂布工艺的涂布速率极限值 U_{AE} 由润湿支持体的涂层黏度确定。因此可以

在其他涂层下引入一个附加层，来大大地拓宽坡流涂布工艺的可操作性极限值。一般将这个附加层称作运载层，相对来说，该层应该比较薄，黏度较低，易润湿支持体并且能提高 U_{AE}。通过添加附加层，就可以以较快的速度涂布固含量高的、高黏度涂层，而不存在空气夹带问题。但是这种低黏度附加层会降低多层涂液在坡流面上流动的稳定性。因此，可以从两方面考虑解决此问题：首先，载层的液体特性。有人建议使用一个剪切变稀底层，当涂液在坡流面上的剪切速度低时，该层黏度较高。当靠近动态润湿线处剪切速率非常高时（$10000 \sim 100000 \text{s}^{-1}$），该层黏度较低，这样，就解决了既要求涂液在滑板上流动要稳定，又要有较高的令人满意的润湿速度之间的矛盾。其次，是模具结构的改进。如在正常的坡流面的下沿，即在唇口下增加了一条出口间隙，运载层涂液流动方向与上面涂层平行。这样就将该层的坡流距离减小到最低程度。当然，这样处理是把工艺上的难点转移到了装备方面，会增加模具加工的难度和成本。

其实，运载层这种思路，在落帘涂布中并不难实现，将涂布头的坡流面转一个 $180°$ 方向，同时将其涂层排列倒排即可。这样，与支持体接触的一层，在坡流面上却是最上面一层，从而让黏度低的一层先润湿支持体。

八、涂布窗

C.W 是涂布窗（Coating Windows）的英文缩写字头，它是能进行稳定、连续、均匀涂布的参数范围。可操作窗主要取决于涂布产品的要求。由于某些参数组合对外部干扰特别敏感从而影响涂布质量，因此可操作窗中有几部分不能用。可操作窗除此之外的剩余部分又可称作质量窗。

涂布参数包括 ρ、σ 和 μ 等关于涂液性能的参数，间隙宽度 H_G、涂布应用角 α、滑板倾斜角 β、滑板长度 L_S 等几何结构参数，以及支持体速度 U、湿涂层厚度 H_∞ 和压力差 ΔP 等操作参数。

这些参数大多数不能自由选择。对于一个现成的涂布点，α、β 和 L_S 是固定的。σ、ρ 和 H_G 变动范围很窄。黏度 μ 和湿涂层厚度 H_∞ 可以改动，但是也应在极限值范围内变动，而且它们都不是独立的。由于成本原因，希望在涂布质量可接受的情况下，涂布速度应尽量快，通常变动黏度和湿涂层厚度，以最大限度地提高涂布速度和质量。因此，实际上只有一种参数是真正可自由变动的，即液桥压力差 ΔP。

实践中有两种二维操作曲线图在使用。第一类用 H_∞ 和 μ 之间的曲线图，表示坡流涂布过程实际的物理学关系。如上所述，它们显示的是可操作极限值，当 $U > U_{AE}$ 时产生空气夹带，H_∞ 小而 μ 大时可涂布的流速下限，以及当 H_∞ 非常大而 μ 较小时产生涡流。图 9-16 是一个定性的例子。

第二类，用 $\Delta P \sim U$ 曲线图确定可涂布范围，表示在给定参数值的情况下，与

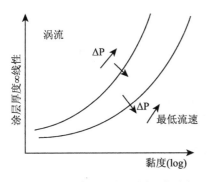 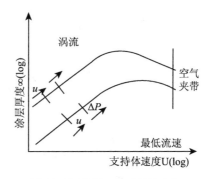

（a）半对数尺上涂层厚度 ∞ 与黏度 μ　　（b）对数尺上涂层厚度 ∞ 与支持体速度 U

图 9-16　坡流涂布两种标准形式的涂布窗

可进行涂布操作的极限值的接近程度。也许是因为这类曲线图可简单地通过实验得到，在实践中应用很普及。

图 9-17 是 H_∞、μ 和 H_G 为恒定值时，这类 $\Delta P \sim U$ 曲线图的一个例子，所用的是 $\mu = 20\text{MPa} \cdot \text{s}$、$\sigma = 32\text{mN/m}$ 明胶水溶液。ΔP 高时，棱纹（Ribbing）和溢流限定了涂布窗。实践中，ΔP 低于某一值时，涂布对干扰敏感性提高，是质量窗的一个界限，当 ΔP 更低时，液桥的边松动并且将完全断裂（流速下限）形成小河状。

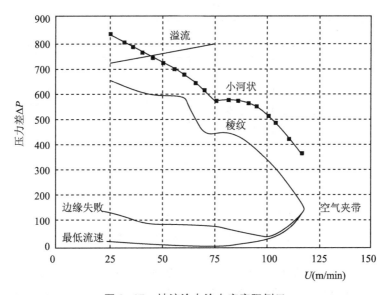

图 9-17　坡流涂布涂布窗实际例示

图 9-18 是两位外国学者采用甘油水溶液做的一组操作窗实例，目的是确定防止出现条绒线或轻条道（Ribbing Lines）的操作窗。具体的变动参数有：

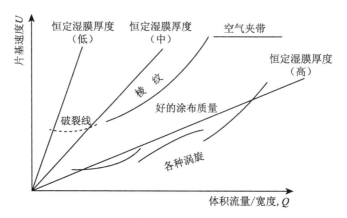

图 9-18　坡流涂布工艺操作窗示意

单位体积流量：0.5，1.0，1.5，2.0，2.5，3.0cm^2/s
应用角（液桥接触点位置）：-23°，0°，23°，37°，40°
涂布间隙：100，200，300，500μm
液桥负压：0，-100，-250，-500Pa
体积流量/单位宽度 Q 的影响，见图 9-19。

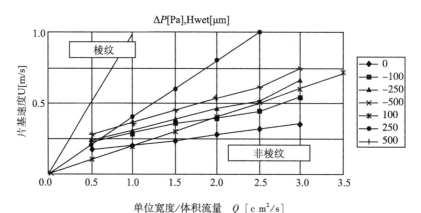

$\mu = 52.0$ MPa·s；$\sigma = 66.8$nt N/m；$\alpha = \pm 23°$；$H_{gap} = 200$μm.

图 9-19　体积流量/单位宽度的影响

　　最大片基速度 U 和最小湿厚度 $H_{wet,min}$ 随 Q 的增加而增加。在涂布间隙或冲击角变化时，较 Q 改变对 U 的敏感性仅仅是轻微的，但最高速度随黏度的升高和真空度的下降而减小。

　　液桥负压值的影响，如图 9-20 所示。U 随着 ΔP 的增加而增加。这个影响，在高 Q、α 和 μ 数值下比这些参数在低数值下更强烈。超过一个真空级别，即 300

~500Pa 之间，U 不再受 ΔP 的影响。对于低黏度 μ 和大的 H_{gap} 数值，高的真空度会导致不想得到的"脱涂"（pull-through），在这里一些涂液会被拽到真空盒而不能涂到片基上。如果 Q 很大（大约大于 2cm²/s），$H_{wet,min}$ 随着 ΔP 的增加而减小，对于较小数值的 Q，$H_{wet,min}$ 就不依赖于 ΔP 了。

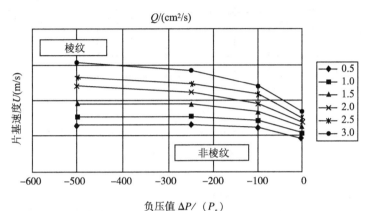

$\mu = 52.0$ MPa·s；$\sigma = 66.8$mN/m；$\alpha = -23°$；$H_{gap} = 200\mu m$.

图 9-20 液桥负压值的影响

涂布间隙 H_{gap} 的影响，如图 9-21 所示。在较高的 μ 数值下（大于 50MPa·s），U 和 $H_{wet,min}$ 不依赖于 H_{gap}，但是，在较低 μ 数值下（小于 10MPa·s），U 随 H_{gap} 的减小而增加，这个影响比降低 Q 更强烈。

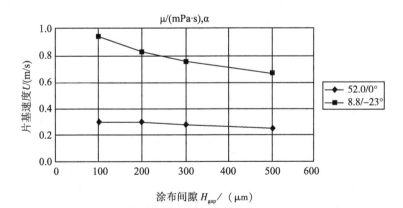

图 9-21 涂布间隙的影响

应用角 α，或冲击角 γ 的影响，如图 9-22 所示。

从流体力学观点来看，冲击角是重要的，因为它确定了涂珠流场的相关特性；从机械观点来看，应用角是相关的，因为它确定模具唇部在涂布辊的位置，同时

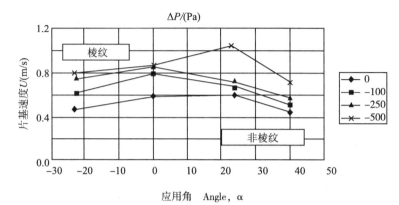

$\mu = 20.5\mathrm{MPa \cdot s}$；$\sigma = 67.9\mathrm{mN/m}$；$H_{\mathrm{gap}} = 200\mu\mathrm{m}$；$Q = 3.0\mathrm{cm^2/s}$

图 9-22　应用角的影响

它确定涂布站周围所允许的片基轨道。

除了小的 μ（小于 $5\mathrm{MPa \cdot s}$）之外，有一个最佳冲击角，它的范围在 0 到稍微负数的值（应用角等于 $23°$ 或稍小），这样会得到一个最大 U 值。所公布 α 或 γ 角的最佳值，不适合于低黏度（小于 $5\mathrm{MPa \cdot s}$），在低黏度下它们会移向更大的负角。如果 μ 适当小，U 对于 α 或 γ 的依赖随着 Q 的增长而增长，但对于大数值的 μ（大于 $50\mathrm{MPa \cdot s}$）就变成对 Q 的依赖性。

黏度 μ 的影响，如图 9-23 所示。对于所有的 σ、Q、α、ΔP、H_{gap} 及 γ 为恒定数值，U 随着 μ 增加而减小。当 μ 的值大约大于 $20\mathrm{MPa \cdot s}$ 时，U 对 μ 的敏感性巨大。超出此范围，U 对 μ 的依赖性变得微弱。

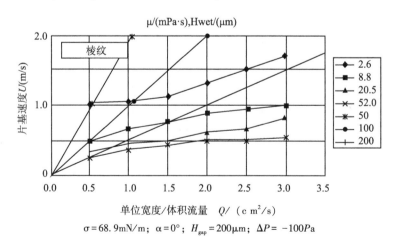

$\sigma = 68.9\mathrm{mN/m}$；$\alpha = 0°$；$H_{\mathrm{gap}} = 200\mu\mathrm{m}$；$\Delta P = -100Pa$

图 9-23　黏度的影响

载层的影响，如图 9-24 所示。坡流涂布中只有在低黏度下方能实现高片基速度。无论如何引入"载层"的概念，利用任意厚度的单层或几层高黏度涂液和一层低黏度的底层联合使用，在高片基速度下，涂高黏稠涂液而不出现棱纹成为可能，有载层比无载层的片基速度可增加 5 倍以上。

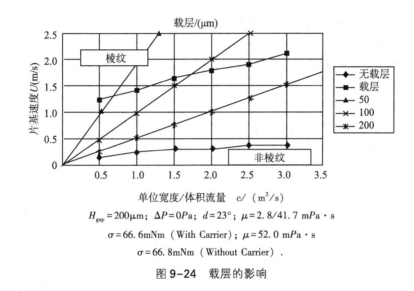

$H_{gap} = 200\mu m$；$\Delta P = 0 Pa$；$d = 23°$；$\mu = 2.8/41.7 \, mPa \cdot s$

$\sigma = 66.6 mNm$（With Carrier）；$\mu = 52.0 \, mPa \cdot s$

$\sigma = 66.8 mNm$（Without Carrier）.

图 9-24　载层的影响

以上试验，对坡流涂布工艺操作窗口条绒线或轻条道的边界，进行量化和直观化，这就是确定涂布窗口的目的。当然，试验所用涂液和装置的不同，取得的数据必定不同。引用上述试验数据，旨在帮助读者熟悉确定涂布窗的方法。

九、关于涂布模具设计和使用方面的问题

1. 涂层横向厚度均匀性

任何涂布作业的目的，都是为了得到涂层均匀的覆盖率。这里着重讨论横向厚度均匀性问题。在这方面影响的因素很多，如涂布模具的设计，涂布工艺过程的操作条件和机械精度，在生产过程怎样使用涂布模具，涂布后作业对均匀度的影响，如定型和干燥等。下面三项参数是最重要的。

（1）操作状况，就是体积流量/宽度，涂液温度与模具温度相对值（等温操作程度）、涂液的均一性，即溶液浓度的均一性。

（2）流体特性，包括密度、流变参数。

（3）几何参数，分配腔和计量缝隙（亦称出口间隙）的尺寸和形状，其机械精度，尤其是缝隙宽度十分重要。

事实上，一个特定的涂布模具，经常用来涂布许多不同的物料。对一个合适

的几何结构的模具，横向均匀性对操作参数和流体特性的依赖关系，可以通过 4 个参数来表示：体积流量/单位宽度 Q；低剪切黏度 μ_0；幂律指数 n；临界剪切速率 γ_c。因此，如果若干种涂液中，上述几种参数中有一个不相同，又共同使用同一涂布模具，那么，它们涂出来的结果应该是不尽相同的。因此，设计制造出来的涂布模具，应该适应较宽的涂液参数范围。

2. 影响涂布模具均流分布的因素

（1）腔体

就涂布模具本身来说，它最基本的目标，是按照用户提出的条件，达到均流分布的目的。

图 9-25 是一个一端进料的双腔涂布模具，当然，对腔体来说，是等截面的单腔体结构。用 12 个参数确定该模具的涂液流动区：

W：涂布宽度或腔长；

T：堰板厚度；

L_1、L_2：内外计量狭缝（阻流间隙或出口间隙）长度；

H_1、H_2：内外限流狭缝的宽度；

β_1、β_2：内外限流狭缝轮廓角（所需的形状系数取决于液体流变性）；

A_1、A_2：内外腔的尺寸大小；

$X=W$ 时的腔体内部尺寸；

M：腔体锥度系数。

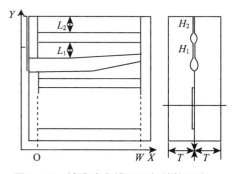

图 9-25　坡流涂布模具几何结构示意

这些参数，表明了均流腔内横截面是如何随 X 的变化而变化的。L 是腔体部位涂液流动区的总长度。由以上的参数可知，L 并非取单一值，即限流狭缝的长度是不等的。当然，也可以采用狭缝等高、而腔体深度变化的变截面方式。

无论变截面或等截面腔体，涂液在腔体内压力是沿轴向（X 向）变化的，这是由两个因素引起的：一是惯性力的变化，涂液在入口处流速最大，到封闭端沿 X 方向流速逐渐降为零，若无能量损失，则静压应随之升高；二是黏性力作用，涂液沿 X 方向流动，要克服腔体壁面附着力而做功，损耗涂液的能量，供总压亦随之逐渐降低。

缝隙入口处的静压包括三部分，即大气压 P_0，涂液产生的压力 γ_H 和克服缝隙阻尼作用所需的压力 $P_{缝阻}$。

$$\bar{\delta}_{横向不均匀度} = \frac{\Delta P}{P_{缝阻}} \tag{9-30}$$

这就是说，因分配腔内压差 ΔP 所引起的涂布不均匀度，正比于压差（压力分布不均匀），反比于缝阻 $P_{缝阻}$。因此，只需提高 $P_{缝阻}$ 的量值，就可降低由于分配腔内压力不均匀所引起的横向涂布不均匀度。因为提高缝阻压力值，也就提高了分配腔内的压力量值，使其内的相对压力分布不均匀度降低，因而就提高了涂布的横向均匀性。

涂液分配腔内最大压差并不大，且在分配腔内惯性力相对黏性力较小。这符合流体力学一般规律，因其流动雷诺数很低。

扩大腔体的容积，可提高大腔体的窄缝出流的均匀性，这是气体与流体力学中的重要规律之一。在保证涂液在腔体中有适当的相同滞留时间的前提下，适当增加腔体截面积，是提高涂布横向均匀度行之有效的方法。

究竟采用双腔结构还是采用单腔结构，许多研究者认为双腔有利，因为这样做，除了增大均压作用外，还提高了抗干扰能力。国外称靠近出口的腔体为副腔，其截面积可以比主腔小，一般位于主腔出口到模具出口的中间。阻流间隙宽度可与出口间隙相同，因为只要保证了间隙总高度，就可保证均流，并有利于安装两侧附件和清洗。

（2）计量狭缝（metering slot）的作用

计量狭缝译作限流狭缝可能更合适，国内习惯叫 H_1 为阻流间隙，H_2 为出口间隙，或统称出口间隙。以 $X(u)$、$Y(v)$ 和 $Z(w)$ 为坐标，分别表示缝的长(x)、高(y)、宽(w) 方向。取 $\gamma = 0.01$、0.005；$\Delta X = \Delta Y = 0.1$；$\Delta Z = 0.01$、$0.02$、$0.04$、$0.06$、$\infty$ 和不同入流条件，按在狭缝体中不可压缩黏性流的数值解法，计算了八种情况，在计算机上取得稳定解。八个例子主要参数列于表 9-5 中。

表 9-5　阻流间隙均流作用计算结果一览表

参数 N	γ（雷诺系数的倒数）	缝宽 N /mm	入流速度分布		均流所需 Y 方向高度/mm	备注
			U	V		
1	0.01	0.5	⌒	⌒	24	
2	0.01	1.0	同上	同上	24	
3	0.01	2.0	同上	同上	30	
4	0.005	0.5	同上	同上	24	
5	0.01	0.5	—	∿	10	
6	0.01	3.0	同上	同上	25	
7	0.01	0.5	同上	∧	19	
8	0.1	∞				二维从侧面进口

注：∿∿∿表示底部三点进料；∧表示底部单点进料。

研究发现，在沿 X 方向长度固定的情况下，均流所需要的间隙高度（沿 Y 方向高度），与入流分布条件及间隙宽度有关。

在例（1）例（2）中，仅缝宽不同，但达到均流 Y 方向高度接近，其差别在于达到均流后，在沿 X 方向边界层宽度后者比前者多 1mm，实际使用无妨。在例（3）中，$\Delta Z = 0.04$，即间隙宽度 2.0mm，当 $Y = 30$mm 左右才能达到均流。在例（8）中 $\Delta Z = \infty$，沿 Y 方向出流是一条抛物线，永远达不到均流分布。总之，缝不可以太宽，太窄也没有必要。缝宽在 1mm 以下，达到均流所需 Y 方向高度几乎相同。

需要说明的是，设计在底部中间一点进料，相当于现时底部中间进料，而底部多点进料只是提计算条件，并不实用。

（3）阻流间隙加工误差对横向均匀度的影响

在模具加工中，缝隙宽度沿 X 方向，会产生一定的加工误差 Δt，故堰板加工的最后阶段要进行研磨。下列公式表达了缝隙宽度变化（等于机械精度）与涂布横向均匀度的关系：

$$\mathrm{d}H_\infty / H_\infty = \pm\ (3\mathrm{d}w/w) \tag{9-31}$$

或写成：

$$\bar{\delta} = 3\frac{\Delta t}{t} \tag{9-32}$$

此式表明，缝隙宽度加工误差所引起的涂布横向不均匀度是其相对加工误差的三倍，这是因为，若某段缝隙加宽 Δt，不但增大了流通面积，还同时提高了 Y 方向的平均流速，两个因素同时起作用，因此不是一倍而是三倍的关系。

按照国际上通用的习惯，条缝涂布模具的缝宽一般大于 150μm，坡流涂布模具缝宽大于 250μm，如果加工精度不变，而将缝隙宽度适当加宽，则降低了机械加工的相对误差，从而也提高了涂布横向均匀性，所以现在坡流涂布模具的缝宽，多控制在 400～500μm。

至于阻流间隙高度，如果是单腔结构，就是出口间隙的高度；如果是双腔结构，就是阻流间隙和出口间隙高度相加值。国外用于同类产品生产的模具阻流间隙的高度 30～34mm。在涂液物料参数相似的条件下，这个高度的阻尼足够。

总之，分配腔在均流分布中起到初步均化的作用，是否采用变截面腔体须因需要而定。双腔体模具大多采用等截面的形式。适当增加腔体截面积有利于均化。阻流间隙是模具均流的最后关口，在保证狭缝加工精度的前提下，适当增大缝隙宽度和选择缝隙的高度，是保证均流分布的关键。

3. 腔体形状和进料配置

（1）腔体形状设计

腔体有多种设计形式，可由单片堰板开槽形成，也可在两片相邻处对称开槽组成，用于液体薄膜涂布的模具堰板比较薄。图 9-26 是部分腔体形状示意图。单片开槽后应力不平衡，又会因槽深影响保温孔的布置，另外，为了保证液体流动无死角，腔体必须安排在坡流下侧的堰板上，见图9-27（a）；在两块堰板相邻处设置腔体时，对称开槽，应力也对称，对保持形状有利，并容易布置保温孔，见图9-27（b）。

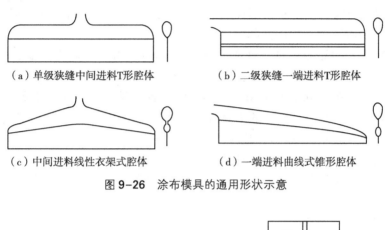

（a）单级狭缝中间进料T形腔体　　　　　　　（b）二级狭缝一端进料T形腔体

（c）中间进料线性衣架式腔体　　　　　　　（d）一端进料曲线式锥形腔体

图9-26　涂布模具的通用形状示意

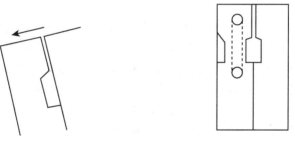

（a）开槽方向示意　　　　　（b）对称开槽及保温水孔布置示意

图9-27　腔体开槽示意

腔体截面也可以设计成为多种形状，如图9-28所示，采用圆柱体形状倾斜安装后，腔体顶部的上游堰板处（即圆柱体顶端），将有小的气室形成液流死角，故不适用。

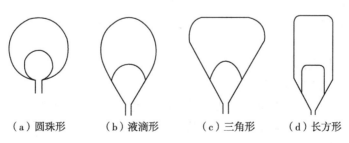

（a）圆珠形　　　（b）液滴形　　　（c）三角形　　　（d）长方形

图9-28　腔体截面形状示意

（2）进料方式

进料方式有中央进料、侧面进料和多口进料等几种。一端侧面进料优于底部中央进料，因为只有使用侧面进料才能在入口区域设计理想的流场。应用电化学腐蚀技术可以实现腔体进口与输液管口的平缓过渡，即腔体进口的任意横截面与圆管口的平缓过渡，使涂液在模具入口完全发展成直线流。这样才能彻底排除在接口处因"台阶"而产生旋涡的可能。

对于特别大的涂布宽度（大约大于1500mm），为了保证所需要的横向均匀度，尤其是在应用广泛的情况下，中央进料也许是必要的。中央进料方式，如在进口处没有采取扩散和缓冲措施，它的对面位置容易产生高压力引起的高流动，影响涂层均匀性。所以，较好的中央进料设计，不会保持简单的圆管口，而采用扁平的长孔通连腔体，以较大的进口面积缓冲进口处压力。

多进料口，如从模具两端同时进料行不通。因为在涂过的产品的中部会产生条道。在那里，两股液流在分配腔内汇合，如果涂液中包含固体颗粒，就更是如此。

4. 可变的涂布宽度

商业上有使用相同的模具涂布不同宽度支持体的需求，此时只有改变腔体（分配腔和副腔）限流狭缝（出口间隙）沿X方向的长度才能实现。对腔体来说，是使用嵌入物俗称胶塞来实现的；而对缝隙则与片边处理一样，采用插片的方法将缝隙塞住。这样，在设计时需要一并考虑。如果是等截面腔体，这种处理不难。如果是变截面腔体，则要在腔体两端作处理，比如模具宽度1500mm，最窄涂布宽度1200mm，在变截面腔的两端各留150mm的等截面段，以便加入胶塞，胶塞形状示意见图9-29。

虚线内是一孔，里面插入钢棍使胶塞胀大，与腔体内壁贴紧。其弧线形状是为了便于引导末端流动的考虑。

如果是双腔模具，要按端面横切面的整体形状设计嵌入物。这样的模具，其两端不能设置整体端板，只用小型盖板压住胶塞即可。

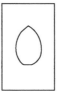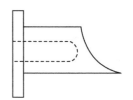

图9-29 胶塞形状示意

5. 防止模具变形

（1）模具变形及其原因

模具变形后会在长方向形成凸肚或凹肚，模具唇口与涂布辊之间不能保持等宽的涂布间隙，严重影响涂布质量。其实，其原因在于设计质量。当然，好的设计也要使用得当才行。

变形的根本原因是涂布模具的热胀冷缩。

如果保温水分布和循环系统设计不细致，虽然每片堰板有保温孔，但保温水的串联和工艺用腔体和缝隙两端的封闭，全靠整体的端板的压力。若模具两端面加工往往没有齐头的要求，要靠大端板密封不漏液不漏水，使用整体胶垫，用的是大螺栓。通保温水后，模具不可能均匀膨胀，因此发生形变。

（2）模具变形的规避与处理

参照国外做法，组装涂布模具时，用力矩扳手控制连接螺栓力量，假设最终用力为 10 千克，则此时只用 5 成的力预紧；然后通保温水，按照一小时升 1℃ 的速率升温，一直到达需要的恒温温度（比如 40℃）。模具温度均衡后，再用力矩扳手按规定力量将模具完全紧固。此后，模具在使用或停用期间，都保持同一温度。之所以能这样操作的原因，与端板设计有关，因为保温水管口的连接只用小端板，或用软管连接，密封面仅用 O 形圈结构，有小端板时也只需用小螺丝拧紧，没有小端板时，保温水管口是用软管串联，密封也靠 O 形圈，并且有时连接部位也不在两侧，或许就在模具的下部。这样就避免了因通保温水，而预先将堰板端板紧紧连在一起，使堰板不能自由膨胀的致命缺点。这种做法原理上类似铁轨、桥梁留伸缩缝的道理。

其次，上面提到过，工艺腔体和缝隙的封闭是靠胶塞和插片，只用小压板挡住就可以了，并且是在恒温条件下操作，决不会造成两侧缝隙因连接用蛮力而变形。

当模具出现变形后，切忌用油石去找唇口的平直度，不然将造成唇板永久变形的严重后果。如果所用的模具设计上有先天缺陷，则处理的简单办法就是取消大端板，保温水口用软管连接，腔体和缝隙的处理办法和上面所述相同。

第三节　条缝涂布或挤压涂布

条缝或挤压涂布都属于预定量涂布方式。习惯上，人们常将涂布低黏度涂液、涂液润湿上下唇口端面、涂量又较小的模式称为条缝涂布；而将涂布高黏度涂液（通常为高聚物）、涂液不润湿唇口端面、涂量又较大的模式，称为挤压涂布。

一、条缝或挤压涂布模具结构特点

从涂液均流分布的原理来说，条缝和挤压模具与坡流模具相比，在结构上是有相通之处，都具有分配腔、阻流间隙、副腔、出口间隙这些构造，但外形不同，见图 9-30 和图 9-31。

从出口唇部看，有固定唇口设计和可调唇口设计两类。属于后一类型的还可以在阻流间隙部位设置阻塞杆，以调节流体出口均匀性。上、下唇端面可以成一平面，也可以偏置一点，例如上唇端面可更靠近支持体。也可以将出口缝隙单独

图 9-30 条缝涂布模具照片

图 9-31 挤压涂布模具和双腔真空盒照片

做成一个部件，然后连接于阻流间隙堰板的端面上。至于可调唇口，可以是手工调节，也可以通过下游的横向厚度控测信号反馈自动调节。

条缝数可以是单条缝或两三条缝。由于机械的支持能力，限制了使用堰板和涂层的数目。对于低黏度涂液，使用坡流涂布方式更适宜。专利上还有过条缝与坡流相结合的模具，不再赘述。

二、涂布方法

在条缝涂布中，涂液被送入模具的均流腔中，在那里涂液扩展至整个宽度，并从狭缝流出到运动的支持体上。这个支持体通常是被背辊支撑。在条缝涂布时，涂液可以润湿模具的两个唇口，如果模具倾斜放置或下唇口短一点时，涂液只能润湿一个唇口。条缝涂布与挤压涂布的差别，就在于挤压涂布的涂布液是以带状离开模具唇口并且不润湿唇口端面，如图 9-32 所示。

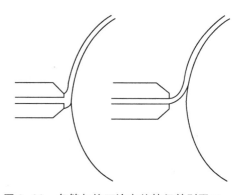

图 9-32 条缝与挤压涂布的特征差别图示

通常，涂布模具唇口垂直于支持体，有时需要一个唇口比另一个凸出些。唇口的倾斜或偏置有利于非常薄的涂布，尤其是在如图 9-33 所示附有真空盒的系统中，该系统是图 9-4 中 7，8，10 部位放大。

条缝涂布还可以如图 9-34 所示，应用在没有背辊（或支撑物）的支持体上。

条缝模具唇口端面的上下边缘应该是清晰的，更准确地说应该是锐边，因为涂液的上弯月面和下弯月面都被锚定在唇板的最外边缘。如果有一个边缘不够锐利，弯月面钉不住并晃动，就会形成横道弊病。这与坡流涂布模具是一样的，国际同行业内认定，这个边缘的曲率半径应不大于 $50\mu m$，最大不得超过 $100\mu m$，总之是以不伤操作者的手为准。

三、条缝涂布工艺

1. 出口间隙宽度

在涂布模具中，最高剪切速率发生在阻流间隙和出口间隙中。对于缝隙中的流体，剪切速率可由下式计算：

$$\gamma = 6Q/W^2 \qquad (9-33)$$

此处，γ 是剪切速率，Q 是体积流量/宽度，W 是间隙宽度。按照一些实验的结果，条缝涂布模具缝隙宽度应大于 $150\mu m$。对于条缝涂布模具，出口间隙宽度是相对湿膜厚度，为了防止缝隙出口附近因颈缩产生涡流，保证涂布均匀性，必须满足下式要求：

$$W^2 < 5H_\infty \qquad (9-34)$$

式中　W^2——出口间隙；

　　　H_∞——湿膜厚度。

图 9-35 表征了条缝涂布模具和坡流涂布模具最大剪切速率与体积流量/宽度之间的一个函数关系。由图中推断

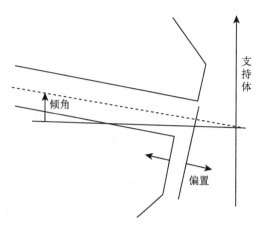

图 9-33　模具的倾斜和偏置示意

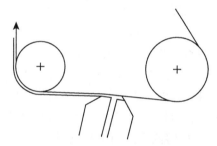

图 9-34　在悬空支持体上的条缝涂布示意

出，使用合适的流变仪测试涂布工艺模具的特征流体，剪切速率可以达到若干个 $10000s^{-1}$。模具内的剪切速率除了对均匀涂布效果的影响外，对模具内部的污染和清洗也很有意义，腔体壁面剪切应力对测量涂布头受污染的趋势，是一个有用的度量值，它使人们不必频繁打开模具去清理，从而避免影响模具的精度。

2. 条缝涂布间隙

条缝涂布模具不是必须与背辊相对，它可以对着不被支撑的片幅涂布（图 9-34）。此时的涂布间隙受片幅的张力及刚性、涂布头伸入正常片路的深度、涂布头和片幅的角度以及流速的控制。用润滑理论很容易说明涂布间隙，应是最终湿厚度的 2 倍。

当片幅平行于唇口端面时，在上唇口和片幅间的流型是层流，在片幅处的流体流速等于片幅的流速 U，在唇口处的流速为零。其平均流速是片幅速度的一半，其流量是平均流速乘以涂布间隙 G。在下游，涂液随片幅一起移动，其流量是片幅速度乘以涂布厚度 t，因此有

$$\frac{U}{2}G = Ut \text{ 或 } G = 2t$$

（9-35）

当片幅不平行于唇口端面时，间隙宽度与此值稍有不同。

因为涂布厚度与涂布间隙有关，人们倾向于用较小的涂布间隙涂布薄的涂层。当间隙过小，大约在 $100\mu m$ 时，在唇口下脏物积聚易形成条道，过小的间隙还容易卡破片幅。正因为如此，条缝涂布器有时对

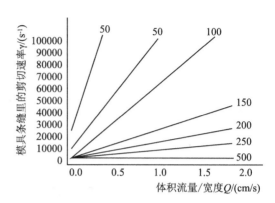

图9-35　在涂布模具中条缝宽度及流动的剪切速率

着没有支撑的柔软有弹性的片幅进行涂布。在这些方面，无支撑片幅涂布类似于软刮刀涂布。在软刮刀涂布中，刮刀压向由刚性辊支撑的片幅，涂出很薄的涂层。通常很难涂出平均湿厚度为 $10\sim20\mu m$ 的涂层，但采用特殊的涂布嘴唇部结构对无支撑片幅进行涂布，可以涂出低于 $5\mu m$，甚至 $1\mu m$ 的湿厚度。

现在商业上出售的条缝涂布模具常带有真空盒，即可在涂布头下施加 1000Pa 的负压，有助于稳定弯月面，有利于薄层涂布。

3. 条缝涂布的角度和应用

通常，为了使涂布头对准背辊，条缝出口必须垂直于片幅。可使涂布头轴线上部对准背辊，使条缝的轴线和片幅间形成一个大于90°的夹角，也可使用可以调节的角度进行涂布。

条缝式落帘涂布时，其条缝模具唇口是垂直朝下的。用于 PET 薄膜生产铸片（厚片）的模具，以及用于涂塑纸基涂塑（PE）的模具，唇口也是垂直朝下的。

4. 条缝涂布器和坡流涂布器的差别

以图9-36所示内容为例，解释条缝涂布和坡流涂布性能差别。坡流涂布只有一个位于上游侧弯月面是受牵制的。上弯月面可完全自由地呈现任何形状，而条缝涂布器上下弯月面都是受牵制的。如果引起液桥破裂的剪切力不大时，涂层涂得相对于间隙较薄，条缝涂布器上游（唇板下部）或下游（唇板上部）弯月面相对自由，上唇板对涂层液动力学特性影响作用相对较小。然而，如果高黏度或高车速（高毛细准数）引起的剪切力相对大时，条缝挤压涂布最小厚度是间隙的几分之一，上弯月面更受约束，上唇板对涂布液动力学特性影响作用较大，其作用类似于刮刀。上唇板能对着片幅推动液体，有助于抵消将涂液推离的不稳定力。

5. 条缝涂布中产生涡流的一些情况

涂液流动中，有时会产生涡流，即流体在循环的状态下缓慢地来回流动，这

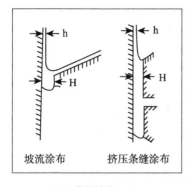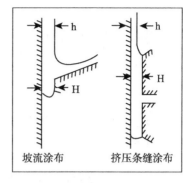

| （a）薄层涂布 | （b）厚层涂布 |

图 9-36 条缝涂布和坡流涂布中液桥的流动特性

些涡流还不会因流速太慢而停止。涡流会直接影响涂布均匀度。图 9-37 是一些流动中形成涡流的模型。

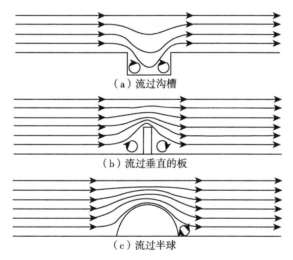

图 9-37 涂布液流动中形成涡流的部分模型

物料保持流线型是避免涡流的方法之一，要具体断定涡流形成的原因，还需要相关的有限元计算分析等。图 9-38 是对条缝涂布模具的研究成果。

可见，涂布间隙太宽或者太窄、液桥真空度不够以及条缝宽度不当等因素，都可能导致涂布头唇部产生涡流。

6. 条缝涂布的涂布极限

条缝涂布的涂布极限，可以用图 9-39 中液桥真空与涂布速度的关系曲线来表征。

从这些数据中看到，在液桥真空度和涂布速度的一个特定范围内，无弊病涂

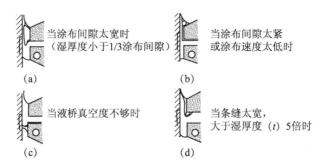

图9-38　在条缝涂布头唇部形成的涡流

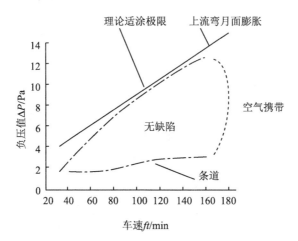

黏度25MPa·s. 涂布厚度85μm，缝隙宽250μm

图9-39　液桥真空与涂布速度关系曲线

布是可以做到的。出了这个范围，在低真空区域，条道将会出现。在过高的真空下，涂液将会被吸出条缝，在图9-39中，称为上流弯月面膨胀（实际就是下弯月面膨胀）。膨胀意味着弯月面不再被锚定在下唇口端面的低边缘，而是到了唇下的回流部位。因为膨胀将在那里形成一个涡流，导致涂液在涡流中的长滞留时间，进一步导致某些材料的液体陈化，涡流还可能导致条道，再增加一点真空度，液桥就会被吸出涂布间隙，使涂布不能再进行。当涂布速度过高时，将因携带空气使涂布不能进行。

在低于临界毛细准数（$C_a = \mu U / \sigma$）时，条缝挤压涂布的低流量极限和坡流涂布相似。当高于临界值时，在相当高的涂布速度下能涂出相同的涂层厚度，因此绝对最大涂布速度大大高于坡流涂布。

实验发现，涂布嘴和水平夹角0°或45°时，对可涂性极限没有任何影响。同时，重力影响并不重要，条缝的大小，无论是 250μm 还是 1000μm，都不起作用，表明在这两种情况下流体的惯性如此之低，所以无助于稳定液桥。

对于低速度、低黏度，或相对较低的毛细准数，间隙影响不在其内，速度和黏度的影响指数为 0.8，在较高毛细准数时，无论是黏度或速度产生的作用，涂布厚度与间隙成正比，如图 9-40 和图 9-41 所示。

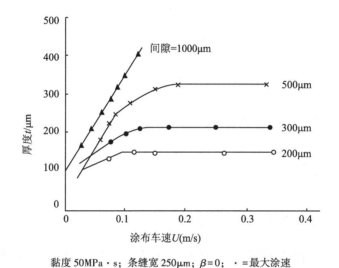

黏度 50MPa·s；条缝宽 250μm；$\beta=0$；·=最大涂速

图 9-40　在条缝涂布中涂布间隙 H_G 对最小湿涂布厚度的影响

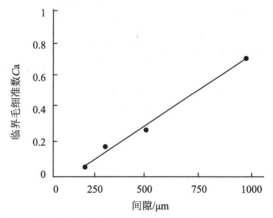

图 9-41　条缝涂布中临界毛细准数 C_a 和间隙 H_G 的函数关系

表 9-6 给出的无因次湿厚度台阶水平，是间隙和黏度的函数。黏度大于或等于 50MPa·s 时，无因次湿厚度范围在 0.6～0.7，与间隙、黏度无关。这意味着实际的最小湿厚度正比于间隙。而对于黏度低于 10MPa·s 的流体，无因次湿厚度

随间隙增大而减小。在此情况下，实际最小湿厚度随间隙增大而增加，但略小于其比率。

表 9-6　高毛细准数[a]下条缝挤压涂布黏度与无因次最小湿厚度(t/G)

黏度/MPa·s	间隙/μm			
	200	**300**	**500**	**1000**
10	0.61	0.55	0.41	b
50	0.70	0.70	0.65	b
350	0.67	0.71	0.66	0.70
1000	0.65	0.70	0.65	0.72

注：a，$Ca > Ca_c$；b，出现涂布弊病。

第四节　落帘涂布

一、落帘涂布及其基本类型

落帘涂布是三种重要的预计量涂布方式之一，另外两种是本章前述内容中介绍过的坡流涂布和条缝（挤压）涂布。

目前，落帘涂布已在感光材料制造业的多层精密涂布中得到广泛应用。历史上，现代落帘涂布的复杂技术是从简单的原始技术发展起来的。这种技术的最早工业应用，公布于 Taylor（1903）发表的一篇德国专利中，他用熔化的巧克力从一个狭缝中流出形成一个帘，然后均匀地涂在糖果核上。直到 20 世纪 60 年代，这种技术才首次用于快速涂布片状物和单页材料。Cox（1960）设计了两种形成落帘的设备，第一种是从溢流堰上形成一个自由落帘，如图 9-42 所示；第二种利用能产生压力的涂布头底部的一个定型槽孔来形成自由落帘，如图 9-43 所示。

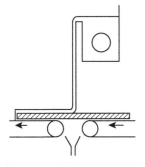

图 9-42　溢流堰型落帘嘴

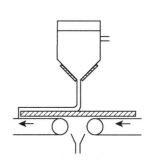

图 9-43　槽孔型落帘嘴

这两种设备仅限于单层涂布应用。

图 9-44 是一种狭缝供料型落帘涂布嘴，这种涂布嘴是在嘴内形成液层，并且从狭缝中把它们一起挤出，这样产生的液帘形成区的流场，与坡流供料型涂布嘴产生的液帘形成区流场有很大区别。

图 9-45 是另外一种落帘涂布嘴，它有两个斜面，而且倾斜方向相反，其结果是在落帘形成处不形成静态接触线。

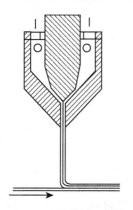

图 9-44　狭缝供料型落帘嘴

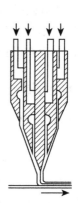

图 9-45　倾斜方向相反的滑动型落帘嘴

还有一种形式的落帘涂布嘴，是两个涂布嘴的结合，如图 9-46 所示，这种结构可在液帘形成区形成两条接触线，而且这两条接触线远离从供料狭缝排出的液层的唇部位置。

现代多层落帘涂布技术专利权最初属柯达公司，柯达从 1979 年开始采用此技术，富士和爱克发公司也早已应用这项技术。

图 9-47 则是一个早期坡流型落帘涂布嘴的示意图。

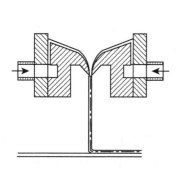

图 9-46　两个涂布嘴合并的落帘涂布嘴

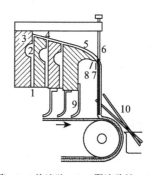

1—供料管；2—均流腔；3—限流狭缝；4—坡流面；
5—拉伸的弧面；6—边缘导杆；7—唇口；
8—唇下方；9—空气折流板；10—启动收集盘

图 9-47　坡流型落帘涂布嘴示意

坡流型落帘涂布嘴，通过精密计量泵以恒定速度供料的涂液供料管，使涂液横向分布均匀的均流腔，把涂液均匀分布到层叠坡流面的狭缝，使多层液膜加速下滑的延长弧形滑坡，能形成稳定笔直的静态接触线的唇部，限制落帘宽度及稳定落帘的边导杆，及防止涂液弯月面处夹带空气而提高其稳定性的空气屏蔽装置等。

上述落帘涂布嘴类型的本质区别，在于落帘形成区静态接触线的数目。图9-44和图9-46各有两条接触线，坡流供料型嘴有一条接触线，图9-45滑动供料型嘴没有接触线。不同类型的涂布头，在落帘形成区会形成不同的速度分布图，并且有表面活性剂存在时的吸附时间也不同。

二、落帘涂布的特点

落帘涂布湿涂层厚度，用单位体积流量与支持体速度的比例关系表征。

$$H_{wet} = Q/U \tag{9-36}$$

落帘涂布的显著特点是涂层薄、涂布速度快、涂布质量好。首先，涂层薄是通过涂布嘴和运动支持体之间的大距离和下落液帘的冲击实现的。一般情况下，此冲击速度比支持体运动的垂直速度分量高得多，冲击速度削弱了空气/液体界面间因剪切引发的不稳定影响，所以它可用更高的速度生产。其次，在涂液的横向分布过程和涂液作用到移动支持体上的过程，在落帘涂布应用上是分隔开的。利用支持体速度和液帘冲击速度的比值，才可以涂得更薄。坡流涂布的总湿厚度大于35μm，落帘涂布的总湿厚度可以小于10μm。由于形成落帘需要一定的质量，即单位体积流量，所以液帘本身不能太薄，它的薄是靠支持体高速拉伸形成的。正因为涂层薄，冷凝效率提高，干燥负荷相对减轻，就允许较短的干燥片路和开较高的车速。最后，在靠近落帘冲击区没有刚性设备元件，如刮刀、涂布辊、涂布嘴的唇口等容易干扰涂布质量的装置，不会因物料气泡、杂质引起连续性弊病，还无须避让支持体接头。

虽然落帘涂布适合于现代大规模生产，但它也存在一些缺点：单位体积流量低到一定程度，下落液帘会破裂；需要有稳定落帘的重要附属部件，这些部件易造成厚边；自由落帘易受外界干扰等。

三、落帘涂布工艺

落帘涂布涂液在支持体上的横向均匀分布，也是靠模具完成的，只是因流量增大，其限流狭缝（或称阻流间隙）尺寸稍宽。影响因素有模具腔体和限流狭缝的几何尺寸、涂液的流变特性、体积流量/涂布宽度、涂布条件下的等温分布、限流狭缝的机械加工精度等。

条缝式落帘一次最多涂3层，坡流式落帘一次可涂10层以上。与坡流涂布嘴显著的差别是其第一片堰板前有一曲率半径 20～40mm 的弧面，以引导和加快液膜的流动（图9-48）。

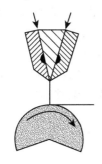

（a）条缝型落帘涂布　　　　　（b）坡流型落帘涂布

图9-48　两种不同类型的落帘涂布头示意

当涂液以一定的质量离开模具，形成自由落下的液帘，它的驱动和加速度都是由于重力作用的结果。一般自由落下 50～100mm 后冲击到移动的支持体上，落帘高度最高达 250mm。

为形成并保持落帘，一定的流量是必要的，除了那些自身拥有很小的表面张力的物料，如有机溶剂，最小流量接近 0.5cm³/s·cm。工业生产时，为了落帘稳定，最小流量还要加倍到 1.0cm³/s·cm，即每厘米宽度的流量达到 60cm³/min。

为了简化涂布过程的理论分析，人们把落帘的流动分成几个区域，即帘形成区、帘流动区和冲击区。图9-49 所表示的这些区域是所有类型落帘涂布设备所共有的。

1. 帘形成区

Kistler（1983）分析了采用坡流供料型嘴的帘形成流场，认为液帘流动轨迹受重力、惯性和毛细管压力控制。在静态接触线处存在特殊性，此处流速突然加快，导致唇部受力不均匀，使液帘向唇下方偏移，即"壶嘴效应"现象之一。现象之二是唇下面的润湿，它引起了流体迟滞现象，产生迟滞的原因依次是黏性自由表面流动的非线性固有特征，多种稳定帘形状及同等流动参数下的流场。现象之三是引起前进接触角和后退接触角不同的传统的润湿角滞后，这里有其表面粗糙和不均匀的物理原因，也有因为急转弯的存在造成的混淆。在坡流型落帘涂布中，这一系列现象，不仅有其理论意义，而且有相当的实践重

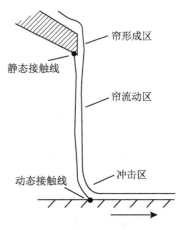

图9-49　落帘流动分区示意

要性。经过急转弯处形成笔直的润湿线，是保持落帘均匀的关键。

当静态润湿线在急转弯处保持静止时，每单位宽的流量 Q 或等效雷诺数 $Re = \rho Q/\mu$ 是关键变量（ρ 是涂液密度，μ 是黏度），偏能量不是流量的单一函数，但是在中等流量时的值却相当大，如图 9-50 所示。Kistler 和 Scriven（1994）发现，斜面的倾斜角 β 的影响极小。虽然特性曲线系数 $\rho_0 = \sigma(\rho/\mu^4 g)^{1/3}$ 具有相当的影响，但它的影响也主要局限于发生最大偏转时的漂移雷诺数。在特性曲线等式中，σ 为表面张力，$g = 9.81 \text{m/s}^2$ 是重力加速度。他们认为偏移纯粹来自流体动力学效应，与静态接触线的润湿和扩展现象无关。

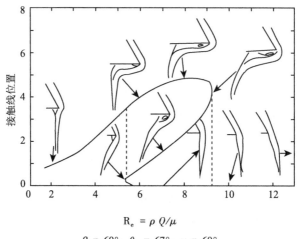

$$R_e = \rho Q/\mu$$

$$\beta = 60°; \ \theta_c = 67°; \ \gamma = 60°$$

特性曲线参数 $\rho_0 = \sigma(\rho/\mu^4 g)^{1/3} = 6.35$

图 9-50 壶嘴效应：接触线的迁移及其迟滞示意

图 9-51 说明了接触线是怎样随雷诺数的变化而漂移，也说明了升高和降低流量时，差距巨大的接触线位置是怎样产生迟滞现象的。低流量时，虽然接触线保持在急转弯附近，但仍不能满足 Gibbs 不等式，并且，唇下方只稍稍润湿。随着雷诺数的增加，接触线进一步越过唇部向前进，一直到达上部转折点处的雷诺数极限值。在那个雷诺数以外，接触线便跳跃式回到急转弯处，并且随着 Re 值的不再升高而停止。换句话说，当流量从符合停止条件的高值下降时，接触线停止在上部转折点以下的那些流量位置。当极限速度较低，不再满足 Gibbs 不等式时，在到达极限雷诺速度之前，接触线穿过唇部的流动非常有规律；极限雷诺数较低时，接触线跳过唇部，再次润湿唇部下方。

这些结果，吻合坡流型落帘涂布成功运行的实际情况。因为唇下方的润湿会降低流动死区内涂液的附着力，并产生一条起伏的润湿线，导致了向下运行带上的涂层条纹。Kistler 和 Scriven 的研究表明，唇下方和斜面之间的反向角对消除经

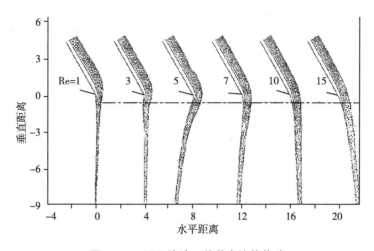

图 9-51 不同流速下的落帘流体偏移

过急转弯的润湿非常有效。

2. 液帘流动区

在成功的落帘涂布工艺中，影响自由下落帘流动的最大因素，是液帘落到支持体上的最终速度。此最终速度对操作窗口有很大影响。

Brown 利用一个投影落帘上的气泡轨迹旋转镜，测量出了狭缝式下落帘的下降速度，并提出了落帘速度 V 是 V-X 垂直坐标系中 X 函数的经验公式，此函数是从开缝下面 X_0 点开始的自由下落抛物线，公式如下，

$$V^2 = V_0^2 + 2g[X - 2(4\mu/\rho)^{2/3}g^{-1/3}] \tag{9-37}$$

式中，V_0 是开缝出口处的平均速度，距离 $X_0 = 2 (4\mu/\rho)^{2/3}g^{-1/3}$。Brown 的数据说明，只有当距离 X 大于 2 倍或 3 倍的 X_0 时，测量与计算的速度才一致。

在一定流动区内，毛细管力能传递来自冲击区的逆流影响，并且向支持体运动方向拖动帘，产生一个向支持体弯曲的轨迹，这称为曳拉膜现象。当流量低、帘不高时，可能会观察到这种现象。此现象会引起膜破裂，因此限制了可操作性。

3. 冲击区域

冲击区域的流动是落帘涂布的核心，因为它基本控制着工艺的运行。

落帘冲击区剖面像只脚，并有一个踵部，如图 9-52 所示。

H_c 为落帘截面厚度；V 为落帘冲击速度；U 为支持体速度；α 为冲击角；L_σ 为边界层长度。动态润湿线位于落帘背面的底部。L_σ 的长短影响冲击作用力的大小，它受涂液密度、流变性、表面张力、湿厚度、Re、U/V、落帘高度和冲击角等因素影响。

这里的雷诺数 $Re=\rho Q/\mu$，支持体的速度和落帘冲击速度的比值 U/V，成为决定性参数。雷诺数大或速率比低，能促使动态润湿线向上和踵部形成明显。Re 数

小或 U/V 比值大时，动态润湿线向下，可形成曳拉的落帘。

踵部形成与操作范围密切相关，随着踵部的增加，会含有一个或几个再循环涡流，这些涡流可以收集气泡或打破涂液中的颗粒，引起涂布条纹。踵部大时也易受多种不稳定因素影响。向下游拉曳冲击帘的动态润湿线现象，也与操作极限即大量的夹杂空气密切相关（图9-53）。

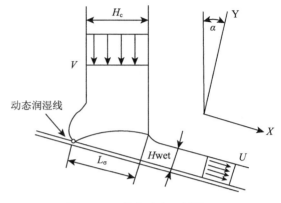

图9-52　落帘冲击区剖面

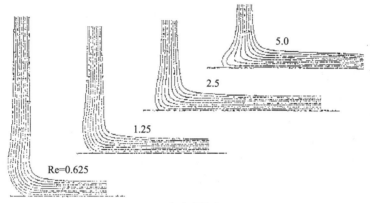

（a）U/V=1

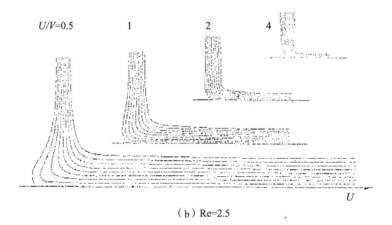

（b）Re=2.5

图9-53　对于 C_a=100 时的踵部形成和曳拉膜现象

四、其他干扰对落帘的影响

1. 落帘涂布条件的影响

要想得到一个稳定的液帘，首先要有良好的落帘涂布条件。当涂液流量低时，液帘有可能脱离边导杆或分成裂开的液流。进一步降低流量，涂液会一滴滴从唇边滴下。

2. 液帘踵部的膜厚影响

液帘踵部的膜厚，最多是最终涂布厚度的几倍，它小于其他涂布方式的涂布弯月面厚度，因此低速形成薄膜时，落帘涂布效果，不如也可用来多层涂布的坡流涂布方式。

3. 表面张力影响

实验表明，液体黏性有一个优化范围，而且表面活性剂在稳定落帘方面具有重要作用。对坡流型落帘涂布而言，其坡流面上的流动与坡流涂布相似，强调液—液铺展和底层之上各层有相近的流速，且总体上黏性可上升一些，达到数百 MPa·s。但是，对各层表面张力的要求，强调动态表面张力在表面龄 10ms 时低于 40mN/m，层间表面张力匹配也强调动态表面张力值。特别是落帘的背面一层，亦即坡流面上最下层的表面张力，因为它既有扩散速度问题，也有与空气形成界面的问题，所以它的动态表面张力也应略低于坡流面上的第二层。

4. 落帘稳定性影响

有人分析了落帘的稳定性，稳定性分析的依据是自由边缘是简单的冲量平衡。自由边缘是由液帘上形成的孔（如气泡）产生的。下落液帘断裂产生的自由边缘上的作用力，如图 9-54 所示。

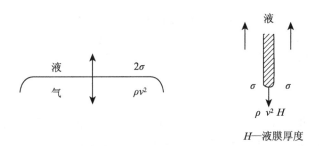

图 9-54　自由边缘上的作用力示意

图 9-54 中，惯性 $\rho v^2 H$（或 ρQV）必须大于表面张力 2σ，因为这时的孔不但不增大，而且能随液体流流走。其稳定条件是：

$$\rho v^2 H > 2\sigma \text{ 或 } \rho QV > 2\sigma \tag{9-38}$$

用无量纲表示：

$$We > 2 \qquad (9-39)$$

这里 $We = \rho QV/\sigma$ 是用来表示惯性和表面张力之比的韦伯数。

关于液帘断裂的原因，有人认为主要是边缘效应导致了边导杆附近液帘颈缩变薄，以致使帘裂开。为防止液帘局部变薄，人们提出包括向边缘区域注入传统液体流，或向边导杆壁面注入液体流的方法。

5. 空气压力对短帘的影响

有人分析过施加不同空气压力对短帘的影响，落帘两侧之间存在的微小差别会改变落帘轨迹，并且其影响远大于坡流涂布。实际上，气流对落帘的干扰是随意的，在长帘上的任意部位都可能发生，结果可导致涂层出现不均匀宽带。为了保护落帘免受支持体运动产生空气滞留层的影响，有必要制作一个空气屏蔽罩，把周围环境气流影响降至最低。

6. 动态润湿线附近的干扰

还有一类干扰，包括涂布速度的变化、支持体上非均匀的表面能、支持体波动及接头通过等。这类干扰只影响动态润湿线附近的区域，不会向上游转移，落帘并不受损伤。这种对涂布弯月面干扰的恢复能力正是落帘涂布常用于涂布不连续材料或空气垫支持的基材的原因。如图9-55所示。

7. 支持体上的电荷分布

对支持体上不均匀的静电荷分布，落帘涂布的均匀性要优于坡流涂布。

五、落帘涂布特殊的附件和要求

1. 冲击角

以涂布轴圆心的垂直线为中线，正中为0°；落帘落在中线上游的弧面为负角，落在中线下游的弧面为正角。选择正冲击角，可供操作优化的宽容度加大，因此有的落帘涂布机涂布轴下游的一段片路设计成与水平面向下倾斜的小角度。当然，如按向上倾斜的角度布置片路，则落帘只宜选择负冲击角，如图9-56所示。

2. 边导杆

边导杆是落帘涂布必备的附件，它的作用是保持落帘的涂布宽度和稳定。在落帘比基材宽的场合，边导杆比帘长，两边多余的涂液流入收集槽里，再处理利用。边导杆比较简单，它可以是一段链条或圆棒。在感光材料的涂布线上，落帘都比基材窄，涂后留有空白的边。边导杆的上端与唇口的液膜相连，下沿与支持体尽量减小距离。有的边导杆以一个平面代替圆棒的弧面，可以克服液帘边缘与圆棒接触处液帘局部收缩变薄的现象；它的中间是空腔，平面是可渗水的烧结材料，用计量泵注入溶液，溶液从边导杆上部顺平面流下，与涂液液帘保持相同流

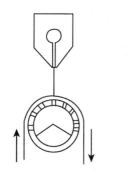

图 9-55　在空气垫的支持体上的
落帘涂布示意

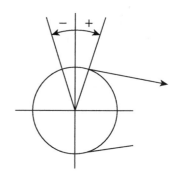

图 9-56　冲击角定义图示

速；同时，其下端有一扁嘴骑在片边上，扁嘴侧面与吸液管连接。这样既稳定了落帘，又及时抽吸走补充液与液帘边的混合物，在一定程度上减轻了厚边，如图 9-57 所示。

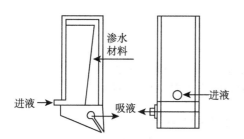

图 9-57　一种边导杆设计示意图及装有边导杆的落帘涂布头局部照片

3. 折流板和抽气罩

为了消除运动支持体上的空气滞留层对涂布的不利影响，在落帘的冲击点之前，设置空气折流板或抽气罩，成为落帘涂布头必备的附件。

折流板的结构简单，就是若干块一端弯曲的长板，以与支持体较小的间距，固定在冲击点前支持体上方，以减小空气滞留层的压力，减小对落帘冲击区的干扰。更积极的办法，是在冲击区前设置抽气罩。图 9-58 是几种不同形式的抽气罩或折流板示意图。

它们的共同点在于，抽气罩内壁与支持体之间，保持很小的间距，约 0.5mm。图 9-58（b）是将接液槽与抽气部分做成了一体。

4. 落帘涂布的启动系统

对落帘涂布的启动，有其特殊要求。除了前面介绍的带收集盘的系统之外，还有以下几种形式：

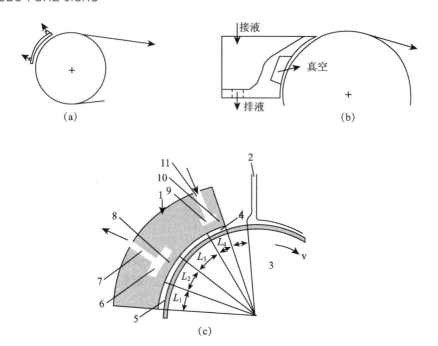

1—抽气罩；2—涂布液落帘；3—涂布轴；4—气流狭缝；5—支持体；6—抽气恒压腔；
7—抽气通道；8，10—多孔性抽气/进气口；9—抽气恒压腔；11—进气通道

图 9-58　不同形式的抽气罩或折流装置

（1）涂布轴和接液槽不动，拥有自身辅助部件的涂布嘴装在可前后移动的工作台上。涂液在坡流面上铺展准备好后，工作台前进到涂布位置，涂布头锁定。

（2）涂布嘴、抽气罩和接液槽固定不动，涂布轴利用其上游的补偿片路，以汽缸为动力，使涂布轴到达或离开涂布位置。

（3）涂布轴和涂布嘴在固定位置，接液槽在涂布轴底下，在落帘冲击区下，有一沿弧形轨道上升或下降的软帘，可在抽气罩与涂布轴弧面之间移动。此移动与开停车动作连锁，即准备工作完毕，支持体启动，软帘落下去，涂布开始；支持体停止运行前，软帘提前上升，以引导溢流物料流入接液槽。

（4）还有一种涂布的布置方法是，涂液在坡流面上的流动方向，与支持体运行方向相反，其启动辅助设备会有所不同。它的显著特点是在坡流面上的顶层涂层，到支持体上后却变为最下的涂层。这对采用低黏性、小涂量的载液层涂布技术无疑是有利的（见图 9-59）。

5. 厚边去除装置 HERD

由于落帘涂布的厚边问题突出，所以尽管已利用边导杆处理了一次，但还要设此装置，见图 9-60。它一般安装在涂布轴下游未进定型段前，其结构像一个几厘米宽的三层条缝嘴，但它两侧的条缝是注入热水用的，中间较宽的缝和腔体用

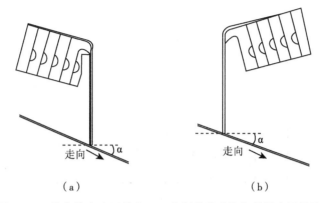

（a）　　　　　　　　　　　　　（b）

图 9-59　落帘涂布头两种布置（有斜线的腔体都是最底层涂液）

于抽吸热水与处理片边的混合物。

　　它架在带滑轨的支架上，两侧嘴距可调。被处理的涂层材料贴在一真空轴组上，HERD 的扁缝骑在两边的厚边上，它与涂层表面的距离用千分表调节。这样一边补充热水，一边抽吸废液，将厚边减薄，又保证扁嘴和吸液管不会被胶液凝固。

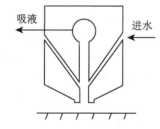

图 9-60　厚边去除装置HERD

　　对于落帘宽度大于支持体宽度的场合，当然就不需要 HERD 了，但此时要增加收集、回收利用两边流下涂液的系统。

6. 全幅宽乳剂去除装置 ERD

　　此装置的作用是在启动阶段，还没有完全形成均匀的涂层前，去除全部涂层，防止因局部不干引起污染辊轴等问题。它的结构与 HERD 相似，但体积像个大条缝嘴，设置在距涂布头 5m、涂层还比较软的地方，架在一个真空轴组上方。不工作时升起，工作时唇缝下降到两个滚筒间支持体的谷底，其前唇比后唇长一点，工作时起到刮刀的作用。这样，一边注热水，一边刮，一边吸废液，将全幅涂层处理掉。

六、落帘涂布的可操作性

1. 涂布窗口

　　因为涂布窗口只依赖于这种二维集合，当毛细准数 $C_a \to \infty$ 时，可以在雷诺数 $Re = \rho Q / \mu$ 与支持体速度和落帘速度比值 U/V 的特性曲线的参考面上，画出涂布窗口，如图 9-61 所示。

　　导致落帘涂布失败的因素有以下几种：

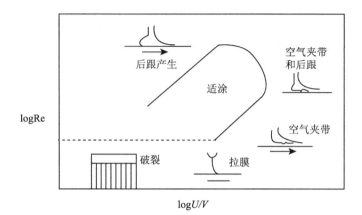

图 9-61　落帘涂布的操作框图

（1）流速低，落帘破裂；

（2）流速与涂布速度均低，出现曳拉膜现象；

（3）涂布速度高，流速相对低，出现空气夹带；

（4）流速高，涂布速度低，形成踵部；

（5）流速、涂布速度均高，形成踵部，也出现夹杂空气。

2. 曳拉帘

当流速与涂布速度均低时，形成帘不是垂直向下，而是高度弯曲的，这是因为支持体的黏性阻力使动态接触线下方发生偏移，迫使帘弯向冲击区。在一定的流速以下，把毛细管力控制在惯性力以上，帘开始被拉动。曳拉帘处极不稳定，流速稍一减小就会使帘破裂。

在帘足够稳定的情况下提高落帘高度，或降低涂液最底层的动态表面张力，是加宽操作窗口的有效方法，如图 9-62 所示。

3. 夹杂空气

夹杂空气是影响落帘涂布的关键问题之一，它会限制最大涂布速度。超过限制速度，常会看见一些 V 形的空气袋和夹杂空气流的条纹。产生夹杂空气的机理有两种假设：一是薄空气膜夹杂在极限速度以上前进液体和支持体之间，结合—压力—驱动断裂的不稳定性，把空气打成小气泡；二是涂布低黏性明胶涂液，涂液和夹杂空气间的速度差引起的不稳定性。

长帘和低黏性液体在延迟夹杂空气的发作方面是有效的，剪切变稀涂液有正面作用。

4. 踵部的形成

流速增加时，动态接触线与边界面层扩展的距离成比例地向上迁移。由涡流形成踵部，常常吸收气泡聚集物，发生凝胶或由变质涂液产生的其他颗粒。此外，

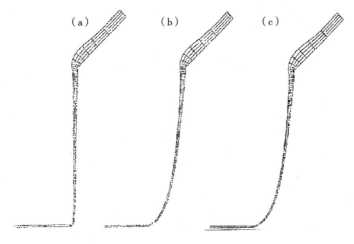

（a）未被拉伸（Re＝7.4，C_a＝0.25）；

（b）拉伸（Q 值较低，即 Re＝6.7，C_a＝0.25）；

（c）拉伸（σ 值较高，即 Re＝7.4，C_a＝0.22）

图 9-62　拉帘现象中的 R_e 和 C_a 的效果图

在有明显踵部存在时，不容易形成笔直的动态润湿线，它会产生各种样式的条道。

液帘冲击的惯性和动量转移之间的平衡，控制着动态润湿线位置和踵部的形成。避免大踵部形成的方法，包括增大 U/V 和减小 Re，较大的表面张力通过弯月面处增加的压力梯度，缩短了边界层距离，同时也减小了踵部。

5. 踵部的夹杂空气

在踵部存在的情况下，流速高时，大量的夹杂空气限制了最大涂布速度。这个区域的夹杂空气似乎引起了涂液与支持体之间的滑脱，形成非常大的踵部。其机理还不清楚。有人认为，在有踵部的流动区域，微观润湿机理支配着宏观流体动力。因此，像支持体表面能这样的微观参数，对最大涂布速度是重要的。有人试验过，毛面纸上的最大落帘涂布速度远远高于光面纸，与坡流涂布中的情况正好相反。

6. 应用范围和极限

Hughes（1970）认为落帘涂布成功的一般条件如下：速度 0.75～10m/s，总涂布量为 13.8～233.5g/m²；最底层的黏性范围为 4～80MPa·s；落帘高度0.05～0.2m。

时至今日，世界上几个有名的感光材料公司，都在用 400m/min 左右的车速，稳定生产各种感光材料或喷墨打印接受材料，这是坡流涂布方式所不可企及的。

对于纸加工企业来说，涂布速度的极限这个问题是很重要的，因为在全世界范围，正在广泛努力用落帘涂布来替代刮刀涂布。已经报道的刮刀涂布纸张的最高速度可达 54m/s，而落帘涂布有望和这个速度相等或超过这个速度。有资料推荐的落帘涂布应用极限见表 9-7。

表 9-7　落帘涂布应用极限参数一览表

参　数	允许范围	单　位
支持体速度	>20	m/s
湿膜总厚度	>5	μm
湿膜单层厚度	<1	μm
体积流量/涂布宽度	>1.0	cm^2/s
剪切黏度	10～5000	MPa·s
表面张力（动态）	<40	mN/m
同时涂布层数	>10	—

参考文献

［1］ Liquid film coating, P. M. Schweizer and Kistler, Eds, 1997.

［2］ 挤压涂布挤压嘴结构的计算. 中科院数学所计算站, 1976.

［3］ 挤压嘴出口部分流动的数值计算. 中科院计算所, 1976.

［4］ 江桂清. 坡流式挤压涂布嘴腔体几何参数对涂布宽向均匀度的影响. 感光材料, 1980（1）.

［5］ Schweizer, TSE AG, Switzerland, Concepts and criteria for die design, P. T. 2000.

［6］ TSE AG, Switzerland, Curtain coating technology, P. M. Schweizer, 2000.

［7］ Peter M. Schweizer（POLYTYPE AG）, Pierre-Andre Rossier（TSE AG）, The operating window of the slide coating process.

［8］ 谭绍勋. 落帘涂布技术. 信息记录材料, 2004（3）.

［9］ ［美］柯亨（Cohen. E. D.）, ［美］古塔夫（Gutoff. E. B.）编, 赵伯元译. 现代涂布干燥技术. 北京: 中国轻工业出版社, 1999.

［10］ ［美］E. B. Gutoff, E. D. Cohen, Gerald Kheboian. Coating and Drying Defects.

第10章 喷墨打印介质及其涂布生产

喷墨打印（Inkjet Printing），是将墨滴喷射到接受体形成图像或文字的打印技术。作为一种非接触、无压力的数字打印技术，由于喷墨打印具有打印幅宽灵活、油墨和承印材料多样化以及相对较低输出成本的优势，目前已形成数字喷墨印刷、数码印花、数码打样、彩色喷绘、写真输出等几大市场。

数字喷墨印刷已经成为短版、快速、可变印刷市场的主流，形成与传统胶印印刷机相互竞争、相互补充的市场局面，代表机型有柯达的 Versamark 和基于连续式 stream 技术的 Prosper、惠普的 PageWide、佳能奥西的 JetStream、富士施乐的 JetPress、海德堡的 PrimeFire、兰达的 Impremia 等。目前数字喷墨印刷机所用油墨基本为乳胶型墨，由颜料色浆、连接料（聚合物树脂）、溶剂以及调整表面张力、黏度、附着力、耐候性的助剂组成，印刷介质的选择上与传统胶印油墨有相通之处。而彩色喷绘、写真输出、数码打样所用的喷墨打印机油墨与承印材料的作用机理与传统胶印油墨有很大区别，往往需要配合特殊的喷墨介质才能实现高品质输出。此类打印介质在涂层结构上有特殊要求，在本书中，不做特别说明，喷墨打印介质均指这类材料。

在技术发展方面，喷墨打印介质的涂层结构经历了膨润型（Swellable）、孔隙型（Porous）、铸涂型（Cast-coating）、微孔型（Microporous）结构几个发展阶段，铸涂型和微孔型结构是近年来快速发展的涂层技术，产品在写真领域以取代传统银盐相纸为追求目标，其中微孔型介质最为接近照片输出的效果。

第一节 喷墨打印介质基本结构

一、基材

理论上，纤维原纸、聚乙烯涂塑纸（RC 纸基）、聚合物薄膜（如合成纸、

PP、PVC、聚酯薄膜）、纤维纺织布等可形成片状材料的物质，都可用作喷墨介质基材。纤维原纸本身能吸收墨水，有利于提高吸墨量。但纸纤维吸水膨胀，容易造成打印后色密度（optical density）低、洇渗、晕染、介质变形等弊病，耐水性也差。聚乙烯涂塑纸、聚合物薄膜，则有利于提高表面平滑度和光泽度，其中 RC 纸基为传统银盐相纸的支持体，具有良好的物理性质，其用于喷墨打印纸，是再现照片质量的重要手段。

二、吸墨层

吸墨层是针对吸收、固着油墨而设计的特殊涂层，又称墨水接受层，打印墨滴接触吸墨层，吸墨层吸收油墨，固着染料或颜料，形成图像（图10-1）。油墨接受层具有对喷墨油墨的匹配性吸附、提高打印精度、色彩还原性和耐候性能。图10-2 为普通纸和普通喷墨打印纸（ink jet paper）用染料墨打印后横断面的光学显微照片。普通纸打印后，染料墨（品墨）顺着纸张纤维渗透进去，色密度低并明显严重晕染。而喷墨纸打印品，墨水均匀地吸附在纸张表面，避免向纤维内部渗透。

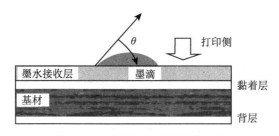

图 10-1　喷墨打印介质结构示意

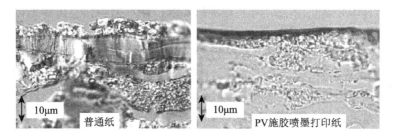

图 10-2　普通纸和喷墨打印纸打印后横断面染料墨渗透情况比较

墨滴在介质表面形成图文，会由于纸基表面性能的差异，导致色光、密度的变化，其关键在于墨滴干燥、渗透形式不同，图10-3是不同材质的打印效果示意图。

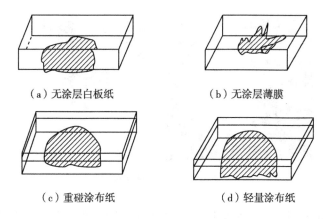

（a）无涂层白板纸　　　　　　　（b）无涂层薄膜

（c）重碰涂布纸　　　　　　　　（d）轻量涂布纸

图 10-3　不同材质打印效果示意

三、功能层

除基材和吸墨层外，为了使打印介质在打印系统中能顺利输送，需要在介质背面做防静电和防卷曲处理。防卷曲层是为了抵消吸墨层造成的应力，避免介质卷翘。介质卷翘，喷头在行进/后退打印过程中喷嘴容易刮蹭到打印纸，严重时损坏喷头。防静电层对于散页型的打印纸很重要，打印机进纸器上的散页叠放在一起，如果静电太强，数张打印纸容易因静电吸附在一起一并进入打印机压纸轮处，造成卡纸。此外，为了提高吸墨层与基材的附着力，基材表面往往还涂有黏着层（prima，又称底层）。为控制白度，涂布白度控制层。这些功能涂层也是基材结构的一部分。

第二节　喷墨打印介质的性能要求和分类

一、墨滴形成及打印介质吸墨过程

在光学显微镜下可以观察到，喷墨图像是由非常细密的墨点按打印机预设的抖动模式（dithering pattern），排列在一起模拟灰阶变化和色彩变化的网目调图像，这些墨点紧紧相邻，在视觉上呈现出各种色相和色调，由于墨点非常细微，必须借助光学显微镜才能分辨出单个墨点，因此观察到的是近似连续图像（图 10-4）。

在低分辨率的喷墨灰度图像中，一个像素（pixel）由 3×3 打印矩阵组成，该打印点阵可模拟出 10 种不同的灰阶（图 10-5）。类似地，由 6×6 打印矩阵构成的可模拟 37 种灰阶，16×16 可模拟 257 种灰阶。组成一个像素的打印墨点越多，模拟的灰阶越细腻。彩色色阶的模拟情况类似。衡量喷墨打印机打印质量的一项重

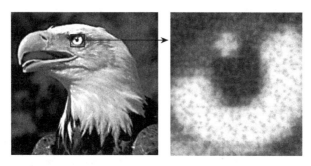

图 10-4　半色调图像

要指标 dpi（dot per inch），是指单位英寸所能打印的墨点数目，显然，dpi 越高，组成像素的打印矩阵阶数越大，色阶还原越细腻，图像精度越高。因此，墨头制造技术朝着喷嘴做得更小、排列更紧密、喷出墨滴更小的方向发展。近年来，墨滴变化技术（VSDT）的推出，墨盒数目或是色彩数目的增加（如增加浅青 LC、浅品红 LM、淡黑 LK、淡淡黑 LLK 等），以及抖动算法的增强进一步提高了喷墨打印的精细程度。

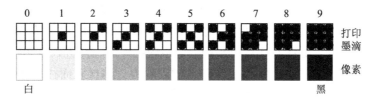

图 10-5　打印灰阶示意

墨点打印和形成过程大致为：在打印机驱动系统作用下，墨滴从墨腔中喷射出来，与介质撞击接触，墨滴在吸墨层上经过渗透、挥发、干燥、固着，最后形成墨点（图 10-6）。

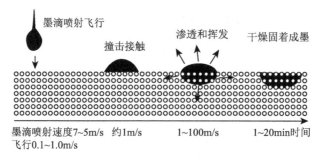

图 10-6　墨滴吸收过程示意

二、喷墨打印介质的性能要求

1. 吸墨速度和吸墨总量

吸墨速度是指单位重量吸墨层在单位时间内吸收的墨量。吸墨总量则是单位重量吸墨层达到饱和吸附时所吸收的墨量。

墨滴从接触介质到渗透、吸附完毕，液滴形态消失所需的时间，称为干燥时间。干燥时间越短，吸墨速度越快，即墨滴液滴形态消失的速度越快，这样临近区域打上第二个墨滴造成的相互干扰就越小。假如涂层的吸墨速度不够快，相邻墨点均以液滴形式凝集在涂层表面，很容易发生堆珠弊病（beading）和出血弊病（bleeding），只要有某种原因（如扩散、流动、形变）使得两墨滴接触，液体表面张力就会驱使墨滴融合混色。在深色密度即出墨量大的区域尤为如此，此时图像的干燥速度和清晰度均大大下降（图10-7）。

(a) 可接受   (b) 严重出血

图 10-7　喷墨打印黑色条道出血弊病的影响

吸墨总量是吸墨层所能接受的最高墨量，当接受层的孔隙率为 60% 时，对于出墨量在 23 mL/m² 的混合色块，孔隙型接受层吸墨层厚度约 38μm，才能完全吸附这些墨量，避免发生堆珠或流淌弊病。

单色在 600dpi 精度下打印出的墨量大约为 17 mL/m²，需要两种原色混合的彩色色块，比如绿由黄和青混合而成，出墨量大约为 23 mL/m²。这些墨量都需要被喷墨介质吸附，或在空气和加热装置下挥发干燥。加热装置能使墨水更多地"驻留"在介质表面迅速挥发，而避免干燥不足的弊病。加热装置会造成打印机制造成本上升和体积增大，除了一些 Latex 墨水型或弱溶剂墨型喷绘机带有加热装置外，写真机、喷绘机和桌面喷墨打印机几乎不带加热装置，墨水以介质吸附和挥发干燥为主，对于水性墨，打印过程中挥发干燥只占很少比例，介质的吸墨能力极为重要。

2. 点增益

喷墨液滴非常小，一般墨滴的体积从 2pL（皮升）到 150pL 不等（2009 年业内最小墨滴为 1pL），对应的墨滴直径为从 16～65μm。当墨滴撞击介质时由于动能释放或吸墨过程中横向扩散形成直径值更大的墨点。如图 10-8 所示为喷墨打印点增益对图像质量的影响。

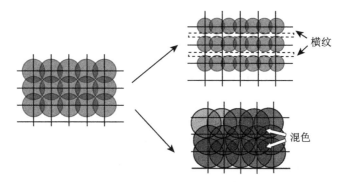

横纹

混色

图 10-8　喷墨打印点增益对图像质量的影响

3. 色彩的重现性

介质的 pH 值、吸墨层与着色剂的相互作用、着色剂的吸附形态会显著影响着色剂的光学效果，造成色相、色密度的偏差。因此打印介质必须与墨水匹配良好，以获得高重现性的色彩还原。对于有一定遮盖力的吸墨层，要特别注意控制着色剂的纵向分布。孔隙对喷墨墨水的吸附，符合 Lucas-Washburn 方程，

$$L=\left(\frac{r\gamma_{lv}\cos\theta}{2\eta}t\right)^{\frac{1}{2}}$$

式中 L 为毛细管长或毛细管深度，r 为毛细管直径。惠普黑墨的典型参数黏度为 5cP，表面张力 56mN/m，与毛细管壁接触角 30°，假定毛细管长度 10μm，计算可知 1μm 以上的毛细管，几乎在瞬间吸收 100pL 的墨水。微孔和亚微孔（小于 50nm）吸墨速度慢，吸墨总量小。水分子大小 0.4nm，染料大分子的直径为几个纳米，当发生墨水吸附时，水分子可快速扩散入微孔和亚微孔孔隙中被孔隙表面吸附，而染料分子直径大，并且当水分子快速吸附后浓度增加聚集态增加，易在孔隙表层析出。因此，微孔和亚微孔占主导的吸墨层，染料倾向于停留在吸墨层表面，色密度上升。大于 50nm 的宏孔吸墨速度快，吸墨量大，当它吸附墨水时，墨中的染料和水将一同渗入孔隙，这意味着部分染料将停留在吸墨层深处。如果吸墨层遮盖力大，这部分染料的色还原将被掩盖，导致色密度降低。虽然有些喷墨介质使用折射率小的二氧化硅（折射率 1.46），但孔隙型结构中含大量颗粒—空气界面，仍具有一定的遮盖力。喷墨介质需要平衡色密度、干燥速度、吸墨总量三者的关系。

4. 防水性能和防洇渗性能

水性染料墨喷墨图像遇水后，染料倾向于重新溶解而造成扩散流失。向吸墨层中添加针对喷墨阴离子染料作用的固色成分，例如最常用的季铵盐基团：$-NR_4^+$（R=H 或烷基）固色原理如下：

$$Dye-SO_3^- + NR_4^+ - GROUP = Dye-SO_3^- \longrightarrow NR_4^+ - GROUP$$

此时，原本水溶的染料，通过强烈的静电电荷吸引力与固色剂结合在一起，失去水溶性。染料耐水程度与静电作用力成正比。对于填充二氧化硅的喷墨纸，需要对二氧化硅作阳离子化处理，使其表面电荷呈正电性，所构成的阳离子型复合物，就具有较高的固墨能力，即使有水滴时也能抑制染料的流淌。如果采用氧化铝颗粒作为填充物，由于氧化铝表面吸附 Al^{3+} 能很好地固着喷墨染料分子，获得理想的耐水性能。

当图像接触水蒸气时，墨水中高沸点溶剂、保湿剂、表面活性剂等物质吸附、迁移、挥发水分子，固色效果差的染料分子随之迁移，这种因为潮气引发的线条模糊、图像亮度、浓度和色相改变等性能下降的弊病，称为洇渗（Humidity-Induced Migration）。在洇渗过程中，染料分子持续迁移直到停留在固色力更强的涂层区域。良好的防水性也能防止图像在存储过程中发生洇渗。

5. 平滑度

平滑度影响打印性能。如果打印介质的表面形态是高度平滑的，墨头喷嘴到介质表面的距离为恒定值，在墨头行进/后退的一次双向打印过程中，按照缺省设定的行进/后退喷射时间驱动的打印墨点，处在同一位置。

但如果打印介质的表面粗糙度过高，比如图 10-9 中示意的介质表面显著凸起，喷嘴与介质表面的距离将从 d 缩短至 d'，那么在行进/后退打印过程中，墨滴从喷嘴喷出到达介质表面的时间也将缩短，因此墨滴撞击介质的位置将比原设定点靠前。同样，如果打印介质表面凹凸不平，墨点位置也将发生不同程度的偏移，造成图像清晰度下降。

6. 图像耐候性能

喷墨图像的耐候性，主要取决于墨水。染料型墨水打印色密度高、图像艳丽，但染料多为水溶性共轭大分子，易受紫外线辐射破坏和空气氧化破坏，耐光耐臭氧性能差。颜料墨在墨水中呈现悬浮状态，粒径 $80\sim120nm$ 不等，耐候性好，但存在图像光泽度低，饱和度和反差不良的缺点。爱普生公司通过提高染料分子的质量数，形成更致密的结构，提高了染料分子的耐光性和耐氧化性。富士公司使用氧化电位比 0.8eV（vs SCE）更高的染料分子，也获得耐候性良好的墨水。介质与油墨的相互作用，也在一定程度上，影响喷墨图像的耐候性。例如添加助剂，缓解染料分子或颜料遭受空气中臭氧、氧硫化合物的氧化和紫外线光分解而造成的衰退。孔隙率高的介质，虽然吸墨速度快，但空气也可以进出这些孔隙，加剧

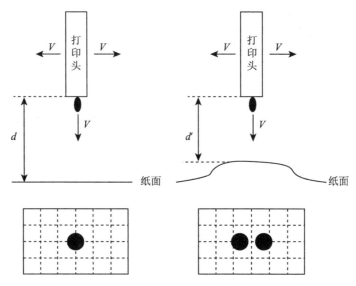

图 10-9　喷墨打印介质表面平滑度对打印效果的影响

图像的衰退。目前，爱普生、富士高耐候性染料墨水的普及应用，使得喷墨图像的耐候性能达到并超出了传统卤化银成像的水平。

7. 抗褶皱

对于在纤维纸上加工的涂布纸，由于喷墨油墨渗透性强，出墨量大，如果油墨渗透入纤维层，则要求纸张有合适的紧度和均一性，避免吸墨后，由于水分作用导致纸张变形甚至产生褶皱。

8. 表观质量

介质的打印面，存在的折痕、凹坑、尘埃点、脏污等外观弊病，影响打印画面质量。

9. 其他

纸张的平整度、表面摩擦力、静电、水分含量、纸张表面强度及其他指标，都会影响喷墨打印精确程度。

三、喷墨介质分类

1. 按光泽分类

喷墨介质的光泽度是介质在一定角度下的镜面反射率与标准黑玻璃在同样角度下的镜面反射率之比。行业内光泽度的测量角度一般采用 60° 入射角（见表 10-1）。

表 10-1　部分喷墨打印纸张光泽度一览表

名　　称	光泽度
高光（High Glossy）	≥35
光泽（Semi-Glossy 或 Luster）	15～27
亚光（Semi-Matt）	5～10
消光（Matt）	≤3

当介质表面的粗糙度达到微米级时，将发生较强的漫反射，光泽度明显降低。要想获得高光泽表面，应设法降低介质表面的粗糙度。高光介质一般使用树脂类吸墨层，此类树脂在基材上形成高度平整光滑的连续膜，镜面反射率高。或者采用粒径小于 180nm 的无机颗粒作为填料，此类填料粒径小，遮盖率低，基本不影响介质表面的光泽度。要想降低介质表面光泽，在吸墨层中加入一定比例的微米级填料来提高介质表面的粗糙度来实现。

一般而言，打印广告宣传画面，使用高光泽使得图像更鲜明更有感染力。打印文稿类画面或艺术照，使用中、低光泽的介质效果更好。

2. 按基材分类

喷墨基材有涂塑纸（RC 纸基）、胶片（聚乙烯、聚酯）、纤维纸、铜版纸、合成纸、PVC、织物布类、金银箔类、CD 盘片甚至金属薄膜等。表 10-2 列出了各使用领域所使用的基材情况。

表 10-2　部分领域所用喷墨基材一览表

使用领域	基材种类
高档人像和展览展示	胶片（聚乙烯、聚酯），RC 纸基
艺术品复制	棉浆类纤维纸，丝绸，亚麻布，纯棉油画布，棉涤混纺布
广告	PP 合成纸，RC 纸基，纤维纸
巨幅广告	PVC 膜或布，化纤布
数码打样	可打印铜版纸，RC 纸基
办公或宣传页	纤维纸
特殊领域	金银箔，CD 盘，地板纸，装饰纸，面料

3. 按介质规格分类

（1）按照几何尺寸分类

散页形式的产品，有 6 寸、8 寸、A6、A4、A3、A2、A1、A0 等尺寸规格。

6寸、8寸喷墨介质大小与传统银盐照片的大小一致，即按照胶卷底片（24mm×36mm）的比例2∶3切割而成。长的尺寸以整数寸（英寸）为根据，宽的尺寸按2∶3或接近比例切割，如常用的4R、5R与6R规格，R指长方形，4R指4寸×6寸（又称6寸），5R指5寸×7.5寸，为方便起见，相纸制造商以接近的整数尺寸切割，5R变成5寸×7寸，久而久之行业内约定俗成公认了这标准。表10-3是常见的照片打印介质尺寸和名称。

表10-3 喷墨打印介质规格一览表

名称1	名称2	规格/（英寸×英寸）	规格/（厘米×厘米）
3R	5寸	3.5×5	8.89×12.70
4R	6寸	4×6	10.16×15.24
5R	7寸	5×7	12.70×17.78
6R	8寸	6×8	15.24×20.32

A0的面积为1189mm×841mm（$1m^2$），对折后就成A1，再对折后就成A2，依此类推得到A3、A4、A5、A6。对折后的面积为上个面积的一半，长度为上个面积的宽度。

卷筒产品的幅宽，有1540mm、1350mm、1270mm、1230mm、1118mm、914mm、610mm、305mm等规格，卷筒长度一般为25米和30米。

（2）按照介质克重分类

由于基材和吸墨层的克重不同，同样尺寸的介质还有重量（厚度）之分，通常按每平方米的克重标称（gsm），即定量。例如$260g/m^2$ A4介质，是指的每平方米该介质的定量为260g，尺寸A4。彩喷纸的定量一般是$100\sim120g/m^2$，铜版纸或数码打样纸一般是$150\sim200g/m^2$，而照片纸多为$180\sim260g/m^2$，越重的介质越厚，挺度越高，不容易上翘和卷边，打印平整度和手感越好。

4. 按用途分类

喷墨打印承印材料多样，使用范围非常广泛，目前市面上常见的品种和用途有：

（1）高光、光泽、亚光相纸

纸质厚实的相纸，经过特殊的涂层处理，能产生近似传统照片的图像，逼真地再现摄影效果。用于需要大出墨量而又要求图像锐度高的图像。

（2）高光胶片

是一种高强度聚酯胶片。打印图像具有极好的高光泽度，能产生华美的图像品质。

（3）数码打样纸

白度稳定，涂层均一，颜料墨吸墨力强，色域宽，用于数码打样和艺术品复制。

（4）彩喷纸

是经过特殊涂层处理的纤维纸张，吸墨量大，成本低，输出图像色彩和清晰度好于普通涂布纸。适用于打印如个人简历、正式报告等重要的文件。

（5）防水背胶 PP

适用于水性染料和颜料墨，防水性能出色。使用颜料墨水，图像在无护膜条件下保持 7 个月不褪色，在加护膜时，户外持续 24 个月依然艳丽如初。

（6）热转印纸

在热转印纸上打印热转印墨，通过高温转印至布、金属、木板甚至陶瓷表面，图像艳丽不易褪色。

（7）喷绘布

布类基材经过吸墨层深加工，可在珍珠画布、白画布、丝光绢布、闪光布、油画布、棉画布、宣影布、旗帜布等材料上实现喷墨输出。

（8）艺术纸

仿全棉的水彩纸和素描纸，手感和纹理与画家平时作画所用的艺术纸相似，打印图像的保存性强，适用于高端的艺术品喷墨复制市场。

（9）金银箔或胶片

包括高光仿金箔、高光仿银箔、亚光仿金箔、亚光仿银箔、仿沙金箔、仿沙银箔等。这种带有银质涂层和金质涂层的胶片，能产生引人注目的特殊效果。用于制作正式的邀请函、节日贺卡、时装设计图板，以及室内设计。

（10）幻灯片

透明的涂层聚酯胶片，特殊的涂层加快干燥速度，提高生产效率。

（11）背喷灯箱片

材料背面有特殊涂层，可以使光线漫反射，使色彩更为明亮艳丽。图像喷绘在背面，应用于灯箱、游戏机、售货机、贸易展示、宣传资料、剧院装饰、内部设计等。

（12）高光背胶 PVC

能更生动地表现所有的图像。牢固的背胶适合于所有的表面并能够适合温度剧烈变化，能以浓墨覆盖，色彩厚重丰富。应用于招贴、指示牌、卖点展示、短期促销宣传、带背胶的横额、贸易展示、零售店、书店等。

（13）全天候耐用织布

以柔韧性较好丝织品为基材，适用于溶剂型油墨，专门用于户外图像的解决方案。不但能抗强烈撕拉，而且无须加任何护膜就可用于户外。应用于户外招贴、地图、电影海报、季节横幅等。

5. 按吸墨层结构分类

（1）膨润型

膨润型结构采用 RC 纸基为基材，吸墨层主要由水溶性聚合物如聚乙烯醇、明胶组成，又称胶质涂层，吸墨层厚度约 $10\sim15\mu m$。由于形成膨润型涂层的高分子聚合物一般具有很高的透明度，此时涂层光泽基本由基材的光泽度决定。而基材 RC 纸基本身具有很高的平整度，涂层透明，入射光线大部分穿透涂层而在 RC 底层上发生镜面反射，形成图 10-10（a）所示的高光亮状态。

打印成像时，墨滴落在介质表面，水和染料分子慢慢渗入聚合物高分子链，使相互缠绕的分子链松动，此时聚合物体积膨胀，该过程叫高分子的溶胀阶段，基于该机理的吸墨层被形象地称为膨润型吸墨层。聚合物需要吸收水分发生溶胀甚至溶解，快速溶胀意味着聚合物高吸水性，必然导致防水性差，湿强度低，打印完需要覆膜处理。由于聚合物的膨胀速度毕竟有限，吸墨速度较慢，高速模式打印时图像存在严重的堆珠弊病，清晰度低。膨润型结构介质易被污染，但成本低，大量使用在喷绘广告市场。

（2）孔隙型

孔隙型结构使用纤维原纸、PP、PVC 作为基材，吸墨层一般采用微米级的阳离子改性二氧化硅颗粒，又称为粉质涂层，吸墨层厚度一般为 $10\sim20\mu m$。由于吸墨层含有大量宏孔和微米级的孔隙，油墨易渗透入涂层内部，造成图像色密度低，清晰度差。为了提高吸墨能力，需要在涂层中提高无机颜料的比例，即提高颜胶比（P/B），但填充较高比例的微米级无机颜料会造成涂层表面粗糙不平，发生漫反射，导致光泽的下降，形成消光涂层如图 10-10（b）。降低无机颗粒的填充比例来控制粗糙度，虽然能得到半光涂层，但吸墨能力大幅下降，甚至发生类似膨润型结构介质吸墨慢的问题。

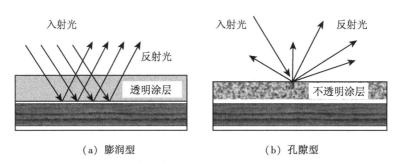

（a）膨润型　　　　　　　　　　（b）孔隙型

图 10-10　膨润型、孔隙型光泽示意

（3）铸涂型

铸涂型结构涂层，配方与孔隙型相似，但采用特殊的铸涂工艺以获得镜面的光泽度。铸涂法生产高光喷墨介质时，将湿的带塑性状态的涂料，紧贴在一定温度光泽度极高的镀铬铸缸上，由于涂层接触缸面受了较大的线压力，贴压得比较紧，因而不会发生在一般自由状态下的干燥收缩现象，其湿层表面保持铸缸的平整度，干燥后涂层从铸缸剥离，光泽度极高的铸缸面赋予涂层表面极高的平整度。

因此入射光大部分在涂层表面发生镜面反射，而形成较高光泽（图 10-11）。受限于特殊的铸涂工艺，基材不能使用 RC 纸基，否则在铸涂生产时水蒸气无法透过聚乙烯（PE）淋膜层而造成生产质量问题。因此铸涂介质的吸墨层和纤维原纸直接相邻，打印时墨水容易直接穿透吸墨层渗入原纸纤维。由于纸基本身吸墨，打印时重墨区易发生卷曲、变形弊病。同样，产品遇水时，涂层和基材都吸水导致明显变形。由于铸涂型高光相纸吸墨层使用微米级的二氧化硅颗粒，打印时着色剂易进入涂层内部，色密度降低，其综合质量不能取代传统银盐相片。

（4）微孔型

微孔型结构采用 RC 纸基、聚酯薄膜作为基材，吸墨层厚度基于二氧化硅体系的为 20~30μm，基于氧化铝体系的为 35~40μm，吸墨层中含大量纳米级的无机颗粒。微孔型介质一般采用亚微米级的氧化铝或气相法二氧化硅分散液作为无机颜料，分散粒径 D50 仅为 160nm 左右甚至更小，加入高分子聚合物后，在成膜过程中形成极细微的无机—有机复合微粒。在扫描电子显微镜下，可观察到大量微孔和亚微孔组成的孔隙，这些孔隙多为连通孔，由于这些孔隙小于人眼分辨能力，视觉上呈现连续高光亮的光泽。微孔性结构首先由日本柯尼卡公司开发成功，柯尼卡描述该结构使用的是"间隙"汉字，因此国内也有直译成间隙型结构的。虽然微孔型结构呈现高度的孔隙率，但与微米级孔隙不同，涂层仍保持较大透明度，墨水着色剂渗透入涂层内部仍能显色，基本不影响油墨的色密度表现。微孔型介质采用传统银盐的 RC 纸基作为基材，保持了银盐相纸的光泽和平滑度（图 10-11b）。微孔型介质不需要为了吸水而膨胀，吸墨层呈现出能接受油墨的类似蜂巢的孔，因此在吸墨速度和防水之间没有基本冲突。微孔型吸墨层能达到很高的吸墨速度，基本瞬间干燥，涂层表面高度平整，因此墨点的点增益和清晰度能精确控制，画质质量最接近传统银盐相纸的水平。

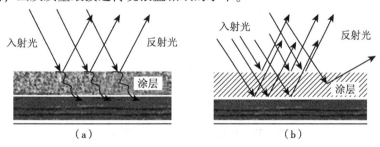

图 10-11 铸涂型、微孔型光泽示意

微孔型介质中，高于 50nm 的宏孔能造成一定强度的光散射，扩散进入这些孔隙的着色剂显色性将受到损失。因此严格控制无机颗粒的分散粒径分布进而控制吸墨层的孔隙分布能进一步提高介质的色彩还原性。图 10-12 示意了新分散液所制的吸墨层具有更高的最大色密度 D_{max} 和反差。

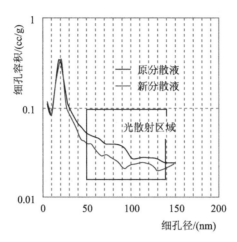

图 10-12 不同分散粒径的分散液所制微孔型吸墨层的孔径分布

第三节 喷墨打印介质原材料

喷墨介质用基材

1. 原纸

喷墨彩喷纸、铸涂纸使用纤维原纸作为基材，早期彩喷纸通过表面施胶的方式进行生产，成本虽低但效果不好。目前主要用机外涂布来生产彩喷纸。这些产

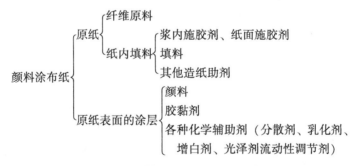

图 10-13 颜料涂布纸及其涂层构成示意

品，都属于颜料涂布纸，其基本结构如下：涂布原纸是根据涂布纸质量和加工适应性要求而特制的纸张，涂布原纸的质量对涂布的质量有很大影响，原纸的质量主要由以下因素决定：

①原纸浆料组成

喷墨涂布原纸的关键性能是具有良好的匀度、较高的抗张强度、好的表面强

度、较高的白度和不透明度、较高的撕裂度、适当的平滑度和低的多孔性。这些性能主要靠不同种类的浆料和配比保证。

硫酸盐化学木浆（针叶木浆、阔叶木浆）、机械木浆、热磨机械木浆、棉短绒或废棉浆、脱墨废纸浆、优质非木材纤维浆如荻苇浆、麦草浆、甘蔗芒秆浆等，都可以按照不同的配比来抄造涂布原纸。低定量涂布纸原纸，针叶木浆配入量应当相应高些，一般为 50%～70%，多者可达到 80%。草浆成本低，但纤维短、细胞杂、薄壁细胞多，会影响纸张强度和涂布、压光效果。棉短绒或废棉浆有助于改善纸张耐折性。高光彩喷纸和相纸要求纤维分布均匀，厚度、紧度、定量波动小，只有这样才能保证涂布过程中涂料吸收均匀，打印色彩还原性好，因此基本使用高成本的全阔叶木浆作为原料浆料。

②原纸浆料的打浆度

打浆度影响原纸的强度、表面强度、紧度和吸收性。涂布原纸打浆方式以轻度或中等程度的打浆为宜，既适当切断纤维，又适当细纤维化，用这种打浆方式打出的成浆，在网上容易脱水，分散性好，湿纸页成型和匀度好，吸收性能适中。如果打浆度太大，则涂布原纸紧度太高，增大了变形性，涂布过程易发生卷曲和褶子，纸页过于致密也影响吸收性。若打浆度太低，纸页强度降低，而且原纸吸收性太强，容易在涂布过程中胶黏剂过多地渗入纸页，反而影响涂层强度和结合性能。高光彩喷原纸一般采用中等打浆度，叩解度（打浆度）36°～40°SR，湿度 2～3g，打浆浓度 3.4%～4.0%。

③原纸施胶

原纸的施胶可以调节原纸吸收涂料的性质，使原纸的吸收性适度均一。施胶度过低，涂料中的胶黏剂向纸内迁移量就会增多，导致涂层颜料颗粒中间和颜料与纤维中间不能相互牢固地黏结，严重时造成掉毛掉粉现象。施胶度过高，原纸吸收性降低，涂布时纸页两面湿度差增加，造成卷曲和褶子。涂布原纸应采用轻施胶度为宜。常用画线法和可勃法（cobb）来评价施胶度，根据喷墨行业实践，原纸施胶度用 cobb 吸水法测试更好。

由于铸涂配方中胶黏剂用量比一般的涂布纸涂层配方要大，膜强度高，如果原纸表面强度太低，在成纸剥离时就会出现分层现象。因此通常通过表面施胶的方式进一步提高原纸的表面强度和组织结构。表面施胶剂有氧化淀粉、磷酸酯淀粉、酵素淀粉等改性淀粉表面施胶剂，可以单独使用，也可以在改性淀粉中加入其他合成胶，如聚乙烯醇、苯丙乳液、丙烯酸酯乳液、聚氨酯乳液、脲醛树脂和其他氨基树脂等。

④原纸添加剂

原纸加填的目的是提高白度和不透明度，但加填量与纸页的机械强度及表面强度成反比关系，原纸的灰分增加了，纸页的机械强度就会降低。填料主要有滑石粉、高岭土、碳酸钙、钛白粉、二氧化硅、沸石、硫酸钡等。

⑤原纸强度

涂布时会产生较大的张力和牵引力，在水性涂布中，由于水对原纸的润湿容易造成湿强度不够而在涂布过程中断片，因此对原纸的干、湿强度都有一定要求。

⑥原纸湿含量

水分存在于单根纤维之间，可以使这些纤维不致于因为干燥而折断，纸页边卷曲和发脆，涂布原纸一般要求 4%～7% 的湿含量。

⑦原纸的均一性和整饰度

原纸的均一性是指原纸横幅定量或厚度、匀度、水分程度。原纸的横幅定量或厚度差，会造成涂布时不均匀，或导致干燥时因不均一而变形。匀度实质上反映原纸纤维交织和分布的好坏。匀度差，容易造成纸面油墨吸收性、光泽度和平滑度的差异。水分不均匀，则涂布时对涂料的吸收不均匀，导致涂层表面性质差异。

整饰度是指纸页的平整度和合适的表面粗糙度。对涂布而言，粗糙度越高，纸页越容易吸收涂料。但粗糙度过大，涂料中胶黏剂会过多地向纸页内迁移，影响涂料的均匀分布，严重时会造成一次涂布无法填平原纸凹凸不平的表面的情况。而过于平滑，会导致涂料与纸页的附着力降低。

⑧原纸透气度

原纸的透气度，影响原纸的吸收性和涂料的渗透性，在涂布过程中影响涂布的干燥速度。用于铸涂相纸生产，原纸应是一个良好的蒸汽传导体，透气度一定要高，紧度较小。因为在加工过程中，原纸涂有涂料的一面与铸缸是紧密接触的。在干燥过程中涂层中的水分需要完全透过背面蒸发出去。如果原纸透气性不好，干燥过程产生的蒸汽就不能及时排除，只能从涂层面冲出，干燥后吸墨层易出现针眼状或多无光泽的坑点。但透气度也不可过高，否则涂料在压辊压力下会透过原纸。一般用于铸涂的原纸透气度控制在 100～200 mL/min 为宜。

⑨原纸挺度

原纸挺度会影响最终产品的挺度，挺度差导致喷墨介质的手感不好，特别对于散页形式的照片相纸。对于铸涂相纸，应选择更高挺度的原纸，铸涂纸在生产和存放过程中极易发生卷曲，提高原纸挺度有利于减少卷曲弊病。

⑩平滑度

用于 RC 纸基的原纸，需要做机内或机外超级压光处理以提高原纸平滑度，Bekk 平滑度必须大于 50 秒，最好能大于 80 秒，否则淋膜层的光泽容易偏低。原纸平滑度越高，淋膜后的 RC 纸基光泽度越高或越平滑，但在超压过程中，紧度上升，原纸的挺度和透气度基本随之降低，这点尤其要引起注意，因此需要严格控制超级压光的方式、压力和温度，淋膜原纸适宜用多辊压光设备。对于铸涂原纸，平滑度大于 15 秒即可，不必要求很高，紧度和透气度的指标更为关键。

2. RC 纸基

RC（resin coating）纸基是卤化银感光相纸行业广泛采用的纸基，该纸基的主体结构为纤维原纸双面以淋膜工艺涂上聚乙烯层（PE laminating），PE 层能阻挡浸泡时水渗入原纸纤维造成纸基变形，从而使相纸在涂布、冲印加工等过程中能保持良好的机械性能。由于喷墨相纸的主要目的是为获得传统相片的效果，成为影像输出的一种替代方式，如能采用与传统相片相同的纸基，将赋予喷墨介质在影像输出领域更好的实用效果。PE 层亮度高、挺度好、机械性能优异，但其为聚烯烃层，表面能低、涂布时润湿性差，因此需要在涂布面加涂黏着层（prima，或称为底层），以提高涂布时的铺展性和提高吸墨层与 RC 纸基之间的附着力。

对于白度要求很高的场合，需要在 PE 涂塑层上加涂一白度控制层稳定或提高涂布基材的白度。要求不太严格的场合白度通过在 PE 母料中混合相应比例的色母粒来控制色调 Lab 值。增白 PE 母料中含有油溶性荧光增白剂，能大幅提高 RC 纸基的白度值，但这种增白型的基材能造成介质产品荧光白度的升高，干扰色密度仪测试数据，导致色彩控制精度下降。例如近年许多广告印刷公司都开始使用喷墨打样作为试稿，在修改过程中一直采用这种形式来取代烦琐的传统打样工序。该类介质称为数码打样纸，要求严格控制荧光白度在 4.2 以下，最好在 3.0 以下，最大限度地保证色彩还原的精确性。

满足喷墨相纸应用的纤维原纸定量，一般为 $100 \sim 180 g/m^2$，正反面涂塑量（PE 淋膜量）一般在 $20 \sim 28 g/m^2$ 间，总定量在 $150 \sim 230 g/m^2$ 间。如果涂塑层太薄，基材机械性能不好，表面光泽不理想；涂塑层太厚，则原料和生产成本上升。正反面的涂塑量和品种不同，一般选择正面涂塑低密度聚乙烯（LDPE）提高光泽，反面涂塑加入一定比例的高密度聚乙烯（HDPE）提高基材挺度，并造成一定程度的背弯。

3. 合成纸基（PP Base）

构成喷墨行业合成纸的主体树脂是聚丙烯（PP），聚丙烯采用齐格勒—纳塔催化剂由丙烯单体聚合而成，按聚丙烯分子中甲基在空间的排列情况分为三种立体结构：甲基全部排列在主链一侧的称为等规聚丙烯，交替排列在主链两侧的称为间规聚丙烯，无规律排列的称为无规聚丙烯。等规聚丙烯为高度结晶的热塑性树脂，结晶度高达 95％以上，分子量在 8 万～15 万之间，实际应用的聚丙烯主要为等规聚丙烯。而无规聚丙烯在室温下是一种非结晶的、微带黏性的白色蜡状物，分子量低（3000～10000），结构不规整，缺乏内聚力，应用较少。

喷墨行业广泛使用的合成纸基以中国台湾南亚推出的"双向拉伸珠光纸"为典型生产方式，聚丙烯中混合一定比例的碳酸钙填料，双向拉伸过程中高分子链段环绕无机粒子流动而产生空气小间隙，这些小间隙赋于薄膜珠光效果，并大幅降低了基材密度。喷墨行业选用合成纸做基材的产品有：普通高光 PP、普通亚光 PP、消光防水 PP、高光防水 PP、弱溶剂墨 PP 等，主要应用于广告喷绘输出、易拉宝展示、海报、背景布喷绘输出等。

4. 聚酯薄膜（PET base）

聚对苯二甲酸乙二醇酯（简称 PET），由对苯二甲酸二甲醇与乙二醇经酯交换后缩聚而成，是酯系 PET、聚对苯二甲酸丁二醇酯 PBT、聚萘二甲酸二乙酯 PEN、芳香族聚酯 PAR 中用量最大的一种树脂，通常人们所说的聚酯薄膜通指聚对苯二甲酸乙二醇酯。

聚酯薄膜除应用于喷墨介质基材，如背喷灯箱片、全透明片、印前制版片的基材外，还广泛用于电工绝缘膜、电容膜、磁记录薄膜、镀铝膜、感光片、太阳膜等。随着液晶显示器的普及，在偏振光学膜，触摸屏保护膜等方面也极具应用前景。

PET 树脂按照加工程度和热处理方式不同，分子链排列整齐度相应不同，可分为透明非结晶性和透明结晶性两种树脂。结晶性树脂硬度比较高，韧性、刚性好，具有优良的力学性能；耐候性、耐化性、电绝缘性也较好。结晶性 PET 树脂密度为 $1.30 \sim 1.38 \mathrm{g/cm^3}$，熔融温度为 $250 \sim 255 ℃$。

双向拉伸的 PET 薄膜称为 BOPET。

未加颜料的聚酯薄膜高度透明，在原材料聚酯切片中添加钛白粉，经过类似的双向拉伸工艺可以制得平整度、光亮度、机械性能非常优异的白色不透明膜。该基材应用于高端喷墨相纸上。

第四节　喷墨介质生产工序和涂布方式

一、喷墨介质生产工序

喷墨介质的生产过程，以防水高光相纸为例，包括四个主要生产工序：分散液制备、涂布液制备、涂布和分切整理。

分散液制备是通过剪切、砂磨、均质等分散技术，将油状或粉状物料分散至合适粒径，如微孔型分散成粒径 $100 \sim 300 \mathrm{nm}$ 的无机颗粒均相体系；涂布液的制备是按配方要求，在一定工艺条件下，进行溶胀、溶解、混合、静置、过滤；涂布是指将输送到涂布机的涂布液定量涂布在基材上，然后加热涂层使之干燥，或用紫外、红外、电子束将涂层固化，得到所需的膜层。

喷墨材料可以采用浸涂、逗号刮刀、麦耶棒、气刀、铸涂、坡流挤压和落帘等方式涂布。快速、均匀、稳定、经济地实现涂布生产，是涂布工序的核心所在。分切整理工序根据产品尺寸需求，将涂布大轴（jumbo roll）采用纵横切一次或分次完成裁切、检验分级、包装，既要保证裁切尺寸和数量的精度，又要综合考虑生产效率和成本。

完整的喷墨介质材料生产工序示意见图 10-14。

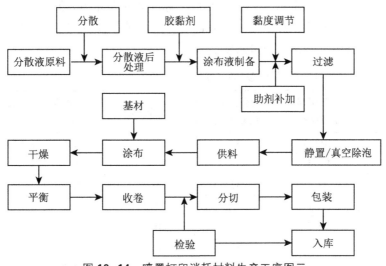

图 10-14　喷墨打印消耗材料生产工序图示

二、低能基材表面处理

1. 喷墨介质的基材表面能

如前所述，喷墨介质的基材一般涉及低能表面，如 RC 纸基的主体结构为纤维原纸双面以淋膜工艺涂上聚乙烯层，若不对聚乙烯层预处理，涂布过程将涉及聚乙烯表面的铺展和黏着。虽然合成纸印刷层（与芯层不同）含有更高比例的无机填料和改性剂来改善印刷和涂布适应性，但表面能一般在 38～41mN/m，需要经过预处理涂布才能提高到 50mN/m 以上。聚酯薄膜的表面能一般在 42mN/m 左右，涂布过程中润湿和铺展不会有太大问题，但水性喷墨涂层在此类基材上的附着力不佳。双向拉伸聚酯薄膜过程中，经过电晕在线涂布改性丙烯酸酯类底层后，可提高对涂布涂层的附着力。

在喷墨介质的实际生产中，多数厂家提供的基材已经过一定程度的改性或涂布一层黏着层（又称底层或 prima），来提高基材的向上润湿性和附着力。但各厂家工艺不同，所提供基材的表面能和润湿性不尽相同，即便是同种类型的基材，比如聚丙烯合成纸，其涂布表面性质也随厂家不同存在很大差异。在涂布过程中，根据基材情况，仍有必要调整涂布液的组分来改变润湿铺展性和附着性，或提高基材表面能。

2. 表面能测试

（1）标准液法

标准液法可以测量基材的表面能近似值。

以八种液体作为标准液：纯水（72.8）；甲酰胺（58.2）；2-氰乙醇（44.4）；二甲基亚砜（43.0）；N-甲基-2-吡咯烷酮（39.0）；2-吡咯烷酮（37.6）；二甲基甲酰胺（35.2）；丙酮（23.7）。括号内为标准液的表面张力值，单位 mN/m。

或选用甲酰胺和乙二醇单乙醚的混合溶剂，得到表 10-4 中一系列 30～58mN/m 的标准液，其中百分比为质量浓度。

表 10-4　甲酰胺和乙二醇单乙醚混合溶剂的表面张力

甲酰胺/%	乙二醇单乙醚/%	表面张力/（mN/m）	甲酰胺/%	乙二醇单乙醚/%	表面张力/（mN/m）
0.0	100.0	30	67.5	32.5	41
2.5	97.5	31	71.5	28.5	42
10.5	89.5	32	74.5	25.3	43
19.0	1.0	33	78.0	22.0	44
26.5	73.5	34	80.3	19.7	45
35.0	65.0	35	83.0	17.0	46
42.5	57.5	36	87.0	13.0	48
48.5	51.5	37	90.7	9.3	50
54.0	40.0	38	93.7	6.3	52
59.9	41.0	39	96.5	3.5	54
63.5	36.5	40	99.0	1.0	56

测定时，用棉球蘸取测定液，涂于倾斜 30° 的固体表面，留下 1cm 宽 6cm 长的液膜，如果 5s 内液膜不收缩，则判断固体表面能大于测定液。若液膜收缩很少，仍有 0.8cm 宽的液膜，则判断为接近测定液的表面张力；若液膜迅速收缩并破裂，说明液体表面张力高于固体，须使用更低表面张力的测定液，直至选出一个合适的或最接近的测定液，该液体表面张力近似等于固体表面张力。

（2）达因笔

有从 30～72mN/m 各种表面能级的测试笔（每种相差 2mN/m），又称为达因试笔。达因试笔可以用作电晕处理后表面能的一种快速测试工具，当测试笔在电晕处理过的表面画出一条线，如果是连续成线的，说明该材料表面能不低于标号值，如迅速收缩不连成线，说明该材料表面能低于标号值。

3. 电晕处理

（1）电晕处理原理

电晕处理（又称电火花处理）是常压下在两个电极（一为高压电极，一为接地电极）间施加 15～30kV、10～30kHz 的高频高压电，当电压超过空气间隙的电离电阻时，可产生连续放电，从而在放电刀架和刀片的间隙产生电晕放电形成的等离子体，处理基材表面时，一是高频高压电使得电极间的空气离子化，以产生大量的等离子气体及臭氧，与塑料表面分子直接或间接作用，使其表面分子链上产生羰基和含氮基团等极性基团，表面张力明显提高；二是电火花冲击基材后，基材表面粗糙化（用电子显微镜观察，可在处理表面看到小沟槽状的凹凸不平），从而提高了胶黏剂和油墨的浸润性和接触面积。

（2）电晕效果影响因素

影响电晕效果的关键因素是功率密度。功率密度＝电晕功率/每分钟处理面积，单位为 W/（m²/min）。

功率密度越大，意味着等离子体内的粒子能量和数目越大，电晕效果越好。使用同样的电晕功率处理基材时，降低车速可提高功率密度，提高电晕效果。

其他影响电晕处理效果的因素，有处理电压、频率、刀台面间距、温度、处理基材材质等，电晕效果随温度升高而提高。降低刀台面间距能大幅提高电晕效果，该间距原则上不能小于 2mm，否则容易损伤电极。电晕处理一般对高聚物的无定型区的效果好，对于结晶区的效果很差。因此电晕处理不适合结晶度高、密度高的聚合物基材。

（3）电晕效果及其保存性

电晕处理是在基材表面引入极性基团和表面粗糙化来提高表面能，但处理完后的基材在放置过程中由于聚合物应力恢复作用，表面能下降较快。随着放置时间的推移，基材内部的小分子添加剂如滑爽剂、脱模剂、表面活性剂、抗静电剂、增塑剂等重新向表面富集，表面能进一步降低，这就是通常所说的电晕衰减。一般情况下，最初三天的电晕衰减很快，后期放置中电晕效果逐步衰减，衰减速度较慢。

图 10-15 为实际生产过程中，双向拉伸聚丙烯薄膜电晕后储存时间对表面能的影响。电晕处理的薄膜表面张力能从处理前约 30mN/m 的低表面能上升至 45mN/m，但三天内迅速衰减到 40mN/m，之后衰减速度明显降低，表面张力降低至 38mN/m 基本不再变化。电晕处理后的基材如果保存得当，其效果能维持 8 周甚至一年左右的时间。提高储存温度，提高薄膜中表面活性剂、抗静电剂、增塑剂等物质的含量，均能加快电晕衰减速度。

（4）常见喷墨材质经电晕处理后的表面张力变化

根据电晕处理经验，常见喷墨材质经电晕处理后的表面张力，会发生如下变化。

低密度聚乙烯 LDPE：由 38mN/m 达到 45mN/m

聚酯薄膜 PET：由 42mN/m 达到 45mN/m

PP 共聚体：由 40mN/m 达到 45mN/m

PP 均聚体：由 39mN/m 达到 45mN/m

由上可见，电晕处理具有时间短、速度快、操作简单、控制容易等优点，广泛应用于各种聚合物薄膜印刷、复合、黏结和涂布的表面预处理。由于存在电晕衰减现象，处理后，最好在线进行加工处理。

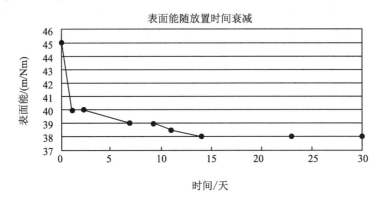

图 10-15　储存时间对薄膜电晕后表面能的影响

三、涂布方式

　　不同结构的喷墨涂布液，其固含量、黏度和流变特性、表面张力不同，因此适合的涂布方式也不同（表 10-5）。

表 10-5　不同喷墨介质产品的主要涂布方式一览表

结　构	主要产品	涂布方式	涂布方式优缺点
膨润型	膨润型高光、亚光 RC 相纸，PP，油画布，金银箔，幻灯片（全透明胶片），高光背胶 PVC	逗号刮刀，浸涂，麦耶棒	优点是涂布液黏度高，固含量高，涂布设备造价低；缺点是涂布量精度低，受温度、黏度或其他因素干扰大
孔隙型	防水背胶 PP，防水油画布，彩喷纸	逗号刮刀，麦耶棒	优点是涂布液黏度高，固含量高，涂布设备造价低；缺点是涂布量精度低，受温度、黏度或其他因素干扰大
铸涂型	铸涂高光相纸	气刀，铸涂	优点是涂布液成本低，产品品质高，涂布设备造价低；缺点是涂布车速低，工艺稳定性差
微孔型	防水高光、亚光 RC 相纸，PP，PET，油画布，背胶 PVC	坡流挤压，落帘	优点是产品品质高，涂布精度高，可实现一次多层涂布；缺点是涂布设备造价高，涂布液黏度低，固含量低，铺展要求高，能耗高

1. 铸涂

　　一般涂布加工纸产生光泽的方法是通过对涂布表面进行超级压光，这种压光往往不能达到高光泽，原因是干燥时涂层处于自由收缩的状态，涂层表面凹凸不平，表面积大，而压光虽然能使其平整，但表面积无法减少，涂层表面将出现微小皱纹，这种微小皱纹会使入射光散射，光泽度降低。

铸涂法是将湿的带塑性状态的涂料紧贴在光泽度极高的加热镀铬铸缸上产生光泽的方法。控制涂布张力使得涂层接触缸面承受较大的线压力，贴压得比较紧，因而不能发生在一般自由状态下的干燥收缩现象，具有流动性的或塑性的涂层经过流动和重新分布，其湿层表面保持铸缸的平整度，干燥后涂层从铸缸剥离，光泽度极高的铸缸面可以赋予涂层表面极高的光泽度。

铸涂方法比较多，大致归纳为直接法、转移法和再湿法（图10-16）。

铸涂法生产喷墨高光相纸，一般采用双层涂布方式，对原纸做两次涂布，分别涂布预涂涂料和贴光涂料。预涂涂料中含有大量低成本无机颜料，目的是解决原纸表面的粗糙度，降低毛毯印，提高吸墨性和对纤维原纸的遮盖力，减少高成

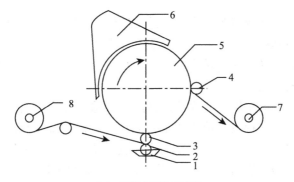

（a）直接法铸涂机示意

1—涂料槽；2—涂布辊；3—托辊；4—剥离辊；

5—铸涂缸；6—辅助干燥装置；7—成纸；8—原纸

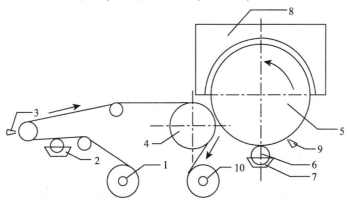

（b）成膜转移法示意

1—原纸；2—胶料；3—气刀；4—托辊；5—镀铬烘缸；

6—给料辊；7—成涂料；8—热风罩；9—气刀；10—成纸

图 10-16　三种铸涂方式示意

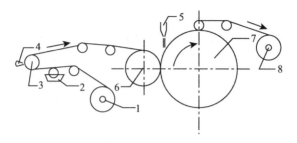

（c）再湿铸涂法示意

1—原纸；2—上料辊；3—背辊；4—气刀；

5—滴水或溶液；6—压辊；7—镀铬烘缸；8—成纸

图 10-16　三种铸涂方式示意（续）

本贴光涂料的用量。预涂涂料最好采用气刀涂布方式完成，不必经过铸涂工序，若能通过铸涂工序则产品光泽度进一步提高。贴光涂料需要在半干状态下与铸缸贴合并剥离形成高光泽表面，贴光涂料一般由亚微米级的二氧化硅、胶黏剂、固色剂、剥离剂及其他助剂组成。

实际操作中，一般采用气刀或坡流挤压方式涂布贴光涂料，涂层经过较大程度的预干燥后，用注水针或其他方式重新润湿，类似再湿铸涂法。此时涂层可较均匀吸收水分增加可塑性，保证铸涂的光泽度并避免粘缸。贴缸时，涂料中的水和溶剂从原纸背面透出逐渐减少，纸页干燥后与铸缸分离形成产品。

铸涂高光相纸贴光涂料所用的颜料，要求粒径小，孔容大，比表面积大，保证吸墨层较强的吸墨力，又能减少生产中粘缸弊病。颗粒粒径太大时铸涂光泽不易提高。常用小粒径的沉淀法或凝胶法二氧化硅，气相法二氧化硅，硅溶胶或这些颜料的混合物。

高光泽铸涂胶黏剂，要求对颜料颗粒有很高的黏合力，良好的抗水性、光泽度和成膜性。为避免涂层在贴缸过程中黏附在铸缸面上，配方中胶黏剂用量比正常的孔隙型配方一般大一些，并用胶黏剂使之形成一定的凝胶状态。常用聚乙烯醇、聚氨酯乳液、丙烯酸酯乳液等，其中聚氨酯乳液能赋予涂层特别高的光泽度。

在铸涂配方中，必须加入剥离剂，才能有效解决涂层粘缸的问题，该类物质在干燥过程中会游离在涂层膜的表面上，与金属表面亲和力很低，使成膜的涂层与铸缸表面顺利分离。喷墨剥离剂选择剥离性能好且不会影响油墨吸收性的物质，常见的剥离剂有：硬脂酸、油酸、棕榈酸及其铵盐或金属盐、聚乙烯石蜡、硅油、乙氧基化聚乙烯、乙烯酮二聚物等。如下面的化学结构式：

$$\left[\ R_1-COO^{\ominus}\ \right]\ R_2-\overset{\displaystyle R_3}{\underset{\displaystyle R_5}{N^{\oplus}}}-R_4$$

式中，R₁ 表示 C 原子数为 8～28 的烷基，如油酸，十八烷基等；R₂～R₅ 为 H 或 C 原子数为 1～4 的烷基。剥离剂的熔点优选 90～120℃，熔点与铸钢的工作温度相近，有利于剥离剂发挥最大作用。

固色剂、功能助剂的选择和功能与普通喷墨介质配方基本相同，在此不作详述。

表 10-6 是一套铸涂高光相纸的预涂涂料和贴光涂料的典型配方。实际操作中，用气刀涂布预涂涂层，涂布量 20～50g/m²，80～110℃下干燥。贴光涂料用气刀或坡流挤压涂布，涂布量 2～15g/m²，干燥度达到 80%～90% 时进入铸缸，铸缸温度 90～110℃，线压力 20kN/m。为进一步提高铸涂高光相纸的光泽，也可以将预涂涂层经过预干燥后先进行一次贴光处理，提高预涂后纸张的平滑度，这样涂布高光层后再一次贴光，可将光泽度提高至 40 以上（60°入射角）。

表 10-6　铸涂高光相纸的预涂涂料和贴光涂料的典型配方

	组　分	比例/（干重 w.t. %）
预涂涂料	瓷土	29～34
	轻质碳酸钙	0～6.2
	聚乙烯醇 PVA117	1.9～3.7
	丁苯橡胶乳液	2.3～3.7
	丙烯酸酯乳液	3.1～3.7
	增白剂 VBL	0.1～0.2
	三聚氰胺甲醛树脂	0.2～0.4
	硬脂酸钙	1.2～1.6
	水	补足 100 份
贴光涂料	气相法二氧化硅 M5（BET 200g/m²）	15～25
	PDADMAC	0.6～1.0
	聚乙烯醇 PVA217	2.5～3.5
	聚氨酯乳液	0.5～1.5
	棕榈酸铵盐	1～2
	水	补足 100 份

2. 坡流挤压涂布

预定量方式的坡流挤压涂布，在微孔型介质的生产中具有很大优势。微孔型介质的吸墨总量与吸墨层孔隙的总体积成正比关系，孔隙的总体积显然取决于吸墨层定量，因此，微孔型结构的涂布量要求控制得非常精确，否则，涂布过程定量波动过大，定量低的区域将发生吸墨总量不足的弊病。涂布时，涂布量与涂布头的运行振动、涂布液的黏度变化没有直接关系，横向均一性依靠模头的均流分布设计保障，纵向均一性由供料精度和拖动精度保障，其中供料精度依赖于计量泵的选择，拖动精度依赖于生产线的拖动控制，这两者在工业生产设计中都有很成熟的技术方案。就整体而言，坡流涂布的涂布精度为2%，满足微孔型介质的精度要求。

坡流挤压涂布方式在感光材料的生产中应用广泛，但喷墨介质对其要求的侧重点不同。

（1）喷墨介质吸墨层一般为单层、双层、三层设计，很少超过四层结构。因此，涂布模头以1～3层为主。

（2）1540mm是喷墨介质的常见幅宽，涂布模头最好宽于该值，以增加涂布线的幅宽匹配性。幅宽越大，模头的均流分布设计越复杂，设计不合理易造成两边涂布量偏低的弊病。

（3）喷墨涂布液的黏度一般在50～140MPa·s，高于明胶感光乳剂，模头的均流分布设计，需要适合黏度偏高的场合。

参考文献

［1］李路海.喷墨打印介质的组成与构性关系研究.硕士论文，1996.

［2］Moronori Okumura, Tomoaki Takahashi, Novel Micro Piezo technology for ink jet printhead，［J］.NIP23 and Digital Fabrication（2007）Final Program and Proceedings, pp. 314−318.

［3］Uwe Steinmueller and Juergen Gulbins. Santa Barbara, Fine art printing for photographers：exhibition quality prints with ink jet printers／CA 2007.

［4］喷墨记录方法，CN1532070A.

［5］戴干策，陈敏恒编著.化工流体力学，第2版，北京：化学工业出版社，2005.

［6］Jacob Bear, Dynamics of Fluids in Porous Media, Dover Publications, Inc., New York, USA, 1972.

［7］1997年1月，No. 1. 纸和造纸.

［8］Dr. Michael R. Sestrick GRACE Davison Technology for the Ink Receptive Coatings and Films Columbia，Maryland USA May 24, 2001.

［9］CN200410010381. 8.

［10］发明专利申请公开说明书.CN200710047558. 5.

［11］周强，金祝年主编.涂料化学.北京：化学工业出版社，2007.

［12］ CN200410092344. 6.

［13］ degussa 技术简报，No. 1279.

［14］ 王东升，杨晓芳，孙中溪. 铝氧化物水界面化学及其在水处理中的应用. 环境科学学报，2007，27（3）：353-362.

［15］ CN1576284 可乐丽.

［16］ IS&T NIP13 1997 International Conference on Digital Printing Technologies.

［17］ K. 霍姆博格等著. 韩丙勇，张学军译. 水溶液中的表面活性剂和聚合物. 北京：化学工业出版社，2005：180.

［18］ Henry W. grinding and dispersing nanoparticles, NETZSCH Incoporated, Exton, PA.

［19］ 冯平仓. 湿法超细研磨设备最新进展及在精细陶瓷领域的应用. 陶瓷，2009（4）.

［20］ 耐驰 CN200810212990. X.

［21］ 富士 CN200580038633. 0.

［22］ 德山 USP6417264.

［23］ 高濂，刘静，刘阳桥著. 纳米粉体的分散剂表面改性. 北京：化学工业出版社，2003.

［24］ 德固萨 CN03819809. 6.

［25］ 德固萨 CN03102275. 8.

［26］ 提高喷墨影像性能的化学改性涂层 CN200410058757. 2.

［27］ 刘俊清，刘艳英. 中国塑料包装网 www. ppack. net 软包装（BOPP 薄膜）生产技术之电晕控制工艺.

［28］ 张运展. 加工纸与特种纸，北京：中国轻工业出版社，2005.

［29］ 王子制纸. CN1496310A；CN101258036A；CN03805558. 9；CN1541851A.

［30］ Fujifilm, Research & Development（No. 51-2006）.

［31］ 何定邦. 印刷色彩学. 长沙：国防科技大学出版社，2002.

［32］ Micheal Berger, Henry Wilhelm；IS&T's IP 20：2004 International Conference on Digital Printing Technologies, pp. 740-745.

［33］ IS&T's NIP 18：2002 International conference on Digital Printing Technologies, pp. 319-325.

［34］ McCormick-Goodhart, Henry Wilhelm；New Test Methods for Evaluating the Humidity-Fastness of Inkjet Prints；Japan Hardcopy 2005 the annual conference of the imaging Society of Japan, pp. 95-98.

［35］ ［芬兰］ Esa Lehtinen 著. 纸张颜料涂布与表面施胶. 北京：中国轻工业出版社.

第11章 磁记录材料涂布生产

自 1927 年首次用磁粉涂在纸基上试制成录音磁带以来，世界磁带工业迄今已有近百年历史。最初采用的磁粉是粒状 Fe_3O_4。由于这种磁粉矫顽力低，仅 80 奥斯特，且漏码率高，20 世纪 50 年代初期，美国研制成了针状 $\gamma\text{-}Fe_2O_3$ 磁带，其矫顽力达到 300 奥斯特，其他性能也有所改善。由于 $\gamma\text{-}Fe_2O_3$ 能满足一般磁记录技术的要求，而且性能稳定、制备简单，工艺也日益成熟与完善，因此，虽然有多种类型磁带出现，如 CrO_2 磁带等，但 $\gamma\text{-}Fe_2O_3$ 磁带在整个磁带工业中仍占主导地位。

另一种是高记录密度的金属磁带。"金属磁带" 1960 年首次出现在日本东京大学的博士论文中。后来又有人称为 "合金" 磁带、"梦" 磁带和 "第三代" 磁带等，1979 年 2 月由日本机械工会和日本磁带工会共同定名为 "金属磁带"。1978 年年底美国 3M 公司首先成功地将金属磁带制成了盒式录音带，这也就是用金属磁粉涂布在带基上的所谓 "涂布型金属磁带"。

金属磁带大致有两种类型，一种是涂布型，另一种是镀膜型。涂布型金属磁带一般具有 1050 奥斯特的高矫顽力，3000 高斯的磁通密度，其磁特性是目前任何一种涂布型磁带无法比拟的。但在磁粉制备中，易燃、易氧化，不易分散，排磁困难，所以，其发展受到工艺和涂布技术的限制。1976 年起，人们开始研制镀膜型金属磁带。1979 年，日本松下电器公司首先试制成功镀膜型金属磁带，克服了涂布型金属磁带生产工艺上的困难，磁通密度还高达 12000 高斯。各种类型的性能对比，可见表 11-1 和图 11-1。

表 11-1　不同磁带性能对比

	$\gamma\text{-}Fe_2O_3$ 带	CrO_2 带	$Co\text{-}\gamma\text{-}Fe_2O_3$ 磁带	涂布型金属带	镀膜型金属带
矫顽力（奥斯特）	350	500	600	200～2000	100～2500
剩磁（高斯）	1200	1500	1500	5000 以下	10000 左右
矩形比	0.75	0.85	0.83	0.80	0.9 左右

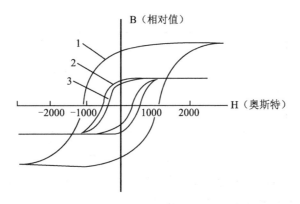

1-涂布型金属带；2-含钴氧化铁磁带；3-γ-Fe$_2$O$_3$磁带

图 11-1　不同磁带的磁滞回线

　　磁带的发展历程，也就是一个通过增大矫顽力、提高磁通密度来提高记录密度的过程。

第一节　磁浆的制备

一、磁浆的组成

　　磁浆的主要成分为磁粉、黏合剂、分散剂、溶剂、固化剂及其他助剂，典型的配方组成一般为：

磁　粉　　70％～80％

黏合剂　　10％～20％

分散剂　　1％～5％

固化剂　　1％～4％

溶剂主要用于黏合剂的溶解和黏度的调整，用量一般在全部固体量的 1.5～2.5 倍，主要取决于所选用的磁粉、黏合剂的种类和性能，同时也取决于所选用溶剂本身的种类和性能。

1. 磁粉

　　磁粉是记录磁信号的载体，是决定磁记录介质特性的主要因素。根据磁介质的不同用途，选择不同的磁粉。表 11-2 是磁粉类型及其应用。

表 11-2　磁粉分类及其应用

磁　粉	用　途
γ-Fe$_2$O$_3$	录音带、磁卡

续表

磁　　粉	用　　途
CrO_2	录音带
$Co-\gamma-Fe_2O_3$	录音带、软磁盘、磁卡
金属磁粉	数字录音、录像
钡铁氧体	磁卡

磁粉的主要指标有：磁粉粒子的形状、尺寸、轴比、比表面积、矫顽力、比饱和磁化强度、开关场分布、轻敲密度等。

磁粉的形状：$\gamma-Fe_2O_3$ 磁粉的形状一般为针状，近似于椭圆形球体，其轴比（长轴与短轴的长度之比）对磁粉的性能有主要影响。钡铁氧体磁粉为片状结构，但由 $\gamma-Fe_2O_3$ 合成的钡铁氧体磁粉也可以为针状。磁粉的特性决定了分散的难易程度。因此，不同的磁粉采用的磁浆配方与分散工艺也有所不同。

2. 黏合剂

磁记录介质所用的黏合剂是一种高分子成膜剂，它形成磁层，固定磁粉，并牢固地黏结在基体上。根据黏合剂在磁记录介质中所起的作用，磁记录介质黏合剂应具有以下特性：

a. 所形成的磁层与基材有良好的黏结性能；

b. 磁粉在黏合剂中能良好地分散；

c. 涂层的耐磨性能好；

d. 具有适当的柔软性；

e. 摩擦系数低；

f. 电阻率低；

g. 耐化学品性能好；

h. 涂层固化处理后无粘连；

i. 涂层使用的范围广；

j. 保存期长，耐候性好。

虽然高分子化合物得到了快速发展，黏合剂的种类也越来越多。但是，要满足以上性能，单独地采用一种黏合剂还是不行的。一般采用组合型黏合剂，即由两种或两种以上黏合剂组成混合体系。

磁记录介质采用的黏合剂按其主体成分、化学结构和性能特点，分为热塑性黏合剂和热固性黏合剂两种。按其溶解性能又可分为溶剂型黏合剂、水性黏合剂，以及不使用或极少使用溶剂的辐射固化黏合剂。

①热塑性树脂黏合剂

热塑性树脂黏合剂是受热可变为流动态、遇冷能硬化的可熔性高分子物质。

其软化点在150℃以下，平均相对分子量10000～20000，聚合度200～2000。磁粉在这种树脂中容易分散和定向，成膜性好，黏结力强。但它的耐热性和耐溶剂性差，制成的磁层耐磨性较差。这类黏合剂主要有纤维素衍生物、乙烯基树脂、丙烯酸树脂等。

纤维素衍生物是对天然高分子化合物纤维素进行改性而成。常用的有硝酸纤维素（NC）、醋酸纤维素等，其特点是黏结性强，流平性好，涂层表面光滑，但强度低，柔软性差。

乙烯基树脂是由各类乙烯基单体按自由基型或离子型反应聚合或共聚而成。如氯乙烯—醋酸乙烯共聚物，氯乙烯—醋酸乙烯—乙烯醇三元共聚物，氯乙烯—醋酸乙烯—顺丁烯二酸酐共聚物，偏二氯乙烯—丙烯腈共聚物，丁二烯—苯乙烯共聚物，聚乙烯醇缩丁醛等。

氯乙烯—醋酸乙烯共聚物是由氯乙烯与醋酸乙烯（酯）共聚而成：

$$CH_2=CHCl+ \ CH_2=CH \longrightarrow \ [CH_2-CH-CH_2-CH]_n$$
$$\qquad\qquad\qquad OCOCH_3 \qquad\qquad OCOCH_3$$

醋酸乙烯在共聚物中对氯乙烯起内增塑作用，提高了共聚物的柔软性和溶解性，并保持了它的韧性、化学惰性和氯乙烯的阻燃性。用于制造磁记录材料，可提高磁粉的定向度和磁特性。

氯乙烯—醋酸乙烯—乙烯醇三元共聚物是由氯乙烯—醋酸乙烯共聚物控制部分水解而成：

$$[CH_2-CH-CH_2-CH]_n \xrightarrow{\text{甲醇}}$$
$$\quad\ \ Cl \qquad\qquad OCOCH_3$$

$$-CH_2-CH-CH_2-CH-CH_2-CH-CH_2-CH-$$
$$\qquad Cl \qquad\quad OCOCH_3 \qquad Cl \qquad\quad OH$$

氯乙烯—醋酸乙烯—乙烯醇三元共聚物具有成膜性好，有一定的柔韧性和黏附力，与其他黏合剂相容性优良。因在一般溶剂中的溶解性好，可与固化剂进行交联的特点，用它制成的磁记录涂层具有较高的耐磨性、硬度、热稳定性和耐溶剂性。由于该黏合剂品种中，三种化合物的不同共聚比，将对其性能产生较大影响，因此，一般控制在 $V_C:V_{AC}:V_A=91:3:6$。

氯乙烯—醋酸乙烯—丙烯酸-β-羟丙酯三元共聚物是一种直接聚合型乙烯基树脂，是由氯乙烯、醋酸乙烯、丙烯酸-β-羟丙酯三种单体直接共聚制成。共聚比一般控制在氯乙烯87％，醋酸乙烯5％，丙烯酸-β-羟丙酯8％。

酚氧树脂是由双酚A与环氧氯丙烷制得的高分子量热塑性共聚物，化学结构为：

$$\left[-O-\left\langle\bigcirc\right\rangle-\overset{\underset{\displaystyle CH_3}{|}}{\underset{\underset{\displaystyle CH_3}{|}}{C}}-\left\langle\bigcirc\right\rangle-O-CH_2-\overset{\underset{\displaystyle OH}{|}}{CH}-CH_2\right]_n$$

该树脂具有热稳定性好的特点。

②热固性树脂黏合剂

热固性树脂黏合剂是指能获得三维交联结构的聚合物，具有耐热性、耐水性、耐溶剂性、耐化学性能良好的特点，蠕变小，抗磨性好，黏结强度高，但是分散性差。获得交联结构的方法有两种：一是由多官能团的单体或预聚体合成三维结构；二是用交联剂把线形高分子交联成三维结构。

传统的热固性黏合剂体系有：

a. 经过硫化处理的酚醛树脂—丁腈橡胶；

b. 经过加热硬化的环氧树脂—聚酰胺；

c. 尿素树脂、三聚氰胺等；

d. 聚氨酯；

e. 其他如不饱和聚酯、醇酸树脂、丙烯酸系反应性树脂等。

在磁记录材料中使用最广泛的是聚氨酯树脂，它可与多官能团的异氰酸酯反应而实现固化交联，以提高其抗磨性、耐水性、耐溶剂性、耐热性、化学稳定性和抗老化性。

其反应式为：

$$HO\cdots R\cdots OH+OCN-R'-NCO\longrightarrow$$
$$\cdots R'-NH-CO-O\cdots R\cdots CO-NH-R'-NH-CO-O-R\cdots$$

③水性黏合剂体系

水性黏合剂体系是指用水做介质的水溶性和水分散性的黏合剂。它不使用有机溶剂，不会造成对环境的污染，也没必要进行溶剂回收，节约能源和原材料，而且安全性好。

常用的水性黏合剂有聚氧化乙烯、苯乙烯—马来酸酐共聚物、丙烯酸乳胶、聚乙烯醇、酰胺化合物和水溶性聚酯、聚氨酯、环氧树脂等。

聚氧化乙烯又称聚氧化乙烷，是由环氧乙烷开环聚合而成：

$$n\ CH_2-CH_2\overset{聚合}{\longrightarrow}\left[CH_2-CH_2-O\right]_n$$
$$\underset{O}{\diagdown\diagup}$$

是一种与水形成氢键的聚醚，相对分子量在 150000～250000。

丙烯酸乳胶是以丙烯酸酯单体经乳液聚合而制得的乳液黏合剂，固含量为 20%～40%，乳胶颗粒直径约为 0.1～2μm，成膜后表面光滑、柔软，具有较好的抗水性和机械强度。

聚乙烯醇是使用最早的合成的水溶性黏合剂。制备时因为单体乙烯醇不稳定，所以它不能由单体聚合直接获得，而是通过聚醋酸乙烯酯水解制成：

$$\{CH_2—CH_2\}_n \xrightarrow{\text{水解}} \{CH_2—CH_2\}_n$$
$$\quad\quad\ \ |\ OCOCH_3 \quad\quad\quad\quad\quad |\ OH$$

3. 溶剂

在磁记录材料制造中，溶剂用于溶解黏合剂、润湿磁粉并为磁粉分散提供流体介质。溶剂还用来稀释磁浆，使之达到适合于涂布工艺所要求的黏度。

一般来说，磁性涂料（磁浆）中均含有两种或两种以上的溶剂。选择溶剂体系应综合考虑以下多项要求：①黏合剂树脂在溶剂中的溶解度越高越好；②在确保最佳涂布黏度的前提下，溶剂的用量尽可能少；③溶剂的挥发速度适当；④溶剂的化学稳定性、可燃性、毒性及来源、成本等问题。

溶剂对黏合剂的溶解能力用溶度参数来评价，黏合剂的良溶剂所具有的溶度参数 δ_s 与该黏合剂的溶度参数 δ_p 应差不多，其偏离量一般不超过20％。按照溶度参数接近互相溶解的原则来选择适当的溶剂体系。另外，需考虑能获得良好的涂层表观质量，以及充分考虑与涂布干燥能力相适宜的溶剂沸点范围。

磁记录介质制造中常用的溶剂有：丁酮、环己酮、甲基异丁基酮、丙酮、四氢呋喃、乙酸乙酯、乙酸丁酯、二氯乙烷及甲苯等。

4. 分散剂

分散剂是一种用于促进磁粉粒子在黏合剂和溶剂中分散的助剂，其主要作用是防止磁粉凝聚成团，促进黏合剂对磁粉的润湿和分散。磁记录介质的性能优劣之关键取决于磁粉的分散程度，分散程度越高越好。分散剂不仅能促进磁粉在黏合剂中分散，而且还可以降低黏合剂、溶剂的表面张力，提高磁浆的流平性和稳定性，减少磁粉的沉降。

分散剂性能直接影响制浆的预分散、砂磨时间、磁浆黏度、分散稳定性、磁粉填充量、涂膜光泽、磁带表面性能等，进一步影响磁带电性能。选择合适的分散剂可以降低分散体黏度，控制相同的黏度时，则可增加磁粉量或减少溶剂量，若控制相同的黏合剂、溶剂与磁粉的配比，则可缩短研磨工时，缓解磁粉沉降。

适用的磁粉分散剂需要满足下列要求：

（1）高分散性，能降低磁浆黏度；

（2）能与磁粉和其他无机粉末吸附牢固，不易脱落；

（3）与助剂、溶剂、黏合剂相容性好。

常用的磁浆分散剂有卵磷脂、大豆磷脂。大豆磷脂是成本低且分散效果较好的分散剂。其他分散剂有：有机磷酸酯，季铵盐化合物及其他多种表面活性剂，如磺化琥珀酸盐，磺酸木清素，高级脂肪酸，高级脂肪酸酯及其碱金属或碱土金属的盐类等。

有机磷酸酯是一种表面活性剂，为淡黄色稳定黏稠液体，溶解于水，溶于芳香族、脂肪族和氯代有机溶剂中。该类化合物除具有润湿、分散特性以外，还具有抗静电和润滑特性，属于一种复杂的有机磷酸酯，可为单酯，也可为二酯：

$$RO(CH_2CH_2O)_n \underset{HO \quad OH}{\overset{O}{\diagdown P \diagup}} \qquad \underset{RO(CH_2CH_2O)_n}{\overset{RO(CH_2CH_2O)_n}{\diagdown}} \underset{OH}{\overset{O}{P}}$$

5. 其他助剂

其他助剂还有抗静电剂、润滑剂、耐磨剂等。

二、磁浆的分散

磁浆分散，就是通过一定手段，使磁粉均匀地分散到黏合剂中，且被黏合剂所湿润，并使磁粉以单独粒子形式存在，由黏合剂包裹隔开的过程。磁浆的分散工艺通常可分为球磨分散和砂磨分散两种。

一般分散前，首先经过混合。所谓混合，就是根据磁浆配方，将磁粉、黏合剂和助剂以及溶剂等各种组分加入混合器，加工成为膏状混合物。混合时间一般为 1.5~2.0 小时。混合加工后磁粉的粒径近似于 $10\mu m$，磁浆黏度因产品不同而变化，例如录音带用磁浆黏度 1.5 万厘泊，录像带磁浆 1.8 万~2.0 万厘泊。

1. 球磨分散工艺

球磨分散工艺是磁浆制备的早期分散工艺，其过程是将直径为 6~20mm 的钢球或陶瓷球等（约占球磨机容积的 1/3）放入球磨罐体内，加入磁粉、部分黏合剂、溶剂和助剂，然后转动球磨机罐体，由于惯性、离心力、重力等的作用，使研磨球在罐体内形成雪崩式或瀑布式的下落，在球体下落过程中，将产生冲击作用和球体之间的摩擦力，以及球体与罐体之间的摩擦力作用而使磁粉得到分散。

在磁粉分散到一定时间后，把剩余的黏合剂加入到球磨罐体内继续分散到要求的程度，在涂布前用溶剂将磁浆稀释到涂布所需的黏度。

球磨分散工艺的特点是设备简单、能耗低、分散周期长。一批浆料一般需要 4~5 天时间分散，属于间隙式生产，所以在 20 世纪 80 年代逐步被砂磨分散工艺所取代。目前在实验室还有使用小球磨机进行材料筛选等试验。

2. 砂磨分散工艺

砂磨分散的基本工艺流程，包括预分散、分散、稀释补加、匀化砂磨等过程。常用设备有卧式砂磨机、立式砂磨机和行星搅拌器等，关于设备的具体结构，此处不作详述。

（1）预分散及其操作控制

预分散及其操作控制是指按比例将全部的磁粉、分散剂、助剂及部分黏合剂、溶剂加入预混合设备中进行预分散，预分散设备有高速搅拌器、行星搅拌器、捏合机等，其特点是具有强大的剪切力。预分散过程是高固含量（60％～80％）分散过程，在强剪切力的作用下，达到以下目的。

a. 使磁粉团块细化，以使在砂磨分散中能顺利通过筛网。

b. 使磁粉得到密实化，增加涂层中的磁粉体积填充密度。

c. 使磁粉在含有分散剂的黏合剂体系中，得到充分润湿，增加砂磨分散效率。

预分散的效果取决于设备的剪切力和混合体系的黏度。

（2）砂磨分散及其操作控制

经预分散的磁浆混合体系，在砂磨机进行精细砂磨之前需进行适当的稀释，以降低固含量（一般为40％～60％），使浆料输送能顺利进行。

所用砂磨机，分为立式砂磨机和卧式砂磨机两种，由泵、分散盘、筒体、研磨砂、浆料分离系统、密封润滑系统、电机等部件组成。砂磨机工作时，是由电机带动伸入分散筒体内的装有数个分散盘的旋转轴旋转，带动分散介质高速旋转，与磁粉产生强大的冲击力和剪切力，使磁粉粒子得到分散。

砂磨机的分散效率与砂磨机的形式、分散筒体的大小、分散盘的结构、旋转速度、分散介质的粒度和密度、装填数量、磁浆的黏度、分散强度、流量的大小等有关。

分散筒体的大小，也决定了分散盘的大小。通常情况下，分散盘尺寸大，产生的离心力也大，带动分散介质的旋转速度快，剪切力也大，分散效率高，因此，要根据不同的磁粉粒子、不同的分散细度要求和生产量的要求，选择不同体积的砂磨机。

分散盘的结构，有带孔圆盘式、狼牙棒式、偏心轮式等。不同结构的分散效率通过实验数据可得出。

分散盘的数量取决于分散轴的长短和分散盘之间的间隔。

分散介质的粒度与密度是砂磨工艺中需要精心选择的，通常情况下，粒径越小，分散细度越细，粒子直径过小，将失去研磨介质对磁粉粒子的冲击力和剪切力，失去分散作用，粒子直径过大，将达不到分散细度的要求。一般情况下，研磨介质密度越高，分散效率越好。常用的研磨介质为玻璃砂，为提高介质密度，氧化锆改性珠子被越来越多地采用，目的在于选用小粒径珠子时，可保持相应的质量，从而保持高速旋转时的冲击力和剪切力，提高分散效率。研磨介质的圆度是选择不同生产商的产品时需要考虑的另一个重要因素，对圆度不高的珠子将降低自转的速率，对于扁平的珠子还容易破碎，增加研磨介质的破损率。

装填数量即装砂量是影响砂磨分散效率的重要因素，不同型号的砂磨机有所不同，但应在分散筒体体积的70％～85％，具体的装填量应根据所选用的砂磨机实验选定，有时1千克的差别，对砂磨分散效率有着很大的差别，因此，在砂磨机运行一定时间后，要及时补充研磨介质，保持适当的装砂量。

磁浆的黏度是影响砂磨分散效率的又一个重要因素，不同配方，不同磁粉，选择黏度不同，固体含量一般在40％～60％。

磁浆流量取决于生产能力的设计，对于流量较大的生产工艺，一台砂磨机一般达不到分散细度要求，需要几台砂磨机的组合使用。

当磁浆通过砂磨分散，经检验达到完全分散后，应补加剩余的黏合剂，并用适量的溶剂调整黏度，使之符合涂布要求。稀释之后的物料，需再次分散。

3. 磁浆过滤

分散好的磁浆需经过过滤，去掉其中可能存在的任何杂质和凝聚物。用来拦截或捕集杂质和凝聚物的滤布、滤纸、滤芯等统称过滤介质。最早使用的过滤介质有滤布、滤纸、不锈钢丝网、玻璃纤维等材料。目前最常用的是使用纤维绕扎的滤芯。滤芯的绕扎密度是内细外粗，即由外向里构成径向密度梯度，外部捕集粗颗粒杂质，内部堵截细颗粒杂质。

滤芯的过滤精度通常使用标称过滤精度，各种标称过滤精度与可滤掉的颗粒或杂质大小如下：

标称过滤精度（μm）　　　5　　1～3　　0.5　　0.1　　0.05

实际滤掉粒径（μm）　　　>20　　>15　　>5　　>3～4　　>1

在生产中常采用多级过滤，对滤芯进行组合，其组合方式大致可分为：

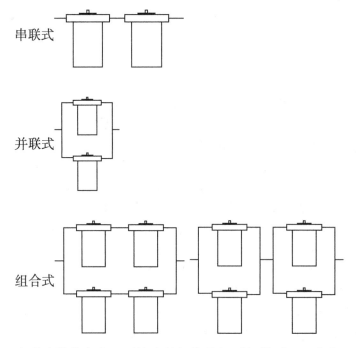

串联式

并联式

组合式

串联式的优点在于可将滤芯规格从粗到细排列，一次实现多级过滤。

并联式的优点在于增加过滤速度，扩大磁浆流量。

组合式是集中了上述两者的优点。

具体使用滤芯的数量和规格取决于产品的质量特性要求和涂布用浆速度。

经过过滤的磁浆加入适量的固化剂，在搅拌状态下等待涂布使用。

第二节 常用磁浆涂布方式

涂布是磁带生产中的关键工序，它是按照产品所需厚度要求，把分散好的磁浆均匀地涂敷于带基上。要求涂层表面平滑，无凸起、气泡、针眼和划伤或其他缺陷。

涂层厚度一般 4~8μm，均匀度误差不大于±2.5%，涂磁宽度可达 1200mm。涂磁速度通常为 30~200m/min。

涂布方式可以是刮刀涂布、反转辊涂、凹版涂布、挤压涂布和喷涂等。磁记录材料用的涂布方式最常用为凹版（微凹版）涂布和反转辊涂布。

一、凹版涂布方式

凹版涂布方式常用于涂层厚度薄、厚度均匀性高的产品。

所谓的凹版涂布，就是在涂布辊上刻有凹凸纹路（图 11-2），涂布时磁浆进入涂布辊的凹部分，其中大部分浆料由于与带基相接触而被涂在带基上，通常，为使磁层消除凹版网孔图纹形成均匀涂层，于涂布之后瞬间、磁浆还在流动的情况下，将磁带用金属板或是金属辊制成的平滑器（也称均匀辊、匀化辊等）进行平滑处理。凹版涂布方式，不仅涂布的磁层厚度均匀，而且能实现高速度的涂布，非常适合单一产品的连续制造。但是，当磁浆的黏度和固含量变化时，则涂布的磁层厚度也随之改变。所以每次都得变更凹版设计尺寸，才能确保磁层的一致性。

为此，采用凹版涂布方式要求工艺稳定（例如磁浆的黏度、固含量、涂布速度等）是十分重要的。当凹版涂布方式的涂布速度增加时，使凹版辊的凹槽部分不能充满磁浆，并且高速旋转产生的离心力的影响，会出现供料不足的情况，因此，应采取强制喷嘴供料方式。

凹版辊的图形有许多种，但具有代表性的图形有锥形、方格形、旋斜线形。凹版涂布方式可能涂布的黏度范围不太宽广，但从比较来看，该涂布装置的机械比较简单，是被广泛使用的涂布方式之一。

二、反转辊涂布方式

反转辊涂布方式是指背辊（支持辊）与带基的前进方向相同，而与涂布辊旋转方向相反的涂布方式（图11-3）。

图 11-2　凹版涂布示意

图 11-3　反转辊涂布示意

如果涂布辊与带基的方向相同，则涂布面会出现凌乱，若是带基与涂布辊旋转方向相反，即背辊与涂布辊轻轻接触就会将磁浆涂布带基上，背辊是由硬度为70HS 左右的合成橡胶做衬里，具有弹性。

反转辊涂布方式的优点在于其涂布厚度是依靠各辊的间隙来调整，涂布厚度范围大，而且黏度的容许范围比较广。因此，涂层的厚度可从 $1\mu m$ 以下到 $50\mu m$ 左右。

反转辊涂布方式的厚度均匀性和涂布速度不如凹版涂布方式，因为辊的旋转精度、轴承的精度、张力控制等均会引起厚度的变化。至于涂布辊的安装方位则与磁浆的黏度有关。

如上所述，反转辊涂布方式的涂布厚度是由涂布辊与计量辊之间的间隙和磁浆的固含量来决定，可调整范围广，比较适宜使用同一台涂布机生产不同品种的涂层，因此，是目前使用最为广泛的涂布方式之一。

三、凹版涂磁工艺过程

供浆罐中的磁浆，经齿轮泵打入过滤器，经精过滤后的磁浆压入供给嘴。磁浆的一部分流入凹槽中，另一大部分流到托盘中。到一定液面时，自动流入回浆罐中。回流齿轮泵的压力使多余磁浆压入过滤器，经过滤后再压入供浆罐。如此循环往复。凹版辊斜形凹槽中的磁浆，靠凹版辊的旋转，使溢于表面的多余磁浆，经沿凹版辊母线做往复运动的刮刀刮掉，然后由背辊与凹版辊的接触压力，把凹槽中的磁浆压印到带基上。带基与凹版辊之间的角度，通过标有可调图中上下箭头托辊予以调整（图11-4）。

压印到带基上的磁浆是斜线条形，磁层面不连续，不能作记录用。因此，为使其均匀分布到带基上，通过三道匀滑装置解决。第一道是一条圆金属棒，靠专用马达带动高速旋转，将斜线形浆液辊平，使带基上斜线与斜线之间也辊上磁浆，此刻再看不到斜线浆液了。接着是第二、第三道匀滑。这两道是使用聚酯薄膜片使其与磁浆面接触，匀滑用的聚酯薄膜固定不动，磁带向前运动。这样，匀滑片

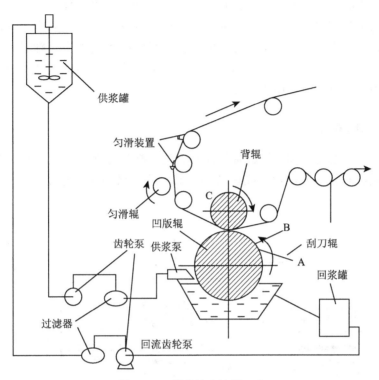

图 11-4　供浆涂布流程示意

起到了进一步匀滑平整磁层面的作用。磁带经对抗磁场定向、三个温区的热空气烘干后，再经冷却辊把磁带恢复到常温态。然后由收卷装置把磁带收卷成整卷，交下一道工序作表面压光处理。

涂布过程就是通过涂布设备将磁浆均匀地转印到双轴定向的 PET 薄膜上。涂布双磁层磁带可用三辊反转式或凹版涂布式等设备，如图 11-5 所示，ABC 三辊反向转动，磁性浆料由下往上喷在涂敷辊 B 的辊面上，经与 B 辊反向转动的 A 辊刮浆计量，通过有一定弹性的橡胶辊 C 与辊 B 的对压，将 B 辊上的磁浆转印到快速运动的基片（PET 强化膜）上，再经胶片 P 匀化、磁铁 D 定向，

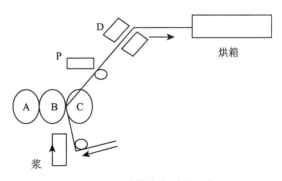

图 11-5　磁带涂布过程示意

然后在 60～100℃ 下烘干，压光，收卷成长度为 5050m 的大轴，就涂好内磁层。接着如上的工艺流程在内磁层的外面再涂一层外磁化层，压光后常温下放置两天充分固化，就完成了双磁层录音磁带的制作。目前制得的磁带大轴的规格一般为长 5050m、宽 330mm。将磁带切成 3.81mm 宽的饼带，然后灌装成 C-60 盒式磁带，就成为一般录音机可用的磁带。

四、挤压涂磁系统

挤压涂布法也是一种传统磁带的涂布方法。挤压涂布线一般包括放带器、涂布头、排磁定向器、干燥道、收带器等。其中主要装置挤压嘴涂布头如图 11-6 所示。

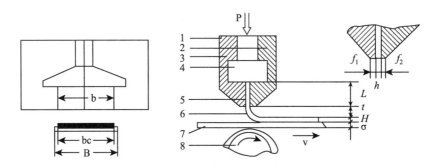

1—进料道；2—挤压嘴 A；3—挤压嘴 B；4—容料槽；5—平面窄缝；
6—涂层；7—带基；8—背辊
图 11-6　挤压涂布头基本结构示意

涂布过程中，带基绕经背辊以速度 V 匀速传递，磁浆在一定压力 P 下，经挤压嘴进料道、容料槽后由窄缝挤出，形成流体垂落到带基上，形成涂层。挤压嘴为 $2Cr_{13}$ 不锈钢材质，剖分式结构，两块中的其中一块上开有深度为 h、宽度为 b 的浅槽，两块用螺钉连接。如此设计，使得涂布头装拆方便，便于维修和挤压嘴内外表面的快速清洗，两块之间可垫薄垫片以调整窄缝缝隙。涂布前，调节挤压嘴的安装支架，来确定挤压嘴与背辊和带基的相对位置。

五、金属磁带的生产工艺

1. 涂布型

涂布型金属磁带的生产工艺与其他涂布型磁带相同，也是将磁性介质磁粉与黏合剂混合后涂布在带基上。但金属和合金磁性介质的制备则比 γ-Fe_2O_3 磁粉的制备要复杂得多，方法也多种多样，但其共同的特点是尽可能地使颗粒微细化、针状化并改善其分散性和化学稳定性。

主要制备方法有：

（1）用氢还原 Fe、Co、Ni 的复合有机酸盐或铁含水氧化物；

（2）用氢硼化物和次磷酸盐还原强磁性金属盐的水溶液；

（3）使 Co 和 Fe 的羧酸盐在有机溶液中分解；

（4）电解强磁性金属盐的水溶液；

（5）在低压惰性气体中蒸发金属。

目前磁带生产用的金属磁粉主要采用还原法制备。另外由于金属磁粉是一种亚微米粒子的纯金属粉末，所以易燃、易氧化。因此，至今仍是涂布型金属磁带生产工艺中的难题。

2. 镀膜型

镀膜型金属磁带的最大特点是没有黏合剂，而是 100％的磁性体。这种磁带是采用真空镀膜和化学镀膜等方法，将金属再结晶于聚酯带基上而制得。1979 年，日本松下电器公司生产的镀膜型金属盒式带，采用的就是真空镀膜方法。

真空镀膜本身并不是什么新技术，但是应用在磁带生产上则是一种大胆的创举，图 11-7 是金属磁带真空镀膜的示意图。

在真空镀膜时，首先将密闭的设备抽真空至 $10^{-5} \sim 10^{-4}\,Pa$，然后升温使金属粉末熔化并生成蒸气沉积在聚

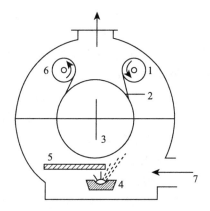

1—供片轴；2—片芯（聚酚）；3—冷却器；
4—蒸发器；5—阻挡器；
6—收卷轴；7—进气口
图 11-7　金属磁带真空镀膜示意

酯带基上，车速为 100m/min 左右，沉积速度约为 100Å/s。镀膜型金属带工艺的关键问题是均匀性、黏着性以及带基的热老化，还有磁带反射系数高、表面氧化等。

第三节　涂层干燥

一、干燥速度理论

1. 磁层薄膜形成

磁浆在带基上涂布之后，溶剂就立即开始蒸发，这就使黏合剂转向玻璃化状态，并形成以平面定向结构为主的磁层薄膜。

虽然磁层的干燥看起来简单，但是实际上是磁带工艺学中最复杂的过程之一，在很大程度上决定着磁带的质量，这取决于被干燥材料的特点、涂布机的结构和磁浆涂布设备。

2. 干燥阶段分区

磁层成型和干燥过程所需的时间，即涂布机的生产效率，取决于溶剂的蒸发速度，尽管磁层的厚度不大，但其干燥过程可分为两个阶段：恒速干燥和减速干燥。当溶剂从成型的磁层表面蒸发时，由于磁层很薄，内层溶剂的扩散将进行得相当快。因此，第一个阶段相当重要，磁层内部溶剂扩散的阻力同湿气从磁层的表面向空间转移的阻力比较起来非常小，几乎不影响干燥速度。在第二阶段，内层溶剂扩散的阻力是主要的，表面湿气的含量接近于平衡。因此，干燥速度不取决于干燥的温度与速度，在第一阶段磁层溶剂的蒸发速度过高是不利的，因为表面一旦形成板结层，就会降低在以后干燥阶段的溶剂蒸发速度。其结果会影响磁层厚度的不均匀性，并且会导致磁粉的迁移，降低磁粉的定向度，影响产品的工作特性。

3. 干燥速度计算

磁层的干燥速度 $V(\mathrm{kg/m^2 \cdot h})$ 由下式来决定：

$$V = \mathrm{d}W/F\mathrm{d}t$$

式中　W——溶剂的蒸发量；

　　　F——蒸发面积；

　　　t——蒸发的持续时间。

在恒速干燥期间，溶剂的蒸发是与其所得到的热量成比例。

$$\mathrm{d}W = \beta \mathrm{d}Q$$

式中　Q——热量；

　　　β——比例系数。

磁层所得到的热量（千卡）是：

$$\mathrm{d}Q = \alpha F (T_B - T_P) \mathrm{d}t$$

式中　α——散热系数，千克/平方米·时·℃；

　　　F——散热（蒸发）表面积，平方米；

　　　T_B——热风温度，℃；

　　　T_P——磁层的表面温度，℃。

因此，确定第一个阶段干燥速度（千克／平方米·时）为

$$\mathrm{d}W = F\beta\alpha (T_B - T_P) \mathrm{d}t$$

$$V = \mathrm{d}W/F\mathrm{d}t = \beta\alpha (T_B - T_P)$$

以相应于蒸发温度的饱和蒸汽压 P_a 与热风中溶剂的蒸气分压 P_o 之差来表示过程的推动力，再把系数 α 和 β 合并成一个系数 K_p，则得到：

$$V = \mathrm{d}W/F\mathrm{d}t = K_p(P_a - P_o)$$

这个方程表示液体从自由表面蒸发的基本规律，称为道尔顿方程。

在涂布机的干燥道里，蒸发面积 $F = b \cdot l$

式中　b——涂层宽度；

　　　l——干燥区的有效长度。

于是：

$$dW = K_p bl(P_c - P_o)dt$$

$$\int_o^W dW = \int_o^t K_p bl(P_c - P_o)dt$$

$$W = K_p bl(P_c - P_o)t$$

因为磁带的移动速度 $V = l/t$ 或 $t = l/V$，则

$$W = K_p b(P_c - P_o)C^2/V$$

因此，磁带在干燥道内的最大移动速度，即整个涂布机系统的最大速度为：

$$K_p b(P_c - P_o)l^2/W$$

从上式中可以看出，涂层的干燥与涂布宽度、干燥道长度、涂料所使用的溶剂种类及蒸发速度、工艺中采取的干燥温度、风量设计等相关。

二、干燥温度与风量对涂层质量的影响

1. 磁层干燥分区

由于其他因素在涂布机干燥道的设计和涂料的配方研究中已经确定，因此，这里主要介绍干燥温度与风量对涂层质量的影响。

根据干燥温度和风量的不同，一般将磁层的干燥分为三个区域（图 11-8）。①预热区；②恒速干燥区；③减速干燥区。

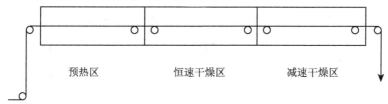

预热区　　　　　恒速干燥区　　　　　减速干燥区

图 11-8　涂布磁层干燥道分区示意

2. 磁层干燥控制

在干燥的过程中，涂层的变化特点如图 11-9 所示。

在预热区期间，干燥温度的设置不宜过高，通常情况下，在 60～90℃，风速不宜过快，由于处于该区域内的涂层的溶剂含量非常高，如果温度过高，风速过快，将导致磁粉粒子由于热运动而使原先通过磁定向排列的有序状况遭到严重破坏。再者，如果预热区的温度过高，风速过快，将导致涂层表面迅速干燥，形成表面干燥层。当磁带进入恒速干燥区后，里层的溶剂迅速蒸发，造成涂层的破裂和砂眼等缺陷。

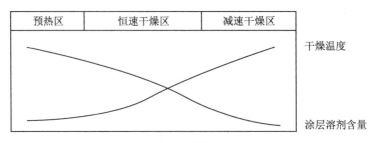

图 11-9　涂布磁层干燥过程变化示意

在恒速干燥区，通常要求控制供给的热量与溶剂蒸发所需的热量基本保持平衡。温度一般在100℃左右，不同的溶剂配比，所选择的温度有所不同，风速可适当加快，以保持干燥所需的热量。

在减速干燥区，由于此时涂层的溶剂残留量已非常少，况且，基本残留在涂层的内部，因此，此时如简单地增加风速只能解决涂层表面的干燥。相反地，此时应适当降低风速，提高温度，此时的温度应接近或达到溶剂的沸点。

然而，由于磁带在后处理过程中，需要压光以增加磁层的表面平滑度。因此，在涂层中保留适量的溶剂是必要的。

第四节　反转辊涂布中易出现的表观质量问题及解决方法

涂布不均匀有两种，一是纵向不均匀，二是横向不均匀（图11-10）。

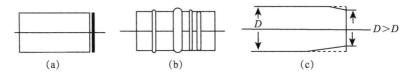

图 11-10　部分涂层不均匀状态示意

形成原因大体有，供带部分的直流控制器失去平衡，造成运带不稳定等。

具体原因有：①供带装置的线重放刹车制动粉末消耗不足量时，可采取添加粉末或将结块研磨成细粒复用。②张力传感器有故障，动作不良。排除故障后可恢复正常动作。③放卷器的夹紧辊旋转不正常，张力不均匀。此时要卸开放卷器检查，可能是制动零件磨损后不能起到圆周上任何一个部位的制动作用。这时要更换制动零件。

凹版辊的驱动部分皮带松弛，导致不能作顺利有效匀速驱动，而是变速传动。

这时应调整两皮带轮中心距，使皮带拉紧或更新皮带。

背辊变形。背辊是橡胶包制铁芯，当保管不当，长期受压，接触面变成扁平，涂布时就会出现时厚时薄的现象，造成纵向不均匀。应用架子妥善保管胶辊。

供带带卷在运输保管中受压变成椭圆，在运带时瞬时圆周速度时快时慢，也影响到纵向涂层的均匀性。

刮刀刀刃未与凹版辊母线重合，会出现横向不均匀。应重调刮刀位置加以解决。

出现横向不均匀，最严重的是刮刀安装时，未按顺序紧固螺钉，刀片出现波浪形。

其次是刀刃不平直，凹进部分涂层变厚，凸出部分涂层出现亮条。因此，操作工的技术水平，很重要一条是磨刀技术。用磨石手工加工，要用力均匀，视觉准确。否则刀片磨后达不到技术要求，甚至报废。

一、涂层出现裂纹

1. 产生原因

①涂层过厚；

②干燥过快。

2. 解决方法

①延长干燥道、延长干燥时间或降低涂布速度、延长干燥时间；

②降低预热区的干燥温度和风速；

③减薄涂层。

二、涂层砂眼

1. 产生原因

①涂层厚度偏厚；

②干燥速度偏快；

③涂布辊与计量辊的转速比不当；

④涂层溶剂选择不当。

2. 解决方法

①合理配置预热区、恒速区、减速区的干燥温度和风速；

②调节涂布辊、计量辊的转速比。

三、涂层漏涂

1. **产生原因**

①供料不足；

②过滤压力过高；

③涂布辊转速过快。

2. 解决方法

保持供料管道的畅通，供料过滤压力不超过 0.4MPa，适当降低涂布辊转速。

四、条道

1. 产生原因

①涂布辊或计量辊有划伤条道；

②采用供料嘴供料，嘴唇上的毛刺、破口等也会造成条道；

③带基未展平；

④涂布辊/计量辊的速比设置不当。

2. 解决方法

①对涂布辊或计量辊重新研磨，保持辊面平滑；

②保持供料嘴唇的平滑；

③调整带基运行方式，保持带基在运行过程中的平展性；

④调整速比。

五、厚度均匀性差

1. 产生原因

①涂布辊、计量辊的径向跳动量大，造成两辊之间的间隙波动；

②涂布系统的张力控制不平稳；

③背辊（弹性辊）的硬度不均匀；

④背辊的压力过大或过小；

⑤涂料的固含量波动大。

2. 解决方法

①涂布辊、计量辊无论采用轴承还是轴瓦，都会产生一定量的径向跳动，还有涂布辊、计量辊加工过程的圆度也是产生间隙变化的原因之一，因此，关键是提高两辊运行的圆度，减少两辊之间的间隙变化值。

②背辊是影响涂层表面质量的主要因素，要求硬度均匀，弹性合适。背辊上的接头、运行中的弹力变化都将引起涂层厚度的变化。因此选择背辊，非常重要。

③背辊的压力，需要根据所选用的背辊进行调整，压力过大，容易造成带基运行过程的阻力增加，运行速度的不匀，导致涂料转移的不均匀，造成厚度差异，压力过小，会导致涂布辊上的涂料转移不完全，导致厚度差异。

④涂料在涂布过程中，溶剂的挥发始终是在进行的，随着溶剂的不断增加，固含量会提高，涂层的厚度也会增加，要保持涂料固含量的平稳，一是要及时补加新浆，二是补加适量溶剂。

参考文献

［1］ R. O. Fisher, L. P. Davis, R. A. Cutler, 蔡亚夫 . γ-Fe_2O_3 分散体的磁性能 . 磁记录材料，1989-08-15 pp. 8-11.

［2］徐才宁 . 金属磁带盘的应用与发展前景 . 仪表材料，1987-10-02 pp. 299-302.

［3］罗土生 . 双磁层录音磁带及其制备 . 杭州化工，2004-06-15 pp. 24-29.

［4］朱永群 . 高性能磁记录材料用聚氨酯胶黏剂的研究 . 中国胶黏剂，1997-05-30 pp. 4-12.

［5］锁亚强 . 影响涂布均匀性的因素及改进措施 . 磁记录材料，1997-11-15 pp. 24-29.

［6］袁庆寿 . 磁记录介质粉体进展 . 四川化工，1994-12-30 pp. 44-19.

［7］张胜利 . 磁带技术的新发展——金属磁带 . 化工新型材料，1982-04-01 pp. 12-17.

［8］裘朱熙 . 八十年代以来磁记录材料的发展与展望 . 化工新型材料，1984-01-31 pp. 14-17.

［9］沈念华 . 影响磁粉在磁层中黏合强度的几个因素 . 磁记录材料，1984-04-01 pp. 46-48.

［10］马季铭，徐勇 . γ-Fe_2O_3 悬浮液分散度的流变研究 . 高等学校化学学报，1985-11-02 pp. 1040-1044.

［11］金养智，魏杰，刁振刚，陈胜恩 . 信息记录材料 . 北京：化学工业出版社 .

［12］苏勃拉金斯基 Г. И. Брагинский，季莫费耶夫 Е. Н. Тимофеев 著，杨惠昌译，磁带工艺学，北京，化学工业出版社 .

［13］日本记录介质工业会编著 . 陈贵民等译 . 磁带技术手册 .

第12章 电子薄膜涂布制备技术

电子薄膜是微电子学、光电子学、磁电子学、刀具超硬化、传感器、太阳能利用等新兴学科的材料基础，是多种高新技术的重要组成部分。电子薄膜材料和电子薄膜技术属于边缘学科，涉及化学、物理、材料、微电子等多个学科的交叉，而它的应用更是微电子、光电子、信息存储、传感器、光学等领域的重要组成部分，它的制备与评价是微电子、光电子及其他电子器件的基础。电子薄膜的性能依应用技术要求而定，其制备条件又取决于材料性能，因此，电子薄膜的制备技术是从属于薄膜材料的应用需求的。在原有版本介绍落帘涂布技术在薄膜电子材料制备方面应用的基础上，用较大篇幅增加了其他薄膜电子涂布加工技术以及后处理技术。

相对于传统应用领域的涂布技术，电子薄膜制备对涂布制备技术提出了新的要求，例如：薄膜晶体管（TFT）不同功能层的套准误差应小于 $20\mu m$，高性能栅格透明导电膜的栅线宽度应不高于 $20\mu m$，RFID 标签的天线厚度应保持均匀、边缘锐利等。上述要求已经接近甚至超出了传统涂布、印刷技术的极限，因此，通过涂布技术制备电子器件并非是传统技术的照搬，需要对传统工艺、装备以及材料进行优化和改进。本章重点介绍一些新型的电子薄膜涂布制备技术及其应用实例。

第一节 落帘涂布制备电子薄膜

一、落帘涂布原理

1. 落帘涂布

所谓落帘涂布（Curtain coating，又译幕帘涂布），就是通过特定形式的涂布设备，使涂布液形成落帘，到达并涂布于被涂物体上，然后通过涂层溶剂挥发或固化形成涂布层的一种薄膜涂布技术。

落帘涂布用于 PCB 外层阻焊膜制作时，主要涂布液态感光阻焊材料。阻焊膜相当于印制板的外衣，要求无弊病。

目前，印制电路板阻焊膜涂布方法有 6 种：（1）丝网印刷；（2）落帘涂布；（3）浸涂；（4）辊涂；（5）静电（空气）喷涂；（6）电沉积。其中丝网印刷已得到广泛的应用，但它存在自动化程度低，生产一致性不好，缺陷多，致密性差，厚的导线肩位涂覆厚度难以达到要求等问题。在小孔、细线、SMT、高密度的印制板丝印阻焊工艺中，难以克服线间跳印的现象，尤其是铜导线较厚，如 70μm 时，容易发生线边露铜、拐角膜层过薄等现象。

落帘式涂布阻焊系统，涂布效果比较好。其工艺过程包括：上板—帘布上阻焊—减速—预烘干—下板。由高效快速传送带进行传输，完成一面的涂布阻焊层，随即涂布另一面阻焊层，再进一步作光成像曝光和显影。

2. 涂布原理

涂布头结构和涂布原理示意图如图 12-1 和图 12-2 所示。

3. 涂布操作工艺过程

参见图 12-1，图 12-2。

①将涂布液加入贮槽，搅拌消泡。

②将涂布液由贮槽泵入过滤器进行过滤。

③通过恒温器调节涂布液温度，控制在规定范围内。

④恒温后的涂布液，经过黏度控制器测定，如果黏度超过设定值，信息反馈命令电磁控制阀添加稀释剂，调整黏度。

⑤涂布液在泵压的作用下，通过弯头、导液分配腔，涂布液分两路，一路在泵压、液压及液体的重量等力作用下，从分配腔通过狭口的定量缝隙在刀口形成帘幕，另一路通过分配腔侧的出液口，回流到涂布液槽内，然后汇入贮液槽。

⑥待涂物在 V 形皮带中间，加速穿过落帘后完成涂布，一部分涂液自由落在缓片上，流入承/回流槽，汇入贮液槽内，形成闭合回路。

涂布室温度一般控制在 22℃±3℃，湿度控制在 55％±10％，无尘室<10s 级。需要保持室内环境稳定一致，防止线路板和设备回潮或氧化；防止温度波动过大，以免影响涂布液黏度以及黏度测量的精确性；恒温器保持涂布液和涂布头温度基本一致，以免影响涂层厚度的均匀性；保证涂布液贮存和使用，以防影响涂布液质量。

二、涂布液

1. 涂布液的组成

涂布液主要包括主剂、硬化剂及稀释液。稀释剂是涂布液的载体，添加稀释剂是为了调节黏度，适应涂布工艺。涂布干燥过程中，主要是稀释液载体的挥发和膜的形成。

不同厂家的涂布液组成一览表，如表 12-1，涂布及供液过程，分别见图 12-1

和图 12-2 所示。

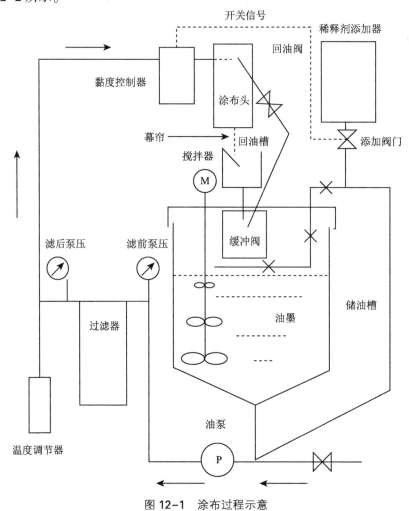

图 12-1 涂布过程示意

表 12-1 不同品牌涂布液对比表

厂家	涂液型号	主剂	硬化剂	溶剂	稀释剂
Coates	XV5110T-4	CAWNI 182 5kg	CAWNI 184 2.5 kg		PMA 2000 mL
Tamura	DSR2200	C-10B 12 kg	A-2200 4 kg		PMA 1800 mL
Ciba	77C/269	6.3 kg	2.7 kg	XJ9052 8.6kg	PMA 300 mL
Goo	PSR550c	6.77 kg	2.3 kg		2000 mL
Peters	SD2467	7.5 kg	2.5 kg		300～500PMA

PMA：1-甲基二乙酸丙醚。

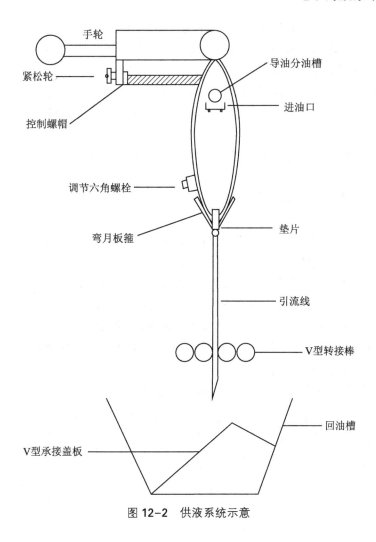

图 12-2　供液系统示意

2. 涂布液配制

涂布液在使用前需要通过搅拌混合均匀，即通常所说的搅液。搅液步骤如下。

首先将主剂和硬化剂分别搅拌 1～3min，然后将硬化剂倒入主剂中，搅拌 3～5min，加入适量稀释剂调节黏度，用搅拌器搅拌 15～20min，将各组分搅匀；每次搅好的涂布液，先测量黏度，并在桶上标明开启日期、时间和黏度。为了消除涂布液气泡，需静置 10～20min，或者通过其他方式脱气后，方可涂布。

需要注意：

①开启时，要避免将盖上的垃圾、胶渍、毛絮、水滴或锈斑等杂质混入液体。

②注意及时清洁搅拌桨叶和搅墨刀。

③搅液时，若发现桶底有沉淀类物质，且 PMA 不能溶解，注意不应加入贮液

缸，取用稀释剂的工具必须是 PMA 专用的，不能用来吸取其他溶剂。

④搅拌混合好的涂布液，涂布前必须经过过滤，才能进入涂布头。

3. 涂布液基本参数控制

涂布液的基本物化性能参数包括黏度、浓度、比重及表面张力等。其中，黏度和表面张力对涂布液润湿铺展性能影响最大。此处简单介绍低黏度涂布液黏度测试方法。

黏度又称为内摩擦力系数，是流体内部剪切力的外部表现。黏度可以通过多种方式测量。

①对于高黏度的丝印油墨，通过测量不同剪切速率下的油墨内部应力的方法来表征。

②对于低黏度的涂布液，可以使用流量杯黏度计测定。测试结果为运动黏度。通常以一定体积的液体从黏度杯流尽的时间来表示，单位秒（s）。

世界各国使用的流量杯名称不同，但都按孔径大小来划分。不同型号的流量杯，结构尺寸各有差别，4 号流量杯最常用，如表 12-2 所示。

实际操作中，由于涂布液在机内循环，溶剂挥发较快，黏度会渐渐变大，所以，结合自动黏度测定计监控，一般每 2~3 小时要人工测一次黏度，及时补加稀释液，以保证涂布膜层均匀一致。

关于涂布液形成膜层的性能参数测试方法及标准，如表 12-3 所示。

表 12-2　不同国家 4 号流量杯结构尺寸对比表

流量杯名称	国别	口径/mm	适用流出时间/s	标准测试方法
福特杯（Ford Cup）	美国	4.1	20~100	ASTMD1200
壳牌杯（Shell Cup）	美国	4.2	不详	ASTMD1200
丁杯（Din Cup）	德国	4.1	不详	GER
埃索杯（Iso Cup）	国际	4.0	20~80	ISO 2412
察恩杯（Zanp Cup）	美国	4.3	< 150	GB 1723
涂-4 杯（Tu-Cup）	中国	4.0	< 150	GB 1723

表 12-3　涂布膜层性能及其测试要求一览表

测试性能	测试标准	测试方法	测试要求
铅笔硬度	IPC-SM-840C IPC-TM-650 2.4.27.2 JISK5400	用 7.5N 的力成 45°角平推 1/4 英寸 5~8h	
附着力	IPC-TM-650 JISD0202	百格测试	100/100

续表

测试性能	测试标准	测试方法	测试要求
耐酸性	IPC-TM-650	10％ H_2SO_4 25℃ 浸泡 20 ～ 30 min，3M 胶纸测试	无甩油、溶解、发胀
耐碱性	IPC-TM-650	10％ H_2SO_4 25℃ 浸泡 20 ～ 30 min，3M 胶纸测试	无甩油、溶解、发胀
耐溶剂性	IPC-SM-840C	用三氯乙烯（乙烷）、异丙醇	无甩油、溶解、发胀
耐化金（镀）性		在室温下浸泡 120min，3M 胶纸测试，镍厚 125μm，金厚 3μm，镍缸 28min	无起泡、无甩油，大铜面 PDA 容许 5％ 轻微甩油
外观检查	IPC-A-600E	金缸 18min，温度 80～90℃	符合 2 级或 3 级或客户特定要求
阻燃性		3M 胶纸测试	V-O 级
漂锡性（热冲击性）	IPC-TM-650	1.5～5 倍放大镜，目检	无甩油、溶解、发胀，分层电阻增加 < 10％
加湿衰退性	IPC-TM-650		
介电强度	IPC-TM-650 TM2.5.6.1	（288±5）℃，10 秒 3 次，（90±2）℃，90％ ～ 98％ RH，28h	> 1.9kV/min 5×10⁴ 欧姆
绝缘电阻	IPC-TM-650	每 0.001 英寸厚度加 500VDC 高压	加湿后 > 5×10⁴ 欧姆
加湿绝缘电阻	IPC-B-25B IPC-TM-650	500VDC 电压 500VDC 电压，加湿（55±5）℃ 24h	
冷热循环性	IPC-TM-650	65℃/15min ～ 125℃/15min，100 次	
离子污染性	IPC-TM-650	离子测试分析仪	NaCl 含量小于 1.56μg/m²
耐高温、变色性		150～160℃，5h 以上	涂层无明显变色
耐水煮性	IPC-TM-650	100℃ 水煮 1h，3M 胶纸测试	无色素析出、无甩油
绝缘性	IPC-TM-650	25℃，65％，RH500VDC/英寸	> 1.0×10¹³

4. 涂布液使用注意事项

由于涂布液组分复杂，特别是某些填充料和着色剂比重较大。当环境温度、湿度发生变化时，容易发生部分组分沉淀，故涂布液一般在固定条件环境保存。贮存及使用时环境控制参考条件如下：

温度：22℃±3℃

湿度：55％±10％

涂布操作环境净化度：1万～10万级

工作区：黄灯照明，波长573.3nm

为了防止不同批次涂布液混淆，不同批号的涂布液要分开存放，并明确标注。涂布液必须经过适当过滤才能够使用。

三、涂布量

1. 涂布量及其控制

涂布量指单位面积的基材上涂布液的重量，又称湿重。在PCB生产线上，通过调节涂布量来控制涂布的厚度。涂布量是通过控制涂布速度、黏度、泵压和涂布刀口宽度等实现的。

表12-4是黏度90s±10s（福特4号杯，25℃）的某涂布液涂布量统计结果。

表12-4 涂布量统计结果

膜重/ （g/m²）	干膜重量/ （g/m²）	基材涂布膜厚/ μm	单线肩涂布膜厚/μm		
			10Z	20Z	30Z
76.3	43.6	29	17	7	2
89.4	51.3	33	17	7	4
106.4	59.3	40	25	15	4
116.7	68.5	44	30	18	6
128.0	74.4	50	33	20	10
138.4	81.5	55	33	25	15

2. 涂布量影响因素

在实际生产过程中，涂布量的大小往往通过调节泵速和涂布动力皮带速度控制。

对于流动的牛顿流体，涂布湿重、膜厚、刀口宽度、长度、压力、黏度及涂布速度等之间，存在如下关系：

$$Q = \frac{\Delta P W^2}{12 V L} \tag{12-1}$$

式中　ΔP——通过涂布头刀口的压力差，N/m^2；

　　　L——涂布刀口长度，m；

　　　W——刀口宽度，m；

　　　V——黏度，$Pa \cdot s$；

　　　Q——单位宽度的体积流量，m^2/s。

当泵速恒定时，涂布厚度（H）、单位宽度上的流量（Q）和皮带运输速度（U）三者有以下关系：

$$H = \frac{Q}{U} \tag{12-2}$$

关于涂布头刀口的宽度、皮带速度以及泵速，不同厂家设备要求参数各有不同，具体如表 12-5 所示。

表 12-5　不同厂家涂布设备参数对比表

项目	日本	欧洲
涂布头刀口宽度/mm	0.6~0.8	0.8~1.2
皮带传动速度/（m/min）	60~70	70~85
泵速/（mL/min）	25~45	20~60

3. 温度对涂布液黏度及涂布效果的影响

在落帘涂布工艺中，温度对黏度和涂膜的均匀性影响很大。一般而言，涂布液黏度伴随温度的升高而下降，反之亦然。

在 16~30℃，温度每升降 1℃，则涂布油墨黏度下降或上升 5~7s。生产过程中，一般要求室温、涂布液、涂布头三者温度大致相同，如果涂布头和涂布液温差太大，金属涂布头便成了热交换器，导致温度变化，引起涂布液黏度变化，结果是板面涂膜厚度不均匀。一般使用恒温器控制涂布液和涂布室的温差在 22℃±3℃。

四、涂布质量影响因素

1. 影响涂布质量的主要因素

可能对涂布质量构成影响的主要因素见表 12-6。

表 12-6　影响涂布质量的主要因素一览表

影响因素	英文	说明
承印物及表明特征	PCB and Surface characteristic	如铜厚和布线的方式
湿重	Wetting Weight	
黏度及黏弹性	Viscosity and Elasticity	

续表

影响因素	英文	说明
要求覆盖的精度	Cover Accuracy	
涂布支撑体	Supporter	主要指 V 型涂布皮带
涂布速度	Coverer Speed	主要指涂布时的皮带速度
涂布干厚度	Dry Thickness	如线肩、线角、孔环边及密线路或独立线上
溶剂体系	Solvent System	如 PMA PM BCS
温度	Temperature	主要影响黏度
成膜树脂体系	Stickiness System	如感光树脂
固体含量及灰分	Solid/ash content	
表面处理方式	Pre-treatment	如磨板和微蚀等
环境的影响	Infection of environment	如温度、湿度
溶剂挥发方式	Volatilization	如静置、闪蒸或干燥方式

阻焊层涂布弊病及相关的其他影响，如表 12-7 所示。

表 12-7　部分涂布弊病及其影响

涂布弊病	原因	影响因素
显影不净或重影	预烘问题	温度太高，时间太长，烘炉故障， 预烘后放置时间过长
	前处理问题	被油脂污染或热风干燥不良
	涂布液问题	比例调配不对，产品过期或变质， 稀释添加过多或涂布油墨过薄
	板材问题	使用自然（无）色板材出现重影
	涂布问题	涂布量偏大，油膜太厚
线条发白或发红	涂布问题	黏度过低，稀释剂添加过多，涂布量偏少，涂布速度过快

续表

涂布弊病	原因	影响因素
垂流	涂布液问题	涂布液过期变质，比例失调，固化剂偏少，黏度太低，稀释剂添加过多，涂布液流挂性较差
	涂布问题	涂布量较大，皮带运输速度太慢，过滤后泵压过大，涂布头刀口较宽或不均
	预干问题	闪蒸段后静置时间不够
涂布液不均	涂布液问题	涂布液过期变质，比例失调，涂布液或稀释剂添加错误，涂布液混合不均或搅拌、静置时间不够
	涂布问题	涂布头刀口调节不均或有缺口、垃圾，冷水机温度调节不当导致涂布头温度过低或过高，幕帘不均或不稳定，过滤芯未装或目数过小，泵压不够或不稳定，外界空气流动较大
	预烘问题	闪蒸段或静置时间不够，炉内热风循环不良或干燥性不佳，风速风量过大
散墨（VLA 孔边）白点	涂布液问题	涂布液过期变质，比例失调，涂布液或稀释剂添加错误，涂布液混合不均或搅拌、静置时间不够，涂布液有杂质，塞孔涂布液有问题与涂布液不兼容，塞孔涂布液固化剂成分偏多，用错稀释剂

续表

涂布弊病	原因	影响因素
	涂布问题	冷水机稳定调节不当导致涂布头温度过低或过高，幕帘不均或不稳定，过滤芯未装或目数过小，泵压不够或不稳定， 外界空气流动较大，温度、湿度变化较大 涂布量太小，黏度太低
	前处理问题	板面有水汁/杂物/油渍
	预烘问题	烘炉内溶剂结晶跌落板面，风速风量过大

落帘涂布对组焊层其他性能还有一些影响，可见相关文献报道。

2. 落帘涂布工艺问题

在落帘涂布技术应用过程中，有三个问题特别值得关注。

（1）断帘

即涂布幕帘不连续或由于气泡而产生中断，从而导致板面局部漏涂。为了解决这个问题，人们总结了预防断帘 21 法。

① 涂布液配制。主固剂混合后，必须搅拌均匀，搅好后静置 20～30min 后才能使用。

② 加料。涂布液必须沿桶壁缓慢加入。

③ 加液时间控制。液位低于槽高的 2/3 时，必须补加，不可让搅拌器露出液面或打空，刚加液应等 5～10min 后才能开始涂布。

④ 搅拌。搅拌器必须匀速搅拌，不可时快时停。

⑤ 过滤芯。应该按规定更换，洗缸程序为洗缸再换芯，不能有阻塞现象。

⑥ 输液管。必须洁净，管内无垢，液量偏小时应清洗一次。

⑦ 承/回墨槽。不能与涂布机传动带接触，以免震动产生气泡。

⑧ 涂布头。每班用 PMA 擦洗一次。

⑨ 落帘。必须均匀、稳定、无厚薄之分。

⑩ 原形 V 形棒中间两棒对油墨起缓冲作用，必须靠紧。

⑪锯齿型缓冲板必须全部承接落墨，以防止落差过大，产生小气泡。

⑫过滤网。可用铁丝网，或用 18T 网纱。

⑬输液马达。马达频率（40±20）Hz，轴承不可卡上杂物。

⑭黏度。以 90s±10s 为标准，黏度偏小或偏大都不好。

⑮温度。涂布液油墨温度保持在 18～25℃。避免黏度变化过大。

⑯外界环境。不允许水、汽和挥发物、粉尘、垃圾等杂物进入贮油槽。

⑰洗缸。在洗缸时不能有布碎、毛絮等杂物遗留在缸内。

⑱基板处理。不允许过热板、线路边有水汽未烘干的板和污染严重的基板过涂布机。

⑲涂布量。控制一致。

⑳墨质。检查涂布液是否过期、变质，有否杂物掉入桶内。

㉑输墨导管或过滤器接口不能松动，避免大量空气漏入。

（2）白点

白点即在预烘后，板面出现细小针孔状露洞或露出的基材小点，一般是由以下原因造成的：

①PMA 结晶渗入。在闪蒸段，由于 PCB 板处于自然蒸发状态，炉顶结成大量 PMA 结晶，当震动或气流扰动剧烈时，PMA 结晶会跌落在板面，导致结晶周围的涂布液散开。

②黏度偏低。一旦黏度低于270s，PMA 含量很多，就会造成涂布液混合不均匀而出现白点。

③补加料液时，操作不当。添加新涂液后，缸内涂布液需要搅匀。

④氟利昂、水汽、垃圾或挥发气体混入。

⑤过滤芯更换不良或有管道封闭不良，导致气体漏入而造成白点。

（3）散墨

主要出现在新工艺中，由于硬化偏多或涂布液黏度偏低，造成涂布液和塞孔液分离而形成散墨。

五、与涂布加工相关的其他工艺流程

1. 涂布加工处理工艺流程图

对于 PCB 板而言，完成制作的整体加工工艺流程如图 12-3 所示。

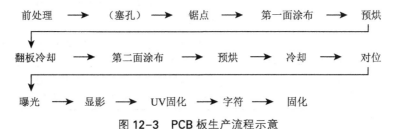

图 12-3　PCB 板生产流程示意

2. 前处理及其效果评价

前处理的目的，主要是清除基材和铜表面异物，粗化铜表面以增大表面接触面积，改善涂布液润湿与附着，获得比较好的涂布效果。

PCB 板涂布阻焊层前的前处理方式主要分为化学处理微蚀、物理处理磨板以及两者的结合。先机械磨板再化学微蚀，效果会更好。一般而言，磨板后，如果 PCB 板表面粗糙度越高，且纹理波谷与波峰之间距越均匀，则涂布附着力越好。

最简单的前处理效果判定方法是做磨痕测试和水膜破裂试验，即将磨好的光铜板放入纯水缸内，再垂直取出，读出水膜在板上开始开裂之前所持续的时间。如果水膜破裂时间在 15s 以上，对应磨痕 20mm 左右。也可通过扫描电子显微镜检测和漆膜抗剥离实验测试确认前处理效果。

3. 塞孔

塞孔操作的作用主要有 5 个方面。

① 防止下游焊接中外界潮湿气体与化学药品进入。

② 避免孔在热风整平工序中卡入锡珠，下游焊接时锡珠跳出形成短路漏电。

③ 防止在下游工序中抽真空漏气。防止焊接时把锡膏颗粒分散到回流焊后，形成小锡珠，造成短路。

④ 节省焊膏，防止焊膏、焊剂通过孔流失到板的背面造成浪费。

⑤ 便于清洁，防止焊剂残留在孔内腹。

PCB 行业中塞孔方式主要包括丝网塞孔、点网塞孔和金属模版塞孔三种塞孔方式（表 12-8）。

表 12-8　三种塞孔方式对比表

方式	优点	缺点
先塞后涂法	流程简单、节省成本，省时、省空间、速度快、效率高，对塞孔准度要求高	孔内溶剂不易挥发，热风整平不易控制；易甩油；塞孔液与涂布液附着力欠佳，易分离；硬化剂偏多时，Via 孔涂布液易散开；塞孔塞得过满时，爆油、渗油机会大
先塞后烘法	便于溶剂蒸发，减少甩油、弹油；后工序较易控制	增加流程，增加成本；中途烘板速度慢、效率低；板面易受污染和氧化，不易涂布，有损附着力；对塞孔准度要求严，偏位或网底不净时会造成显影不净
先整平后塞法	减少甩油（爆油）、弹油之忧患	增加流程成本；由于受 HASL 的影响，塞孔液与涂布液颜色不一；pad 与 via 孔太近时，会有锡球进孔与阻焊剂上盘之危险；塞孔对位较难，板面高低不平，不易顺利刮塞；不能返工

4. 预烘

（1）闪蒸段

闪蒸段主要目的是让涂布液充分流平，让溶剂在自然状态下挥发。表面张力是涂布液自然流平的主要推动力。此时应关闭炉中的加热和吹风设施，保持炉内板处于自然蒸发状态。操作温度 30～50℃，时间 8～10min。

注意及时清洁炉内 PMA 结晶，以免受震动或气流影响，避免 PMA 结晶掉在板上出现白点。

（2）进风与抽风

在炉内空气流通的情况下：

抽取外界空气→进气→过滤→加热→过滤→进入烘箱→循环（对流与辐射）→抽风排气。

注意进风要过滤，防止带入杂质，进气量应按需调节。

（3）预烘段

第一面，温度为 75～90℃，时间为 10～20min；

第二面，温度为 75～90℃，时间为 20～40min。

从分区干燥角度控制，一段<70℃；二段<90℃；三段<110℃。

每班应清洁进出口的电眼及传动轴，每周应清洁一次栏架和更换一次过滤网，每日清洁一次进出风口、过滤芯和炉内壁。板间距离应保持至少 20～40mm，炉内板面风速为 1～1.5m/s。

其他操作还有刮胶和检网索网、曝光、显影、UV 处理、后烘等。

第二节　多功能复合涂布技术

多功能复合涂布技术，在造纸、涂布复合等领域多有报道。此处所谓多功能复合涂布，是为了实现柔性电子产品等工艺技术多样化要求，将多个涂布功能单元集成应用的涂布技术。可由涂布前的衬底预处理单元，涂布后的干燥及热处理单元，具有封装复合单元等多项功能性单元构成。目前，可应用于柔性电子器件制备的涂布设备，包括多功能卷对卷柔性电子薄膜涂布设备和多功能平面电子印刷设备两类，凹版胶辊转移涂布设备是最有代表性的设备之一。

一、凹版胶辊转移印刷/涂布技术

1. 基本原理

凹版胶印实质上属于凹版胶辊转移印刷与涂布，此处所谓胶印不同于传统意义上通过水墨平衡实现的胶印。凹版印刷在油墨要求、印刷质量和速度上均有显著优势，但刚性印版对承印材料的平整度等物理性质要求较高，在刚性衬底上的应用也有较大的限制。将凹版印刷与间接式印刷工艺相结合的凹版胶印（gravure offset），在保留凹版印刷优势的基础上，通过柔性中间载体与承印材料接触，可在刚性物质或者表面粗糙甚至形状不规则的物质上实现印刷，扩大了承印材料范围。早期的凹版胶印转移应用于装饰装潢，20世纪90年代开始应用于电子制造业，油墨厚度仅有几个微米，可实现印刷线条精细化及油墨循环利用。

凹印涂布利用不同网穴形状、网目和网穴深度的网纹辊，将涂料涂布在基材表面。在需要复合功能时，可以实现干式或湿式复合。压印橡胶辊肖氏硬度65，适用于大多数的薄膜、片材或纸张。

2. 凹版胶印基本模式

凹版胶印系统通常由印版、橡皮布、刮墨刀、输送装置和干燥装置等构成。凹版胶辊转移印刷与涂布，采用圆压平或者平压平以及圆压圆的方式，前两者印版呈平面状（图12-4）。首先通过刮刀在凹版网穴中填充油墨，之后由弹性橡皮布中间载体将油墨从网穴中黏附移出，再转移到承印材料表面形成涂层或者图案。

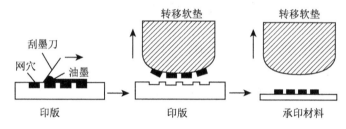

图12-4　凹版胶印的工作原理

凹版胶印印刷电子涂布工艺包括单片涂布和卷对卷涂布两种。

（1）圆压平（辊对单片）

圆压平（辊对单片）涂布/印刷是通过凹版刮刀盒完成给印版滚筒的加墨、刮墨工序，然后由印版滚筒与印刷电子涂布平台在设定的压力和转速下，直接将图案涂布/印刷到承印基材表面，用于刚性基底和柔性基底的圆压平凹版涂布装置分别如图12-5、图12-6所示。

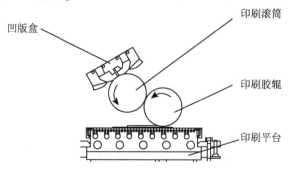

图12-5　圆压平（刚性基底）凹版涂布装置示意

（2）卷对卷凹版胶印

卷对卷凹版胶印是将印版和橡皮布包裹在圆柱体的滚筒上，可实现高速卷到

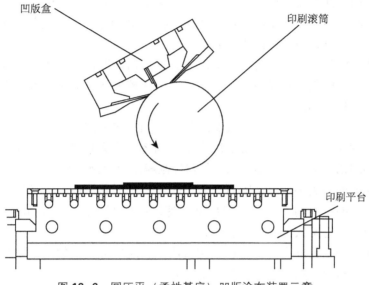

图 12-6　圆压平（柔性基底）凹版涂布装置示意

卷印刷。图 12-7 是卷到卷的凹版胶印原理示意图。

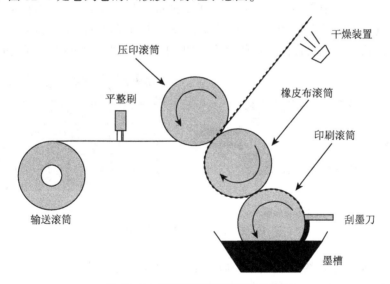

图 12-7　卷到卷凹版胶印原理示意

3. 凹版胶印效果主要影响因素

（1）印版

凹版胶印系统中所使用的印版与传统凹印印版类似，通常为金属材料的刚性滚筒。在承印物和印版配合程度要求较高时，也会用玻璃材质作为印版。

印刷版的表面要足够光滑，以使油墨不被留在版上。网穴雕刻的深度不得小于 $10\mu m$，网穴边缘精度够高，以保证印刷线条导电性能，实现高频线路印刷。

凹版的制版方式包括腐蚀法和雕刻法。

腐蚀法一般是用氯化铁溶液对滚筒表面进行均匀腐蚀，在图文部分形成需要的网穴形状。腐蚀制版对设备要求不高，工艺比较成熟，但是很难获得锋利的网穴边缘，网点精度不高。

雕刻凹版包括手工雕刻、机械雕刻和电子、激光雕刻等。

手工雕刻效率较低，印版质量取决于雕刻者的个人技术，目前应用较少，主要用于防伪印刷。电子雕刻通过精密仪器控制雕刻刀雕刻凹版。

电子雕刻的钻头多使用金刚石，由于雕刻刀的形状影响，通常网穴都是锥形的。通过刻刀的接触时间以及滚筒的旋转速度间的配合，可以调节网穴的长度，刻刀头的形状决定网穴深度与宽度比。

电子雕刻控制精度高，工艺过程相对成熟，层次分明。缺点是实地部分上墨量不足，墨层对表面粗糙的承印物遮盖力不足。

激光雕刻是将加网后的信号送至激光调制器，激光作用于滚筒表面预涂的保护膜层，使图文部分露出，然后再进行腐蚀加工。

凹版胶印应用于印制电子元件，要求形成高精度导电线，且增加墨层的厚度会提升印刷线型的导电性能。采用高精度、大深度的激光雕刻制版技术，有利于保证制版的精度，也可提高墨层的厚度。图 12-8 为激光雕刻凹版和网穴的照片。

(a) 激光雕刻印版   (b) 网穴

图 12-8　激光雕刻的印版和网穴

一般凹版深度大约 $25\mu m$，50% 的油墨发生转移，油墨溶剂含量 60% 左右，则墨膜干厚 $5\mu m$ 左右。实际上，墨层状态还受到温度、湿度、静电及气流影响。静电主要来自橡皮，降低车速减少摩擦，可同时减少静电及涂层弊病。

（2）油墨

凹版胶印的主要优势在于印刷精细导线，需要导电油墨具有合适的颗粒大小和形状、触变特性、流变学性能和固化条件，导电油墨的性能必须可控。

非线性的黏度与剪切速率会影响印刷图案的形状。油墨的触变性可以通过小颗粒颜料和高固体含量得到增强。同时，高固含量可降低对雕版深度要求，减少无法将全部油墨从纵横网版转移到橡皮布上的问题带来的影响。大颗粒的厚膜印刷油墨不适用于细线条印刷。颗粒的形状会影响导体的边缘质量，因此，扁平颗粒覆盖面积大但印迹边缘质量较差。最佳选择是比银更易形成球型的金颗粒，当然，金在油墨中的聚集倾向比银更高。

溶剂的蒸发速度也是需要控制的重要因素之一。溶剂挥发太快，油墨会干燥在网穴中而无法回流，挥发过慢则油墨表面黏性不够而影响转移墨量。

油墨的表面张力影响油墨从橡皮布到承印物的释放，在此过程中，油墨的静态表面张力影响微弱，承印物润湿性能和油墨对承印物的黏附性，则主要取决于动态接触角，若差距过大，则无法实现均一的油墨转移率。

（3）橡皮布

橡皮布作为凹版胶印油墨转移的中间环节，对油墨的转移和传递有着重要影响。通常可使用不同硬度的硅橡胶作为橡皮布，通过打磨粗化表面可增加油墨转移率。橡皮布表面的粗糙度越高，转移过程中所接收的油墨越多，油墨转移量越大；但过于粗糙，则会影响线型传递的精度。所以印刷时应选择合适粗糙度的橡皮布，同时应尽量不用软而厚的橡皮布，以免加剧网点增大，影响印刷稳定性及增加控制难度。

橡皮布在凹版胶印系统中发挥着转移油墨的作用，也是凹版胶印区别于传统凹印的主要特点。油墨从凹印网穴中首先转移到橡皮布上，要求油墨与橡皮布的黏附力要高于油墨与印版的黏附力。油墨从橡皮布转移到承印物上的时候，又要求油墨与橡皮布的黏附力小于油墨与承印物的黏附力。这样对橡皮布的材料选择就有较高要求。既要求对油墨有适当的黏附力，又不能与之发生反应。通常凹版胶印橡皮布采用碳纤维作骨架的合金硅橡胶，其性能稳定，有一定弹性且延展小，能够很好地发挥传递油墨提高涂布质量的作用。

（4）刮墨刀

与传统凹印一样，凹版胶印在制备薄膜电子元件时也需要刮墨装置。印版滚筒从墨槽中上墨之后，网穴和非图文部分都会有油墨附着，所以需要刮墨装置将非图文部分的油墨清除干净。多用钢制刮墨刀。

在安装刮墨刀时，刮墨角度是必须考虑的问题。刮墨角度是指刮墨刀与接触点切线的夹角，如图 12-9 所示。刮墨角度越大，刮墨效果越好，但是刮墨刀和印版的磨损也越大；刮墨角度越小，刮墨效果越差，容易在非图文部分残留油墨，造成糊版。刮墨角度的选择与油墨黏度、印刷速度等因素相关。在电子元器件制备中，由于使用的导电油墨黏度比常用的凹印油墨要大，所以与印版的黏着力更大，需要相对较大的刮墨角度，一般选取 60°左右的刮墨角度。

油墨填入量主要取决于凹版和刮刀间的角度（图 12-10），同时受到油墨流变性、黏度与刮刀表面性能、印版与黏度、油墨在图文区域和非图文区域的润湿铺展性能等多因素影响。

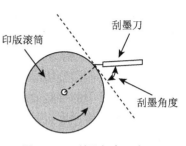

图 12-9　刮墨角度示意

软刮刀有利于涂层厚薄均匀，硬刮刀和大的 α 角度刮涂容易损伤胶辊和刮刀，影响涂层一致性和印刷网线性能。

由于润湿作用力导致油墨在分隔网穴区域形成液桥，部分油墨会转移到刮刀的背面，油墨倾向于积聚在网穴的边缘，造成即使刮涂过量油墨，

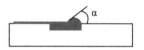

图 12-10　刮刀角度对于网穴填充的影响示意

也只有 50% 的油墨填入网穴，另外，刮刀与版面摩擦形成部分区域温度偏高而导致油墨蒸发，也会减少油墨体积。因此，较浅的网穴存墨会多于较深网穴。当然，刮刀速度和油墨黏度也影响填充效果，在较低的涂布速度，例如 $1 \sim 3$ m/s，油墨黏度影响几乎可以忽略。

（5）输送装置和干燥装置

连续的凹版胶印采用卷到卷的输送装置保证印刷/涂布生产效率。此时必须准确控制张力。导电油墨转移到承印基材表面之后，必须要经过干燥或者烧结才能形成最终的导电线型。不同种类的导电油墨干燥形式不同。第五章提到的干燥方式，都可作为备选。

（6）多单元凹版胶印系统

由于凹版胶印油墨和工艺过程限制，单次高精度印刷墨层厚度低（2μm 左右），印刷导线的电阻大，影响电子元件性能。多单元重复印刷方式可增加墨层厚度。

多单元凹版胶印系统与传统印刷中多色印刷机组相似，每单元都包括一个印版滚筒、一个橡皮布滚筒、一个压印滚筒和干燥装置，每个印刷单元都有油墨转移和干燥功能。在准确叠印的前提下，通过三次叠印可得宽 70μm，厚 $5 \sim 7$μm 的导电线路。

利用凹版胶印技术可得具有立体结构的多层结构（图 12-11），这种轻压力的叠印方式，在制备晶体管、太阳能电池、有机发光二极管、传感器等多层结构电子器件中具有应用潜力。

4. 凹版胶印在电子薄膜制备中的应用

凹版胶印在电子薄膜制备的应用，最早见于 1991 年，Mizun 和 Okazak 通过凹

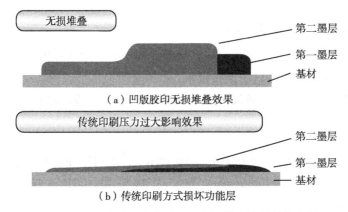

图 12-11 凹版胶印与传统凹印多层叠印涂层结构比较

版胶印印刷矩阵显示器中的黑色矩阵。1994 年，S. Leppavuori 用凹版胶印印刷了非晶硅薄膜晶体管。使用腐蚀玻璃材质印版，精度达 10μm。

1999 年，M. Lahti 等人研究了凹版胶印固态薄膜制造工艺，并对印版、橡皮布、油墨等因素的影响进行了分析。21 世纪初，这一工艺更多地应用于电子电路印制。2002 年，Gamota 使用纳米金导电油墨、聚合物电极和有机半导体，通过凹版胶印制备了薄膜晶体管，套准精度 50μm。同年，Pudas 使用凹版胶印将金属油墨转移到陶瓷承印物上，印刷天线的精度达 20μm。2009 年，韩国 Taik-Min Lee、Jae-Ho Noh 等人模拟实际生产的可靠性，研究了显示器电极印制技术。同年，韩国工程材料研究院的 B O Choi，C H Kim 等，尝试以三个相同的凹版胶印单元重复印刷超高频 RFID 标签，增加了墨层厚度。2010 年，Taik-Min Lee 等人发现随着印刷速度提高，橡皮布和油墨的接触时间减小，导致橡皮布上吸收的溶剂减少，印刷可靠性增加。图 12-12 为韩国工程材料研究院凹版胶印制备的发光器件。

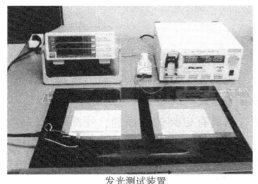

发光测试装置

图 12-12 凹版胶印发光器件图片

二、多功能柔性电子涂布技术

多功能柔性电子涂布技术主要包括卷对卷和平面涂布两种模式。

1. 多功能卷对卷柔性电子涂布技术

多功能柔性电子涂布设备属于多功能集成式涂布设备，可实现精细化、大面积、高效率生产。

（1）工艺过程

深圳市善营自动化股份有限公司的 GTB-E 系列涂布设备，涂层厚度低至40nm，涂布车速：$1 \sim 100m/min$，允许基材幅宽：$110 \sim 1600mm$，涂布幅宽：$50 \sim 1500mm$。

涂布机整体结构包括 7 个模块：放卷、基材预处理、入料纠偏、涂布、固化、复合、收卷单元。涂布单元已经集成狭缝涂布、微凹版印刷和轮转丝网印刷三种功能（图 12-13）。

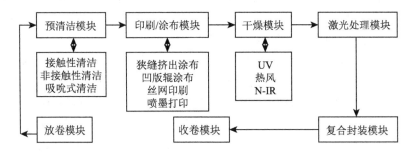

图 12-13　柔性电子多功能涂布机工艺过程图

① 基材预处理

柔性电子对基材的洁净度要求非常严格，基材涂布前处理效果直接影响基材的涂布质量。

预处理的工艺流程：

基材进行清洗→清洗后干燥→张力控制→电晕或等离子+静电消除。

基材清洗方式有喷水清洗、毛刷清洗、超声清洗、风刀吹淋等。需要针对基材特性和实际需要，选择适合的清洗方式。

电晕或等离子处理：使基材表面具有更高的表面能，使涂料更好地润湿铺展并黏附于基材表面。

静电消除：消除表面处理后的静电残留。

② 狭缝涂布

狭缝涂布是在压力作用下，涂布液通过喷嘴挤出并将涂布液送达基材表面，可实现连续涂、间歇涂、斑马涂三种涂布方式作业（图 12-14）。狭缝涂布头（图

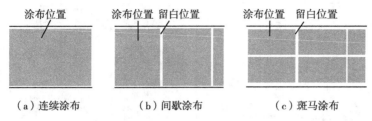

（a）连续涂布　　　　　（b）间歇涂布　　　　　（c）斑马涂布

图 12-14　三种涂布作业产品示意

12-15）的腔体结构是一种封闭式曲面流道，由上模腔和下模腔组成。

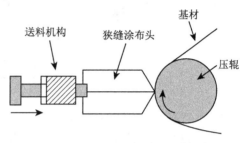

图 12-15　狭缝涂布头结构

狭缝开度由模身垫片厚度决定，涂布宽度由垫片开口宽度来决定，涂层厚度取决于狭缝开度和涂布液送料量及涂布速度等来控制，其中涂布液送料方式根据涂布液的性质可以采用不同的泵送方式，这种涂布范围和厚度可以自由调节，封闭式腔体还可防止其他污染物的进入涂布浆料中，保证涂层功能品质，属于涂布精度较高的预计量涂布方式。

③ 轮转丝网印刷

轮转丝网印刷是将油墨刮刀装在印版滚筒内，用刮刀挤压油墨同时刮墨，使油墨通过印版孔转移到承印材料上形成涂层或图像（图 12-16）。印版、承印材料和压印滚筒以同速转动形成一个"无摩擦印刷系统"。丝网的网目数从 75 线/英寸到 405 线/英寸，厚度有 80μm、100μm、125μm、150μm 等。六边形为最佳网目结构，使用寿命长，效率高，套位精确，连续印刷速度可达 150m/min。其中印版分有接缝和无接缝两种，通常大规模生产时采用无接缝印版，耐印寿命长达 50 万延米。

④ 微凹版涂布

微凹版是通过微凹版辊将浆料转移至基材上的一种接触式薄层精密涂布技术。微凹版涂布机械精度高、涂层表观性能优异。从原理结构上来看，微凹版涂布使用小直径的网纹辊逆向"吻式"涂布。涂布工作原理如图 12-17（a）所示，网纹辊将带上料槽中的涂液后，经刮刀除去多余的涂液，然后与反方向运行的被涂基材接触，将凹槽内的涂液转移到被涂基材上。

一般凹版的网纹辊的直径 120～300mm，而微凹版涂布辊的直径为 20～60mm（涂布宽幅为 300～1600mm）。在涂布过程中，网纹辊直径越小，其与被涂基材的接触弧线就越小，如图 12-17（b）所示，即网纹辊与基材之间的涂液越少，对涂层结构的扰动就越小，涂层面则越稳定越均匀。同时，网纹辊直径越小，被涂基

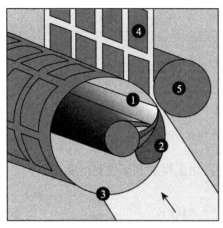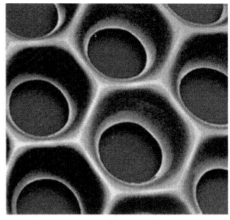

1—刮刀；2—油墨；3—印版；4—承印材料；5—压印滚筒

图 12-16　轮转印丝网结构示意

材与网纹辊的离去角 β 就越大，如图 12-17（c）所示，涂层表面瞬间剪切力就越大，涂液越容易与被涂基材涂层表面分离，有利于形成光滑的涂层面。由于微凹版辊与被涂基材接触面很小，可实现基材本身厚度误差对涂层精度的零干扰，所以微凹版多应用于超薄、高精度涂层的涂布。

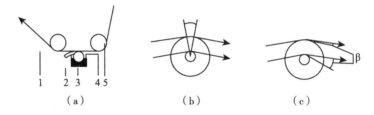

（a）　　　　　　　　（b）　　　　　　　　（c）

1—被涂基材；2—刮刀；3—涂淮；4—网纹辊；5—背压胶辊

图 12-17　微凹版涂布原理

微凹涂布版辊网线数影响涂层厚度（湿量），其对应关系经验数据如表 12-9 所示。

表 12-9　微凹版涂布辊网线数与湿涂层厚度对应表

网纹/（线/英寸）	湿涂层厚度/μm	网纹/（线/英寸）	湿涂层厚度/μm
25	50～80	85	13～22
30	30～45	90	8～16
36	28～43	95	7～15
38	25～40	100	6～14

续表

网纹/（线/英寸）	湿涂层厚度/μm	网纹/（线/英寸）	湿涂层厚度/μm
45	28～43	110	6～13
50	25～35	120	5～11
55	20～30	150	4～9
60	21～31	180	3～8
65	13～22	200	2～5
70	16～30	230	1.5～3.5
75	20～30	250	0.8～2
80	12～20		

不仅如此，微凹版涂布的效果还取决于涂布速度、涂液的固含量、涂液的黏度、被涂基材表面张力、涂液的转移率（网纹辊的涂液量与转移到被涂基材的量的比值）、涂布环境温度与湿度、机械加工精度等因素。微凹版涂布多应用于低黏度、低固含量的涂布液，适用的涂液黏度为 1～200cp，最佳适用范围为 1～100cp。另外，微凹网纹辊的凹穴多采用无网墙的雕刻方法，在逆向涂布的过程中，由于低黏度涂液有很好的流动性，网纹辊和基材之间的涂液形成线接触，使涂液的转移与涂层微抹同步完成，从而得到比传统凹版优异的涂层表观质量。从加工要求角度考察，微凹版涂布对被涂基材的厚度均匀性和平整度要求比传统凹版更高。

微凹版涂布机械结构上与普通凹版涂布也有差别。普通凹版涂布橡胶辊和网纹辊之间的基材由于离去角等因素影响，容易出现皱纹、裂缝等涂布质量缺陷。微凹版涂布在网纹辊、支持背辊的圆周跳动和直线度的加工精度方面有更高的要求，能从结构上彻底解决传统凹版涂布对涂层质量的不利影响。目前通常采用碳纤维辊。

⑤固化

固化是对涂层定型和干燥的过程，固化方式一般采用光固化和热固化，可根据柔性电子材料和涂布液的特性来选择合适固化方式。

常用紫外光（UV）固化，是通过调控电磁辐射波长和能量来固化不同材料，达到固化效果，这种方式能耗低，速度快，由紫外光引发瞬间固化，但有阴影不透明区无法达到固化效果，可以采用近红外（N-IR）方式补充 UV 固化的不足。

热固化是通过加热使溶剂挥发的一种固化，可通过改加热温度和固化箱长度达到固化效果，这种固化方式固化速度相对会慢一些，但适用性宽泛，通常采用微风热辐射方式防止由于干燥造成的不良影响。

（2）多功能卷对卷柔性电子涂布技术应用于电池涂布实例

　　锂电池涂布的工艺要求有：在放卷装置上的极片基材（铜箔或者铝箔）经自动纠偏后进入张力系统，调整放卷张力后进入涂布站，极片按涂布系统的设定程序进行涂布，通常的涂布浆料是锂的氧化物做正极涂布在铝箔上，石墨作为负极涂布在铜箔上。涂布方式一般是连续涂布、间歇涂布、田字格涂布方式三种，涂布后的湿极片进入烘箱由热风进行干燥，干燥后的极片经张力系统调整张力，同时控制收卷速度，使它与涂布速度同步。极片由纠偏系统自动纠偏使其保持在设定位置，由收卷装置进行收卷。图12-18为锂电池涂布过程图。

2. 多功能平面印刷电子设备

　　多功能平面印刷电子设备是针对柔性片材印刷/涂布的设备，主要构成包括：狭缝涂布头、异形印辊装置、胶辊转印装置、凹版盒装置、刮刀刮墨装置、喷墨打印系统、激光刻蚀、印刷平台、自动电控或手动加料等装置。

　　（1）涂布模式

　　涂布模式包括凹版辊涂布、柔版辊涂布等。通过不同的模式实现圆辊对平面的图案印刷或转印以及平面的图案移印到平面的硬质或柔性衬底过程。

　　柔版辊涂布技术有平面对平面移印属性，柔性版涂布技术也常简称为柔版涂布，是凸版涂布技术的一种，只是其凸版是由带弹性的高分子树脂所构成。柔性版涂布是采用柔性版，通过网纹辊传递涂布墨料的涂布方式，其工作原理如图12-18所示。通过对印版平台上墨，平板刮刀进行刮墨工序，由印版平台向胶印滚筒转印，胶印滚筒再将图案向承印基材上的转移印刷，实现平面上图案印在平面基材上，这种印刷也可以搭配集成喷墨打印系统来实现对平面基材的印刷。缺点是胶辊的损耗较大，要求印刷油墨与胶辊的材质相区配或胶辊材质选择耐磨性的材料。

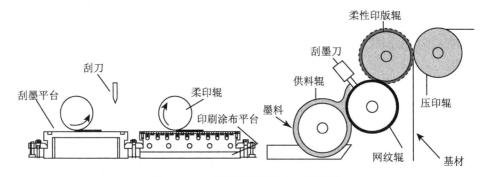

图12-18　柔性版印刷涂布工作原理

　　（2）刮刀选用

　　印刷含腐蚀性油墨时，一般采用SUS316材质的刮刀，但这种材质的刮刀对印刷滚筒有一定的磨损；对一些要求较低的印刷，可采用45#材质的刮刀；PP材的刮刀对印刷滚筒的磨损小，是目前用得最多的一种刮刀，也是最实用的一种。多选刀口角度为 30°的刮刀，材质上常用的有三种：45#，SUS316，PP 材。

柔性凸版以及网纹辊上墨方式弥补了传统凸版涂布的一系列不足。对于电子薄膜涂布制备领域而言，柔版印刷/涂布具有下列优势：

① 涂料黏度 20～200cP，功能涂料的配制难度较低。

② 柔性凸版适用于各种柔性、刚性以及表面粗糙的承印材料，涂布时对承印基材的压力较小，大幅度扩展了承印基材范围。

③ 柔性版涂布/印刷图案墨层薄，表面平整、边缘锐利。

④ 柔性版凸版容易制作，成本低，周期短。

柔性版涂布/印刷应用于电子薄膜或器件制备，包括导电高分子型、碳基或金属栅格型导电薄膜，印刷场效应晶体管的源漏电极和栅电极，显示设备，太阳电池器件电极修饰层，RFID 天线等。对于某些特殊基材，比如低温共烧结陶瓷基底，柔性版技术可实现刚脆性表面的导电薄膜制作（图 12-19），而不会损伤基材。

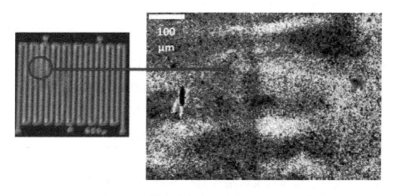

图 12-19　低温共烧结陶瓷基底上涂布印制的导电线路图案

三、多功能柔性电子涂布技术质量影响因素

在多功能柔性电子印刷中，常出现的一些产品质量问题有：图案不均一、气泡、图案厚度不均、墨水转移率低、印刷紧固性差等。涂布质量问题及可能产生原因分析如表 12-10。

表 12-10　柔版印刷电子产品质量问题分析表

类型	影响因素
图案均一性	涂布张力，涂布压力，涂布速度，刮刀（材质、角度、压力、速度、振动等），烘箱（干燥方式、干燥温度、干燥时间、路径等）

续表

类型	影响因素
气泡	涂布压力，涂布速度，墨水特性（气泡含量、墨水调配时搅拌方式与时间）等
图案厚度	印版墨槽深度与形态，涂布压力，墨水特性等
墨水转移率	墨水的黏度，涂布压力，涂布速度，制版的参数等
印刷紧固性等	墨水特性，承印物黏度，卷材与墨水间、墨水与墨水（多层印刷）间的应力差异

实际操作中的工艺技术参数，对产品性能也会构成影响，部分影响分析见表 12-11。

表 12-11 技术参数与产品质量对应关系

技术参数	影响范围
涂布速度	套准精度，墨水转移率等
涂布张力	卷材形变，图案表面特性，对位精度等
涂布压力	墨水转移率，成品图案特性等
固化温度	对墨水，承印材料，成品图案特性等
承印物与辊之间的摩擦	卷材形变、打滑、移送速度以及表面划痕等
墨水特性	成品图案表面特性以及电子特性等
基材特性	表面粗度，侵透性等成品图案表面特性

不同涂布方式对于涂布液及涂层性能有不同影响，为了获得所需的涂布质量，在集成涂布设计中，表 12-12 作为参考之一。

表 12-12 涂布方式与涂布特性对照表

涂布方式	涂布表面	干涂布量	涂布液黏度	涂布速度
正向辊	M	$0.5\sim2.0g/m^2$	$100\sim4\,000cP$	$10\sim800m/min$
反转（逆向）辊	C	$0.5\sim50\mu m$	$1\sim10\,000cP$	$10\sim300m/min$
凹版	C	$0.5\sim4\mu m$	$1\sim10\,000cP$	$10\sim300m/min$
刮刀	L	$8\sim80g/m^2$	$10\sim300P$	$3\sim40\sim130m/min$
逗号刮刀	L	$\sim12g/m^2$	$10\sim500P$	$>1000m/min$
麦耶棒（绕线棒）	M	$<20g/m^2$	$1\sim400cP$	$10\sim400m/min$
气刀	C	$\leq30g/m^2$	$\leq400cP$	$100\sim400m/min$
落帘涂布	C	$5\sim20g/m^2$	$2\sim100P$	$10\sim500m/min$

续表

涂布方式	涂布表面	干涂布量	涂布液黏度	涂布速度
喷涂（含挤出嘴）	C	$3\sim100g/m^2$	$5\sim$数千 cp	$10\sim300m/min$
吻辊	M	$5\sim20g/m^2$	$<400cP$	$30\sim200m/min$
吻珠	M	$0.5\sim20g/m^2$	$1\sim300cP$	$1\sim100m/min$
浸渍	L	$0.01\sim$几 μm	低黏度	N/A
坡流挤压	C	$3\sim120g/m^2$	N/A	$\sim700m/min$

第三节　其他电子薄膜制备技术

一、气流喷印

1. 基本原理

气流喷印（Aerosol jet printing）具有分辨率高、墨水适用范围广等特点。气流喷印的原理如图 12-20 所示。首先通过雾化使油墨分散成液相颗粒，与工作气体混合形成气溶胶，因此也被称为气溶胶喷印。设备起雾方式包括超声起雾和气动起雾两种。在气流喷印的工作过程中，油墨在存储墨盒中雾化成直径 $1\sim5\mu m$ 的液相小颗粒，然后通过工作气流将这些气溶胶成分输送到喷头处。为保证所喷射的气溶胶态油墨能最终会聚成稳定的细线，设备的喷头部分设计成夹层结构，在射出喷嘴的气溶胶细束外围另有一圈环绕气流，以保证将气溶胶的主要落点控制在小于喷嘴直径的 1/10 的范围内。另外，由于喷出的油墨在距离喷嘴 $2\sim5mm$ 处的粗细保持均匀，气流喷印可以在一定范围内高低落差的承印物表面上打印而保持线条粗细不变。表 12-13 是气流喷印技术与普通喷墨打印技术的特征比较。

表 12-13　气流喷印与普通喷墨打印技术比较

对比项目	普通喷墨打印（inkjet）	气流喷印（Aerosol Jet）
喷墨原理	压电	气体驱动
喷嘴直径/μm	$10\sim50$	$100\sim300$
液滴体积/pL	$1\sim80$	$0.001\sim0.005$
适用墨水黏度/cP	$10\sim20$	$0.7\sim1000$
最小线度/μm	$20\sim100$	$5\sim30$
衬底落差/mm	$0\sim1$	$0\sim5$
图案设计	BMP 图片	基于 AutoCAD

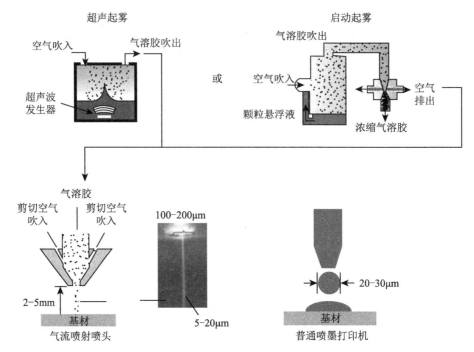

图 12-20　气流喷射原理

2. 气流喷印在电子薄膜制备中的应用

目前，气流喷印技术主要着眼于相对较高分辨率和打印精度的原理型电子器件应用研究。在气流喷印设备上尝试过的印刷电子材料包括多种金属墨水、碳纳米管、聚合物等。已经公开报道的包括打印太阳能电池的顶部银电极、印刷晶体管以及生物传感器等。

（1）薄膜晶体管

薄膜晶体管是大面积显示器、柔性电子和传感器的核心组件，在薄膜晶体管的制备过程中，晶体管的性能、尺寸和成本是所有加工工艺面临的最大挑战。Cho等人采用气流喷印技术，依次喷印 Au 电极（源、漏电极）、聚噻吩（P3HT）或其衍生物（PQT12）（有源层）、介电层以及 PEDOT：PSS（栅电极），制备出柔性薄膜晶体管。基于上述两种有机半导体的器件开关比均达到 10^5，迁移率分别为 1. 3 和 $3cm^2 \cdot V^{-1} \cdot s^{-1}$。同时，Jones 等人采用气流喷印技术，成功制备出全打印碳纳米管薄膜晶体管，器件的电流开关比达到 130，工作频率大于 5GHz。为进一步改善器件性能，该研究小组正在优化碳纳米管分散液的性能，以更加满足气流喷印的适性要求。

（2）太阳能电池

对于高效的硅太阳能电池而言，正面金属化工艺的优化是一种潜在的提高电池转化效率的有效方法。丝网印刷是硅基太阳能电池正面金属化的传统方法，随着太阳能电池转化效率要求的不断提高和超薄硅片的使用，需要印刷更细的导线来减小接触电阻，同时减低屏蔽效应。而丝网印刷与传统喷墨印刷在印刷精度、线条导电性等方面均存在不足。

为了解决上述技术问题，德国太阳能研发机构的 Fraunhofer 研究小组，研发了气流喷印技术太阳能电池正面金属化方法。首先，选用改良的新型丝网印刷墨水，利用气流喷印技术打印以薄层作为籽晶层，经 800℃ 退火处理后，籽晶层与硅衬底接触良好，进而降低了接触电阻；然后，利用光诱导镀银工艺增加膜厚（约 20μm），进一步降低串联电阻，提高其导电性。微细集电极导线降低了屏蔽效应、增加了吸收面积，该方法不仅解决了传统印刷中的问题，同时有利于太阳能电池光电转化效率的提高。

气流喷印技术应用于电池活性层制备。在预涂覆 PEDOT：PSS 薄层的 ITO 玻璃上，通过气流喷印技术沉积聚噻吩类与 C60 或 C70 衍生物掺杂的薄膜活性层，然后蒸镀 Ca/Al 或 LiF/Al 电极，构建成了聚合物太阳能电池，其转化效率最高达到了 3.92%。

（3）RFID 天线

RFID 射频识别系统的基本组件主要包括 RFID 电子标签、RFID 读写器和天线三部分。对于 RFID 天线的制备，目前应用的印刷方法是丝网印刷和凹版印刷。新兴的气流喷印技术具有自校准、喷印精度高和兼容 3D 衬底等特点。美国的 NexGen 公司已经利用气流喷印技术制备了一系列共形天线（Conformal Antennas），无论是柔性的薄膜衬底，还是 3D 基材，均可印制。同时，气流喷印天线还能够有效地接收和传输电信号。

（4）传感器

气流喷印技术在气体传感器和生物传感器领域也获得了初步应用。Wirth 等采用气流喷印技术沉积牛血清蛋白（BSA）、DNA 和山葵过氧化物酶（HRP）微型阵列，并借助荧光材料对其生物特性的稳定性进行了分析、检测。此外，他们也尝试了气流喷印银叉指电极作为基本电路的生物传感器。

3. 气流喷印在电子薄膜制备中所面临的挑战

气流喷印技术需要稳定的气流保证打印效果，调节气流改变打印参数存在一定的滞后效应。因此，该设备只能连续印刷，很难按需供墨。相对于喷墨打印的逐滴喷射模式，喷射气溶胶的工作模式大量的雾化液滴很难跟踪研究。单喷嘴的气流喷印设备在打印大面积图案时速度很慢，需集成喷嘴弥补速度的不足。喷射的雾化液滴群很难保证完全聚拢，散落的卫星点数量比常规的喷墨打印图案更多。气流喷印设备所喷射的雾化液滴体积只有 10 飞升（fL）的级别，比表面积很大，溶剂的挥发速度比常规的喷墨打印更快，影响成膜效果和附着力，在配制油墨时需要充分考虑挥发性方面的因素。

二、电流体动力学喷印

1. 基本原理

电流体动力学主要研究电场对流体介质的作用，是电雾化和电纺丝等技术的理论基础。根据电流体动力学原理，直接利用外加电场作用诱导油墨在喷嘴处发生变形，从而实现油墨的喷射。基于该法的喷射打印工艺称为电流体动力学喷印（Electro hydro dynamic Printing, EHD）。与传统喷印采用"推"方式不同，EHD 喷印采用电场驱动以"拉"的方式从液锥顶端产生极细的射流，这类方法可以有效简化喷头结构，并在最小打印尺寸、油墨适用范围等方面，较其他喷墨式印刷方法拥有独特的优势，图 12-21 是其原理示意图。

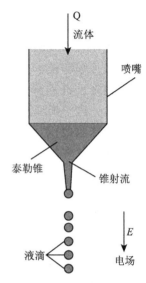

图 12-21　电流体动力学喷印示意

对于普通的喷墨打印技术而言，当喷嘴的直径减小到 $10\mu m$ 以下时，即使没有固体颗粒堵塞喷嘴，墨水也会因为自身的黏度及表面张力而产生极大的喷射阻力，很难通过压电法喷出墨滴。作为对比，以电流体动力学为工作原理的微喷印技术则可以采用 300 nm 甚至更小直径的喷嘴喷射出油墨，从而实现 240 nm 左右的超高分辨率打印。目前已有不少电流体动力学喷印技术的报道，在电子薄膜制备领域的应用则主要集中在利用金属类油墨打印高分辨率的导电部件方面。

除了点阵式的打印模式外，通过现有的静电纺丝技术发展出了一种连续式的电流体动力学喷印方法，原理示意图如图 12-22 所示。由静电纺丝方法获得的纳米纤维早就有用于电子薄膜器件制备的报道。从现有的研究进展来看，利用静电纺丝技术实现高分辨率薄膜电子器件有望实现。

2. 电流体动力学喷印在电子薄膜制备中的应用

Fujihara 等人通过电喷涂制备出了用于染料敏化太阳能电池的大面积 TiO_2 电极层（20 cm^2）。在充满氮气和乙醇的环境中，Cich 等人在硅（111）基板上电喷涂出了等离子活性显示层。研究表明，薄膜的形貌和荧光强度取决于电压、流速等沉积参数。Park 等人研究了静电诱导流体从微毛细管喷嘴中流出形成射流的动力学行为，打印出亚微米分辨率的图案，可用于制作典型电路和功能晶体管（特征尺寸高达 $1\mu m$）的金属电极、互联导线和探针点。Sekitani 等人采用类似装置实现了亚飞升液滴精度打印，在高迁移率有机半导体表面打印了分辨率为 $1\ \mu m$ 的金属结点，从而制作出 P 型和 N 型沟道晶体管。采用自组装单层膜制作晶体管的超薄低温栅极绝缘层，以降低晶体管的工作电压。其墨液由单分散相、直径 2～3nm 的 Au 纳米颗粒组成，喷嘴由内部亲水外部疏水的玻璃毛细管制成（尖端直径小于 1μm）。亚飞升液滴精度打印可明显降低煅烧温度，避免有机半导体的损伤。

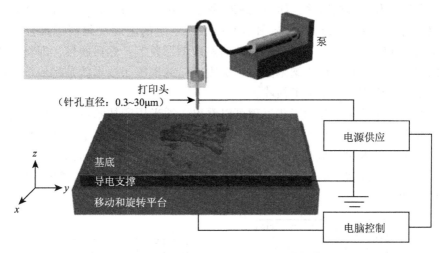

图 12-22　连续式电流体动力学喷印的原理示意

三、纳米压印

　　纳米压印是从印刷术演化而来的古老而又"年轻"的新型技术。纳米压印技术最早由 S. Chou 在 1995 年提出的。该技术利用具有纳米图形的模版在机械力的作用下，将图案等比例地复制在涂有某种有机高分子材料（压印胶）的衬底上，其印制图案分辨率主要取决于模版本身的分辨率和压印胶的分辨率。纳米压印技术作为一种微纳加工技术，其最主要的特点是分辨率高、效率高、成本低。这种低成本的大面积图形复制技术为纳米制造提供了新机遇，它可以应用于集成电路、生物医学产品、超高密度存储、光学组件、分子电子学、传感器、生物芯片、纳米光学等几乎所有与微纳加工相关的领域，而且纳米压印技术已经从实验室走向了工业生产，比如用于数据存储和显示器件的制造。

　　科学家们正在努力为科研和工业界建立纳米压印的工艺标准，以使纳米压印行业更好更快地发展。2003 年，纳米压印技术被列入国际半导体技术路线图，被认为是 22nm 节点以下的首选技术，开始受到工业界的广泛关注。2009 年开始，该技术被排在 ITRS 蓝图的 16nm 和 11nm 节点上。

1. 基本原理

　　纳米压印包括多种不同的工艺类型和实现方法，如热压印、紫外压印、步进重复纳米压印、单步整片晶圆压印、电磁力辅助压印、滚型纳米压印等，其基本原理即是通过外加机械力，使具有微纳米结构的模版与压印胶紧密贴合，处于黏流态或液态下的压印胶逐渐填充模版上的微纳米结构，然后将压印胶固化，分离模版与压印胶，就等比例地将模版结构图形复制到了压印胶上，最后可以通过刻蚀等图形转移技术将压印胶上的结构转移到衬底上。该工艺过程主要包含两个步骤：图形复制和图形的转移，如图 12-23 所示。在一块基片上（通常为硅片）涂上一层聚合物，再用已刻有目标图形的模版在一定的温度（须高于聚合物"软化"温度）和压力下，去压印涂层，从而实现图形复制；然后脱模，即将模版从压印的聚合物上移除，形成纳米图案。实质上，纳米压印技术就是将传统的模具复型技术直接应用于微纳加工领域。

由纳米压印基本原理和工艺过程可以看出，纳米压印技术不需要任何复杂的设备，非常容易实现。它不受光学衍射极限的限制，即便模版上的结构只有几十纳米，甚至几纳米也可以忠实地复制其结构。其工作方式是平面对平面的复制，工作面积大，速度快，时间只用于让压印胶充分填充进入模版的微纳米结构中，然后固化就可以了。

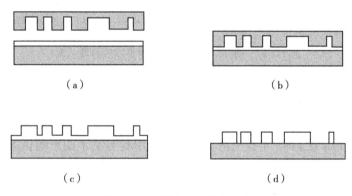

（a）　　　　　　　　　　　　（b）

（c）　　　　　　　　　　　　（d）

图 12-23　纳米压印流程示意

2. 纳米压印在电子薄膜制备中的应用

经过十几年来的发展，纳米压印技术已经广泛应用于微纳电子器件、微纳光学器件、数据存储器以及生物医学等方面。实际上，微纳米压印技术基于热压印和紫外压印（图 12-24）这两种基本工艺开展工作，并衍生出了很多种新的微纳米压印工艺，比较典型的有滚压印、基底完整压印光刻、超声微纳米压印、逆压印、软分子尺度压印、静电辅助微纳米压印等。多样化的微纳米压印技术，进一步开拓了微纳米压印的应用范围。

（1）晶体管

B. Vratzov 等人 2003 年利用纳米压印技术在绝缘衬底的氧化硅上制备了长沟道的 N 型金属氧化物半导体（NMOS）晶体管，沟道宽度为 50nm，如图 12-25。其开关比为 10^5，当栅极电压为 53.5V 时，漏电流为 35nA。

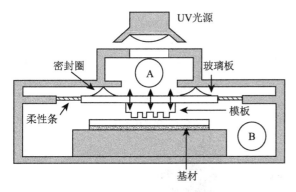

图 12-24　紫外纳米压印原理

图 12-25　长沟道 NMOS 晶体管 SPM 图

（2）光伏器件

X. M. He 等人利用微纳米压印技术制备光伏器件。首先，将具有微纳米尺寸图案的模板翻模到一种聚合物上，然后再利用已翻模后的聚合物作为模板，对另一种聚合物进行翻模，如图 12-26 所示，从而实现两种不同聚合物间微纳米尺度的嵌合，这种大密度微纳米尺度的嵌合接触对光伏电池提高能量转化率有重要意义。

对于太阳能电池，特别是有机太阳能电池的研究中，研究者采取通过改变器件的设计结构来增加激子面的面积的办法，来解决光吸收和激子扩散的互相制约矛盾的问题。Kim M 等人，对于界面采用纳米压印方式制备光栅器件，如图12-27所示，目的是增大界面面积来提高激子分离的效率。

此外，还可以采用光限制机制来增加光的吸收。如图 12-28 所示，Doo-Hyun Ko 等人在太阳能电池中采用了衍射光栅结构的方法来提高光的吸收，由此来增加太阳能电池的转化效率。

（3）透明导电膜

传统导电薄膜多采用 ITO 作为导电功能层，由于脆性较大，必须要有玻璃作为保护层，不具备柔性的特点。随着柔性显示产品的普及，国内外许多研究机构开始寻找 ITO 的代替品。利用纳米银导电油墨作为导电原料，通过纳米压印技术制作的柔性透明导电薄膜有望在近几年投入市场，取代传统导电薄膜。利用该工艺制作的柔性透明导电薄膜具有如下特点：薄膜表面电阻与透光率可调（优于 ITO 透明导电薄膜）；可一次实现图案化电极（优于碳材料透明导电薄膜）；采用柔性基材，可实现卷对卷大面积、批量化、低成本制造（优于氧化物系列透明导电薄膜）；可获得极高表面导电率（优于导电高分子材料系列透明导电薄膜）。

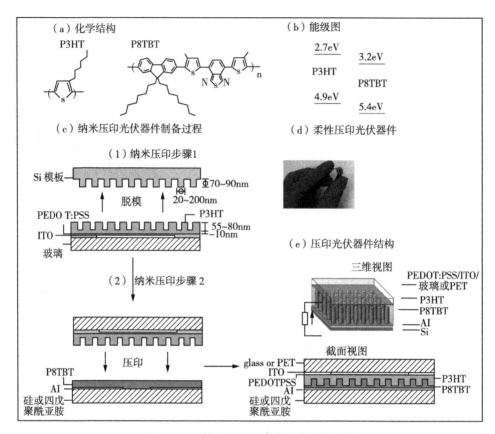

图 12-26 纳米压印聚合物光伏器件示意

（4）传感器

J. Shi 等人利用微纳米压印技术制备了用于生物传感器的中空金属微纳米柱。如图 12-29 所示，其制备过程是首先利用微纳米压印技术将 PMMA 制成大长径比的微纳米柱阵列，然后通过多次倾斜气相沉积工艺将金沉积在 PMMA 微纳米柱的顶部，在 PMMA 微纳米柱顶部形成一层金套管或套筒。沉积工序结束后利用溶剂将 PMMA 除掉，从而得到中空的金属微纳米柱。

L. C. Glangchai 等人借助微纳米压印技术制备出了形状规整、均一性好的微纳米球体。这种形状规整、大小分布均匀的微纳米载药球对药物的靶向传递以及药物的均匀释放有着重要的意义。传统的微纳米球主要依靠化学合成工艺制备，而该工艺对于微纳米球的形状和均一性难以控制。

3. 纳米压印在电子薄膜制备中所面临的挑战

纳米压印技术是在集成电路制造中关键技术光学光刻技术的基础上发展而来。尽管压印光刻在图形转移方面具有其他技术不可比拟的优势，然而由于压印工艺

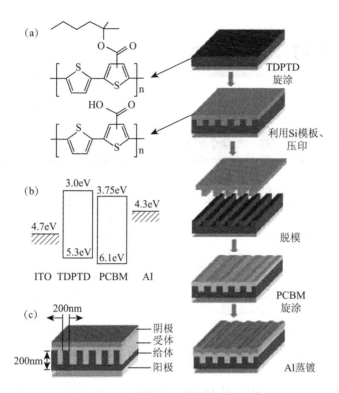

图 12-27 纳米压印有机太阳能电池

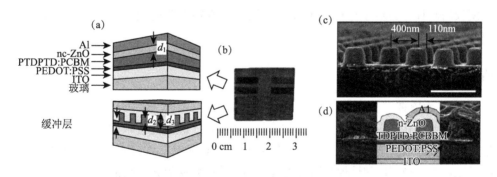

图 12-28 光栅结构有机太阳能电池

的特点，要使之真正从实验室走向产业化，仍有许多关键性的问题需要解决。除了关于三维模具、大面积模具和高分辨率模具的制作、模具缺陷的检查和修复、模具表面处理工艺、模具变形等关于模具所面临的挑战外，在纳米压印中还存在着压印模具使用寿命、压印缺陷控制和多层结构对准套印等方面面临的挑战。

此外，在加工 32nm 以下结构时，电子束曝光邻近效应十分明显，对于如何消除小尺寸加工的电子束邻近效应仍是需要面对的挑战。在制作大面积压印模具的

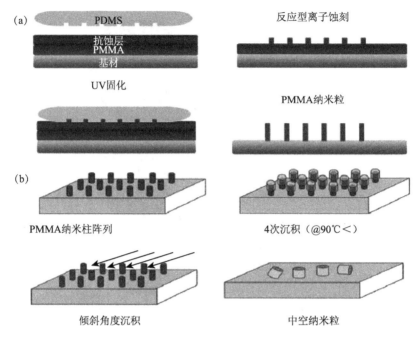

图 12-29　紫外纳米压印制备中空金属微纳米柱示意

过程中，经过曝光和多次图形转移的模板可能会产生局部欠刻蚀或过刻蚀缺陷，虽然可以采用超短脉冲激光沉积、聚焦离子束沉积和电子束沉积以生长的方式进行模板的修补，但对于这种纳米级尺度缺陷的修补工艺精确的控制仍是模具制造中所面临的另一挑战。

四、微接触印刷

1. 基本原理

1993 年，由美国哈佛大学的 Whitesides 等提出了软刻蚀技术用于复制精细图案，他们在母模板上浇筑弹性材料（聚二甲基硅氧烷 PDMS），并经过固化、剥离得到新的弹性模板，利用该弹性模板通过毛细作用、接触转移等方法制备精细图案。

微接触印刷（microcontact printing）技术作为软刻蚀技术的一个分支，起初采用能在基片衬底上形成分子自组装膜的硫醇分子作为墨水，通过简单的盖印过程，将弹性印章（PDMS）上的图案转移到基片衬底上。具体来讲，该技术以具有分子自组装特性的硫醇作为墨水、以蒸镀有金膜的基底为衬底，由于硫醇与金之间形成了 Au—S 键，印章上凸起部分蘸取的硫醇墨水在轻微的印刷压力下快速转移到基底上并形成单分子层自组装膜（self-assembled monolayers，SAMs）；将印刷好的基片放入蚀刻剂中除掉空白部分未被保护的金膜，清洗掉保护层后可获得微纳米级图案。微接触印刷过程如图 12-30 所示，由该技术获得的单分子层示意图如图 12-31 所示。转印经历了弹性印章蘸取硫醇和硫醇从弹性印章转移到承印基底表面的过程。

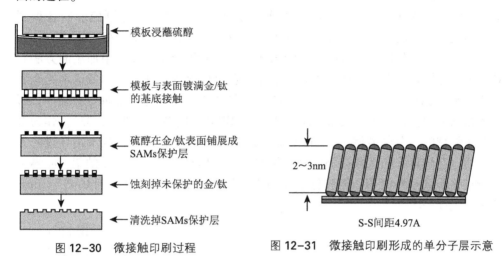

图 12-30　微接触印刷过程　　　　图 12-31　微接触印刷形成的单分子层示意

微接触印刷技术具有如下优点：①工艺相对简单、成本低、速度快。例如，对于 16mM 的硫醇墨水，在印刷时间 3ms 内即可实现转移。②承印材料范围广，可在不平整表面或曲面上实现良好印刷。这是由于 PDMS 的高弹性可保证模板与衬底表面形成 conformal 接触。③整个过程外力较小，不会使图案变形，从而实现精细图案的完整复制。影响微接触印刷成功与否的因素有：印章弹性、印章图案的高宽比、墨水的浓度、接触压力、接触时间等。特别是弹性印章的弹性模量、印刷压力的大小都会引起弹性印章不同程度的形变，如果该形变量超出了允许的范围，则会引起图文部分粘连、倒塌、弯曲，或者非图文部分的塌陷等，这些都会造成油墨转移的不良甚至无法转移，直接影响到印刷线条的清晰度、连贯性和均匀性。江南大学的王恒印等建立了印刷压力、印章尺寸、弯曲刚度等因素共同影响的弹性印章弯曲形变模型。

2. 微接触印刷在电子薄膜制备中的应用

传统印刷技术受限于分辨率相对低、墨层厚度和均匀性较难控制的缺点，限制了其用于制备高性能的电子薄膜。而微接触印刷技术高精度的特点，已引起微制造研究人员的关注，转移材料从硫醇分子扩展到硅烷、无机、有机、生物分子等，从而发展为简便通用的微纳米制造的新技术，并应用于微电子、物理、生物、化学等领域。在生物学领域主要用于制作生物微图案、细胞培养、蛋白防护剂、生物酶、纳米生物芯片等；在化学方面的应用主要是表面催化、表面聚合、电化学沉积、制作微流体反应器等；在微电子、物理学方面的应用为简洁、高效、低廉地制造微电子元件或者有机发光器件、印刷微电路、制备供 NMR 导电微线圈、制作无源元件、制作微变压器、场效应三极管。

　　微接触印刷主要用于以图案化的自组装单分子层作为模板，然后选择性地生成金属图案。晶体管中的源漏电极通常要求高精细（10～50μm 分辨率）的图案，而常规印刷方法无法实现，Rogers 等通过在金基底上微接触印刷硫醇制备得到 1μm 宽的较低缺陷、较好套准精度的源漏电极，用于有机有源背板（图12-32）。以上是采用减法刻蚀的方法制备精细图案，微接触印刷还可以采用加法的方法制备图案，即转印含有催化剂胶体的墨水并结合化学镀的方法，得到低成本的金属薄膜图案。Bietsch 等用含金胶体颗粒的溶液在玻璃/高分子膜的表面进行盖印，所得的微图形用作化学镀铜或银的催化剂，沉积得到电路图形（图12-33）。作为柔性电子领域的一个典型例子，Miller 等报道了在塑料基底上制备微米铜导线的方法，通过在塑料基底上微接触印刷单层的铝—卟啉复合物，图案化的铝—卟啉可用于进一步选择性沉积—锡胶体催化剂来诱导化学镀铜，最终得到 0.45～10μm 线宽的铜线图案。

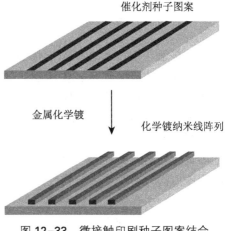

催化剂种子图案

金属化学镀

化学镀纳米线阵列

图 12-33　微接触印刷种子图案结合
化学镀的方法制备金属图案

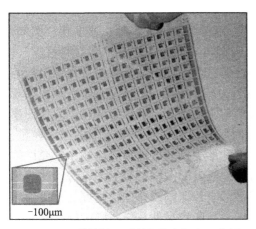

图 12-32　微接触印刷制备的有机有源背板

　　除了传统材料外，微接触印刷还可转印新型材料，如 Goff 等利用微接触印刷的灵活性来图案化多电极阵列，将抽滤到氧化铝滤膜上的碳纳米管，通过微接触印刷转移到微电极阵列上（图12-34）。此外，还可利用微接触印刷的印章作为保护层来实现材料的图案化，如 George 等将 PDMS 模板放置到化学气相沉积的石墨烯上方，然后放在 O₂ 等离子体清洗腔内处理，处理过程中 PDMS 模版与

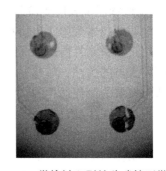

图 12-34　微接触印刷转移碳管到微电极

石墨烯未接触的区域被 O_2 等离子体扩散并刻蚀掉，而 PDMS 与石墨烯接触的区域被保护，从而实现选择性地刻蚀石墨烯层（图 12-35）。

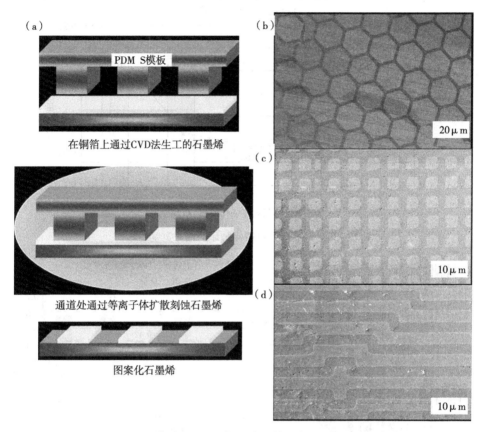

（a）

PDM S模板

在铜箔上通过CVD法生工的石墨烯

通道处通过等离子体扩散刻蚀石墨烯

图案化石墨烯

（b）

20μm

（c）

10μm

（d）

10μm

图 12-35　微接触印刷的模板作为保护层实现石墨烯的图案化

3. 微接触印刷的发展趋势

作为一种全新的制作精细纳米级图案的方法，微接触印刷虽然有诸多的优势和应用前景，但目前还很少有科研人员深入研究，实际应用中仍有许多地方需要改进和优化。目前，微接触印刷仍以间接印刷方式为主，采用微接触印刷技术直接印制成为图案的转移理论，仍需进一步研究，以真正实现微电路制造的环保性、简洁性和高效性。直接采用金属油墨印刷时的转移、铺展和附着情况的控制，是需要研究的重点。

北京印刷学院辛智青、刘世丽等发现，纳米银油墨性能、印刷压力对图案线条边缘光滑程度有关键性影响（图 12-36）。纳米银油墨浓度过低，会造成印刷线条的不连续；纳米银油墨浓度过高，又会造成线条并糊。在不降低银粒子浓度的情况下，在油墨中添加一些表面活性剂，并结合印章表面等离子体处理改性，来提高油墨在印章表面的铺展现象，改善印刷效果（图12-37）。

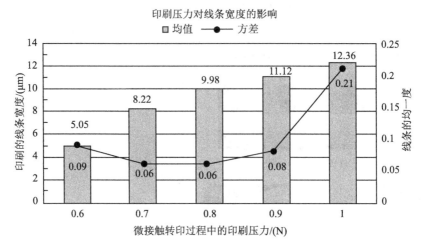

图 **12-36** 印刷压力对微接触印刷线条宽度的影响

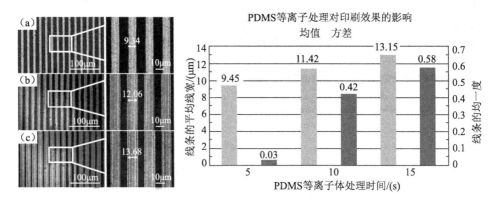

图 **12-37** PDMS 表面等离子体处理对印刷效果影响

第四节　涂布薄膜电子产品后处理技术

　　涂布薄膜电子产品的后处理，是指为使导电涂层获得理想电学性能所进行的后续加工工艺，例如干燥、退火、烧结、交联固化以及封装等。鉴于产品的电学性能对一些因素相当敏感，电子薄膜产品的后处理要求远比传统的涂布、印刷品严格。理论和实践表明，这些后续处理工艺可以直接影响电学功能薄膜的形貌和微观结构，从而决定最终获得的电子器件的性能。下面介绍几种在印刷电子领域广泛使用或具有一定前瞻性的后处理方式。

一、热处理

根据 Gibbs-Thomson 方程，由于纳米颗粒的热动力学尺寸效应，其融化温度较块体材料大幅降低。纳米尺度的银和铜颗粒的熔化温度可降低至 100～300℃，而其块状材料的熔点则分别为 961℃ 和 1083℃，因此利用纳米尺度材料可以在较低温度下实现材料的烧结。目前，利用金属颗粒导电材料进行涂布、印刷制备的电子薄膜产品，大多采用加热的方式进行涂层后处理。图 12-38 是不同温度下纳米银涂层的微观形貌变化。随着加热温度的升高，纳米银涂层逐渐出现了烧结现象，涂层导电性随之提高。

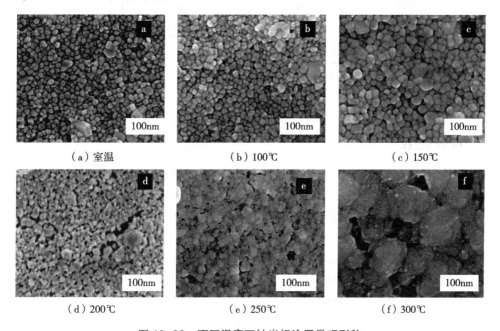

图 12-38　不同温度下纳米银涂层微观形貌

二、激光烧结

激光烧结是采用连续或脉冲激光照射涂层，利用激光能量作用产生的热量，使导电油墨材料固化烧结，实现材料的功能化。美国加州大学伯克利分校 C. P. Grigoropoulos 课题组与 D. Poulikakos 教授合作，长期致力于将激光技术与喷墨印刷电子结合，研究激光处理对纳米金属涂层微观形貌及导电性能的影响，并制作高精度的印刷电子器件。图 12-39 是一种研究型喷墨打印及激光后处理设备，研究发现，激光的波长、功率、入射角度、移动速度以及光斑的形状等因素，均对纳米金属涂层微观形貌造成影响，进而影响涂层导电性能。

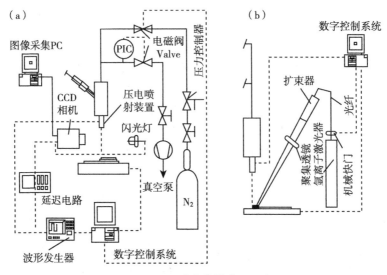

图 12-39　激光烧结装置示意

三、红外烧结

红外烧结是利用红外光的热效应，实现纳米材料涂层的固化烧结。虽然纳米颗粒材料墨水的吸收光谱在红外区域的吸收一般较小，但红外光的热效应能使墨水中溶剂快速挥发，纳米颗粒相互聚集并受热融合。Tobjork 等在纸基上进行银纳米颗粒墨水的红外烧结时，采用大功率的红外灯照射喷墨打印的电极，在 20s 的时间内获得了小于 $6\mu\Omega \cdot cm$ 的导电性。由于 PET 在可见—近红外区域的吸收很小，通过近红外光在 2.1s 的时间内，可完成对银纳米颗粒墨水的烧结而不损伤 PET 基底，导电性与烘箱烧结相当。

实验发现，用红外光对金属纳米颗粒墨水进行烧结时，随着金属纳米材料的聚集融合，其表面的反射率会逐步增强，对红外光的吸收逐步减小，从而形成了一个负反馈效应，有利于防止烧结时温度过高而引起的样品损伤。

红外烧结纳米材料墨水具有快速、大面积优势，并且能较好地控制烧结温度，但是长时间的红外照射，对柔性薄膜基底还是存在一定的损伤。目前红外技术应用于纳米材料烧结还处于研究阶段。

四、闪灯烧结

闪灯烧结是一种新型烧结技术，它是采用宽光谱、高能量的脉冲光，对纳米材料墨水固化烧结。闪灯烧结装置如图 12-40 所示，主要由触发控制器、充电电容及大功率的氙气灯管光源组成。在进行材料烧结时，由控制器控制电容的充电电压和放电时间，激发氙灯发出脉冲高能强光。用强脉冲光对纳米铜涂层进行后处理，用时短（2ms）、处理面积大、生产效率高。采用脉冲射频为 50 J/cm² 的脉冲，经过 2ms 处理，可得电阻率为 5μΩ·cm 的导电涂层。

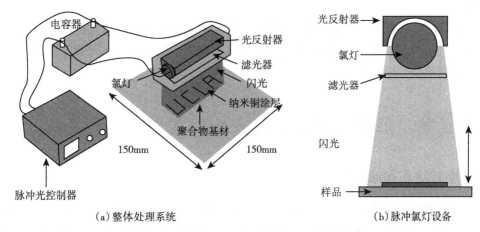

(a) 整体处理系统　　　　　　　　　(b) 脉冲氙灯设备

图 12-40　闪灯烧结装置示意

五、其他后处理方式

M. L. Allen 等采用对打印形成的纳米银涂层施加电压的方式进行后处理，得到的涂层最低电阻率为 2.7μΩ·cm。由于施加的电压作用在纳米金属涂层，降低了后处理过程对基材的影响，特别适用对温度敏感的基材，电处理方式的时间短、效率高。图 12-41（a）是电后处理纳米金属涂层示意图，图 12-41（b）和图 12-41（c）是后处理过程中的照片。

J. Perelaer 等利用微波处理打印在 PI 膜上的纳米银涂层，由于微波几乎只会被导电的纳米银涂层吸收，对基材无任何损伤的后处理方式，且处理速度快。用功率为 300 W，频率为 2.45 GHz 的微波经过约 240 s 的处理，可得电阻率为 30 μΩ·cm 的导电涂层。

Magdassi 等在室温下使用化学方法对纳米涂层进行后处理，得到的涂层最低电阻率为 6.8μΩ·cm。该方法是利用带阴离子的

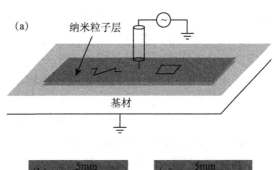

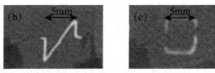

图 12-41　纳米金属涂层电处理方式示意图
（a）及其处理过程中相片（b，c）

聚丙烯酸（PAA）作保护剂的纳米银颗粒，与带阳离子的聚二烯丙基二甲基氯化铵（PDAC）发生阴阳离子中和，使涂层烧结以达到后处理目的。可改变 PDAC 的浓度和 PDAC/Ag 的质量比，通过影响纳米金属涂层微观形貌，进而影响涂层导电性能。

Reinhold 等利用氩等离子体，处理聚合物薄膜上的纳米银涂层，对基材无损伤，调整后处理时间、基材、射频功率、涂层厚度等因素，影响纳米金属涂层微观形貌，进而改变涂层导电性能。

第五节 薄膜电子器件涂布应用实例

一、旋转涂布和涂布焙烧

涂布焙烧法是制备薄膜电极的较简便的方法。先将含锂盐和 Mn（NO₃）₂ 的水溶液与乙二醇、甘油和甲醛溶液混合均匀，然后将混合溶液涂布在基体上，干燥后，在 200～400℃烘烤，然后在 600～800℃加热灼烧。这样得到的 $LiMn_2O_4$ 膜表面非常光滑而致密，具有与基体较强的黏附力。由于乙二醇和甘油等含有多羟基（-OH）官能团，它们在加热过程中，与甲醛发生缩合反应生成缩醛，还可以与阳离子发生静电螯合作用，使其均匀地分散于基体上，有机配合物前驱体在煅烧过程中分解放出的热量，促使 $LiMn_2O_4$ 薄膜生成和沉积。

还可以采用混合锂锰盐、酒石酸和乙二醇，采用类似预烘烧法（Pechini）制备前驱体涂布液，然后将其涂布在铂基体电极上煅烧后得到 $LiMn_2O_4$ 薄膜电极。

采用旋涂设备，用溶胶凝胶法（Sol-gel 法）涂膜，然后在一定温度下退火处理，可以制得 $LiMn_2O_4$ 薄膜阴极。

首先将前驱体乙酰丙酮锰和乙酰丙酮锂，按 Li：Mn＝1：2 量比溶于 1-丁醇和醋酸的混合溶剂中，室温下搅拌 10h，得溶胶前驱体。

采用旋转涂层技术，将以上前驱体溶胶逐层涂在 Pt/SiO₂/Si 基体薄片上，共6～8层，每涂一层均在 310～360℃的温度下加热干燥 10min，以除去溶剂和大部分有机物。然后将涂好的薄膜在 700～800℃的氧气流下加热，约 10min 后退火。这样得到的膜层厚度约 200nm 左右。

制备镍酸镧（LaNiO₃）薄膜的方法很多，有 sol-gel、金属有机分解法（MOD）、物理气相沉积法（PVD）和脉冲激光沉积法（PLD）等。将甲酸镍和硝酸镧，按化学计量比为 1：1 溶于去离子水中，用聚乙烯醇调节黏度，得到0.1mol/L 的溶液，将溶液以 4000r/min 的转速旋涂在 SiO₂ 衬底上，每涂一层，先在 230℃下烧结 5min，再在 450℃下烧结 5min，然后再涂下一层。

这样多次旋涂，直至得到所要的厚度，最后在 500～850℃某一温度退火

30min。以上热处理是根据热失重分析（TGA）进行优化得到的，如图 12-42 所示，100～150℃，是水分挥发和硝酸镧分解温度，200℃左右是甲酸镍分解温度，200～400℃是聚乙烯醇的充分分解温度。

通过上述操作，可制备出形貌良好的 LNO 薄膜电极。在 SiO_2/Si 绝缘衬底上制备出的 LNO 薄膜，室温电阻率为 $1.77 \times 10^{-3} \Omega \cdot cm$，可以独立作为电极使用，以 LNO 为下电极，可制备出 Au（Cr）/ PZT/LNO/ SiO_2 结构的电容，在 10V 电压下，其剩余极化强度大约为 $20 \mu C/cm^2$，矫顽电压约为 2.6V，漏电流约为 $10^{-7} A/cm^2$。

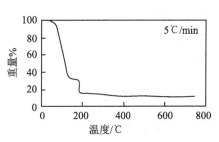

图 12-42 LNO 溶液热重分析结果

二、丝网印刷/涂布

利用丝网印刷技术，可以制备纳晶多孔 TiO_2 薄膜电极，图 12-43 是利用丝网印刷法和涂敷法制备的染料敏化纳晶多孔 TiO_2 薄膜太能电池的光电流—电压曲线，电池的短路光电流分别是 17.30 mA/cm^2 和 16.75mA/cm^2，开路光电压分别是 538 mV 和 498mV。

从表 12-14 数据看出，与传统的涂敷法相对比，利用丝网印刷涂布，既可以提高短路光电流 Isc、开路光电压 Voc 和填充因子 FF，又提高电池的光电转换效率 η。利用涂敷法制备电池的光电转

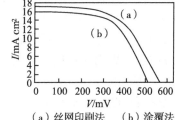

（a）丝网印刷法 （b）涂覆法

图 12-43 不同涂膜方式制备的太阳能电池光电流—光电压曲线

换效率为 4.60％，而利用丝网印刷法制备的电池光电转换效率达到 5.27％。

表 12-14 不同涂膜方式制备的薄膜电极性能对比表

涂膜方法	丝网印刷法	涂敷法
短路光电流 I_∞/（mA/cm^2）	17.30	16.75
开路光电压 V_∞/mV	538	498
填充因子 FF/％	0.5656	0.5500
光电转换效率 H/％	5.27	4.60
表面粗糙度 Ra	420.70	375.23
膜厚/μm	8.5	7.2

采用丝网印刷技术，在柔性基底 ITO/PET 上制备 TiO$_2$ 多孔薄膜，经过低温烧结得到 TiO$_2$ 多孔薄膜电极。以 D102 染料为敏化剂，KI/I$_2$ 为电解质，Pt 电极为对电极，制成电池并测试光电性能。结果表明：以乙醇作为分散剂添加到 P25 粉体中，丝网印刷制膜，100℃ 低温烧结，可以在柔性基底 ITO/PET 上制备出表面粗糙度良好、具有一定光电性能的 TiO$_2$ 多孔薄膜电极，用其制作的太阳电池转换效率达 1.33％。

三、挤出嘴涂布

1. 覆铜箔挠性基材

覆铜箔挠性基材是由介质层材料、黏结层材料和薄铜箔压制而成的。介质层材料包括聚酰亚胺（PI）、聚酯（PE）、芳香族聚酰胺和氟碳化合物。有黏结剂覆铜箔挠性基材结构的主要缺点在于黏结层材料（大多为聚酰亚胺/丙烯酸类）昂贵，总成本较高；由于丙烯酸类黏结层的 Z 向膨胀系数大，加上介质层厚度，使整个 Z 向热膨胀系数远大于无黏结层的 Z 向热膨胀系数，会造成挠性板内部缺陷（如分层等），结合力和可挠性差，当用于双面板和多层板时，还会给孔化电镀（PTH）带来隐患。由于黏结层和介质层材料的差异，多层板会因为化学蚀刻（如去沾污、粗化等）速率不同，造成孔壁上凹凸不平，甚至包覆镀液等而带来隐患，这是孔化电镀方面的问题之一；由于有黏结层结构的基材其厚度较高，造成挠性板厚度较厚，既不利于"小型化"和"轻型化"，又不利于抗热性能和电气互连的可靠性（因 Z 向较厚的有机材料的 CTE 远大于铜箔的 CTE，热膨胀易于引起内连断裂）。

无黏结剂型的基材中，覆铜箔是采用各种金属化技术的一种方法，把铜层直接结合到介质层上。可以采用三种方法实现。

（1）把聚酰胺酸涂布到铜箔表面上，然后加热形成聚酰亚胺膜，最后形成聚酰亚胺覆铜箔挠性基材。

（2）先在介质层上涂覆一层位垒金属，然后电镀铜。

（3）真空溅射技术或蒸发沉积，即把铜置于真空室中蒸发，然后把蒸发的铜沉积于介质层上。

2. 挠性覆铜板的涂布生产线

（1）联动系统

挠性覆铜板的涂布生产线，核心是精密涂布机，结合相关的配套设备。

精密涂布机主要包括联动、清洁、涂布、干燥、压合及品质控制等系统。

联动系统是涂布机的主体。它主要包括开卷、供料、出料和收卷等装置，其中还包含张力控制和调偏装置等（图 12-44）。

放卷装置是指放卷物料(基膜或铜箔)的装置。放卷装置是涂布系统的起点，

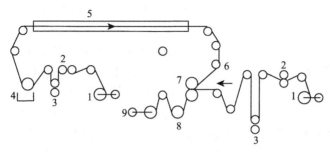

1—放卷；2—清洁；3—供料；4—涂布；5—烘箱；
6—厚度和外观检查；7—压合；8—出料；9—收卷

图 12-44　挠性覆铜板联动涂布生产线示意

一般是双工位设计。其接头装置包括半自动和自动两种。半自动需部分人工操作，常配置贮料装置；全自动接头不需贮料装置。

在放卷装置之后，配有供料装置，各自有张力控制，保证物料（基膜或铜箔）稳定运行。

放卷装置与供料装置之间，配备调偏器控制物料（特别是基膜）运行的位置，确保基膜涂布位置的准确性。

出料装置位于压合系统之后。如同放卷装置与供料装置一样，在它与收卷装置之间也配备调偏器，以确保收卷产品的外观和品质。

收卷装置是涂布机的终点。它的结构与放卷装置基本相似，只是功能相反。

为了避免基膜在运行过程中产生静电，引起吸附灰尘或产生火花，影响产品质量和造成安全事故，在放卷后和涂布前，压合后和收卷前等有关部位，设计静电消除器。

（2）清洁系统

清洁系统是指生产环境的净化和在线清洁装置。清洁系统是涂布机不可缺少的部分，它直接影响到产品品质。

生产环境洁净度要求，一般为万级。局部（如涂布、烘箱、压合等）为千级。

在线清洁装置，一般采用清洁辊加粘纸辊的综合设计（如图 12-45 所示）。这种形式的设计，可以防止二次污染，清洁辊可长期保持清洁效果。

（3）涂布系统

主要使用预计量涂布方式。其优点有：

①涂层厚度转换容易，不受黏度影响。

②胶液是在密闭系统中输送，避免溶剂挥发和外来污染。

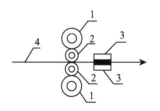

1—粘纸辊；2—清洁辊；
3—静电消除辊；4—物料
图 12-45　涂布机在线
清洁装置示意

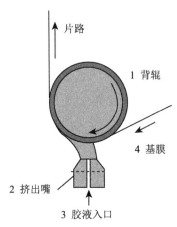

图 12-46 预计量挤出涂布头示意

1 背辊
4 基膜
2 挤出嘴
3 胶液入口
片路

③涂层厚度均匀性容易控制，再现性好。

④产品合格率高，基膜能得到充分利用。

在预计量涂布方式中，挤出涂布法是具有代表性的一种方法，其工作原理如图 12-46 所示。

涂布时，基膜按一定速度通过背辊前进，胶液以流量 Q_1 输入挤出嘴，以流出量 Q_2 涂布到基膜上，并在基膜上形成一层厚度均匀的湿胶膜。此时，胶液输入量 Q_1 与基膜上的涂布量 Q_2 保持平衡（ $Q_1 = Q_2$ ），保证胶膜厚度一致。

（4）干燥系统

干燥系统可以是滚筒式烘箱和气浮式烘箱。烘箱的洁净度与涂布区一样，要求很高。因此，热风过滤材料（网）必须定期清洗和更换。过滤网上常装有压差计，用来判断过滤网的过滤效果和作为更换过滤网的依据。为了防爆，烘箱应配置溶剂浓度探测器，以监视溶剂浓度是否超标。

烘箱的热源，有电热、蒸气和热油等。热源选择，需要根据温度和热量的需求以及工厂公用系统的规划，综合考虑。

实际生产中，使用何种结构的烘箱，需要根据具体情况确定。表 12-15 的比较结果，可以作为选择参考。

表 12-15　滚筒式烘箱与气浮式烘箱对比一览表

项目	滚筒式烘箱	气浮式烘箱
洁净度	较差	佳
防划伤	较差	佳
张力	可以较大张力操作	低张力
稳定性	佳	较差
传动	需要	不需要
价格	较低	高

烘箱应配置废气处理系统，确保废气达标排放和热能回收利用。

（5）压合系统

挠性覆铜板（FCCL）基膜经过开卷、涂布和干燥后，与铜箔一起进入压合系统，经加热加压制成产品。压合系统可以是双辊和三辊两种方式。

压力和温度是达到所要求的压合效果的必要条件。因此，压合系统设计包括压力辊和加热辊，以便控制压合压力与温度。

电感应加热辊加热均匀，在一定温度范围内（50～230℃）温度控制精度高
（±1℃）。压合系统对产品外观和内在特性，都具有决定性的作用。

（6）品质控制系统

涂布品质的关键是涂层的厚度和外观。为了保证涂布生产过程不出问题，常
在烘箱后边安装涂层测厚装置（接触式或非接触式）和在线外观检查装置。

四、浸涂

1. 覆铜板上胶涂布机

（1）覆铜板生产的重要设备

覆铜板产品的厚度精度以及厚度均匀性、翘曲度、尺寸稳定性，与半固化片
的树脂含量分布均匀性、GT 分布均匀性、玻璃布在上胶过程经纱与纬纱变形程度
直接相关。因此，上胶机是覆铜板生产的关键设备。上胶机分立式上胶机（也称
垂直式含浸机）和卧式上胶机（也称水平式含浸机）。

（2）上胶机技术要点

①涂布获得的半固化片各处树脂含量 RC％的分布不超过±（0.2％～0.3％），
各处 GT 分布不超过±（3～5）s，RC％和 GT 的分布偏差应尽量小。

②适用于薄型的玻璃布，如 104 型玻璃纤维布（标称单位面积质量 18.6g/m²，
参考厚度 0.028mm）、101 型玻璃纤维布（标称单位面积质量 16.3g/m²，参考厚
度 0.024mm）上胶。生产过程玻璃布和黏结片无形变，产品尺寸稳定性优良。

2. 立式上胶机与卧式上胶机的选用

（1）立式上胶机

立式上胶机是指基材垂直通过烘箱的上胶机。因为 FR-4 覆铜板生产用的玻
璃布是平纹布，有许多的网格，用立式上胶机上胶可以保证胶水在基材的两个面
的分布均匀，保证半固化片两个面的树脂均匀分布，所以，立式上胶机广泛应用
于玻璃布基材上胶。

普通的立式上胶机的烘箱是双通道结构，它有一个上升段和一个下降段，在
烘箱顶部经过一组顶辊转换方向，由垂直上升转换为垂直下降。转换过程对基材
产生很大的阻力，所以普通的立式上胶机，只适用于强度比较高的基材，如玻璃
布。以烘箱高度为 15m 的立式上胶机为例，从挤胶辊到顶辊的高度接近 24m。如
果是 7628 玻璃纤维布，其湿重量约 15kg。加上基材转向张力，对基材产生很大的
拉力，如果基材的强度不够，很容易被拉断。

生产薄型如 1080、106，甚至 104 型玻璃布，通常采用烘箱高度在 7m，甚至更
加低的立式上胶机，并且它的张力系统，开卷装置，收卷装置等都需要特殊设计。

由于纸基材的湿强度很低，所以很少用立式上胶机上胶。

（2）卧式上胶机

卧式上胶机是指基材水平通过烘箱的上胶机。卧式上胶机的热源多数采用热风，由排列在烘箱上下层的风嘴将热风吹向基材，基材在烘箱中处于没有接触的漂浮状态，无接触阻力。基材张力来源于牵引机对基材的拉力，卧式上胶机适合于纸基材上胶。卧式上胶机示意图见图12-47。

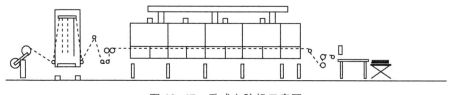

图 12-47　卧式上胶机示意图

（3）卧式上胶机生产 FR-4 玻璃布基材产品注意事项

①基材两面树脂含量分布不均

由于基材进入烘箱烘干之前，胶水很容易透过玻璃布网格渗透到基材下表面，造成基材两面含胶量不相同，通常是基材下表面含胶量高于上表面。可以提高胶液浓度，或提高烘箱入口温度，让胶水黏度增大，减缓胶液透过网格渗透到基材下表面，进而减少基材两面含胶量不均匀现象。

②尽量采用高密度玻璃布

如 1080pp 片的生产，由于玻璃布比较薄，而且网孔比较稀，很容易出现 pp 片两个面含胶量不均匀问题。如果采用密度比较高的 1078 型或 1086 型玻璃布，问题即可缓解。

3. 烘箱结构、精度与产品质量

覆铜板生产中，高分子材料发生三个阶段的状态转变。加入了固化剂的胶液是处于第一阶段；在上胶机将黏结片烘干后，到达第二阶段，黏结片上的树脂部分交联，但物料仍处于可溶、可熔状态；在压机热压过程到达第三阶段，产品完成交联固化。

第二阶段的黏结片的树脂分布（RC%）均匀性，树脂凝胶化时间（GT）分布均匀性对层压板、覆铜板及多层印制板的质量影响很大。黏结片的质量与上胶机烘箱的结构、控制精度及上胶工艺相关。

（1）烘箱是上胶机的核心装置

上胶机的烘箱是上胶机的核心，黏结片的树脂凝胶化时间（GT）分布均匀性取决于烘箱的结构和烘箱的制造精度，黏结片的树脂（RC%）分布均匀性也与烘箱有关。

早期覆铜板生产用的上胶机的结构非常简单，多数为蒸汽加热，有些卧式上胶机甚至是采用砖砌的烘箱。由于蒸汽所能达到的温度较低，现代覆铜板热源已经有所变化。

卧式上胶机以热风作为热源,对基材形成"风托",减少基材与导向辊摩擦,减少设备对基材产生的张力。

① 烘箱

以热风为热源的烘箱由若干节组成,节数越多,则烘箱高度越高。立式上胶机的烘箱分上、下两个通道,上、下通道与热风室合做在同一烘箱里,热风室在烘箱背后,左侧和右侧分别是基材的上通道和下通道。烘箱四周用约 100mm 厚度的岩棉保温。每节烘箱正面左侧和右侧,对正上、下通道处各开有检修门。门具有防爆功能,当烘箱废气浓度过高而超压时,铰链自动弹开泄压,防止爆炸发生。

上、下通道两侧各安装一列风嘴,由多个成对配套的吹风嘴和回风嘴组成,每个通道相对的风嘴错开排列,使吹风嘴对回风嘴,回风嘴对吹风嘴。这种组合使黏结片在烘箱中形成轻微 S 形,可以避免在黏结片表面树脂尚处于潮湿状态时,由于两个风嘴强烈对吹而造成树脂分布不均匀或黏结片表面波浪纹。风嘴多做成盒形(俗称风盒),其出口做成长条状(缝隙开度可以调节,开口大,风量大,风压小;开口小,风量小,风压大。开口长度大于基材宽度),或在长条开口处加两层筛孔板,一层固定,一层可动。错动活动筛孔板可调节出口面积,以此来调节吹向黏结片的风压与风量。风盒可以从烘箱门外拉出来定期清理,以保持出风口面积及使出风流畅,保证生产工艺稳定性。正常生产时,约每 1~2 个月就需清理一次风嘴,以免出风口过分堵塞。

风嘴到黏结片间距为 70~150mm,太宽热效果不足,太近时波动的黏结片会碰到风嘴,污染烘箱,影响黏结片质量。

热风式烘箱的温度、风量、风压可调,但风嘴各处温度是一致的,当黏结片左、中、右有某处固化度不足,需进行局部调节时无法做到。同时,由于吹向黏结片的热风比较强烈,对于黏结片固化均匀性及外观平滑性有不良影响,限制了此类烘箱的进一步发展。

立式上胶机热风式烘箱结构如图 12-48 所示。

② 热源

现代立式上胶机采用热油或电作为热源。热油加热可将烘箱纵向分成 3 个加热区,电加热可将烘箱纵向分成 5 个加热区。生产过程可根据半固化片 GT 值分布情况,随时调整各个温区温度,获得更高质量的半固化片。

电加热是以电热棒、电热管辐射加热,上胶机采用电热模压块,烘箱结构简单,安全性较高。由于上胶过程烘箱中充满大量从黏结片上挥发出来的易燃易爆溶剂,电气防爆、安全防火是这种上胶机的设计要点。

采用电加热温度的分区控制比导热油更方便。电加热热辐射板的升温速度比导热油快,降温也比导热油快。在生产结束时,导热油加热热辐射板,必须将油温度降低到 130℃ 以下，才能停止热油泵的运转，以延长导热油使用寿命。电加热生产结束后适当冷却即可停机。

与导热油供热相比，电热的升温有"滞后"现象。由于热油的热稳定性比较高，所以当前立式上胶机多数还是以热油作为热源。

（2）热辐射烘箱总体结构

立式上胶机热辐射烘箱总体结构如图 12-49 所示，它由热辐射板，热风道，上下气密段，风冷段构成。

（a）热风式烤箱　（b）烘箱剖示图（横剖面）　（c）烘箱风嘴配置

图 12-48　立式上胶机热风烘箱示意

热风式烘箱通常将上升段和下降段做在同一个壳体中。但热辐射烘箱结构比热风式结构较简单、紧凑，所以它的烘箱可以将上升段做在一个壳体里，下降段做在另一个壳体里。

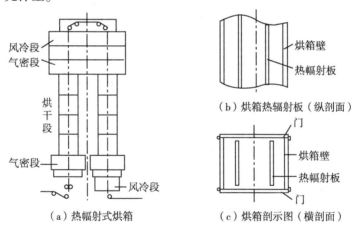

（a）热辐射式烘箱　（b）烘箱热辐射板（纵剖面）　（c）烘箱剖示图（横剖面）

图 12-49　立式上胶机热辐射式烘箱

上胶机烘箱门可做成双层，在内层门上开一个观察孔，打开外层的门，通过观察孔就能够看到通道中半固化片状况。既方便观察，又不会因烘箱热量散失和烘箱通道空气波动影响产品稳定性。

4. 烘箱尺寸

（1）烘箱长度

同样温度下，烘箱长度越长，生产效率越高。纸基覆铜板卧式上胶机的主烘箱（不包含一次上胶段）一般长度为 40~60m，全机长 100 多米，车速 50~70m/min。

玻璃布基覆铜板卧式上胶机的主烘箱长度不超过 18~22m。因为玻璃布的基布标重比纸重，烘箱太长基材在烘箱中漂浮不起来，而且牵引机必须有较大拉力才能将基材拉过烘箱，会导致基材变形（如同样以 8 张半固化片生产 1.6mm 厚度基板基材，7628 玻璃布的标重是 $203~210g/m^2$，而纸基材标重通常为 $134~140g/m^2$）。

对于立式上胶机而言，烘箱的长度也就是烘箱的高度。由于浸渍了胶水的浸渍材料自身很重，一般烘箱高度在 15~18m，车速 25~30m/min。通过设计 4 通道（俗称双塔，有 2 个顶辊组）和 6 通道烘箱（俗称三塔，有 3 个顶辊组）上胶机，可以在不增加烘箱的高度的前提下加长烘箱长度。生产薄布立式上胶机烘箱通常都在 7.5m 以下。

（2）烘箱宽度

加宽烘箱也是提高上胶机生产能力的重要手段，这种上胶机被称为双幅式上胶机，即它的工作宽度是基材的两倍，在同样生产速度下，就达到双倍生产能力。卧式上胶机和立式上胶机都有双幅型设备。

由于双幅上胶机本身的设备加工精度，以及宽基材的均匀性都不如单幅设备或单幅基材高，所以当前双幅式上胶机的应用还比较少。

许多覆铜板厂采用单幅宽上胶机，延长黏结片切片长度，来生产双幅产品（相当于二张 40 英寸×48 英寸产品），已有可以层压四幅产品的超大型层压机。

5. 立式上胶机的顶辊防粘

立式上胶机的顶辊是上升段黏结片转向部位，也称为转向辊。基材在此转向受阻较大，低强度基材或操作不当都可能造成黏结片断裂。上升段的黏结片处于熔融发黏状态，在与顶辊接触过程，黏结片上处于熔融发黏状态的树脂会转移到顶辊的表面，顶辊的表面开始变得不光滑，影响半固化片外观质量。当粘到顶辊表面上的树脂累积得比较多时，黏结片的转向阻力进一步加大，整个黏结片还会会粘到滚筒上，造成滚筒停转动发生基材断裂。因此，顶辊区设计有很高技术含量。

上胶机烘箱的温度越高，基材越厚，生产速度越快，黏结片粘顶辊的现象越严重。顶辊防粘设计的第一要素是降温，包括黏结片降温、顶辊降温和顶辊区降温。

（1）黏结片和顶辊区降温——风冷段

在烘箱与顶辊区之间设置风冷段，逐步降低进入顶辊区黏结片温度和减少烘箱温度进入顶辊区，是顶辊区的温度控制的第一要素。

早期的风冷段是设在烘箱与顶辊之间的几组冷风嘴，让黏结片逐步冷却，避免黏结片经过顶辊及出烘箱经底部转向辊时粘辊。风嘴到黏结片距离通常在 70~150mm，太宽则热效率低，太近则波动的黏结片会碰到风嘴，污染烘箱并影响黏结片质量。

由于风嘴的风速风量较大，使冷风经过整流板和导流板后再送给黏结片，风速和风量会更加均匀和柔和。

风冷段的长度与上胶机的高度及生产速度相关，上胶机的高度越高，生产速度越快，风冷段越长。

通向风冷段的是采用经过冷冻水冷却的冷风，它的温度必须控制恒定。对于较厚的基材，冷风段吹出的冷风的温度可以较低，以避免黏结片粘顶辊。对于比较薄的基材，冷风段吹出的冷风的温度就不能太低，以避免黏结片出现横向收缩等缺陷。

比较低档的上胶机采用自然风冷却，由于不同季节冷风温度不同，容易影响产品质量稳定性和一致性。夏天气温较高，风温高，冷却效果差，容易发生粘辊。当室温有变化时，吹向产品的温度也经常在变化，不利于稳定黏结片的质量。

（2）顶辊滚筒温度控制

顶辊是一组空心滚筒，通常通入冷冻水对其降温。顶辊的温度关联基材的厚度、上胶机烘箱的温度和生产速度。冷冻水的温度按生产工艺要求可自动调节。通常采用8℃左右冷冻水箱，在冷却顶辊以后，再分段继续冷却上胶机转向辊和牵引辊。对于较厚的基材，顶辊冷却的温度可以低些，对于比较薄的基材，冷却的温度就不能太低，避免黏结片出现横向收缩。

顶辊冷却的温度必须控制其不出现露点，否则，当顶辊冷却的温度太低时，辊子表面会"结露"，污染黏结片并导致黏结片在生产过程出现"打滑"。冷却了顶辊的冷冻水也用于冷却烘箱出口转向辊及冷却地面上的牵引辊，温度控制也是以辊面不出现露点为准。

小型覆铜板厂多数给顶辊通自来水，冷却效果无法保证，不利于黏结片的质量稳定控制。

（3）顶辊区温度控制

顶辊区指顶辊与风冷段之间区域。在对进入顶辊区黏结片降温以及对顶辊降温以后，通常还要增加辅助冷风调节顶辊区的温度，提高对黏结片的降温效果。通常控制顶辊区的温度在30℃左右，此时黏结片基本不会粘辊。如果出现断布等情况，操作者需要进入顶辊区进行清理，也不会太热，方便操作。

（4）顶辊区湿度控制

高级上胶机通常配置湿度控制。顶辊冷却温度低到一定程度就会结露，影响生产进程和影响产品质量。通过顶辊室除湿可有效防止滚筒结露。

（5）顶辊防粘材料

将顶辊镀铬并抛光，可减少粘辊现象产生。最有效的办法是在顶辊钢表面包覆不粘材料，例如聚氟塑料，缺点是不耐用，需要经常返修。将厚度为2mm聚四氟乙烯套管适当加热后套到顶辊上，防粘效果很好，使用时间可达半年左右。通过等离子喷镀，可以使用更长时间。简单做法是喷镀聚四氟乙烯乳液，但通常只能用三个月左右。当前的立式上胶机，大部分还是将顶辊镀铬并抛光防粘。

（6）降低车速

降低车速可以减少黏结片带给顶辊的热量，减轻粘顶辊程度。在其他办法效果不明显时，可调节生产速度来减少粘顶辊。

（7）黏结片表面压光

经过顶辊的黏结片，接触辊面的一面外观比较光滑，另一个面比较粗糙。可在生产过程对热态黏结片经过压光，以提高外观质量。

（8）倒式置立式上胶机

为了克服黏结片粘顶辊问题，有人采用顶辊在下的倒式置立式上胶机，避免了热态黏结片粘顶辊问题，但存在设备的安装与操作等问题。

6. 立式上胶机烘箱的热辐射板

先进的立式上胶机都采用导热油或电热辐射板对基材加热。

所谓热辐射板，就是一块能够辐射热量的平板，优点是其辐射热量与基材平行、等距离，保证基材受到均匀的热量。热辐射板是上胶机烘箱的核心部件，只有精确的控制好烘箱温度精度，才能做出好的产品。所以热辐射板和热辐射板结构是人们研究和技术改进的核心工作。

在掌握热辐射板技术以前，早期上胶机采用双排带散热翼片的热油管散热。热量分布不均匀。国内一些设备厂采用双排密集排布的热油管进行热辐射，但仍存在热量平面分布不均问题，而且将热油管直接做在烘箱中热效率很低，很容易污染，清理困难。

20 世纪 90 年代最先进技术热辐射板制造技术，是在两块钢板之间放入相同高度的条形钢，然后将其与钢板压焊在一起，形成热油通路，但压焊法存在热油容易泄露缺陷，更先进的热辐射板，是将一块几毫米厚的钢板，在超大型的液压机上压出热油管道的通路，然后与一块平板焊接在一起形成热辐射平板。早期热辐射板每片高度为 2.5m，现在已经做到 7.5m 以上。

为了克服用热油管制造热辐射板平面性不好问题，将无缝钢管剖去五分之二，然后将另五分之三焊接在比较厚的钢板上，以提高通道的密度和热辐射板的平面性。

上升段的热油管，通常横向均布；下降段的热油管，采用纵向分布；中间部位密度适当加大可以提高对油温微调作用。

电热式热辐射板，是将电阻模块安装在钢板上，其制造过程比较简单，所以电加热立式上胶机比较便宜。

热辐射板通常采用普通钢板制造，较少采用不锈钢板，因为不锈钢的导热系数比普通钢板低。由于当前普遍采用远红外线热辐射，在辐射板的表面涂一层远红外线材料，以提高烘箱热效率。至于烘箱通道的内壁，高档立式上胶机是不锈钢制造的，以防止铁锈等杂质对半固化片的污染。

（1）热辐射板油路结构

立式上胶机热辐射板，因为上升段黏结片上含有大量的溶剂，上升段的主要任务是让溶剂逐步挥发，通常将上升段热油管路横向分布，制作成本较低。

下降段黏结片上的溶剂已经很少，它的主要作用是使黏结片横向各处树脂的凝胶化时间一致。通常将下降段热油管路纵向分布，并将热油管路做成左、中、右三个温区，通过调节各个温区热油流量来调节各个温区温度。当黏结片左、中、右固化程度与工艺要求不吻合时，可通过调节各个温区温度来调节黏结片左、中、右部位固化度。

热油式热辐射板热油流向如图12-50所示。

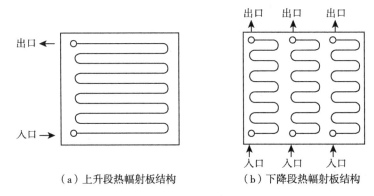

（a）上升段热幅射板结构　　　（b）下降段热幅射板结构

图12-50　热辐射板热油流向示意图

（2）远红外线热辐射板

当前，上胶机热辐射板普遍使用远红外线热辐射板。远红外线热辐射板是在热辐射板表面涂上一层远红外线涂料。红外线是一种电磁波，波长范围在$0.75\sim1000\mu m$，波长在$5.6\mu m$以上部分称为远红外线。环氧树脂吸收频率在$6\sim100\mu m$，能够吸收远红外线热辐射器的大部分能量，产生共振，促使溶剂挥发和环氧树脂交联聚合。远红外线能透入被加热物体内部，因而能达到内外受热均匀，加热速度快，耗能少。

以热油或电为热源的远红外线热辐射板，是当前立式上胶机热辐射板主要形式。

7. 热辐射式上胶机风路结构

（1）热风在热辐射式上胶机中的作用

基材在上胶过程，挥发出来大量有机溶剂，仅有热辐射板的热量作用，不足以保证生产速度。向烘箱中通入热气流，有助于带走基材挥发出来有机溶剂。因此，热辐射烘箱通入热风可明显提高烘箱效率。

烘箱对黏结片的作用是以热辐射为主，热风为辅。通入烘箱的热气流的温度及流速可调。由于热风的波动（包括热风温度、风速、风量的波动）对黏结片的质量影响特别大，所以热气流的温度不宜太高，流速不宜太快。

热风通常是从烘箱上部进入，由上向下。在上升段热风的流向与黏结片的运行方向相反，由上而下可以形成温度梯度，烘箱通道也比较宽（400～800mm），热风流量也可以比较大，有利于上升段溶剂逐步挥发。下降段溶剂含量很少，烘箱通道较窄（300～600mm），热风流量也较小。

（2）上胶机热风风路的串联连接和并联连接

热风风路的串联连接和并联连接指上升段和下降段风管的连接方法。

串联连接时，上升段采用新鲜的热风加热，然后将从上升段出来的含有有机废气的热风分成两个部分，一部分经过过滤器后送入第二台热交换器，给下降段烘箱加热。另一个部分直接排入到废气焚烧炉。优点是热量得到更加充分利用，缺点是这部分热风含有的部分有机废气，对下降段黏结片有一定污染。

并联连接法是上升段和下降段的热风都用新鲜热风加热，然后都排入到废气焚烧炉。优点是送入烘箱的都是新鲜风，对黏结片不会产生污染，但热量消耗比串联连接大。

通常热风来源于热交换器或焚烧炉的热风，由于其热量要求不同（上升段溶剂含量多，需要热量大），通常上升段和下降段由两个热交换器分别供热，以提高温度控制精度。

（3）上胶机烘箱气路密封系统

上胶机烘箱气密段（也称"风帘"），主要是防止烘箱废气泄漏，以减少生产车间气味和提高生产安全性。其工作原理如图 12-51 所示。

在烘箱的出/入口处，鲜风（入风）由风帘室吹向黏结片并折转回回风室，风帘室风压大于烘箱内气压，以阻止烘箱内部废气外溢。由于风帘室是由若干风嘴组成的，使用一定时间后需清理胶渣沉积，故风帘的设计要方便拆卸清洗。

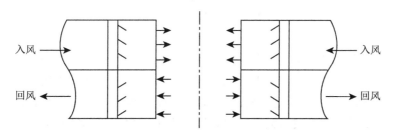

图 12-51　烘箱"气密段"示意

8. 上胶机单机与各台单机结构、精度与产品质量关系

覆铜板生产用的上胶机由多台单机组成，各台单机的性能与制品的质量均密切相关。高性能上胶机设计重点在各台单机的加工精度、张力控制系统配置、安装精度等。

（1）自动开卷机

开卷机也称基材解卷机。自动开卷机承担从玻璃布开卷，到玻璃布接合，张力控制全部程序控制。

106型以下玻璃布较薄的基材，用力一拉就会变形，不能由人工将玻璃布拉到接布台，必须用自动解卷装置将玻璃布送到接布台。自动解卷装置有一组主动开卷伺服马达，使基材开卷速度与主生产线同步，并由链条将玻璃布送到接布台，自动完成玻璃布对边与切边，以保证待接合玻璃布的经纬线重叠。这是薄型半固化片质量达到工艺要求的重要保证。

开卷机包括单轴型和双轴翻转型。单轴型支撑开卷及待开料卷的机座固定，造价较低。双轴翻转型支撑开卷及待开料卷的机架可以360°转动，操作方便。低档机多数采用单轴型。

对于普通的上胶机，开卷时的张力调节之弹簧摩擦片组合式，通过调整弹簧对摩擦片压力控制开卷张力，无法实现张力自动调节；气压摩擦片组合式，通过调整压缩空气对气压摩擦片的压力控制开卷张力，可自动调节张力；磁粉张力控制器，也可以实现张力自动调节。这些张力控制器的结构都比较简单，在开卷过程中，随着料卷变小，布卷自重逐步变轻，布面张力也就逐步减少。

（2）基材接合机

基材接合机为电热压合机，其加热温度和压合时间可调。前后两卷基材接合时，一定要使基材的边缘重叠而且互相平行，两卷基材的经向垂直于另一卷基材的纬向。如果接合时水平度或垂直度对得不好，将有相当长一段基材因所受拉力不同而变形，造成黏结片经纬向歪斜，影响到覆铜板平整度。

基材接合机设计中必须注意压梁刚性和传热均匀性。

接合机的压梁包括单汽缸式和双汽缸式。单汽缸式可以避免两条汽缸出力不一致所造成的影响，但加热压梁的刚性必须足够高才行。双汽缸式对热压梁的刚性要求没有那么高，但必须解决同步问题（可以增加同步机构）。

（3）贮料架

对于玻纤布基材，要求前后两卷布接头牢固黏合，进入浸胶槽受溶剂浸泡时不会脱开，通过烘箱时不会撕裂，采用热固性双面胶带黏合约需数十秒钟时间。为了使基材接合过程生产不会停顿，需要有一个可以贮存数十米长备用基材的贮料架。贮料架是上胶机被动辊最多的装置，为了减少滚筒运行阻力，高级上胶机的滚筒多采用铝合金材质，并在滚筒里边内置轴承。装在滚筒内的轴承只需在朝外一面有密封圈，轴承的阻力就较小，对基材的阻力也就小了。

对专用于薄基材的上胶机，贮料架升/降装置不宜采用重力张力调节式，宜采用变频马达与螺杆组合升/降式，以实施低张力调节。必要时，加一摆动式张力器，可以使基材张力变化更加小。

如果对基材的干燥度有要求时，还可以加一组电热式或热油式基材烘干装置。

（4）除尘防静电装置

设备安装时接地防静电一定要做好。玻璃布是绝缘材料，生产过程与多条导向辊摩擦会产生静电，必须把它除去，避免带静电基材进入胶槽时发生火灾。

（5）浸胶装置

浸胶装置分预浸胶装置和主浸胶装置。

① 预浸胶装置

通过两次上胶来提高胶液对纸基材的浸透性，玻璃布同样存在需要提高"浸透性"，以及消除黏结片上气泡问题。

为了提高胶水对玻璃布的"浸透性"，最常用做法是在主浸胶装置前面增加一套预浸装置。该预浸装置可以采用基材全浸入型，也可以采用对基材"背涂"型。"背涂"型是由一根直径比较大的滚筒，从胶槽中吸取少量胶水，在玻璃布下方涂擦到玻璃布下表面，涂擦同时挤走玻璃布上的气体。

为了提高预浸装置对玻璃布的浸透性效果，预浸胶水浓度应当比较稀；厚基材需要较长运行距离，薄基材运行距离可较短甚至可以不预浸。基材预浸后的一段称为"渗透段"，其距离可调。卧式上胶机的"渗透段"比较长（通常从几米到一二十米）。生产速度越快，"渗透段"就越长。立式上胶机的渗透段通常可调距离为数米；为了提高胶水对玻璃布的浸透性，可以在"背涂"装置加装真空负压装置，让胶水更好地渗透到玻璃布里面。

② 主浸胶装置

a. 计量辊

主浸胶装置的核心是计量辊。早期立式上胶机是用 2 把刮刀刮去黏结片上多余的胶液。后来改成 2 根固定辊子（俗称"夹轴"），进一步发展成为转动的辊筒。圆形辊子可防止刮破基材，由于这对辊子对基材含胶量及胶量均匀分布有控制作用，所以被称为计量辊。计量辊必要求很高的加工精度和安装精度。通常，要使黏结片树脂含量控制在 ±0.6% 以内，计量辊的加工精度（俗称"静态精度"）应不低于 0.003mm（现加工精度已达 0.001mm）。在计量辊加工精度为 0.003mm 时，计量辊的安装精度（俗称"动态精度"）应不低于 0.005mm。实际生产中对黏结片树脂含量均匀性产生影响的是计量辊的动态精度。

b. 计量辊间隙自动修正装置

上胶过程中，黏结片上树脂含量均匀性取决于两条计量辊的间隙均匀性。为保持生产中两条计量辊间隙一致性，可在两条计量辊的两个末端没接触到胶液的部分，各加装一套间隙探测与自动微调装置，当生产中计量辊受各种因素影响而出现微小变化时，它能够自动修正运转中两条辊的间隙，就可制得树脂含量一致性很好的黏结片。

c. 计量辊间隙自动调节装置

要保证黏结片质量，不仅需要横向树脂含量均匀性，也需要纵向树脂含量均匀性。通常的计量辊间隙自动调节装置由一组检测探头和信号回输处理控制器组成。这一装置的探头（有 β 射线型、γ 射线型、红外射线型、激光型、X 射线型等），探头安装在上胶机冷却单元后部，沿黏结片横向来回扫描。这些探头发出的射线达到黏结片时，有部分穿透，有部分被反射，只要探测出透过或被反射的射线的能量，就可换算出黏结片的单位面积质量或显示出黏结片的厚度。由于探测器是在黏结片横向来回移动，黏结片又连续不断被牵引前进，即可在线监测黏结片横向和纵向的单位面积质量或厚度。当黏结片被测数据超过设定值时，探测器会将信号回输给处理控制器，驱动微调马达调节计量辊间隙及时修正黏结片树脂含量，保证黏结片树脂含量均匀。

d. 计量辊直径、转速、转向

计量辊的直径、转速、转向等对黏结片质量都有一定影响。直径较大的计量辊有助于提高涂布均匀性，增加浸透性。计量辊转动方向与黏结片运行方向相同时为正转，与黏结片运行方向相反时为反转。正转可以减少基材断裂概率，但反转制得的黏结片表面更平滑。计量辊转速视黏结片含胶量等具体情况而定。

e. 计量辊刮刀片

生产过程中，必须把计量辊面上的胶水刮去，计量辊面上的胶水刮的是否干净直接影响黏结片的表面平滑，所以必须选择好刮刀片。计量辊面刮刀硬度应当比计量辊软，还要有一定硬度和弹性，既要在生产中不刮伤计量辊，又要计量辊表面刮干净。

铜铍合金硬度比计量辊软，同时又具有很好的弹性，它可以保证在刮去计量辊面上的胶水时不会损伤到计量辊。但铜铍合金比较贵，所以用得不多。

薄不锈钢片比较常用，第一是这种材料比较容易找到，第二是只要选择合适，安装合适，它既有弹性，能够将计量辊表面胶水刮干净，而且也不会损伤到计量辊。通常采用两片薄的不锈钢片搭接组合效果更好。

用薄的层压板或薄的覆铜板作刮刀片或用棉布层压板磨斜口作刮刀，用于纸基材覆铜板生产，由于这种刮刀不容易将计量辊表面胶水刮干净，所以在玻璃布覆铜板生产上很少用。

工程塑料片做的刮刀片不损伤到计量辊，使用效果与不锈钢刮刀片相当。

实际生产中计量辊刮刀有双片式和单片式两组装方式，如图 12-52 所示。

③ 浸胶辅助装置

a. 基材刮边器

在计量辊上方加一套刮边器，减少黏结片边缘含胶量有助于控制产品层压过程流胶。

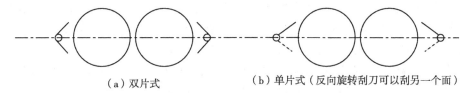

（a）双片式　　　　　　　　　（b）单片式（反向旋转刮刀可以刮另一个面）

图 12-52　计量辊刮刀组合形式示意

b. 接头探测器

由于玻璃布接头比较厚，为了避免接头通过计量辊时被压破造成断布，通常在计量辊前 10～15m 处安装接头探测器，当探测到有接头到达时，将信号回输到计量辊，在接头到达离计量辊尚有 3m 处，计量辊将由反转改为正转，同时压紧计量辊的气压会释放，让接头顺利通过。待接头通过计量辊 1～2m 以后，计量辊又恢复反转（或恢复原来转动状态）与恢复压力状态。

对于不具备上述自动条件的上胶机，当有接头通过计量辊时，可由人工操作来控制计量辊开合，让计量辊先微小分离，待接头通过以后再闭合；如果计量辊全分离，复位可能会产生偏差，并且通过的基材带胶太多产生污染，经常造成质量事故。

c. 基材破损探测仪

基材断裂影响生产连续性和质量稳定性，污染烘箱壁及计量辊，影响产品质量，必须防止基材在烘箱中断裂。基材断裂过程多数是从小裂口或小破洞开始的，在牵引力作用下，这些小破损会迅速扩大并造成整个基材断裂。为了减少基材断裂发生，可在计量辊与烘箱间安装基材破损探测仪，基材有小裂口或小破洞时，会报警并反馈给控制系统降低车速，提醒操作人员及时处理破损，例如将破损与未破部分，用刀片纵向割开，阻止破口扩大，防止基材断裂。

d. 基材断裂处理

上胶生产过程中基材断裂，多数发生在计量辊后或烘箱里。一旦基材断裂，必须立即清理，避免黏结片硬化粘住顶辊、烘箱壁等。

如果基材断裂是发生在上升段，可以用细的麻绳绑在断裂基材下缘，让基材慢慢通过烘箱。避免断裂基材通过顶辊时急速下落堵塞烘箱通道。

如果基材断裂是发生在顶辊之后，这时基材很可能堆落在烘箱下降段。断裂基材一旦硬化，将非常难取出来，清理工作必须要快。可以用细麻绳从烘箱顶部落下来，绑在断裂基材下缘，再将它往回拉，不让基材结团成堆，然后再慢慢拉出烘箱。

注意必须用麻绳，因为烘箱温度很高，含化学纤维成分绳子会融化、断裂。

④ 胶液黏度控制系统

要保证黏结片的树脂保持一致，必须保持在上胶过程中，胶液的浓度稳定不变。在上胶过程中，由于溶剂不断从浸胶槽中挥发，胶液浓度逐步变大，在同样计量辊间隙下，黏结片的树脂含量（RC%）就会变大。需要补加溶剂使胶液浓度保持在设定的范围内，来稳定黏结片树脂含量（RC%）。

在同一温度下，胶液的浓度与黏度成正比，可以通过测定胶液黏度，控制胶液温度和黏度方法来控制胶液的浓度，以此实现上胶生产过程的自动控制。

a. 单黏度控制系统

对于 FR-4 产品，通常采用预浸胶和主浸胶两套黏度控制系统。预浸胶采用黏度比较低的胶液，可以增加胶液对基材的渗透。主浸胶采用黏度比较大胶液，以便控制黏结片树脂含量。

胶液黏度控制系统由树脂罐、黏度控制罐、溶剂罐、浸胶槽组成（图 12-53）。黏度控制罐中有一旋转黏度计，检测胶液黏度。当黏度超过设定值时，溶剂罐出口阀门会自动打开，补入溶剂。黏度控制罐有搅拌器，使加入的溶剂与胶液充分混合，当黏度达到工艺设定值时，溶剂罐出口阀门会自动关闭。如此反复循环，使胶液黏度始终保持在设定范围内。

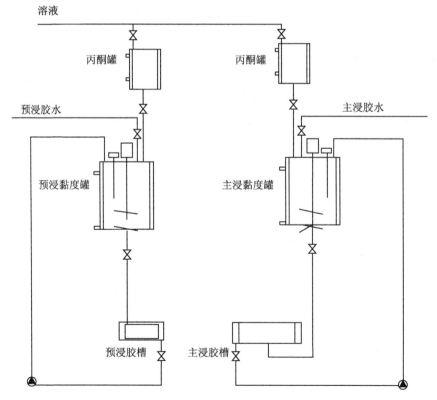

图 12-53　胶液黏度控制系统示意

另一种胶液黏度控制系统是"水平槽",这个槽做在设备最低处。胶水先流入"水平槽",再由"水平槽"打入到黏度控制罐。调节了黏度胶液送入浸胶槽,再由浸胶槽溢流到"水平槽"。如果浸胶槽溢流系统设计合理,可以不设"水平槽",减少溶剂挥发面和减少清洗麻烦。

b. 多黏度控制系统

现在 FR-4 产品已经包含无卤、高 Tg、白料、黄料、有填料、无填料等多个产品系列,为了避免交叉污染,可以固定上胶机专用。同一上胶机生产多种产品,在转换产品时不易彻底洗胶槽和洗管道,耗费大量的溶剂,经常发生交叉污染。此时最好采用多套胶液黏度控制系统,专用产品专用自己的黏度系统,投资不大,但可以解决生产中许多实际问题。

⑤ 主浸胶槽

好的上胶机,必须做到精确控制烘箱温度、计量辊精度与控制系统、主浸胶槽结构、顶辊区防粘和顶辊室温度控制、张力控制系统五个关键部分。主浸胶槽结构是核心技术之一。主浸胶槽的进胶管的管径、孔数、进胶管的位置、泵的功率、溢流口的位置和形状、胶槽的底部结构、胶槽底部挡流板的结构、防填料沉淀装置、胶槽的深度、导向辊的直径和布置方式等,对提高黏结片树脂分布均匀性,减少气孔率,提高填料分布均匀性都相当重要。

高深胶槽,双侧溢流,对于提高基材浸透性,减少填料沉淀,减少黏结片气孔,具有很好效果。

(6) 纠偏

纠偏影响半固化片收卷。纠偏效果除了与纠偏机的结构(如气压式和液压式,通常液压式控制精度更好),液压压力点选定等有关之外,也与安装位置有关。通常纠偏机应当安装在与烘箱同一平面,并且离烘箱出口不要太远。

转向辊直径不能太小,必须通 18~25℃水冷却,以不粘辊,辊面不结露为原则。这股冷却水通常从通过顶辊冷冻水分过来。

(7) 张力控制系统与收卷机构

基材在上胶过程,如果受到张力比较大,在产品成型以后,由于张力的释放,产品容易产生翘曲变形,并影响产品尺寸稳定性。所以上胶过程应当低张力运行。

上胶机的张力控制通常采用重力式、气动式和电气式三种形式。

重力式张力调节装置,多用杠杆式重力摆动辊,在一台上胶机中通常有几处用到重力摆动辊。重力式张力调节装置可以比较快地将松弛的基材拉紧,是一种比较粗糙张力调节,适合于较厚基材。气动式张力调节装置常与重力式配合,通过调气压来调节其平衡点,控制效果更好,在连续生产中可以随时调气压来改变张力设置,比纯重力更科学。这二种张力调节方式都不能实现连续、自动线性调节。

电气式张力调节是由张力感应器、张力调节器、变频马达组成。当张力感应器感受到基材张力偏离设定值时，会将信号传输给张力调节器及变频马达及时调节，可连续自动线性调节系统张力，实现恒张力控制。

恒张力调节在收卷处尤为重要，因为在生产过程，卷径在逐渐增大，其变化是线性的。如果以同一收卷速度收卷的话，其张力必随卷径增大而增大。张力增大将导致收卷会过紧，黏结片产生应力，及黏结片会产生皱褶等一系列产品质量问题。因此，收卷须以电气张力调节系统实施恒张力收卷。

要做到收卷的紧度适中，里外一致，里外都不能有任何皱褶，第一，换卷时必须采用自动换卷，才能保证卷心部位不会有皱褶；第二，必须采用恒张力收卷编程系统，随着卷径加大，收卷的线速度始终不变。这两点，对于用 7628 玻璃布生产的黏结片没有什么困难，但对于 106，甚至 104 型以下更加薄型黏结片，就不一定能够做到整卷黏结片松紧一致，没有任何皱褶。这里设备调整，做好恒张力收卷编程是关键，操作人员也必须经过严格培训。

（8）CCD（半固化片外观自动检查仪）

CCD 检测仪是高速表面缺陷检查之数字影像之分析系统（智能型线性相机），在覆铜板行业，可以用它检测材料玻璃纤维布、半固化片、无纺布、铜箔、纸、离型薄膜等各种连续生产材料的外观缺陷。

（9）横切机

横切机是将生产过程黏结片切成片状的单机。

横切机有铡刀式（下铡式或上铡式）与辊剪式。铡刀式剪切后刀具回位较慢，对于后续黏结片通过有阻挡，不太适宜于高生产速度。辊剪式剪切后刀具与被切开黏结片同向前进，对后续黏结片通过阻挡较小，纸基材卧式上胶机多采用这种剪切形式。使用钛合金刀或钨合金刀等高强度刀具或者按时快速更换刀具装置，提高黏结片横切效率。

（10）堆垛机

堆垛机是将切好的黏结片堆叠的装置，有普通堆垛和交叉堆叠堆垛两种。

① 普通堆垛

指切片后只将黏结片堆叠整齐的堆垛。普通上胶机都用普通堆垛，将生产过程切好的黏结片整齐堆叠，叠板时再按产品厚度与单重要求进行配料。

② 交叉叠料堆垛

指按产品需要黏结片张数进行叠料的堆垛。适合于精度比较高的上胶机，黏结片的树脂分布必须均匀才能使用。通常要求每张黏结片的单重范围必须在 ±（3~5）g 范围内。生产中按每张产品所需黏结片张数，在堆垛时就自动地将其交错分开，在叠板时，直接将堆叠黏结片拿去配料，可以减少人工，而且可以使产品质量的均一性更好。对于双幅式黏结片，材料面积比较大，用人工很容易把黏结片弄出皱褶，采用交叉叠料堆垛就可以规避。

交叉叠料堆垛基本上都采用机械夹送方式，减少配料时数料叠料手工操作，减少人工和减少黏结片损伤。特别是对于 104、106、1080 等薄型黏结片，采用夹持式堆垛才堆得整齐，不会弄坏黏结片。

③ 堆垛更换台

在堆垛更换过程，采用如图 12-54 所示堆垛更换台。当第一个堆垛堆满以后，将该堆垛台推开，移入空堆垛台进行新的堆垛，可以保证生产连续进行。

（11）插片机

插片机就是在交叉堆叠机处增加的一台设备，它将配料时需要插入的黏结片，如印了"标志"的黏结片，或不同型号黏结片（如 2116、1080），不同树脂含量的黏结片等。插片机有一台横向移料机，按设定程序，把准备插入黏结片夹提到切片机正在交叠的料叠中。

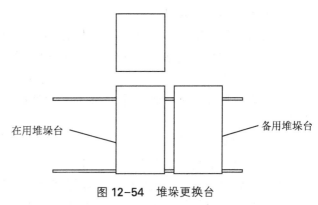

图 12-54　堆垛更换台

以插片机机械手代替手工操作，可以减少操作人员，减少人工操作造成污染，减少人工操作造成黏结片损伤，提高操作效率等。

由于上胶机生产速度很快，所以对插片机的动作要求就很高。如对于18m/min 的双幅生产线（指板材尺寸为两张标准板尺寸生产线），切片机每张黏结片时间为 7～8s，包含夹持移料机来回时间。那么插片机的速度必须小于 4s，才能避免设备产生碰撞。

（12）除粉尘装置

通常上胶机在切毛边处用热风枪将切口烘干，有些覆铜板厂还对堆垛黏结片边缘再用热风枪将其再烘干（称为人工封边），让每张黏结片通过一个除静电除粉尘装置，再经一对加热滚筒，将黏附树脂粉压在黏结片上，比较简易的办法是对堆叠好的料叠用热风枪，绕料叠四周吹热风，将粉尘融化固定。也有将料叠推入一个专用的设备，对料叠的四周粉尘进行融化固定，效果都不错。对于设备的除尘，通常采用吹风同时真空吸风到集尘器方法，来消除粉尘。

9. 上胶机控制系统与安全生产系统

（1）热辐射烘箱的温度测量与控制

由于热辐射烘箱的温度是由热辐射板和热风复合而成的，黏结片生产过程主要依赖烘箱通道的温度，所以，热辐射烘箱的温度测量以检测烘箱通道的温度为主，同时检测热油和热风的温度。

烘箱通道的温度检测应该检测烘箱通道的横断面。对于热油式上胶机，多数检测烘箱通道横断面左、中、右三个点。热电偶可以在热辐射板接口处打进去，也可以采用悬挂式挂进去。同时检测热油和热风的热源温度。通过控制热油和热风的温度来调节烘箱通道的温度。

烘箱通道的温度的准确控制是提高黏结片横向各点凝胶化时间趋向一致的重要措施，它的控制精度主要依赖于设备的设计与制作水平。

（2）烘箱的安全设计

一种方案是选用防爆门铰链，当烘箱因废气浓度过高时防爆门铰链会先弹开泄压。另一种方案是在每节烘箱设置1～2个泄压门（泄压门其门框为钢制，门中部用铝箔包裹隔热材料），当烘箱因废气浓度过时会冲破隔热材料泄压，防止爆炸发生。还有一种方案是在烘箱中安装废气浓度检测仪，当废气浓度超过规定时报警。

（3）废气风路安全系统

废气风路指上胶机输送废气的风路。

废气风路设计时，首先必须认真计算好生产过程每分钟产生的废气量。然后根据不同溶剂的分子量，计算出在标准状态下废气体积，再按国家允许的爆炸下限，计算出每分钟需要排放废气量。根据这个参数设计风管口径，风机风量风速等。

① 废气浓度检测器

为了保证生产安全，每台上胶机需要安装2～3套废气浓度检测器。一台安装在烘箱内，一台安装在浸胶室，一台在废气管道集气罐上。当生产过程废气浓度超标时，紧急排放口先自动打开，生产线自动停止生产，但排废风机不停。

② 上胶机风路电气系统

上胶机风路电气系统必须全部采用防爆电气。为了防止风机叶片与管壳摩擦产生火花引燃废气，风机的叶片通常采用铝质材料（也可以采用耐热性比较好的工程塑料叶片，但不多见）。

③ 风管安全设计

许多上胶机失火都发生在废气风管内。在废气风管上设计一个总排口，在生产停机前，先打开排放口将热量排走，然后再全面停机。这个总排口同时作为废气浓度超标时废气紧急排放口。为了方便废气风管定期清理，可以在废气风管上每隔数米开一个清渣孔。

④ 上胶机的烘箱与风管清理

上胶机的清理设计主要指烘箱、风管等的清理。

上胶机烘箱热辐射板表面、风冷段冷却风嘴、整流板或导流板、新风入口过滤网等都需要定期清理。这些部位应当设计成方便人员进入操作，或方便拆卸清洗。

对于结块胶渣，如在风管中结块的胶渣，可以用刮的方法除去。对于黏稠物质，如黏附在风嘴、整流板等部位的低分子物，可用丙酮或甲苯清洗，或浸泡在热碱液中或浸泡在 DMF 中，这些污染物都很容易洗去。

（4）怎样减少浸胶机室气味

许多覆铜板上胶机室的丙酮、DMF 挥发刺鼻、刺眼，严重影响操作者的健康和生产安全，采用"高深"胶槽、减少浸胶槽挥发面积；加大过滤器，加大循环系统流量规避水平槽循环胶液；在浸胶机室的上下部都安装排气管，都可以有效减少浸胶机室气味。

五、微波 PCB 表面涂（镀）覆技术

微波 PCB 应用于高频领域的电子基板，它是在特定的微波基材覆铜板上，利用印制板制造方法生产出来的微波器件。它不仅发挥结构件、连接件的作用，还发挥功能件的作用。根据高频板材的特点，微波 PCB 的表面涂覆层，应具有可焊性、接触功能性和储存寿命以及其他方面功能。当频率很高或信号传输速度增加时，表面涂覆层的电气特性将成为重要参数。

表 12-16 是各种表面涂覆技术在微波 PCB 中应用时的优劣。

表 12-16　涂覆技术在微波 PCB 中的应用性能比较表

涂覆层	优势	缺点	对高频信号的影响
热风整平	可焊性良好	污染环境、平整度低、高密度易桥接	不大
有机可焊性保护剂	成本低	长期储存不可靠、不能反复焊接	很小
化学沉镍浸金	低接触电阻、优良的储存寿命和好的润湿性	操作相对复杂、黑带现象	取决于镍层的厚度和通过镍层传输信号导体的部分
化学沉银	成本低、操作简单、平整度高、可用于引线键合	锈蚀问题、电迁移	很小
化学沉锡	表面平整度高、操作温度低	"锡须"现象和多孔	不明显
电镀镍金	成本较低	过程复杂、成本较高	镍层影响高频信号（＞5GHz）

六、其他

1. 应用于电路板涂布的不同涂布方式的特点对比

许多涂布方式可以应用于电路板涂布。例如涂树脂铜箔（RCC）的不同方式，可以获得不同的产品品质。表12-17是部分电路板涂布技术对比。

表12-17　部分电路板涂布技术对比表

涂布方式	控制特点	主要优点	注意事项
反转辊涂布	反转辊涂布物料	精度高，适于双面同时涂布	涂布辊恒力转动
刮棒涂布	固定棒刮料	涂层气泡少	—
挤压涂布	挤压涂布嘴	外观好，精度高，幅宽可调	—
胶辊涂布	反转胶辊涂布	使用方便，涂布量稳定	控制胶辊硬度压力和速度
流延涂布	—	换辊清理方便，效率高	

2. 刮刀碳纸涂布

肖钢等人在中国专利ZL200720201801.X中，公布了一种电池碳纸涂布机（图12-55）。该涂布装置在操作时，首先将5％的Nafion溶液加入去离子水，稀释成一定浓度的溶液，搅拌均匀后待用。接通涂布设备电源，打开加热装置和离心风机，使平台的温度在50～80℃，然后将碳纸放在平台上，旋转涂布刮刀前后运动旋钮，使涂布刮刀紧贴在碳纸一侧，调节涂布刮刀的高度旋钮，使其高度在350～550pm，启动蠕动泵供料，速度调节在2～10 mL/min，将溶液通过液体分配器滴在碳纸一侧边缘上，调节涂布刮刀速度在1～4m/min，开始涂布，在涂布刮刀到达碳纸另一侧时停止

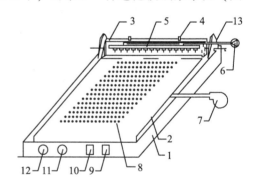

1—基座；2—设于基座上的平台；3—涂布刀；
4—刀具高度调节旋钮；5—液体分配器；
6—供料装置；7—离心风机；8—真空吸附孔；
9～12—加热装置；13—导管
图12-55　电池碳纸涂布机示意

涂布。调高涂布刮刀高度旋钮，使其退回起始碳纸一侧，将碳纸旋转90°后，将涂布高度调节到比上次涂布高度高10～50pm，进行下一次涂布，直到Nafion上载量达到实验要求。

该装置操作简单，快速；可使Nafion溶液均匀地分布在催化层上；精度高，平行性好；Nafion溶液损失量小。

3. 绕线棒涂布透明导电膜

绕线棒（Mayer rod）是常用的涂布方式之一，其涂布量主要取决于绕线钢丝

直径。使用中，需要注意彻底清理钢丝缝中的涂布液，并用专用工具维护。某公司提供的一系列线棒编号及其涂布厚度如表 12-18 所示。

表 12-18　试验室用的绕线棒编号及涂层湿厚度对照表

棒　号	涂布湿厚度/μm	棒　号	涂布湿厚度/μm	棒　号	涂布湿厚度/μm
3	7	18	41	42	96
4	9	20	46	44	100
5	11.5	22	50	46	105
6	14	24	55	48	110
7	16	26	59.5	50	114
8	18	28	64	55	126
9	20.5	30	68.5	60	137
10	23	32	73	65	149
11	25	34	78	70	160
12	27.5	36	82	75	171
14	32	38	87		
16	36.5	40	91.5		

注：线棒尺寸规格：直径 3/8″（9.5mm）（常用直径）；总长 16″（40cm）；卷线长度 12″（30cm）；抓握部分 2″+2″（5cm+5cm）。

北京印刷学院曾经研究绕线棒涂布导电高分子透明导电膜，并研究涂层厚度对导电性和透光率的影响。配制经乙二醇二次掺杂的涂布液，涂布液主要成分是聚噻吩导电高分子纳米分散液，导电成分分子结构如图 12-56 所示。选择不同的丝杠涂布，得到不同厚度的膜层（图 12-57）。其中，11.5μm 湿厚的丝杠涂布，样品实测透光率保持在 83.2% 时，添加不同的二次掺杂剂，分别得到 430Ω/□ 和 270Ω/□ 方阻。

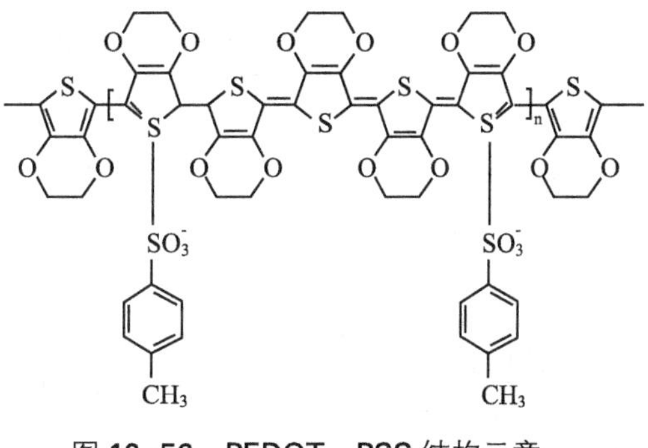

图 12-56　PEDOT：PSS 结构示意

经绕线棒涂布的导电高分子透明导电膜性能参数测试结果如表 12-19 所示。

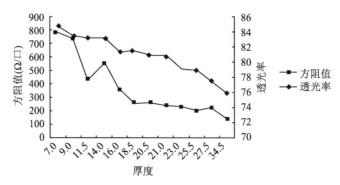

图 12-57　涂层厚度对方阻及透光度的影响

（透光率为 550nm 处值，空白片子的透光率为 87.1%）

表 12-19　涂布的导电高分子透明导电膜性能参数一览表

项　目	测试条件	树脂牌号		
性能指标		PU		HX-1200
		Coat W1	Coat W2	Coat W3
方阻/（Ω/□）	涂布后直接测试	705	360.5	471.5
热老化	135℃，1hr	11.6%	10.4%	2.0%
热稳定性 （变化率<1.3）	80℃，120hr	1.17	1.03	1.09
	-70℃，120hr	1.05	1.06	1.12
	60℃，80%RH，15 次循环	0.76	1.02	1.04
	冷热循环（-20~80℃）	1.13	1.28	1.12
化学稳定性 （变化率<1.3）	1% HCl	0.86	1.06	0.87
	0.25M KOH	2.44	4.89	5.75
	丙酮	1.00	1.08	1.12
	乙醚	1.13	1.17	1.19
耐击打性 （变化率<1.3）	80g 压力，60 万次击打	1.22	1.21	1.26
树脂用量		5.3%	5.0%	7.0%

参考文献

［1］ 王增福，关秉羽，杨太平等编著. 实用镀膜技术. 电子工业出版社. pp. 63～65.

［2］ 宁兆元，江美福，辛煜，叶超编著. 固体薄膜材料与制备技术. 科学出版社. pp. 38～39.

［3］ 赵英，蔡庆阳，新型高效节能、环保式多功能涂布机. 中华纸业. 2014/08, P57.

［4］ P. Baeri, E. Rimini. Laser annealing of silicon. Materials Chemistry and Physics. 1996（46）：169−177.

［5］ R. K. Singh, J. Narayan, el. al, Pulsed−laser evaporation technique for deposition of thin films：Physics and theoretical model. Phys. Rev. B, 1990（41）：8843−8849.

［6］ R. D. Narhe, M. D. Khandkar, K. P. Adhi, et al. Difference in the dynamic scaling behavior of droplet size distribution for coalescence under pulsed and continuous vapor delivery. Phys. Rev. Lett., 2001（86）：1570−1573.

［7］ 叶志镇等. 半导体薄膜技术与物理. 浙江大学出版社. pp. 47−49.

［8］ 梁素珍. S−枪偏压溅射与应用. 真空科学与技术. 1987, 17（4）：250−255.

［9］ 黄同科，郭长奇. 幕帘涂布液态感光油墨的应用. 印制电路信息. 1998 第六期，pp. 40−43.

［10］ 吴清波，幕帘涂布技术. 印制电子信息. 2003（1）：pp. 48.

［11］ 康慨，戴受惠，万玉华. 锂离子电池 $LiMn_2O_4$ 薄膜电极的制备研究进展. 化学研究与应用. 2000 年 12 月，第 12 卷第 6 期 pp. 580−596.

［12］ 康晓旭等. 功能材料. 2003 年第 3 期（34 卷）. pp. 314−319.

［13］ 陈增，林原. 利用丝网印刷技术制备纳晶多孔 TiO_2 薄膜电极. 功能材料. 2007 年第 7 期 37 卷，1073−1074.

［14］ 刘尧癸. 挠性电路板技术的现状和发展趋势.

［15］ 辜信实. 挠性覆铜板用涂布机. 印制电路信息. 2004/10, pp. 36−38.

［16］ 祝大同. 对 PCB 基板材料重大发明案例经纬和思路的浅析（3）——涂布法二层型挠性覆铜板的技术进步. 印制电路信息. 2007/03, pp. 13−19.

［17］ 特开平，杨中强. 涂树脂铜箔的生产设备. 印制电路信息. 2000.5P11.

［18］ 陈彦青. 微波 PCB 表面涂（镀）覆技术研究. 印制电路信息. 2009 No. 5, pp. 47−50.

［19］ 周伟波. 废气处理回收工艺改进与施工. 中国科技信息 2007 年第 8 期，27−30.

［20］高岩等．电子元件与材料．2007 年 7 月．第七期 pp. 4-6.

［21］辛智青．导电高分子透明导电膜构成与性能关系研究．北京印刷学院硕士研究生论文，2010 年．

［22］崔剑．电雕凹版生产过程中质量控制方法的应用研究［D］：硕士学位论文，武汉大学，2005.

［23］邓普君．凹版印刷油墨转移率的特性分析［C］．第 2 届北京印刷技术与印刷教育研讨会．北京，2004.

［24］日本大阪大学．印刷电子材料与技术．

［25］刘东红．凹版印刷机刮墨刀的动态特性分析［D］．西安理工大学．2008.

［26］Pudas Marko, Hagberg Juha, Leppavuori Seppo, etc. The Absorption Ink Transfer Mechanism of Gravure Offset Printing for Electronic Circuitry［J］. IEEE Transactions Packaging Manufacturing, 2002, 25 (4): 335-343.

［27］S K Devisetti, M A Johnson, Y Xiang. Ink Pressure Measurements in a Rolling Nip System［J］. Journal of Pulp and Paper Science. 2007, 33 (1): 44-48.

［28］B-O Choi, C H Kim, and D S Kim. Manufacturing ultra-high-frequency radio frequency identification tag antennas by multilayer printings［J］. Journal of Mechanical Engineering Science, 2010, 224 (1): 149-156.

［29］M Lahti, S Leppävuori, V Lantto. Gravure-offset-printing technique for the fabrication of solid films［J］. Applied Surface Science. 1999, 142 (1-4): 367-370.

［30］M Pudas, J Hagberg, S Leppaevuori. Methods for the evaluation of fine-line offset gravure printing inks for ceramics［J］. Coloration Technology, 2004, 120 (3): 119-126.

［31］Pudas M, Hagberg J, Leppavuori S. Roller-type gravure offset printing of conductive inks for high-resolution printing on ceramic substrates［J］. International Journal of Electronics, 2005, 92 (5): 251-269.

［32］Lee Taik-Min, Noh Jae-Ho, Kim Inyoung. Reliability of gravure offset printing under various printing conditions［J］Journal of Applied Physics, 2010, 108 (10): 102802.

［33］Liu Wei, Fang Yi, Xu Yanfang, Li Xiu, Li Luhai, The effect of grid shape on the properties of transparent conductive films based on flexographic printing, Science China Technological Sciences, 57 (12): 2536-2541, 2014.

［34］Schmidt M B G C, et al. Modified mass printing technique for the realization of source/drain electrodes with high resolution. Org. Electron. , 2010 (11) .

［35］Makela T, et al. Utilizing roll-to-roll techniques for manufacturing source-drain electrodes for all-polymer transistors. Synth. Met. , 2005（153）: 285-288.

［36］Kaihovirta N, et al. Printed all-polymer electrochemical transistors on patterned ion conducting membranes. Org. Electron. , 2010（11）: 1207-1211.

［37］Lo C Y, et al. MEMS-controlled paper-like transmissive flexible display. J. Microelectromech. S. , 2010（19）: 140-418.

［38］Arved Hübler, Printed Paper Photovoltaic Cells, Adv. Energy Mater. 2011（1）: 1018-1022.

［39］Design of Chipless RFID Tags Printed on Paper by Flexography, IEEE Transactions on Antennas and Propagation, Vol. 61, No. 12, December 2013.

［40］Sparrowe D, et al. Low-temperature printing of crystalline: crystalline polymer blend transistors. Anal. Chem. Org. Electron. , 2010（11）: 1296-1300.

［41］Tenent R C, Barnes T M, Bergeson J D, et al. ［J］. Adv Mater, 2009（21）: 3210-3216.

［42］Wang Y, Di C A, Liu Y Q, et al. ［J］. Adv Mater, 2008（20）: 4442-4449.

［43］Y H Kim, et al. Highly conductive PEDOT: PSS electrode with optimized solvent and thermal post-treatment for ITO-free organic solar cells. Advanced Functional Materials, 2011（21）: 1076-1081.

［44］M W Rowell, et al. Organic solar cells with carbon nanotube network electrodes. Applied Physics Letters , 2006（88）: 233506.

［45］G. Eda, et al. Transparent and conducting electrodes for organic electronics from reduced grapheme oxide. Applied Physics Letters, 2008（92）: 233305.

［46］J Y Lee et al. Solution-processed metal nanowire mesh transparent electrodes. Nano Letters, 2008（8）: 689-692.

［47］C H Liu, et al. Silver nanowire-based transparent, flexible, and conductive thin film. Nanoscale Research Letters, 2011（6）: 75-82.

［48］D. Deganello, et al. Patterning of micro-scale conductive networks using reel-to-reel flexographic printing. Thin Solid Films, 2010, 518: 6113-6116.

［49］Rita Faddoul, et al. Optimisation of silver paste for flexography printing on LTCC substrate, Microelectronics Reliability, 2012（52）: 1483-1491.

［50］Olkkonen J, et al. Flexographically printed fluidic structures in paper. Anal. Chem. , 2010（82）: 10246-10250.

［51］Cho J H, Lee J, Xia Y, et al. Printable Ion-Gel Gate Dielectrics for Low-Voltage Polymer Thin-Film Transistors on Plastic ［J］. Nature Materials, 2008, 7（11）: 900-906.

［52］Jones C S. , Lu X J, Renn M, et al. Aerosol-Jet-Printed, High-speed, Flexible

Thin-Film Transistor Made Using Single-Walled Carbon Nanotube Solution [J].
Microelectronic Engineering, 2010, 87 (3): 434-437.

[53] Mette A, Richter P L, Fidorra F, et al. Further Progress in Metal Aerosol Jet
Printing for Front Side Metallization of Silicon Solar Cells [C] // Proceeding of
the 22nd European Photovoltaic Solar Energy Conference, 2007: 1039-1042.

[54] HöRTEIS M. GLUNZ S W. Fine Line Printed Silicon Solar Cells Exceeding 20%
Efficiency [J]. Progress in Photovoltaics: Research and Applications, 2008, 16
(7): 555-560.

[55] Yang Chun-he, Zhou Er-jun, Miyanishi Shoji, et al. Preparation of Active Layers
in Polymer Solar Cells by Aerosol Jet Printing [J]. ACS Applied Materilas & In-
terfaces, 2011, 3 (10): 4053-4058.

[56] Ingo Grunwald, Esther Groth, Ingo Wirth, et al. Surface Biofunctionalization and
Production of Miniaturized Sensor Structures Using Aerosol Printing Technologies
[J]. Biofabrication, 2010, 2 (1): 014106.

[57] Mishra S, et al. High-speed and drop-on-demand printing with a pulsed electro-
hydrodynamic jet. J. Micromech. Microeng., 2010 (20).

[58] Mishra S, et al. Control of high-resolution electrohydrodynamic jet printing. In:
2010 American Control Conference, 2010: 6537-6542, 7114.

[59] 黄永芳等. 直流电压下基于电液耦合动力学原理的微喷实验研究. 传感技术
学报. 2010, 23.

[60] Wal R L V, et al. Synthesis methods, microscopy characterization and device inte-
gration of nanoscale metal oxide semiconductors for gas sensing. Sensors, 2009
(9): 7866-7902.

[61] Shim H-S, et al. Efficient photovoltaic device fashioned of highly aligned multilay-
ers of electrospun TiO_2 nanowire array with conjugated polymer. Appl. Phys.
Letts., 2008 (92).

[62] Liu H Q, et al. Polymetric nanowire chemical sensor. Nano Letters, 2004, 4:
671-675.

[63] Li D, et al. Electrospinning of polymeric and ceramic nanofibers as uniaxially a-
ligned arrays. Nano Letters, 2003 (3): 1167-1171.

[64] Fujihara K, Kumar A, Jose R, et al. Spray deposition of electrospun TiO_2
nanorods for dye-sensitized solar cell. Nanotechnology, 2007 (18): 3657091-
3657095.

[65] Cich M, Kim K, Choi H, et al. Deposition of (Zn, Mn) (2) SiO_4 for plasma display
panels using charged liquid cluster beam. Appl Phys Lett, 1998 (73): 2116-2118.

［66］Park J U, Hardy M, Kang S J, et al. High-resolution electrohydrodynamic jet printing. Nat Mater, 2007 (6): 782-789.

［67］Sekitani T, Noguchi Y, Zschieschang U, et al. Organic transistors manufactured using inkjet technology with subfemtoliter accuracy. Proc Natl Acad Sci USA, 2008 (105): 4976-4980.

［68］B. Vratzov, A. Fuchs, M. Lemme, W. Henschel and H. Kurz. Large scale ultraviolet - based nanoimprint lithography. J. Vac. Sci. Technol. B, 2003 (21), 2760.

［69］He X M, Gao F, Fu G, et al. Formation of nano-patterned polymer blends in photovoltaic devices. Nano Letters, 2010, 10 (4): 1302-1307.

［70］Kimm, Kim J, Cho J C, et al. Flexible conjugated polymer photovoltaic cells with controlled heterojunctions fabricated using nanoimprint lithography. Applied Physics Letters, 2007 (90): 123113.

［71］D. H. Ko, John R. Tumbleston, L. Zhang, et al. Photonic Crystal Geometry for Organic Solar Cells. Nano Letters, 2009 (9): 2742-2746.

［72］Shi J, Chen J, Decanini D, et al. Fabrication of metallic nano-cavities by soft UV nano - imprint lithography. Microelectronic Engineering, 2009, 86 (4/5/6): 596-599.

［73］Glangchai L C, Caldorera-Moore M, Shi L, et al. Nanoimprint lithography based fabrication of shape-specific, enzymatically-triggered smart nanoparticles. Journal of Controlled Release, 2008, 125 (3): 263-272.

［74］Soft Lithography. Younan Xia, George M. Whitesides. Annu. Rev. of Mater. Sci., 1998 (28): 153-184.

［75］王恒印. 微接触印刷过程分析. 江南大学硕士学位论文. 2012.

［76］潘力佳, 何平笙. 纳米器件制备的新方法——微接触印刷术 [J]. 化学通报, 2000 (12): 12-16.

［77］崔婧怡, 马苣生, 王广龙. 微接触印刷术——制备纳米器件的新技术 [J]. 电子元件与材料, 2005, 24 (8): 56-59.

［78］刘世丽. 北京印刷学院, 硕士研究生学位论文. 微接触印刷制备微米精细导电图案的研究. 2016.

［79］J. A. Rogers, Z. Bao, K. Baldwin, A. Dodabalapur, B. Crone, V. R. Raju, V. Kuck, H. Katz, K. Amundson, J. Ewing, P. Drzaic. Paper-like electronic displays: Large-area rubberstamped plastic sheets of electronics and microencapsulated electrophoretic inks. Proc. Natl. Acad. Sci. USA 2001 (98): 4835-4840.

［80］ Matthias Geissler, Heiko Wolf, Richard Stutz, Emmanuel Delamarche, Ulrich – Walter Grummt, Bruno Michel, Alexander Bietsch. Fabrication of Metal Nanowires Using Microcontact Printing, Langmuir 2003（19）: 6301-6311, 6301.

［81］ M. S. Miller , H. L. Filiatrault , G. J. E. Davidson , M. Luo , T. B. Carmichael, Selectively Metallized Polymeric Substrates by Microcontact Printing an Aluminum（Ⅲ）Porphyrin Complex. J. Am. Chem. Soc. 2010（132）: 765-772.

［82］ Kai Fuchsberger , Alan Le Goff , Luca Gambazzi , Francesca Maria Toma , Andrea Goldoni , Michele Giugliano , Martin Stelzle , Maurizio Prato. Multiwalled Carbon – Nanotube – Functionalized Microelectrode Arrays Fabricated by Microcontact Printing: Platform for Studying Chemical and Electrical Neuronal Signaling. small 2011, 7, No. 4, 524 – 530.

［83］ Antony George, S. Mathew, Raoul van Gastel, Maarten Nijland, K. Gopinadhan, Peter Brinks, T. Venkatesan, Johan E. ten Elshof. Large Area Resist–Free Soft Lithographic Patterning of Graphene. small 2013（9）: 711-715.

［84］ Lixin Mo, Dongzhi Liu, Xueqin Zhou, Luhai Li, Preparation and conductive mechanism of the ink–jet printed nanosilver films for flexible display, The 2nd international congress on image and single processing, Oct. 17-19, 2009, Tianjin, China.

［85］ Ko S. H. , Pan H. , Grigoropoulos C. P. , et al, All–inkjet–printed flexible electronics fabrication on a polymer substrate by low–temperature high–resolution selective laser sintering of metal nanoparticles, Nanotechnology, 2007（18）: 345202-345219.

［86］ Bieri N. R. , Chung J. , Haferl S. E. , et al, Microstructuring by printing and laser curing of nanoparticle solutions, Applied physics letters, 2003, 82（20）: 3529-2531.

［87］ Bieri N. R. , Chung J. , Poulikakos D. , et al, Manufacturing of nanoscale thickness gold lines by laser curing of a discretely deposited nanoparticle suspension, Superlattices and microstructures, 2004（35）: 437-444.

［88］ Tobjork D, Aarnio H, Pulkkinen P, Bollstrom R, Maattanen A, Ihalainen P, Makela T, Peltonen J, Toivakka M, Tenhu H, Osterbacka R, IR – sintering of ink–jet printed metal–nanoparticles on paper［J］, Thin Solid Films, 2012, 520 （7）: 2949-2955.

［89］ Cherrington M, Claypole T C, Deganello D, Mabbett I, Watson T, Worsley D, Ultrafast near – infrared sintering of a slot – die coated nano – silver conductive ink

［J］. Journal of Materials Chemistry, 2011, 21 (21): 7562-7564.

［90］Kim H S, Dhage S R, Shim D E, et al. Intense pulsed light sintering of copper nanoink for printed electronics ［J］. Appl. Phys. A: Mater. Sci. Process, 2009, 979 (4): 791-798.

［91］Allen M. L., Aronniemi M., Mattila T., et al, Electrical sintering of nanoparticle structures, Nanotechnology, 2008, 19: 175201-175204.

［92］Perelaer J., Gans B. -J. de, Schubert U. S., Ink-jet printing and microwave sintering of conductive silver tracks, Advanced materials, 2006 (18): 2101-2104.

［93］Magdassi S, Grouchko M, Berezin O, et al. Triggering the sintering of silver nanoparticles at room temperature ［J］. ACS Nano, 2010, 4 (4): 1943-1948.

［94］Reinhold I, Hendriks C E, Eckardt R, et al. Argon plasma sintering of inkjet printed silver tracks on polymer substrates ［J］. J. Mater. Chem., 2009, 19 (21): 3384-3388.

［95］B-O Choi, C H Kim, and D S Kim. Manufacturing ultra-high-frequency radio frequency identification tag antennas by multilayer printings ［J］. Journal of Mechanical Engineering Science, 2010, 224 (1): 149-156.

第三篇

复合技术及应用

- 复合技术概述
- 涂塑复合技术

第13章 复合技术概述

复合材料包括无机复合材料、有机复合材料和有机无机复合材料等。复合材料应用广泛，从包装材料到航空航天宇宙飞船，复合材料发挥着越来越重要的作用。本书所涉及的主要是与薄膜涂布支持体相关的复合材料，即以塑料薄膜为基础的复合材料，主要是软包装材料，在国家包装通用术语（GB 4122—1983）中，软包装是指在充填或取出内装物后，容器形状可发生变化的包装。用纸、铝箔、纤维、塑料薄膜以及它们的复合物所制成的各种袋、盒、套、包封等，都属于软包装。侧重讨论在塑料与纸张复合以后，可以作为功能性涂层支持体的复合薄膜材料。

由于单层材料在力学、渗透性以及抗老化性能等方面，各有优势或者不足，通过复合，使多层薄膜结合在一起，既克服了单层薄膜的缺点，又集各层薄膜的优点而成为比较理想的功能性复合材料。例如，涂塑相纸纸基，就是典型的薄膜复合材料。

一般而言，"复合"实际上是"层合"的意思，是将不同性质的薄膜通过一定的方式使其粘在一起，经过封合，形成多功能性材料。薄膜材料的复合加工方式，主要有干式复合、湿式复合、挤出复合、特殊复合（例如，蜡复合、热压复合、UV 固化复合）等。

第一节 常见复合工艺

一、干式复合

干式复合是最传统、应用最广泛的复合技术，它是在塑料薄膜上涂布一层溶剂型胶黏剂，经干燥除去溶剂，之后在热压状态下与其他基材复合，由于它是在胶黏剂"干"的状态下复合的，故称为干式复合。其工艺流程如图 13-1 所示。

干式复合适用于多种复合膜基材以及薄膜与铝箔、纸之间的复合生产，产品复合强度高、稳定性好、透明度好，操作简单，适用于多品种、批量少的品种生产。产品应用范围广，抗化学介质侵蚀性能优异。

干式复合存在安全卫生差、环境污染、成本较高等缺陷。醇溶性、水溶性胶黏剂的发展，在一定程度上缓解了溶剂型胶黏剂在安全卫生、环境污染、成本方面的压力。

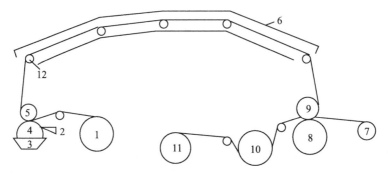

1—第一基材放卷；2—刮刀；3—胶液盘；4—凹版辊；
5，9—橡胶压辊；6—干燥道；7—第二基材放卷；8—加热钢辊；
10—冷却辊；11—收卷；12—导辊

图 13-1　干式复合工艺流程示意

干式复合在复合材料加工中占据很大的比重，现阶段仍然是挤出复合、湿法复合、无溶剂复合方式无法取代的复合加工方式。

二、湿式复合

湿式复合是在复合基材表面涂布一层胶黏剂，在胶黏剂未干的状况下，通过压辊与其他材料复合，经过干燥之后成为复合材料的复合方式。

湿式复合操作简单，胶黏剂用量少，成本低，复合速度快。所用的胶黏剂包括 PVA、硅酸钠、淀粉、聚乙酸乙烯、乙烯—醋酸乙烯共聚物、聚丙烯酸酯、天然树脂等。

工作原理与干式复合相似，不同之处在于，干式复合是将涂布胶黏剂的薄膜经过干燥后，再与另一层材料热压黏合；而湿式复合法是将涂布有胶黏剂的薄膜，直接与第二基材复合后再烘干。

湿式复合工艺流程如图 13-2 所示。

湿式复合的涂胶单元多为三辊结构和四辊结构，通过调整每个辊子的转速达到最终的上胶量，胶水的黏度一般都非常大，多为水胶，没有刮刀机构。

湿式复合，要求两种基材中至少有一种是多孔性材料（如纸或纸板），以便胶

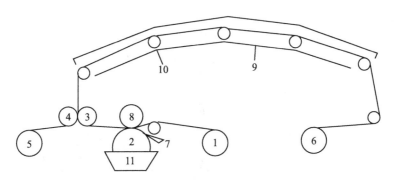

1—第一基材放卷；2—凹版辊；3—钢辊；4—橡胶压辊；
5—第二基材放卷；6—复合薄膜放卷；7—刮刀；
8—橡胶压辊；9—干燥道；10—导辊；11—胶液盘

图 13-2　湿式复合工艺流程

黏剂中所含的稀释剂在干燥时有通道挥发。湿式复合主要应用于纸/纤维、纸/纸、
纸/纸板、纸/铝箔等材料的复合。

三、挤出复合

挤出复合是将聚乙烯等热塑性塑料，在挤出机内熔融后，通过扁平模口挤出，
形成片状薄膜，流出后立即与另一种或两种薄膜，通过冷却辊和复合压辊复合在
一起。与其他方法相比，挤出复合设备成本低、生产环境清洁。复合膜无溶剂残
留，生产效率高，挤出复合在塑料的复合加工中占有很重要的位置。

挤出复合包括挤出涂覆和挤出复合两个方面。

1. 挤出涂覆

挤出涂覆是将聚乙烯等热塑性塑料熔融后，从扁平机头挤出，在紧密接触的两
个滚筒间将其压向另一种基材，经冷却后制成复合膜，工艺流程如图 13-3 所示。

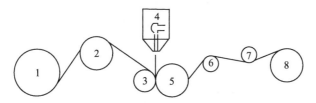

1—基材放卷；2—支撑辊；3—橡胶压辊；4—挤出机；
5—冷却辊；6，7—牵引辊；8—收卷机

图 13-3　挤出涂覆工艺流程示意

当挤出薄膜复合到纸基上时，所得产品就是涂塑纸，又称淋膜纸。

2. 挤出复合

挤出复合，是将挤出的树脂夹在两种基材的中间，它同时作为将两种基材结合在一起的胶黏剂和一个复合层。工艺流程如图 13-4 所示。

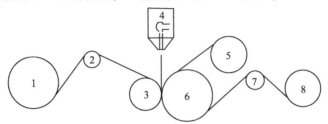

1—基材一放卷；2，7—牵引辊，支撑辊；3—橡胶压辊；4—挤出机；
5—基材二放卷；6—冷却辊；8—收卷机

图 13-4 挤出复合工艺流程示意

第一基材主要是 PET、BOPP、ONY、纸张等，第二基材大多是 LDPE、CPP、铝箔、镀铝膜等材料，挤出树脂一般是 LDPE、PP、EVA、EAA 等。

其特点在于，1 台挤出机可以一次复合三层薄膜，而串联式的多台挤出机一次可以复合多层薄膜，目前主要应用双联共挤挤出机。图 13-5（a）和（b）分别是二层复合和三层复合机头。A、B、C 代表三种材质。

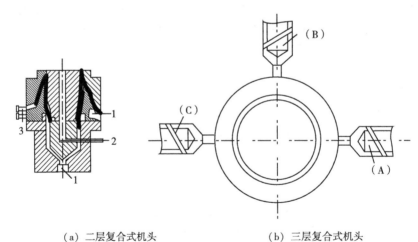

（a）二层复合式机头   （b）三层复合式机头

1—进料口；2—进气孔；3—调节螺钉

图 13-5 复合式机头示意

四、无溶剂复合

它是采用无溶剂型胶黏剂涂布基材，直接将其与第二基材进行贴合的一种复合方式，虽同干式复合一样使用胶黏剂，但其胶黏剂中不含有机溶剂，不需烘干装置。工艺流程如图 13-6 所示。无溶剂复合中使用的胶黏剂，不含有机溶剂，是目前欧美等发达国家主要应用的软包装复合材料生产方式。

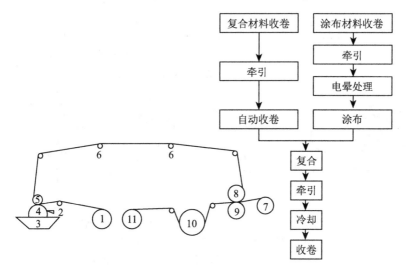

1—基材一放卷；2—刮刀；3—胶液盘；4—涂布辊；5—上胶压辊；
6—导辊；7—基材二放卷；8—加热钢辊；9—贴合压辊；
10—冷却辊；11—收卷机

图 13-6 无溶剂复合工艺流程示意

涂布量控制以及机械精度控制是无溶剂复合的关键技术。常见的国外无溶剂复合机的涂布装置有法国的五辊结构和日本的三辊结构两种，国内研制的无溶剂复合机采用了四辊涂布装置，其涂布原理如图 13-7 所示。该涂布装置的各主要辊有胶料辊、计量辊、转移辊、涂布辊。其中，钢胶料辊在工作时固定不转，它与钢计量辊以及两辊侧边的可调胶储机构，组成一个存胶装置，用于储存胶黏剂。在停机擦洗滚筒或清除异物时可手动转动胶料辊。涂布装置滚筒中，除了涂布压辊是橡胶辊外，转移辊也用橡胶辊，可以减少生产时它与钢计量辊和钢涂布辊之间的摩擦，减少摩擦产生的热量，从而减少黏合剂的"蒸腾起雾"现象。

新型无溶剂复合的涂胶单元为五辊结构，通过调整每个辊子的转速达到最终的上胶量，不需要刮刀结构。

在各种复合方式中，干式复合和挤出复合应用相对广泛，关于干式复合，相关文献介绍较多，本书主要在后续章节介绍挤出复合涂塑。

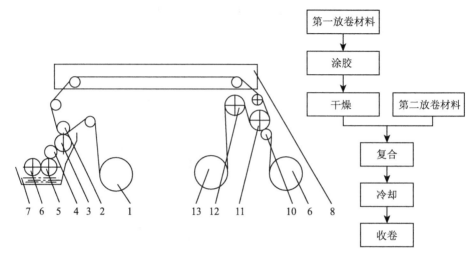

1—第一放卷；2—涂布压辊；3—涂布辊；4—匀胶辊；5—动计量辊；
6—定计量辊；7—胶槽；8—干燥系统；9—第二放卷；
10—复合压器；11—复合辊；12—冷却；13—收卷

图 13-7　无溶剂复合涂布装置示意

第二节　复合过程胶黏理论基础

一、黏结力的主要来源

1. 化学键力

化学键力存在于原子或离子之间，包括离子键力、共价键力、金属键力。

绝大多数有机化合物的分子都是通过共价键组成，带有化学活性基团的胶黏剂分子与带有活性基团的被黏物分子之间也可能出现共价键黏结，金属键力与胶黏剂的黏结过程关系不大。离子键力是带正电荷的正离子和带负电荷的负离子之间的相互作用力。离子键力有时存在于某些无机胶黏剂与无机材料表面之间的界面区内。

各种主价键键能的数值如表 13-1 所示。胶黏剂与被黏物之间，如能引入共价键黏结，其胶接强度将有显著提高。

表 13-1　键能对比表

主价键	键能数值	主价键	键能数值
离子键	585.76~1046	金属键	112.97~347.27
共价键	62.76~711.28		

2. 分子间力

分子间的作用力包括取向力、诱导力、色散力（以上诸力合称范德华力）和氢键力。分子间作用力是黏结力的最主要来源，它广泛地存在于所有的黏结体系中。取向力、诱导力、色散力及氢键力的大小见表 13-2。

表 13-2　分子间的作用力一览表　　　　　　　　　　　　kJ/mol

次价键力	键　能	次价键力	键　能
氢键力	约 50.21	取向力	约 20.29
色散力	约 41.84	诱导力	约 2.09

3. 机械力

机械黏结力的本质是摩擦力，在黏合多孔材料、布、织物及纸等时，机械作用力是很重要的。实际上，机械力并不产生黏结力，但增加黏结效果。在机械力作用下，胶黏剂充满被黏物表面的缝隙或凹凸处，固化后在界面区产生啮合力。

总之，胶黏剂与被黏物表面通过界面相互吸引和黏结作用的力称为黏结力。在各种产生黏结力的因素中，只有分子间作用力普遍存在于所有黏结体系中，其他作用仅在特殊情况下成为黏结力的来源。

二、胶接强度

胶接强度包括实测胶接强度与理论胶接强度，实际测定的胶接强度，仅是理论黏结力的一小部分。实测胶接强度与理论胶接强度的关系如图 13-8 所示。

三、影响胶接强度的因素

1. 粗糙度和表面形态

在黏结体系呈良好湿润的前提下，糙化增大实际面积，有利于胶接强度的提高。

2. 弱界面层

弱界面层的产生是由于被黏物、胶黏剂、环境或它们共同作用的结果。当被黏物、胶黏剂及环境中的低分子物或杂质，通过渗析、吸附及聚集过程，在部分或全部界面内产生了这些低分子物的富集区，即弱界面层。它是破坏黏结牢度的

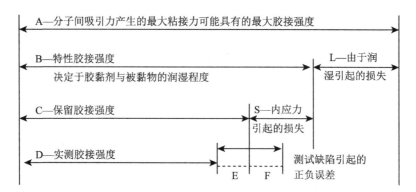

图 13-8　实测胶接强度与理论胶接强度关系示意

重要因素之一。

弱界面层产生于下述三种情况。

①胶黏剂与被黏物之间的黏结力主要来源于分子间力的作用，即物理吸附力。

②低分子物在胶黏剂或被黏物中发生渗析，低分子物迁移到界面形成富集区。

③低分子物分子对被黏物表面具有比胶黏剂分子更强的吸附力，使被黏物表面产生新的吸附平衡，并形成低分子物的吸附层，对胶黏剂分子起解吸附作用。

产生弱界面层的过程，实际上是低分子物质解吸界面区胶黏剂分子的过程。为此，通过化学吸附或通过扩散作用产生黏结力的接头不会有弱界面层。

3. 内应力

黏结体系的内应力有两个来源。一是胶层在固化过程中因体积收缩而产生的收缩应力；二是由于胶层与被黏物两者的膨胀系数不同，在受热或冷却时产生的热应力。胶接接头的内应力可随着胶黏剂分子的蠕动（松弛）而缓慢下降。胶黏剂分子在蠕动不足的情况下，胶接接头就存在永久性的残留内应力。黏结体系的内应力和黏结力之间是互相抵消的。如果内应力大于黏结力，黏结接头就自动脱开。

残留内应力在胶接接头内的分布是不均匀的。在胶接件的端头部位，内应力比其他部位约高 30%。在胶层的气孔、空洞的周围也存在内应力的集中问题，特别是湿润性不良的应力集中现象尤其严重。

降低胶接接头内应力及使应力集中作用缓和的方法有：

①在胶黏剂中加入易于产生分子蠕动的或有助于主要物料产生分子蠕动的物料，如加入各种橡胶及增塑剂等。

②在胶黏剂中加入适当的填充料。

③改进固化或冷却工艺，如逐步升温、随炉冷却等。

4. 环境影响

被黏物表面受周围介质的污染，使黏结体系的黏结力严重下降。如果被黏物表面有油迹，油层的表面张力低于胶黏剂的表面张力，故油层比胶黏剂更容易湿润被黏物的表面，并生成一个不易清除的吸附层。此吸附层也是弱界面层，它会大大降低胶黏剂对被黏物表面的亲和力。

极性表面对水的吸附力比一般胶黏剂强，吸附的水分不能被胶黏剂解吸附。水分或其他低分子物对胶黏剂层本身还有渗透、腐蚀及膨胀作用。

胶黏剂层或被黏物内的液体或气体，在受热或受冷的情况下会有所移动。例如，在胶接接头一侧加热，另一侧冷却的情况下，加热被黏物内的液体、气体会向黏结界面移动；而胶层的液体、气体又向受冷侧的界面移动。这种渗透、迁移过程对黏结力是有害的。

总之，除润湿、吸附过程（某些情况下包括由主价键力引起的化学吸附）、扩散作用的过程外，还有很多因素对胶接强度产生显著影响。它们的作用是通过加强或减弱上述几个互不相关的因素进行的。

四、获得理想胶接接头的基本条件

为了获得一个比较理想的胶接接头，在设计黏结体系的过程中，需要以下基本条件。

①在黏结过程中，胶黏剂必须是容易流动的液态物质。胶黏剂的黏度越低越有利于界面区分子接触程度的提高。但实际工艺上又往往要求胶黏剂有一定的黏度和初始黏结力，故许多胶黏剂都是具有一定黏度的液相物料。压敏胶就是高黏度的流体或一种在压力下容易产生流动、变形的半固体物质。

②胶黏剂和被黏物表面之间能够湿润。这样，胶黏剂分子与被黏物表面分子才有可能充分拉伸。

③在湿润的前提下，对被黏物表面进行适当的糙化，增加胶黏剂与被黏物的面积，有利于黏结。

被黏物表面的缝隙可视作毛细管。对毛细管表面呈湿润状态的液体能在毛细管内自动上升；反之，非湿润的液体能在毛细管内自动下降。因此，非湿润的被黏物表面越光滑越好。

④黏结力是建立胶接接头的重要因素，同时，胶层或被黏物本身要具有一定的内聚强度。

⑤降低残留内应力对黏结力的破坏。固化过程中，由于胶黏剂本身和胶层以及被黏物间的膨胀系数不同；胶接接头内会产生收缩应力和热应力，必须设法降低残留内应力对黏结力的破坏作用。

⑥避免黏结界面区弱界面层或胶黏剂内的气孔及其他缺陷导致的内应力或负荷应力的集中现象。

五、黏结结构的破坏形式

1. 内聚破坏

胶接接头在外力作用下的破坏，称为内聚破坏。一般由构成接头的胶层、被黏物、胶黏剂与被黏物的界面区三个环节中的薄弱环节开始。胶层的内聚破坏如图 13-9（a）所示。

在外力作用下，胶接接头的破坏完全发生于胶黏剂相。呈内聚破坏的胶接接头的胶接强度约等于胶层的内聚强度。

2. 黏附破坏（界面破坏）

黏附破坏指胶黏剂和被黏物界面发生目视可见的破坏现象。

胶接接头在外力作用下的破坏，完全发生于胶黏剂与被黏物的界面区，即胶层完全从界面上脱开，如图 13-9（b）所示。

3. 混合破坏

在外力作用下，胶接接头的破坏兼有内聚破坏和界面破坏两种类型，是内聚破坏和界面破坏之间的一种过渡状态，如图 13-9（c）所示。

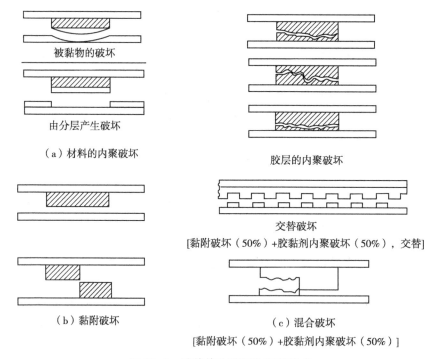

（a）材料的内聚破坏

胶层的内聚破坏

交替破坏

[黏附破坏（50%）+胶黏剂内聚破坏（50%），交替]

（b）黏附破坏

（c）混合破坏

[黏附破坏（50%）+胶黏剂内聚破坏（50%）]

图 13-9　胶接接头破坏的三种形式

同一种接头（其弱界面层相同），由于胶层厚度或破坏（加荷）速度不同，往往存在内聚破坏—混合破坏—界面破坏的有规则的转化过程。破坏试验的环境温度不同，也能使黏结破坏类型出现有规则的转化。因此，复合膜的剥离试验必须注明必要的试验条件，其数据才具有可比性。

第三节　基材表面特性及其与黏结性能的关系

一、塑料薄膜

1. 薄膜表面清洁度

塑料表面容易吸附油脂和其他低分子物质。这些附着物影响胶黏剂对塑料表面的浸润，减少胶黏剂和被黏物的相互接触，严重影响塑料的那黏结性能，必须保持表面清洁。

2. 塑料表面能

塑料的表面能一般低于 50mN/m，比金属的表面能（约 1000mN/m）低得多。高能表面利于液体在上面展开，而低能表面将使液体在上面形成不连续的液滴。因此，为了使胶黏剂能在被黏塑料表面上展开，塑料就得有足够的表面能。也就是说，为了使塑料表面能够被胶黏剂浸润，塑料的临界表面能应接近或大于胶黏剂的表面张力。有了良好的浸润，才有可能形成胶黏剂和塑料表面分子间的紧密接触。否则黏结界面存在空气，减少了有效的接触面积，并由于应力集中使黏结破坏。为提高低表面能塑料的胶接强度，必须提高塑料的表面能，然后用表面张力较低的胶黏剂（极性胶黏剂）黏结。塑料的表面能主要取决于塑料表面的化学结构，表面处理就是通过不同程度地改变塑料表面化学结构，来提高塑料的表面能。

3. 表面极性

一般情况下，胶接接头主要是靠胶黏剂同被黏物分子间次价力的作用结合起来的，形成化学键的主价键力结合是很少的。分子间的作用力包括范德华力和氢键力。范德华力包括色散力、偶极力、诱导偶极力。色散力产生于所有极性分子、非极性分子之间，作用能为 0.84～8.37kJ/mol；偶极力产生于极性分子之间，作用能为 12.55～20.92kJ/mol；诱导偶极力产生于非极性分子与极性分子之间，作用能为 6.28～12.55kJ/mol。聚乙烯和聚丙烯分子中没有极性基团，是典型的非极性高分子材料。用非极性胶黏剂黏结这些塑料时，仅能靠两者分子间的色散力作用，胶接强度较低。当用极性胶黏剂黏结极性塑料时，两者分子间的作用力除色散力外，还有偶极力。有些情况下，还有氢键力，两者的胶接强度较高。

只有当分子间的距离达到约 10Å（埃）时，分子间力才能产生，因此，为得到较高的胶接强度，胶黏剂必须浸润被黏物表面。极性胶黏剂对非极性塑料表面的润湿性差，两者分子间的作用力很弱。

通过表面处理，向非极性塑料表面引入极性基团，可提高塑料表面的极性，同时也能提高其表面能。这样，既有利于改进极性胶黏剂对塑料表面的润湿能力，又增加了两者分子间的作用力，从而提高胶接强度。

4. 结晶性

塑料的黏结性能除和塑料的表面能、极性有关系外，还和结晶性有关。结晶度高的分子处于热力学的稳定态，难以溶解或溶胀。一般情况下，用溶液型或反应型胶黏剂黏结非结晶高聚物时，胶黏剂在固化前不同程度地使塑料表面溶胀，在被黏物和胶黏剂界面处发生分子间的扩散，形成强黏结。结晶性聚合物，特别是结晶度高的聚合物不能被这些胶黏剂溶胀。因此不能发生被黏物和胶黏剂分子间的扩散，胶接强度较低。聚乙烯为非极性塑料又是结晶性聚合物，因此难以黏结。聚酯属于高结晶度聚合物，也比较难以黏结。通过表面处理，降低塑料表面的结晶度，可改善结晶性塑料的黏结性。

5. 弱界面层

由于弱表面层的内聚强度要比主体的内聚强度低得多，黏结破坏往往发生于弱界面层。为提高胶接强度必须除去塑料表面的弱界面层。或者通过表面处理使塑料表面的低分子交联成大分子，提高表面层的内聚强度。

二、纸张

纸张最大的特点是表面具有多孔性，在复合中产生的黏结力主要为机械抛锚力。纸张的多孔性与纸张的填料配比、施胶度、压榨工艺有关。

大多数纸的表面具有多孔性，胶黏剂可通过纸表面的毛细孔而渗透到纸的内部。这种抛锚作用（机械作用）能形成很强的物理黏结力；同时，也增强了纸的纤维分子间的作用力，提高了纸的表面强度。表面微孔较少的描图纸和半透明纸均难黏结。

抛锚作用的大小与黏结剂对纸张表面孔隙的渗透深度有关，在挤复和干复中的黏结性表现不同。

1. 纸张在挤出复合中的黏结性

纸张在挤复中主要是对 PE、PP 粒料的流延复合，树脂液体对纸张表面孔隙（可近似为毛细管）的渗透深度可表示为：

$$X = \left[(2r\gamma\cos\theta + pr^2)t/(4\eta) \right]^{1/2} \tag{13-1}$$

式中　r——毛细管的有效半径；

γ——液体的表面张力；

t——时间；

p——复合的瞬间压力；

θ——液体与毛细管壁的接触角；

η——液体的黏度。

由于复合压力远大于树脂在纸张表面的毛细管压力 $2ry\cos\theta$，故上式可简化为：

$$X = \left[(pr^2)t/(4\eta) \right]^{1/2} \tag{13-2}$$

一般而言 X 越大，黏结力越大。可见挤出复合挤复中影响黏结力的因素有纸张的表面毛细孔隙、复合压力及时间，机速越慢，黏结力越大；树脂的黏度、挤出温度越高，黏结力越大。

纸张的表面强度即表面纤维与纸张本身的剥离强度，也会影响挤出复合强度。

另外，天然纤维素中含有大量的羟基，会与涂层的表面羟基、羟甲基、异氰酸酯基、缩丁醛基和环氧基形成氢键及化学键结合，实现黏结。

2. 纸张在干复中的黏结性

干式复合（塑料涂胶，纸贴合）中的胶黏剂比挤出复合中树脂的黏度低，且能较长时间保持低黏度，复合后的胶黏剂对纸张表面的孔隙具有一定的渗透性。胶黏剂对纸张的渗透提高了纤维分子间的作用力，从而提高了纸张的表面强度（双组分胶黏剂更明显）。适当的渗透性有助于黏结度的提高，但过度的渗透会使表面出现少胶、缺胶现象，甚至发生脱层。

三、复合包装用黏合剂

1. 干式复合包装用黏合剂

（1）黏合剂的种类与特点

干式复合用的黏合剂种类很多，通常分为单组分黏合剂和双组分黏合剂。单组分黏合剂是指单一组分，无须与其他组分混合就可以直接使用的黏合剂；双组分黏合剂是指由主剂和固化剂两种组分混合后产生黏性的黏合剂，目前所使用的黏合剂多为聚氨酯型。

聚氨酯是指分子结构中含有氨酯基团的聚合物，是由多元羟基化合物和多异氰酸酯反应得到，黏结强度高。我国大多数聚氨酯胶的 A 组分为多元醇，B 组分为多异氰酸酯。主要的干式复合黏合剂品种及特点如表 13-3 所示。

表 13-3　干式复合黏合剂对比表

名称	组　成		分类特点
	主　剂	固化剂	
双液型聚氨酯黏合剂	高分子末端具有羟基的多元醇和二元羧酸反应生成的聚	末端带异氰酸基团的二异氰酸酯	（1）异氰酸基团直接同苯环相接的芳香族异氰酸酯，生成的聚氨酯毒性较大，但黏结力较脂肪族的高

续表

名称	组　成		分类特点
	主　剂	固化剂	
	酯或聚醚为黏合剂		（2）异氰酸基团直接同脂肪族烃类连接的脂肪族聚氯酯黏合剂，毒性比芳香族聚氨酯小。双液型黏合剂的保存期不超过一年
一液型聚氨酯黏合剂	甲苯二异氰酸酯（TDI）、二苯基甲烷二异氰酸酯（MDI）、己基甲烷二异氰酸酯（HDI）、二甲苯基二异氰酸酯（XDI）等的二异氰酸酯同聚酯或聚醚等多元醇反应生成的末端具有异氰酸基团的材料，无固化剂		两个组分按一定的比例（以醋酸乙酯为溶剂）混合后发生交联反应，聚酯型黏合剂和聚醚型黏合剂黏结力不同，分别适用于 120℃ 以上高温蒸煮袋与 100℃ 以下低温蒸煮袋。固化时间长，固化要求一定湿度，存放期不超过半年
无溶剂聚氨酯黏合剂	多元醇和二元羧酸反应生成的聚酯或聚醚	二异氰酸酯等	黏度高，使用时要加热，但可减少使用溶剂的成本，没有环境污染
其他黏合剂	（1）快速固化黏合剂，一般双组分黏合剂复合完成后，要在 50℃ 左右的环境中固化 48 小时以上，快速固化黏合剂只要在同样环境放置 4～8 小时即可分切 （2）抗介质侵蚀黏合剂。液体农药的包装，食品和化妆品等，包括抗酸、抗碱、抗盐、抗辛辣、耐油、耐香料、耐表面活性剂侵蚀的多品种黏合剂 （3）高助剂含量薄膜复合用黏合剂。专用黏合剂解决了高助剂添加 PE 膜复合强度的问题，又解决了包装封口的污染问题，而且动、静摩擦系数升高不明显		

干式复合也使用无溶剂、低公害的水溶性黏合剂和醇溶性黏合剂，如特殊交联型的醋酸乙烯共聚乳胶、醇溶性聚氨酯黏合剂。但醇溶性聚氨酯黏合剂不适用于聚酰胺薄膜。双液型或单液型的溶剂型或水溶性丙烯酸酯乳胶，有较好的黏结强度。固含量在 50%～70% 的高固含量黏合剂，可以减少溶剂的使用量，但要求黏合剂的黏度较低，以免涂布困难。

（2）干式复合黏合剂的发展方向

首先是提高功能性，在食品包装中的应用上能抗酸、辣、咸、香、醇、糖、油脂等；在日用化学品方面的应用上能抗香、表面活性剂、色素、乳化剂、香精、抗氧化剂、防腐剂等；在化学品应用上能抗农药、有机溶剂、酸、碱、盐等。针对不同材料，开发专用黏合剂，如镀铝膜专用黏合剂，具有白点少、复合强度高的特点。其次，是提高环保性，如高固含量涂布的黏合剂、醇溶性黏合剂的使用在国外日益普遍。还要适应干式复合的高速化，黏合剂向低黏度、溶剂释放性好、涂布均匀度好的方向发展。同时，要向高透明、快速固化方向发展，改善外观效果、提高生产效率、减少能源损耗。最后，黏合剂向集约化方向发展，向通用性强、功能全、少品种方向整合，便于生产管理，减少浪费。

2. 无溶剂复合用黏合剂

（1）单组分湿固化型黏合剂

单组分无溶剂黏合剂的主要成分是聚氨酯，它的特点是能与水反应固化。分子链相对较短的异氰酸根端基的聚酯或聚醚，与基材或环境中的水及异氰酸根会发生反应，放出 CO_2，交联固化。

单组分湿固化型黏合剂主要用于纸质材料的复合，纸张中含有足够的水汽，透气性、吸附性好，但为了防渗漏，必须进行高黏度涂布，涂布量在 $3g/m^2$ 以上；配有合适的换气装置或增湿设备，能够提供满足固化要求的湿气量时，也可用于薄膜的复合。

（2）双组分无溶剂黏合剂

双组分无溶剂黏合剂的反应机理也是氨酯化反应，即含异氰酸根的预聚物和含羟基官能团的基料反应；或所谓的"反向"体系，即分子量较高的含异氰酸根端基的基料，与含有羟基的固化剂发生加聚反应。反应不会像单组分黏合剂那样产生 CO_2，反应中虽然需要极少量水分催化其氨酯化反应，但不像单组分潮气固化型黏合剂那样需要大量潮气存在。此时氨酯化反应是基料和固化剂中异氰酸根与水汽和羟基的反应，实际上异氰酸根与水汽和羟基的反应总是并存的。所以，从等当量反应的观点出发，异氰酸根适当过量一点，则双组分黏合剂可自行固化。但适量的水分可催化固化，使其进行得更加完全。

双组分无溶剂黏合剂分为冷涂型和热涂型两种。

①传统的冷涂型双组分无溶剂黏合剂分子量较低，流动性能好，因此，即使以 $300m/min$ 的高速涂胶，所得复合膜的光学透明性仍旧很好。其最大的缺点是初始强度较低，因此，若要对复合好的材料再处理的话，在处理之前需要熟化 40 小时左右使其完全固化。

②热涂型双组分无溶剂黏合剂分子量较大，黏度相对较高，为获得较好的涂布流平性能，在涂布前需预热及加热储胶槽到 $50\sim70℃$。涂布后具有一定的初始强度，达到完全固化的时间较冷涂型短。

冷涂型双组分无溶剂黏合剂黏度较低，不能用于含纸材料的复合，主要用于性能要求适中的复合材料。热涂型的"反向"双组分无溶剂黏合剂，接近于溶剂型黏合剂的高性能，这种黏合剂及更高性能的类似黏合剂是发展方向。

（3）紫外固化黏合剂

其固化机理是，黏合剂中的光引发剂被紫外光激发，分子处在高能位上，引发环氧嵌段交联聚合，得到环氧树脂的三维交联结构。与反应速率较快的紫外光引发自由基聚合机理不同，阳离子固化允许黏合剂在复合前暴露于大气中，受紫外光作用的强度与复合薄膜的透明性关系不大，但其交联反应速率比聚氨酯黏合剂要快得多，复合后在几分钟到 1 小时之内，就可以达到相当高的黏结强度，可立即进行下一层复合。目前应用较普遍的紫外固化黏合剂属于阳离子固化类型，即酸催化环氧体系。

3. 挤出复合用胶黏剂（AC 剂）

AC 为 anchorcoating 之缩写，AC 剂是将涂覆或复合加工薄膜与熔融聚乙烯联合起来的一种"中介底胶"。

例如，挤出用聚乙烯树脂，结构决定了它的惰性和非极性，所以黏结性较差。一种提高黏结性的方法是将 PE 在高温下挤出，在气隙段利用空气的氧化使之具有极性，同时在基材上涂覆 AC 胶黏剂，从而达到黏结效果。

在挤出复合中，如果挤出树脂对复合基材有良好的相容性，就不需要上胶黏剂，譬如在 LDPE 薄膜基材上挤出 LDPE 树脂，在 BOPP 或 CPP 基材薄膜上挤出 PP 树脂就不需要上胶黏剂也能够达到较高的剥离强度。但是不同类型的材料挤出复合时，一般需要涂布胶黏剂，譬如在 PET、ONY 薄膜上直接挤出 LDPE，都要涂布胶黏剂。挤出复合可以反印刷，但反印刷油墨应有良好耐温性，反印刷的油墨与树脂具有较好的亲和性，此时不用底涂剂也可获得较好的剥离强度。

挤出复合用的胶黏剂必须无毒和耐温 100℃ 以上，且柔软不易折。不同种类 AC 剂的黏结性能对基材的适应性、耐水、耐蒸煮性是不同的。AC 剂的选择对于包装材料的品质、性能产生很大的影响。挤出复合所用的 AC 剂种类和牌号较多，常用的 AC 剂有以下几种。

（1）钛系

溶剂型有烷基钛系，通用性好，初期黏结力好，但容易发生水解而造成损失，溶剂易挥发，耐水性较差。

（2）亚胺系

聚乙烯亚胺系采用水作溶剂，成本低、危险性小，但通用性、耐水性较差，加工也比较困难。

（3）异氰酸酯系

异氰酸酯系的通用性好，耐水、耐高温、耐油性优良，但采用的溶剂易挥发，危险性较大，初始黏结力小，成本相对高。

以上 3 种 AC 剂具有各自的优缺点，它们对各种基材的适应性也有所不同（表 13-4）。因此在使用时可以根据复合产品的要求进行选择。

表 13-4　AC 剂对基材的适应性一览表

基　材	钛系	亚胺系	异氰酸酯系	基　材	钛系	亚胺系	异氰酸酯系
普通玻璃纸（PT）	○	○	○	聚酯（PET）	○	○	○
防潮玻璃（MST）	○	×	△	尼龙（NY）	○	○	○
拉伸聚丙烯（OPP）	○	○	○	铝箔（Al）	○	○	○

注：○表示好；△表示中；×表示差。

　　在复合加工时的胶黏剂层要求均匀的涂层及必要而足够的层厚。涂在薄膜上的胶黏剂的涂布量必须要覆盖住薄膜的凹凸。另外，为了使胶黏剂浸透凹部，胶黏剂必须具有良好的湿润性和流动性。

　　挤出树脂在 300～330℃高温作用下，底涂剂（AC 剂）的反应活性能被充分激发，因此挤出复合用的胶黏剂上胶量比干式复合用的胶黏剂上胶量要少得多，所以复合产品的残留溶剂极低，适用于食品包装。

　　涂布 AC 剂的涂布辊可以是网纹辊或光辊，光辊涂布的上胶量较小。AC 剂涂布后薄膜要经过烘道充分烘干，保证复合牢度。

第四节　胶黏剂的涂布工艺

一、胶黏剂的涂布

　　涂胶是将胶黏剂均匀、连续地转移到被复合的基膜上去的方法，大多数工艺以溶剂型胶水为主，常见的涂布方式有：网纹辊涂布、三辊涂布、五辊涂布、逆向压涂布、逆向吻涂布、微凹辊涂布、逗号刮刀涂布、模头涂布、唇模涂布等，如图 13-10 所示。

1. 光辊涂布

　　光辊涂布特点在于所有辊子均为表面光辊以三辊涂布和五辊涂布为主，易实现大范围的涂布量。但工艺过程操作复杂，对操作人员要求高。通常采用两辊及以上涂布，光辊上胶涂布通过辊与辊转移胶水达到涂布目的。通过调整各个辊子之间的间隙和每个辊子的转速或旋转方向控制上胶量，这种涂布头结构较为复杂，要求上胶辊、涂布辊等加工精度和装配精度高。

　　具体形式包括挤压光辊（三辊涂布）、逆转以及逆向吻辊涂布等。

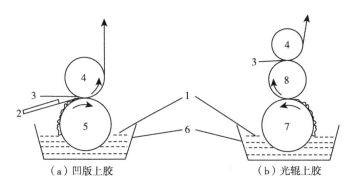

（a）凹版上胶　　　　　　　　（b）光辊上胶

1—胶液；2—刮刀；3—上胶基膜；4—上胶压辊；5—凹版辊；6—胶盘；7—带胶辊；8—计量辊

图13-10　两种上胶涂布方式图示

光辊涂布可以满足不同工艺和速度的要求，在一些特殊工艺条件下，速度可以达到1600m/min，可以实现大涂布量（涂布厚度10～100μm）和高黏度（1000～50000MPa·s）涂布。使用中，不换辊即可获得广泛的涂层厚度范围，不同的辊子排列方式及材料组合，可满足不同的应用需求，适用于各种水性/溶剂型/无溶剂涂布液。

光辊上胶装置中，有带计量辊和不带计量辊两种。它是将带胶辊或计量辊表面胶液全面与基材接触，从而使大部分胶液转移到基材上去，实现涂胶的目的。在这种方式中，压辊压力直接影响上胶量。当压力很大时，因胶液被挤压光了，上胶量会很少。但两个辊子离得太远，造成与胶液不能接触，则又会使上胶量为零。光辊上胶装置的优点是上胶量可根据不同的复合基材组合结构随时调整，缺点是会使上胶辊两边上胶不均。上胶量多少与网纹辊无关，操作时要专人看守，不生产时网纹辊、上胶辊都须清洁干净。

2. 网纹辊涂胶

（1）网纹辊涂胶原理及影响因素

网纹辊涂胶的原理与凹版印刷相同，胶液注满凹版辊的网穴，该网穴离开胶液液面后，其表面平滑处的胶液由刮刀刮去，只保留着凹版网穴中刮不去的胶液，此网穴中的胶液再与被涂胶的基材表面接触，这种接触是通过一个有弹性的橡胶压辊使网穴里的一部分胶液转移到基材表面上，完成整个涂胶过程。

网穴里的胶液部分转移到基膜上之后，由于胶液具有流动性，它会慢慢地自动铺展流平，使原来不连续的胶液点变成连续均匀的胶液层。而网穴里的胶液一部分转移出去。当该网穴在旋转一周时又会重新浸入到胶液中去，胶液又会充满、填充它。这样周而复始，凹版辊就能将胶黏剂连续均匀地不断转移到基材表面上，实现涂胶。胶液浓度（N）越大，上胶量越多，反之亦然。

凹版辊刮刀式的涂胶装置的优点是：涂层均匀，胶黏剂固体含量稳定，便于测算相关数据；缺点是网纹辊随着使用会磨损，网穴变得越来越浅。

刮刀的角度和压力与上胶量基本无关，但会影响涂胶后产品的品质、外观、网纹辊的寿命等。

刮刀角度是刮刀线与过刮刀和版辊的接触点切线的夹角（锐角），如图 13-11 所示。刮刀与版辊的接触点到压印点的距离如图 13-11 所示。

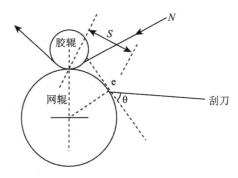

图 13-11　刮刀角度及距离图示

在使用高线数网纹辊涂布时，刮刀距离 S 影响因溶剂挥发过快引起的堵版，进而影响转移率。一般来说，距离越长，网穴内的胶黏剂在转移前变稠的程度越大，胶黏剂的转移率也相应越低；相反，该距离缩短时，胶黏剂的转移率也相应提高。

刮刀角度、刮刀距离可以通过调节刮刀架的升降手轮及两个前后调节手轮来完成，刮刀压力通过面板上的压力阀来调节。

在相同的压力下，软的涂胶压辊压入网孔的部分比硬的要多，将胶黏剂从网孔中挤出的比硬胶辊多，转移到基膜上的部分必然少，并导致干基上胶量减少。如图 13-12 所示，如果涂胶时，在涂胶辊和网纹辊的压合线处积有一定量的胶黏剂，甚至从网纹辊上流淌到刮刀背上，就是因为压胶辊过软将胶液挤出太多或刮刀角度太小压力太小不能将多余胶液刮除的结果。橡胶压辊的硬度一般控制在 HS80 左右。

涂布辊在压力过大的情况下，由于胶辊的形变，将导致胶辊辊体的形变，胶辊两端的橡胶的形变过大，出现类似软胶辊的现象。胶辊两端的胶黏剂被挤出，造成胶辊两端的上胶量

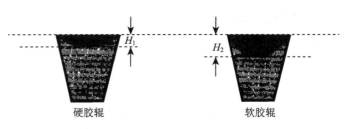

图 13-12　压胶辊的硬度与涂布时胶辊的形变

低，中间的上胶量高。这就会导致熟化后，复合膜两端 5～15mm 长度内的剥离强度较差，而靠近里端的剥离强度较好的现象。

（2）普通网纹辊涂布和网纹辊封闭刮刀涂布

网纹辊涂布包括普通网纹辊涂布和网纹辊封闭刮刀涂布。

①普通网纹辊涂布（Anilox roller）

普通网纹辊涂布的涂布头构成如图 13-13（a）所示。

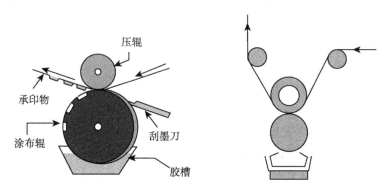

压辊

承印物

涂布辊

刮墨刀

胶槽

（a）普通网纹辊涂布　　　　　　（b）网纹辊封闭刮刀涂布

图 13-13　网纹辊涂布头构成示意

普通网纹辊涂布多应用于普通干法复合机和涂布量较小的涂布机底涂工艺，比如 PVDC 底胶涂布。涂层厚度≤30μm，胶水黏度 1～2000MPa·s，速度≤300m/min。该方式涂布过程稳定，操作容易，涂布较均匀，但需要通过更换网纹辊改变涂布量。

②网纹辊封闭刮刀涂布（Anilox roller with closed doctor blade）

网纹辊封闭刮刀涂布的涂布头构成如图 13-13（b）所示。该方式可用于高速干法复合机和涂布量较小的高速涂布。涂层厚度≤30μm，胶水黏度 1～2000MPa·s，速度≤400m/min。封闭刮刀使溶剂、气味的释放较小，胶水黏度变化小。缺点在于腔体易堵塞。

（3）网纹辊的网线数和涂胶量的关系

网纹辊的目数、网穴深度与容积，直接影响涂胶量及胶液转移效果。见表13-5。

表 13-5　网纹辊结构及转移率与涂胶量对照表

深　度	网　目	网孔容积/ （cm³/m²）	转移率/%	涂胶量（湿）/ （g/m²）
200	18～22	12.0	17～25	1.95～2.25
180	28～32	14.5	17～25	2.11～2.78
160	40～45	16.67	17～25	2.78～4.16
150	45～55	18.37	17～25	3.06～4.58
140	50～60	21.67	17～25	3.61～5.42

续表

深　度	网　目	网孔容积/ (cm^3/m^2)	转移率/%	涂胶量（湿）/ (g/m^2)
120	70~80	25.00	17~25	4.17~6.25
110	75~85	28.33	17~25	4.72~7.08
90	80~90	36.67	17~25	6.11~9.17
80	85~95	43.33	17~25	7.22~10.83

网纹辊涂布时，涂布量主要与网纹辊的网眼深度和胶水种类有关。

$$W = 1/5 \times \mu \times N \times D$$

式中　W——上胶量，g/m^2；

μ——凹版涂胶辊的网点深度，μm；

N——胶液工作浓度，%；

D——胶液密度，g/cm^3。

一般情况下 $D=1$，所以：

$$W = 1/5 \times \mu \times N$$

一般而言，主剂固含量 75% 时，网纹辊网目与上胶量对应关系如表 13-6 所示。

表 13-6　网纹辊网目与上胶量的关系

网纹辊网目/（线/英寸）	上胶量/g
60	8.5~9.5
90	5.5~6.5
120	3.5~4.5
150	1.5~2.5

注：1 英寸² = 645.16mm²，$V = S^2H/3$，网坑数 = 线数²，1m² = 1550 英寸²。

（4）间接网纹辊涂布（半柔性涂布）（Semi-flexo coating）

为了规避直接凹版涂布的网格状缺陷，通过间接网纹辊涂布（半柔性涂布）可获得平滑均一的涂布面。

竖直间接网纹辊涂布和角度间接网纹辊涂布头结构如图 13-14 所示。

（5）其他辊类涂布（Other roller type coating）

斜纹辊逆向吻涂、微凹辊逆向吻涂（图 13-15）。这两种涂布方式在陕西北人多台光伏背板涂布机和光学膜涂布机上已成功应用。

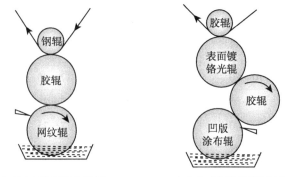

（a）竖直间接网线辊涂层　　　　（b）角度间接网线辊涂层

图 13-14　间接网纹辊涂布（半柔性涂布）示意

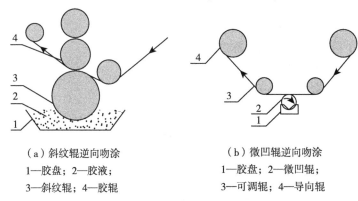

（a）斜纹辊逆向吻涂　　　　　　（b）微凹辊逆向吻涂

1—胶盘；2—胶液；　　　　　　　1—胶盘；2—微凹辊；

3—斜纹辊；4—胶辊　　　　　　　3—可调辊；4—导向辊

图 13-15　斜纹辊逆向吻涂和微凹辊逆向吻涂

二、上胶量的确定

1. 上胶量的定义

上胶量指每平方米基材面积上干基胶黏剂质量，一般以 g/m^2 表示。

2. 上胶量与剥离强度的关系

一般而言，剥离强度随上胶量的增大而增大；但上胶量在达到一定程度后其对应的剥离强度相对减缓；上胶量再增加对剥离强度的意义不大，而是趋于一个平衡的数字。在一定范围内，上胶量与剥离强度的理论关系如图 13-16 所示。

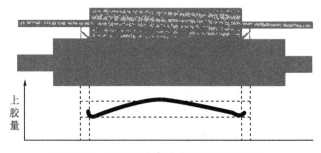

图 13-16　胶辊压力与上胶量的分布关系

3. 实际上胶量的参考值

干式复合生产中上胶量可参考表 13-7 来设计。

表 13-7　干式复合参考涂布量

分　类	薄膜结构及用途	标准涂布量 / (g/m²)
一般用途	无色、平滑薄膜	1.5~2.5
	多色印刷等油墨涂布量较多的薄膜及纸塑复合膜	2.5~3.5
	有侵蚀性的内容物包装膜	3.5~4.0
煮沸用	煮沸袋（低温蒸煮袋）	3.0~3.5
蒸煮用	透明蒸煮袋	3.5~4.0
	含铝箔蒸煮袋	4.0~5.0

多色印刷等涂布量较多的薄膜，表面的平整度差，较多的上胶厚度才能填平表面的凹隙，避免产生大量白点，因而上胶量相对于无色平滑薄膜要大一些。

纸塑复合（塑膜载胶，纸张贴合）贴合后胶黏剂具有一定的流动性，部分胶黏剂被纸张吸收，一旦纸张纤维吸收的胶液过多，则留在表面的胶黏剂量不足，严重时可能因缺胶而引起离层；另外，纸张（胶版纸）表面的平滑度较差，也需要较高的涂布量。

煮沸、蒸煮用复合膜，需要对较高的剥离强度和封合强度。在一定范围内上胶量越大其层间剥离强度也越大，剥离强度越好其封合强度也会越好；减少胶层与薄膜之间由于润湿不良引起的微小气泡或胶层中存在的内应力的缺陷破坏点，可减少在煮沸、蒸煮条件下，内应力的破坏作用对剥离强度的影响。

挤出复合的上胶量参见表 13-8。

表 13-8　AC 剂涂布量参考表

胶黏剂种类	涂布量（干燥质量）/(g/m²)
钛系	0.1~0.2
亚胺系	0.01~0.02
异氰酸酯系	0.2~1.0

4. 上胶量的测算
①理论估计

$$W = (1/4 \sim 1/6)\, uN/D \qquad (13-3)$$

式中　W——干基上胶量，g/m^2；

　　　u——凹版涂胶辊的网点深度，μm；

　　　N——所要配制的胶液的浓度，%；

　　　D——该胶液的密度，g/cm^3。

1/4～1/6 是经验系数，与凹版的磨损程度、网点的形状和压辊的弹性、压力、机速等有关。

从式（13-3）看出，上胶量与网点深度 u 和胶液浓度 N 及胶液的密度 D 成正比，与线数不直接相关。若网点深度已知，则上胶量 W 就由胶液浓度和密度确定；相反，若胶液浓度和密度确定了，则上胶量由网点深度 u 决定。

胶液的密度与胶液含量有关系，浓度越大，固体含量越高，密度也越大，大致对应关系如下：

N　20%～25%时，$D = 0.98～0.99$；

N　30%～35%时，$D = 1.00～1.01$；

N　40%～45%时，$D = 1.02$。

多数情况下，计算时可不考虑胶液的密度，直接按 $W = (1/4～1/6) uN$ 计算就可以了。但是采用理论估计法算得的上胶量有较大的误差，还需结合其他测算方法来确定上胶量。

②总量法

$$W = \frac{(胶黏剂使用量 \times 1000 \times 固含量)}{加工面积}$$

$$= G \times N / (l \times d) \times 1000 \qquad (13-4)$$

式中　W——干基上胶量，g/m^2；

　　　G——胶黏剂使用量，kg；

　　　N——胶液的浓度，%；

　　　l——已生产的复合膜长度，m；

　　　d——上胶宽度，即上胶压辊的宽度，m。

称一卷膜或多卷膜复合前后的胶水量，根据其胶液的浓度及涂胶面积，计算上胶量。

总量法不能做到事前控制，无法对涂胶的均匀性做出评估，由于操作过程中乙酸乙酯的挥发、胶液浓度的变化，会导致上胶量偏差。

③重量差法

将已涂胶的膜与 PE 的非电晕处理面贴合，之后裁成一定大小面积（S），揭去 PE 层称得重量为 W_1，再取相同面积的未涂胶的膜称得重量为 W_2，则 $(W_1-W_2)/S$，即可得上胶量。此法简便，但由于所取样张表面有褶皱（裁切时不能与未上胶完全对齐）及薄膜的厚薄偏差、油墨量的不均匀、ONY 膜的含水量变化等，上胶量的误差较大。采用此法时应尽量对同一卷基材在相近的长度内取样以减少误差。

5. 影响上胶量大小及其均匀性的因素

（1）网纹辊的参数

包括网坑形状、线数、网点深度、网角等。

①网纹辊的网坑形状

腐蚀版。腐蚀版网坑宽度上下一致呈矩形，网坑容积大但转移率不高。

压纹辊。采用专用刀模压制网坑，不同大小和深度的网坑由不同的刀模具压制；压纹辊的网坑形状多数是棱锥形（四角金字塔形）、四角平台形（削平棱锥顶部的尖角），如图 13-17 所示。

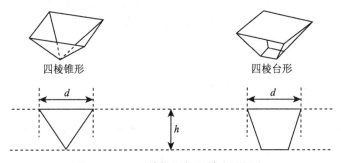

四棱锥形　　　　　　　　四棱台形

图 13-17　四棱锥形与四棱台形网点

相同线数、相同深度的网辊，四棱台形网孔的容积明显大于四棱锥形网孔的容积，因此四棱台形网孔的网纹辊的上胶量大于四棱锥形网孔的网纹辊。但四棱台形的网纹辊的网壁比四棱锥形的要窄，因此其耐磨性比四棱锥形的要差。另外，连体四棱锥形网点如图 13-18 所示。

连体四棱锥形

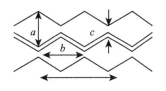

连体四棱锥形圆周方向（俯视图）
a—网穴轴向宽度，又称网点值；
b—网穴纵向长度，又称通道宽度；
c—通沟宽度，又称通道宽度

图 13-18　连体四棱锥形网点

电雕涂布辊。网坑之间有一定的通沟，释胶性较好，不易堵塞。

②线数和深度及网角

线数越高，网点深度越浅。干式复合涂布辊常用的网角为 45°（电雕涂布辊也有采用 38°的网角）。

一定线数的网辊深度应在一定范围内。一般网纹辊越深，网穴的容积越大，胶黏剂的转移量也会越多，但片面追求网纹辊的深度，无论是电雕还是挤压都难加工，网眼的夹角会过小。由于胶黏剂被网壁吸附、黏连，网孔根部不能转移出的胶黏剂也变多。大量沉积在网眼根部的胶黏剂很难清洗出来，胶黏剂固化后，会造成网眼根部的堵塞，实际利用的有效容积减小。另外，网纹辊的网孔过深，网壁变薄网纹辊耐磨性下降，使用寿命缩短。

（2）胶液浓度

在提高胶液浓度不影响胶液的转移率的情况下，由上胶量的理论公式可知，上胶量与胶液浓度成正比。实际上，生产中既要考虑胶液浓度对上胶量的影响，也要考虑浓度上升引起黏度上升，及由此带来的胶液转移率的稳定性及胶液流平性的影响。

胶液浓度与上胶量的关系如图 13-19 所示。

可见，涂布量上升是有一定限度的。达到一定程度，工作浓度再增加，涂布状态变差、堵版等故障相继发生（如图 13-19 中B区）。

不同固含量的胶液的掺混使用，例如将低固含量的胶液掺入较高浓度的胶液中使用时，由于掺混较多从而引起上胶量的减少，产品可能出现较多白点。

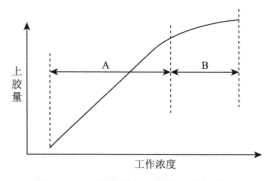

图 13-19　上胶量与工作浓度的关系

（3）机速

机速与网点内的胶液分裂转移的时间有关。一般是机速越慢，网点内的胶液转移就越充分，上胶量也就稍大。有时会遇到这样的情况：试机时观察复合膜没有白点，但当机速升至正常后白点现象就变得比较严重了，固化后白点也不能完全消失，这与不同机速条件下的上胶量不一致有关。

（4）胶辊的硬度及压力大小

在相同的压力条件下，软的涂胶压辊压入网孔的橡胶比硬的多，将胶黏剂从网孔中挤出的比硬胶辊挤出的多，转移率减少，必将影响到胶黏剂的转移量。

涂胶压辊的压力过大的情况下，由于胶辊的形变，将导致胶辊辊体的形变，胶辊两端的橡胶的形变过大，出现类似于软胶辊的现象。胶辊两端的胶黏剂被挤出，造成胶辊两侧的上胶量低，中间的上胶量高。在实际和生产中，可能遇到这样的情况，复合膜在熟化后，复合膜的两个边 5～15mm 剥离强度较差；而再往里，剥离强度非常好，还是由于涂胶压辊的压力变化所造成的。因此在实际生产时，涂胶压辊的压力在保证消除胶辊表面轻微不平整度的情况下不宜过大。

（5）刮刀的刮胶均匀性

刮刀的作用是在网坑内保留适当的胶量，而将多余的胶液刮去，刮刀的角度与压力将影响网辊的载胶量。在保证刮刀刮胶均匀性的情况下压力不能过大，过大会影响网辊的使用寿命。

刮刀不平直存在扭曲现象、左右压力不一致、网辊系统转动不平稳的情况下，都将造成上胶量的不均匀，影响表观质量与内在质量。

（6）网辊的使用磨损情况

网辊在使用过程中，网墙铬层会逐渐被磨损，网坑深度会减少，因而在正常操作下上胶量也会减少，当网辊被磨损到一定程度后就不能再使用了。生产中要做好网辊的上胶量的监控并对上胶网辊适时退镀。

（7）网辊堵塞

网纹辊在使用过程中在网眼的边角会有一部分胶黏剂清洗不出来，另外，有一部分胶黏剂沉积在网孔的边角转移不出去，这部分胶黏剂会固化在网孔的边角处，随时间的延长，固化的胶黏剂越来越多，将使实际的网坑深度减少，从而影响涂布量的稳定及涂胶的均匀性，引起复合膜的表观质量问题，要定期用专用清洗剂清洗网辊。

还有一种堵塞现象可能被忽略，就是在连续生产时开始，上胶量还能满足要求，但是随着生产的进行上胶量逐渐呈下降的趋势，同时胶液的流平性也变差，表观的白点现象增多，但是用铜刷洗版后短时间内保持正常。造成此种现象可能有两种原因：①胶液黏度与网坑形状不匹配，不能获得稳定的转移率（胶液黏度过高或网坑的内角较大容易发生堵版现象）；②胶盘中胶液的溶剂挥发带来浓度的上升，同时胶液黏度对胶液浓度的变化又比较敏感，黏度上升较多，从而引起转移率的逐渐下降。

另外，高网线数高浓度涂布时版面溶剂挥发太快造成的干版，性质同印刷堵版，但因为胶黏剂是透明的不易观测到，最终以白点的形式反映在复合膜上。

在上胶量的管理方面，可以将一段时间测得的同一网纹辊同一胶黏剂的上胶量转换成分析用单值移动极差控制图，如果发现数值明显低于要求数值，应查明原因及时调整。

三、胶液工作浓度及其确定

1. 胶液工作浓度的计算方法

所谓工作浓度，就是使用干式复合设备在一定条件下（如温度、湿度、速度等），向基材涂布胶黏剂的浓度，用 N 表示。

$$N = (A \times \rho_1 + B \times \rho_2)/(A + B + C) \tag{13-5}$$

式中　A——主剂用量；

　　　B——固化剂用量；

　　　ρ_1——主剂固含量，％；

　　　ρ_2——固化剂固含量，％；

　　　C——稀释剂用量。

同样可根据所需的胶液浓度，计算所需的乙酸乙酯的用量，乙酸乙酯的用量 C 为：

$$C = (A \times \rho_1 + B \times \rho_2)/N - (A + B) \tag{13-6}$$

例如，已知一种胶黏剂主剂固含量为（50±2）％，固化剂固含量为（75±2）％，现配比为主剂：固化剂：乙酸乙酯＝10：2：12。

则工作浓度：

$N = (10 \times 50\% + 2 \times 75\%)/(10 + 2 + 12) = 6.5/24 = 27\%$

同理现要将其配成 27％工作浓度的胶液，则，乙酸乙酯的用量＝（10×50％＋2×75％）/27％－（10＋2）＝12

2. 胶液最佳工作浓度的确定

在干式复合中，如果胶黏剂的工作浓度很低，为了保证胶黏剂的干基上胶量，只有提高胶黏剂涂布时的湿胶量，即选更低线数的网纹辊。这样做会带来一系列的问题，如涂胶成本较高、干燥不充分、成品透明度下降、生产效率低等。

最佳工作浓度，是在一定条件下，在能保证胶黏剂良好涂布状态下，胶黏剂的最大工作浓度。在涂胶量一定的情况下，最佳工作浓度越高越好。但实际工作浓度是由工作液黏度决定的。高浓度涂布要求胶液转移良好，且转移后能很好地流平，而工作涂布黏度影响胶液的转移和流平。胶液的适宜工作黏度还取决于网辊参数、机速等操作条件。

两种胶黏剂的"黏度—浓度曲线"对比如图13-20所示。

从 B 曲线看出，其工作浓度从 25％上升到 40％，黏度只提高 3s，曲线平直，斜率小，涂布特性好。一般而言，胶盘中的胶黏剂在使用过程中随着乙酸乙酯的挥发，在没有使用自动黏度控

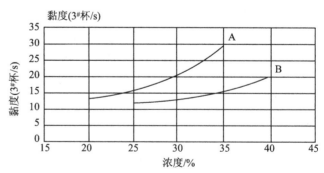

图 13-20　A、B 两种胶黏剂的"黏度-浓度曲线"对比

制仪或人工添加乙酯的情况下，胶盘中胶液的浓度会不断上升。但 B 的黏度上升不大，其网点的释胶性及胶液转移后的流平性变化不大。与此同时，A 则不然，

其工作浓度从 20％上升至 35％，黏度上升 4s 以上，配胶后黏度本来就偏高，操作中黏度上升又较快，网点的释胶性可能因工作黏度过高而减少，涂布量变化大，胶液流平性可能变差，易产生各种表观缺陷。

胶液的黏度除受工作浓度的直接影响外，还受温度影响，如图 13-21 所示，温度越高黏度越低，因此不同季节，相同浓度的胶液涂布效果不同。

3. 最佳工作浓度的意义

确定并在最佳工作浓度下工作，有如下意义。

①降低成本。在产品要求上胶量一定的情况下，随着乙酸乙酯用量的减少，随工作浓度的提高，单位面积的涂胶成本减少。

②降低能耗。如果在配制胶黏剂时使用的乙酸乙酯过多，需挥发的乙酸乙酯也将过多，能耗也必增加。

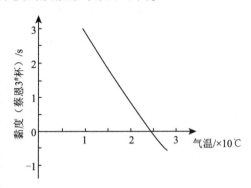

图 13-21　胶液黏度与环境温度的关系

③提高生产效率。任何一台设备的干燥能力都是有限的，如果胶黏剂工作浓度过低，在有限的干燥能力条件下，为了将胶黏剂中的乙酸乙酯彻底挥发，只有采取降速的方法。在干燥不充分的情况下，会出现严重气泡的外观缺陷，影响剥离强度及胶层的耐性。

④提高产品质量。减少乙酸乙酯的用量，在基材上胶黏剂的湿胶量减少，涂布厚度减少，避免或减轻了胶黏剂在干燥过程中表面结皮的问题，可以提高复合膜的透明度。

四、胶液的配制、保存及再利用

1. 配胶时使用的溶剂

乙酸乙酯在干式复合中的作用，主要是调节胶黏剂的黏度，降低胶黏剂的表面张力。

聚氨酯胶黏剂中的异氰酸根基团反应活性很高，能和许多含有活泼氢的化合物，例如含羟基（—OH）的醇类、水（H_2O）、羧酸（—COOH）、胺类（—NH_2）、酰胺（—$CONH_2$）、脲（—NHCONH—）、氨基甲酸酯（—NHCOO—）等反应，且反应速率比与高分子聚酯、聚氨酯主剂反应快 10 倍以上。在所有的活性氢的化合物中，水对复合膜用双组分脂溶性聚氨酯胶黏剂影响最大。

水的影响包括消耗固化剂，使复合制品易产生气泡、白点、斑点；生成内聚强度更高的聚氨酯脲（R—NHCONH—R），使复合制品产生晶点和变硬；导致溶剂挥发速度减慢，溶剂残留量增大。

同时，醇杂质和异氰酸根基团反应，生成氨基甲酸酯而消耗固化剂，酸和异氰酸根基团反应生成氨基甲酸酯和二氧化碳而消耗固化剂。

因此，对于稀释剂用乙酸乙酯中水、醇、酸的含量必须严格控制，否则将产生不良的复合制品，严重时胶黏剂不能完全固化而发黏，尤其在夏季高温高湿环境下，更容易出现上述情况。一般来说稀释剂中的水分和醇含量不要超过0.2%。

GB 3728—1991对工业乙酸乙酯有相应的技术要求，如表13-9所示。

表13-9　工业乙酸乙酯的技术要求

指标名称		指　　标		
		优等品	一等品	合格品
色度(铂-钴色号)/号	≤	10	10	20
密度ρ(20℃)/(g/cm²)		0.897~0.902	0.897~0.902	0.896~0.902
乙酸乙酯/%	≥	99.0	98.5	97.0
水分/%	≤	0.10	0.20	0.40
酸度(以CH_3COOH计)/%	≤	0.004	0.005	0.010
蒸发残渣/%	≤	0.001	0.005	0.010

注：标准中只规定了水分、酸度的质量要求，对醇类则没有明确数据，对合格品的水分含量要求较宽，不能完全反映酯溶性双组分聚氨酯胶黏剂在使用中对乙酸乙酯提出的质量要求。

除了乙酸乙酯中的水分外，空气中以及设备表面的水，会导致乙酸乙酯中水分的增加，影响到胶黏剂的复合效果。

由于胶黏剂设计的主剂与固化剂的反应比例及与各种活泼氢的反应速率不同，不同的双组分聚氨酯胶黏剂对水或醇的敏感度都不一样。敏感度范围越高，胶黏剂的柔韧性就越差，复合的产品有时会发硬发脆。但是敏感度范围过小，对乙酸乙酯溶剂含水或醇含量的控制就越严格。

2. 主剂和固化剂的比例

要严格按照胶黏剂配方提供的主剂和固化剂的比例使用。固化剂的比例过少，则主剂交联不充分，严重时无论怎样固化，胶黏剂仍有发黏现象，其胶黏剂的耐热、耐内容物性能不足；固化剂配比越多，交联网点越密集，内聚力越大。相对耐疲劳性能提高，但胶黏剂层发脆，胶黏剂的耐性降低，剥离强度下降。

3. 配胶程序

配制工作胶液时要遵循以下程序：先向主剂中加入适量稀释剂，搅拌均匀后，加入固化剂搅拌均匀。不允许先把主剂和固化剂混在一起，再加稀释剂。

否则，由于主剂和固化剂在没有稀释剂的条件下，浓度高、反应速度快，迅速生成更大的分子在内凝结成块。这样，在复合过程中，涂布在膜上的胶水，分子量极不均匀，容易造成表面质量问题，包括晶点、胶粒，同时影响胶黏剂的黏合强度。

4. 剩余主剂、固化剂的处理

配胶后剩下的主剂、固化剂应密闭保存，防止空气中的水分冷凝进入主剂、固化剂中。

5. 胶液一次配制量的确定

胶液不宜一次配制太多，特别是多湿季节，不宜长时间存放。大型高速复合机用胶量大，正常生产条件下每次配 50～60kg 胶液，小型慢速的国产干式复合机，每次配 15～20kg 较好。

6. 剩余胶液的保存与使用

一般情况下，新鲜的非快速固化型的胶液，含量为 25%～30% 时，在温度为 30℃ 的密闭容器中可放置 48h。

剩余的胶液用 5 倍以上的溶剂稀释后，在阴凉处放置过夜，第二天未发现混浊，可以作为稀释剂，可将其分批少量地掺入到新胶液中使用，不影响复合膜的质量。

五、胶黏剂的转移过程

1. 黏度与胶液转移和胶液流平的关系

（1）黏度对胶液转移的影响

在高速干复机上，黏度过高的胶液会在上胶辊处产生飞丝和拉丝，或者致使基膜与网纹辊分离时拉丝。网纹辊的高速运转还会把空气带入胶液而使胶槽内出现大量的白色泡沫，当胶液黏度高时，这些泡沫来不及破裂，很容易转移到基材上，致使基材上出现没有上胶的局部区域，影响产品的外观和剥离强度。另外，胶液黏度太高，还会导致胶液从网纹辊向基材转移不完全，长时间残留的未转移胶液在网孔中固化、堵塞网孔，影响上胶量。

（2）黏度对胶液流平的影响

胶液从网纹辊转移到基材上，是逐点附着的，这些小点的胶液在基膜上充分铺展，才能形成连续的胶膜。低黏度的胶液有利于在基膜上浸润铺展。按照前面章节的描述，一种液体落在固体的表面自动铺展开来的必要条件，是固体相对于气相的表面张力（γ_{sv}）大于液体相对于气相的表面张力（γ_{lv}），即 $\gamma_{sv} > \gamma_{lv}$。差值越高，越有利浸润。

显然，胶黏剂分子量越低，其黏度越低，表面张力也低，对基膜的浸润性就越好。

另外，液体在基材上接触角随时间的变化率与液体的表面张力成正比，与液体的黏度成反比。也就是说，胶液的黏度越低，其在基膜上的浸润速率越快。

适用的胶黏剂，施胶时黏度更低，而且在干燥的过程中，随着溶剂的挥发，胶液不断浓缩，其黏度在很大范围内仍能保持在较低的水平，从而延长处于流动状态的时间，使得其在干燥的过程中有充分的时间实现浸润平衡，达到好的黏合效果。

2. 影响胶液流平性的因素

（1）胶黏剂种类

一般来讲，通用型胶黏剂的流平性，优于蒸煮型胶黏剂，不同厂家生产的胶黏剂的流平性差异也较大，需要仔细鉴别、选用。

（2）载胶膜和底膜

通常采用光膜载胶比采用印刷膜上胶的胶液的流平性好一些，而多色叠印部分的胶液流平性比单色处的差一些。

（3）胶液中的气泡

涂胶时，胶液中的小气泡随胶液一起转移到基膜上，在胶黏剂的干燥过程中，小气泡在热力的作用下破裂，形成一点点空白无胶的地方，使表面发花，影响外观质量。

（4）乙酸乙酯

乙酸乙酯是通用的胶黏剂稀释剂，乙酸乙酯中的水或醇的含量对胶黏剂的涂布状态有比较大的影响。

（5）胶黏剂的工作浓度与网纹辊的匹配性

一般来说，工作浓度越高，涂布黏度越大，应选用线数越少，即网眼体积大的网纹辊。通常75％固含量，黏度在3000～5000cP（25℃）的胶黏剂（普通胶黏剂一般在此范围），采用100～150线的网纹辊，工作浓度在35％范围内调节，可以满足2.0～3.5g/m² （干基涂布量）内的涂布量要求；而高温蒸煮黏度较大，一般50％固含量时黏度可达3000～4000cP（25℃），如果涂布量要求4.0～5.0g/m²（干基涂布量），此时应选用80线的网纹辊。

（6）网纹辊的清洗

网纹辊的清洗非常重要，网眼堵塞的程度影响胶黏剂的涂布效果及胶膜的均一连续性。

日常清洗网纹辊时，应用细的铜毛刷蘸乙酸乙酯反复清洗，最后用干净的干抹布抹干净，还应定期（一般每周一次）使用清洗剂对涂布辊进行清洗，以获得稳定而均匀的涂布量及涂层的均匀性。

清洗涂布网纹辊的步骤如下所述。

①停机后放净多余的胶黏剂，用乙酸乙酯将胶黏剂盘、网纹辊等清洗干净。

②胶黏剂盘内垫放3～4张塑料薄膜，PE、BOPP、PET、CPP等均可。

③使涂布网纹辊在低速下转动，同时用毛刷把洗版液均匀涂布于辊体上，然后放置10～20min，此时硬化的胶水会迅速被吸附至网辊的表面。

④保持涂布网纹辊低速运转，以金属刷按压于辊面的一端并缓慢移向另一端，重复 2～3 次直至洗净。

⑤再以 2～3L 的乙酸乙酯用铜丝刷将洗版液清洗干净。

⑥将铺在胶黏剂盘内的第一层薄膜包好废渣、废液取出放进废物桶。

⑦在胶黏剂盘内加入 10L 左右的乙酸乙酯，在涂布网纹辊低速运转下，用金属刷及回丝将辊充分洗净。

⑧重复步骤⑥。

⑨再重复步骤⑦、⑧，进一步洗净网纹辊，防止洗版液残留。

⑩以 3～5L 乙酸乙酯冲淋网纹辊并用回丝擦洗。

⑪用清洁的回丝擦干网纹辊。

⑫取出胶黏剂盘内的废乙酸乙酯及薄膜。

整个清洗过程约 0.5h。保证 1～2 周进行一次清洗，具体时间应由上胶量测量及外观情况而定。

在清洗作业中需要注意，洗版液为强酸溶液，操作时应注意戴好橡胶手套防护镜及口罩等防护用品。车间空气中的尘埃会黏附在胶膜上，无法除掉，破坏胶膜的均匀、连续性。尤其在烘箱的送风口处，强的气流会夹杂着尘埃颗粒，喷向胶膜，严重影响外观。所以除了要保持车间的清洁外，送风口处的滤网必须经常清洗。

3. 胶黏剂的工作浓度控制

（1）工作浓度的变化

实际工作中，胶盘中的胶液浓度会逐步上升，尽管在补加胶液后胶液浓度很快回落，但高于初始浓度，整个过程中呈锯齿状上升趋势。乙酸乙酯挥发量大，浓度越高，上升越快。胶液的浓度变化受配胶的初始浓度、胶水与空气的接触面积、胶盘容量、环境温湿度、复合加工速度、上胶量、涂胶宽度、胶盘附近的空气流动速率等因素的影响。

（2）胶液浓度控制方法

简单的方法是，随着生产的进行，隔一段时间向胶液中补加一定量的溶剂，但不要向胶盘中直接添加溶剂，以免造成胶盘中胶液局部浓度严重偏低而引发质量问题。这种方法不容易精确控制，但有助于避免浓度过高引发的堵版、胶盘中产生大量气泡、胶液流平性差等故障。

采用自动黏度控制仪可以控制胶水黏度在 0.5s 内波动，其工作原理如图 13-22 所示。系统根据隔膜泵的负载采集黏度信号，然后对比设定值进行控制。当胶黏剂变稠时，隔膜泵的负载增加，循环脉冲变慢，当胶黏剂变稀薄时，隔膜泵负载减少，循环脉冲变快。对比脉冲的频率和设定值，系统会发出添加溶剂的信号。

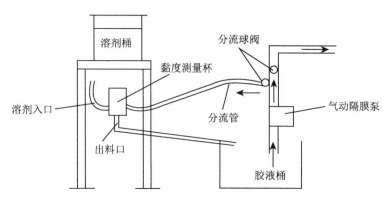

图 13-22　自动黏度控制仪工作原理

六、胶液的胶盘寿命

胶液的胶盘寿命，主要与胶黏剂种类相关。不同的胶黏剂，配胶后主剂与固化剂的反应速度不同，固化剂与水、醇等活性物质反应的速率也不同，这些决定胶液的使用寿命。市场上的快速固化胶黏剂的使用寿命，就比普通胶黏剂的使用寿命短。

乙酸乙酯中的水分，比主剂优先与固化剂反应，导致胶液黏度上升。另外，操作环境温度升高，胶液配制反应速率加快；环境相对湿度越大，则在上胶时从空气中冷凝入胶盘中的水分越多。

胶液在使用过程中，性能会随时间发生变化，由于固化剂与胶液中的水分、醇类物质反应速度要比与主剂加成反应速度快得多，因而固化剂的量不断减少。由于主剂与固化剂之间的加成反应生成大分子物质，因而胶黏剂的初黏力有所上升，导致工作黏度上升。

溶剂中的水分并不是全部与固化剂发生反应，实际上有部分水分子在涂布干燥过程中随乙酸乙酯一起挥发；配胶后放置的时间越短，被水分消耗掉的固化剂就越少，更能保证腔液涂布干燥后—OCN 与—OH 基团的真实比例；但由于水分子的挥发速度相对于乙酸乙酯分子挥发速度要慢很多，在系统干燥能力不足的情况下，更容易使水分子残留。

生产中可能出现这样的情况，例如，ONY 印刷膜上胶复合 PE，在有色墨的地方出现大粒的气泡，且剥开时胶层尚有发黏的现象，剥离强度与初黏力相当，同时在透明的地方剥离强度达 5～6N/15mm 且外观良好。这种现象的发生与复合机的干燥能力有很大的关系。

由于乙酸乙酯的易挥发性，胶盘中的溶剂不断挥发，使得工作浓度上升，工作黏度上升。

第五节　胶黏剂的干燥

一、三段式干燥及胶黏剂的干燥原理

干燥是干法复合的关键工序，它对复合物的透明度、残留溶剂量、黏结牢度、气味、卫生性能都有直接的影响。

复合涂布胶黏剂的干燥，通过三段式干燥箱实现，干燥烘箱分三段工作：a. 蒸发区，b. 硬化区，c. 排除异味区。在三个区域中，能量消耗几乎相等。而在 b 和 c 区内，仅余下少量的溶剂，就有可能将这二个区域的部分空气再收回蒸发区使用，可节省部分能源。在干燥箱的后部要安装回收排放含溶剂气体装置，以达到环境保护的要求。其结构如图 13-23 所示。

凹版印刷机每色转移的油墨量约为干基 $1g/m^2$，所以一般的印刷机干燥箱，每色只有一段。而复合机常将干燥箱分成三段，如图 13-23 所示，因为总干燥效率取决于最慢阶段的干燥率，通常可以增大最慢干燥阶段的干燥速率来加速干燥过程。胶黏剂从涂布辊转移

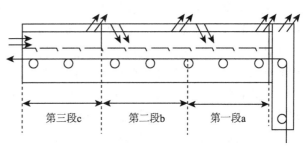

图 13-23　三段式干燥箱的结构示意

至基材表面后即开始自然干燥，在干燥箱第一段之前通常能使胶黏剂固含量上升 3%～5%，涂层逐渐降温后进入干燥箱。当涂层表面尚有充足的溶剂时，热量通过喷嘴吹出的高速气流传递到涂层上，涂层升温并加速干燥。当热量传输进涂层及基材的速率与因溶剂蒸发涂层中热量被消耗的速率趋于平衡时，控制蒸发速率可用增减干燥器的传热率来实现。

其基本原理是，通过热风冲击型干燥箱的喷嘴射出的高速气流，破坏涂层表面的空气层，将热量传递给涂层，并带走溶剂蒸气。涂层表面因溶剂蒸发会消耗热量，蒸发越快消耗热量越多。如果高速气流传递给涂层的热量少于蒸发所需的热量，则涂层及被涂层附着

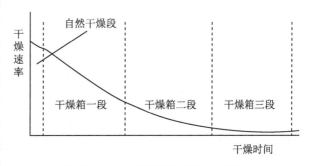

图 13-24　涂层干燥速率变化示意

的薄膜基材会降温，降低蒸发速率，并逐渐趋向平衡。

当涂层对热量的吸收和释放平衡且蒸发速率恒定时，该阶段称为衡干燥段。衡干燥段之前的是冷却段。溶剂型涂层经历了短暂的衡干燥段后，由于涂层表面逐渐缺少溶剂，这时蒸发速率取决于由涂层内部输送至表面的溶剂传输速率，涂层干燥进入降干燥阶段，涂层及基材温度升高。涂层温度的下降—恒定—上升反映了蒸发速率的变化。胶黏剂涂层在烘道内不同阶段的干燥速率变化，如图13-24所示。

二、干燥过程影响因素

复合机干燥箱第一段，包括衡干燥段和部分降干燥段，蒸发掉85%左右的溶剂。影响传热系数的因素有喷嘴风速和热风温度。衡干燥段时间很短，但此阶段中有大量溶剂蒸发，涂层固含量从约40%上升至60%。经过衡干燥段以后，涂层由过渡段转入降干燥阶段。通常第一段干燥速率不能太快，因为进入降干燥段，干燥速率取决于溶剂从涂层内部向表面扩散的速率，且胶黏剂尚有流动性，是涂层弊病多发段。降干燥阶段的残留溶剂量与涂层厚度成正比，与干燥时间成反比。

干燥箱第二、第三段都处于涂层降干燥阶段，随着涂层溶剂含量的降低，干燥速率逐步下降。基材及涂层吸收喷嘴气流的热量，高于溶剂蒸发耗损的热量，温度逐渐升高，直至与热风温度接近，所以第三干燥段温度设定，要考虑基材因温度太高而收缩及热量作用下的变形量。

影响溶剂释放的因素，包括胶黏剂的厚度，胶黏剂聚合物的性质，以及聚合物与溶剂的相容性、溶剂分子的大小和形状等。控制残留量的手段，是控制干燥时间即控制复合速度，简单地提高传热量或增加热风功率，未必能加速干燥。

三、风量调节

热风循环系统的干燥器风量的调节虽然复杂，但节能明显，一般热风循环率增加33%，可节约能源30%左右。

确定热风循环率，首先要考虑干燥系统中气体的溶剂含量，避免气体中的有机溶剂含量达到爆炸极限。

单位时间内蒸发的溶剂量，是干燥器流量设计的依据，先计算出干燥1000g溶剂需要的空气体积，部分经验数据，如表13-10所示。

表13-10 蒸发1kg溶剂所需要的空气体积

溶剂种类	LEL25	LEL12.5	溶剂种类	LEL25	LEL12.5
乙酸乙酯	26m^3	52.3m^3	二甲苯	52.2m^3	106.6m^3

溶剂种类	LEL25	LEL12.5	溶剂种类	LEL25	LEL12.5
甲乙酮	41.3m³	82.8m³	平均值	41.5m³	83.2m³
甲苯	45.6m³	91.3m³			

乙酸乙酯浓度为 LEL 25 时，每立方米气体内含溶剂 38g，$1000g \div 38g/m^3 = 26.2m^3$，再减去 1000g 乙酸乙酯的蒸气体积，用空气稀释 1000g 乙酸乙酯至 LEL25 浓度时约需要 26m³ 的空气。各种溶剂的蒸气体积不同，爆炸极限的体积浓度也不一样，故取表中四种溶剂的平均值，以 LEL 12.5 浓度为设计标准，每蒸发 1kg 溶剂需要 83m³ 空气。

复合机的最大干基涂布量是 4g/m² 左右，工作浓度取 25%，复合速度为 120m/min，幅宽 1m 时干燥系统每分钟蒸发 1440g 乙酸乙酯。复合机干燥器的风量应该是：

$$83 \times 1.44 = 119.52(m^3/min)$$

通常复合机干燥箱分三段，每段干燥器的离心风机的风量：$119.5 \div 3 \approx 40(m^3/min)$。一般 120m 速度的复合机都配 30m³/min 风机，所以做蒸煮袋时速度不会超过 80m/min，而涂布量 3g 左右时复合机还是可以开到 120m/min 的。以上不过是粗略的估算，可用于设备配置，而干燥过程是比较复杂的，比如三段干燥箱的蒸发量不会是平均分配的，所以循环量的调节很有讲究。例如在烘箱的第一段，挥发的溶剂占整个干燥过程的 85%，而干燥箱的第二段、第三段则相对低得多，所以在烘道第一段循环风量要尽量小或不开，以避免烘道内形成高溶剂气压而抑制溶剂的挥发速率；在干燥的第二段、第三段循环风量可占进风总量的 25%～35%。

热风循环式干燥器的调节阀门分别是排风阀、循环风阀和新风进风阀。决定循环率的主要因素是排风量，因为干燥系统的排风量永远等于进风总量，而进风总量主要来源于新风进风口，其次是干燥箱的工作面（热风喷射面）由于保持负压而吸入的新鲜空气。

进风量和排风量的大小，关系到干燥系统内气体换风的程度，干燥器的排风量一般略大于热风进风机的风量，但风压可以较低。调试干燥器时先调节排风阀，然后调节循环风蝶阀。由于循环风管连通离心风机的进口，循环风管内的负静压比排风蝶阀处的高，所以，打开循环风蝶阀后，热风就进入循环风道。新风进风口可以理解成在循环风管上开的一个"洞"，如果不改变循环风蝶阀开闭度，这个洞被"堵"上，喷嘴风量就小；反之，如果洞"漏气"，喷嘴风量就变大。

在实际应用中，还包括烘箱的结构设计、各管道的截面尺寸、阻力大小对风量的分配等因素。所以，风量调节是比较复杂的操作，需要专业人员设计，操作人员结合经验确定。

四、干燥能力及其影响因素

1. 干燥器传热系数

静止的传热系数是 11.62W/（m² · ℃）。对流干燥器，热风流向平行于薄膜涂层表面，且与薄膜基材的运动方向相反，传热系数约为 34.87W/（m² · ℃）。热风冲击干燥器通过喷嘴射出高功率的热气流，在喷嘴冲击点上有很高的局部传热系数，一般能达到 116.2～232.4W/（m² · ℃），复合干燥器应用大多如此。

2. 溶剂的蒸发潜热

使用酯溶性胶黏剂、水性胶黏剂、醇溶性胶黏剂进行干式复合时，由于胶黏剂中不同溶剂的蒸发潜热不同，干燥能力也不同，从表 13-11 中可以看出，水、乙酸乙酯、乙醇在相同温度下的蒸发潜热大小排序，依次是水>乙醇>乙酸乙酯。

表 13-11　常用溶剂的蒸发潜热

项　目	沸点/℃	蒸发潜热/（J/g）			
		0℃	20℃	60℃	100℃
水	100	2489.5	2443.5	2422.5	2255.2
乙酸乙酯	77.15	426.8	410.0	383.3	355.2
甲苯	110.63	414.2	407.1	388.3	368.2
甲醇	64.65	1196.6	1117.5	1108.8	1012.5
乙醇	78.5	920.5	912.1	878.6	811.7
异丙醇	82.3	774.0	748.9	698.7	636.0

从表 13-11 中还可知，温度越高，蒸发潜热越小，即温度越低，液体越难蒸发。因此，尽管所有的工艺不变，但低温季节相同质量乙酸乙酯的蒸发需要更多的能量。

3. 胶黏剂树脂对溶剂的释放性

聚氨酯胶黏剂是主剂，其分子中含有活性氢的羟基（—OH），与乙酸乙酯形成氢键，大大影响了乙酸乙酯分子的挥发。由于主剂结构的变化影响氢键的强弱，因而不同厂家、不同型号的胶黏剂会造成不同的溶剂残留。

4. 载胶膜的情况

常用的载胶膜对乙酸乙酯释放速率排序依次为 PET>NY>BOPP（吸附速率相反）。通常的烘干温度距 BOPP 薄膜熔点更近，其分子运动更加剧烈，表现为对乙酸乙酯和甲苯等有机溶剂的吸附速率加快，从而使其更难挥发。因而对于 BOPP 薄膜，要进一步降低残留，必须同时考虑温度升高对溶剂挥发和吸附速度的影响。

印刷膜作载胶膜时，要考虑乙酸乙酯对油墨的溶解、渗透及印刷油墨层中的甲苯残留对乙酸乙酯挥发的影响。油墨是由联结料、溶剂、颜料和助剂四部分组成，对溶剂残留量影响较大的是联结料，不同的联结料对同一溶剂的挥发速率的影响不同。例如聚酯油墨，其分子中的羟基（—OH）与乙酸乙酯分子中的羰基形成氢键作用，从而抑制了乙酸乙酯的挥发，而 BOPP 印刷采用氯化聚丙烯树脂油墨，由于氯化聚丙烯和甲苯的溶度积参数相近，分子间作用较强，对甲苯的束缚力大，因此 BOPP 大面积印刷产品甲苯残留偏高。生产三层复合膜时，如 PET/VMPET/PE，第二遍复合由于一般以 PET/VMPET 作为载胶膜，不存在甲苯的干扰，所以第二遍的溶剂残留相对容易控制。

5. 上胶量大小

上胶量越大，单位面积内所含的溶剂量就越大，溶剂挥发所需的热量也越多，胶层也相对厚，内层溶剂扩散到表面层难度增加。

在降干燥阶段，干燥速率取决于溶剂从涂层内部向表面扩散的速率，在上胶量大于 $3.5g/m^2$ 时，控制机速可以提高剥离强度，减少溶剂残留量，否则上胶量提高，会导致剥离强度下降。

6. 胶液中水分含量对挥发速率的影响

挥发速率以甲苯＝100，水为 3，乙酸乙酯为 260，当溶剂中的水分含量超过 0.2％时，溶剂的综合挥发性变差，溶剂的挥发速率变慢。

7. 烘道温度设定与机速调节

一般的烘道长度为 6～7m，干燥效率更高的则有 9m、12m。国产小型干式复合机的烘道较短，最短的只有 3～4m，大多数为 4～6m。整个烘道分 3 段加热，3 段的热风温度可自由设定和控制。具体操作时，自进口处到出口处的温度，应由低到高逐步增加，一般是第一段 50～55℃，第二段 60～65℃，第三段 70～75℃。

如果第一段的温度过高，会使胶黏剂层表面溶剂迅速挥发，造成表面胶液浓度局部提高，表面结皮。当随后的热量深入到胶液的内部后，皮膜下面的溶剂汽化，冲破胶膜，形成橘皮状火山口，导致胶层不均匀、不透明。

烘道温度的设置，还需要根据基材的耐热性、复合时基膜的线速度等综合考虑。如果使用的基材是耐热性高的 PET、PT、OPA，且所走的线速度较高，则烘道的温度可相应提高，特别是油墨中使用过多沸点比较高的二甲苯、丁醇等溶剂后，更应提高温度。但也不能一味追求干燥，提高烘道温度而使基膜因受高温的影响而变形收缩，造成印刷图面尺寸的变化和不准。如果基膜收缩率大，残留溶剂太多，则应放慢运转的线速度，适当降低温度，降低运转张力，加大排风量，也可保证残留溶剂合格。

8. 环境温湿度

环境温度较低时，在相同供热条件下，会降低烘道的温度；空气中水分的存在，将降低溶剂的饱和蒸气压，减少溶剂的挥发速率。另外，在高温高湿的环境下，将有更多的水分凝入胶盘中，而胶水中水分含量超过一定限度时，会使乙酸乙酯的综合挥发性变差。

第六节　张力控制

一、张力控制范围

复合中张力的控制十分重要。张力控制过小，制品易产生皱纹，收卷了的卷筒在直立放置时易散开来。张力控制过大，拉伸大，伸长大，破坏印刷图案；制袋后袋的开口处易内卷曲和收缩，也有可能拉断薄膜。

复合机的张力控制包括放卷张力控制、复合张力控制、收卷张力控制。

放卷张力控制系统由电机和变频器、张力传感器、浮动辊装置、电气控制系统组成。在放卷过程中，随着卷径逐渐减小。张力保持着恒定。

二、放卷张力控制

在放卷前，根据基材和工艺要求，给张力设定器设定一个张力值，这个设定信号送入中央控制装置，中央控制装置输出控制信号给电控转换器，电控转换器转换成一定电压输出，推动汽缸使之与张力平衡，随着放卷的进行，张力传感器不断测出实际张力大小并显示。随着张力变化，浮动辊偏离中央位置，与浮动辊相连电位计测出信号变化，通过中央控制装置改变放卷电机和牵引电机之间的速度，使浮动辊处于中央位置，保持张力恒定，控制循环不断进行，直到放卷完毕。

三、收卷张力控制

收卷张力控制系统同样由电机、张力传感器、浮动辊、电气控制系统组成。在收卷过程中，如果始终用一个不变的张力收卷，随着卷径的增大，由于其外层受到卷绕张力的影响，薄膜发生滑移，产生扭挤现象，外层的张力紧紧挤压中心部的膜卷，就会产生菊花状皱纹。因此，收卷张力一般采用锥度张力控制，在收卷时，随着半径增大，张力从起始设定值线性或曲线减小，保证不产生内松外紧现象。锥度值设定通常在20％～60％的范围内。对于不同材质、不同厚度、不同软硬的薄膜，其锥度值相应调整，一般厚硬薄膜的锥度值小些，软性薄膜的锥度值大些。

四、张力控制计算

张力控制是复合工艺中最重要的工艺条件之一，包括三部分内容：一是张力初始值的设定；二是张力的相互匹配关系；三是锥度的设定。张力控制不适当可造成膜卷曲、膜卷发皱、制袋困难、剥离强度下降等一系列问题。

各种基材薄膜张力的控制可根据下式计算：

总张力（N）＝ 厚度（mm）× 宽度（mm）× 系数 × 9.8 　　　　　　（13-7）

系数由薄膜的性能和厚度来决定，表 13-12 是 LDPE 与铝箔的系数值。

表 13-12　LDPE 和铝箔的厚度和系数的关系

厚度/μm	25	35	45	55	65	75	90	95
系数	0.13	0.13	0.13	0.13	0.11	0.11	0.09	0.09
铝箔厚度/μm	9	10	12	15	20	40	80	100
系数	1.0	1.0	1.0	0.9	0.9	0.8	0.7	0.6

对于复合基材，通常条件下可按表 13-13 所述范围，进行预设定而后根据产品的外观质量等进行细调整。

表 13-13　常用材料的合适张力值

基材类别	张力/N	基材类别	张力/N	基材类别	张力/N
CPP 20μm	30～70	PET 12μm	60～160	Al 9μm	60～120
CPP 30μm	40～100	PT 12μm	60～150	Al 7μm	40～100
BOPP 20μm	50～130	D 20μm	10～15	PA 12μm	50～150

五、影响张力变化的因素

（1）基材的性能均匀性，厚薄均匀度，基材的卷径及偏心情况，膜卷重量。

（2）生产环境条件，如温、湿度等变化。

（3）运行中的开、停机，增、减速的快慢。

（4）基材接触面变化情况等。

六、收放卷及复合张力

1. 放卷张力

第一基材放卷部到涂布辊的距离和第二基材放卷部到复合辊之间的距离较短，所以张力应较小。

放卷张力控制应注意，膜卷越重张力就越大，速度变化不要过于剧烈。

2. 复合张力

这部分的张力是涂布辊、复合辊速度差所造成的张力。复合辊速度一般比涂

布辊速度快 $0.05\%\sim0.1\%$，通过调节 PIV，改变复合辊、涂布辊的速度差，就可以调节中间部干燥张力。假如复合夹辊和涂布夹辊能够完全夹紧，就与其他张力无关，而仅仅依存于速度，通常情况下，没有卷径的变化，也没有大的张力变化。但是，由于实际基材的伸缩度和薄厚变化会影响夹紧力的稳定，要得到完全稳定的张力是不可能的。同时，由于处于高温干燥段，张力的设定要考虑到干燥温度的影响。

该部分张力过小，容易引起褶皱现象，导致产品报废，同时也会影响黏合剂的涂布效果。该部分张力过高，受干燥温度的影响，薄膜基材容易发生不可逆转的变形而造成间距误差，同时其剩余应力会带到收卷部，产生硬卷现象，或在厚度偏差较大的部分造成收卷表面的"暴筋"及凹凸的增大。

3. 收卷张力

收卷张力控制的目的是将复合好的基材卷成状态最好的膜卷。一般情况下为了使复合好的基材回缩，在能够得到良好收卷的情况下，收卷张力相应减小。张力控制不好，会产生收卷不齐、硬卷、卷芯部变形等一系列问题，同时影响正品率。

在收卷时由磁粉离合器对卷芯施加卷取转矩，通过卷取层间的摩擦传达力，在最外层（卷取半径 R）发生张力，此为收卷张力。靠近卷芯的部分，与外层相比表面积小，同时摩擦力传达力也较低。因此，如果收卷力矩过大，在层间将会产生滑动。

如果沿着卷取方向发生层间滑动，将会卷得太紧，在中心部发生"菊花瓣"现象。同时，如果横向发生滑动，则会发生偏卷现象。

由于设备的差异、各厂家的复合设备张力值有较大差异。常见的复合张力控制参考值如表 13-14 所示。

表 13-14 复合张力参考值

产品结构		张力值/N			
		第一放卷张力	第二放卷张力	复合张力	卷取张力
BOPP/PE		50～60	20～30	50～60	80～100
BOPA/PE		50～60	20～40	40～50	80～100
BET/VWCPP		50～60	20～30	50～60	70～90
PET/PET		40～50	90～110	40～50	140～170
BOPP/Al/PE	第一遍	30～40	30～60	40～50	140～160
	第二遍	50～60	20～40	50～60	90～120

续表

产品结构		张力值/N			
		第一放卷张力	第二放卷张力	复合张力	卷取张力
PET/Al/PE	第一遍	50~60	30~60	50~60	150~170
	第二遍	50~60	10~30	50~60	100~140
PET/VMPET/LDPE	第一遍	40~50	70~100	40~50	120~150
	第二遍	50~70	20~30	50~60	110~130
PET/Al/PA/CPP	第一遍	50~60	30~40	40~60	130~160
	第二遍	60~80	40~60	40~60	100~130
	第三遍	60~80	30~50	40~60	100~130

第七节 熟化

一、熟化概念

熟化也叫固化，就是把已复合好的薄膜放进烘房（熟化室），在 50~60℃ 的温度下放置 3~5 天，使双组分的聚氨酯化学交联反应彻底，并与被复合基材表面相互作用进一步提高复合强度。如果是单组分黏合剂，则应当在熟化室放上几桶水，提高熟化室内的湿度，熟化时间应适当延长。总之熟化的主要目的就是使主剂和固化剂在一定时间内充分反应，达到最佳复合强度；同时去除低沸点的残留溶剂，如醋酸乙酯等。

二、熟化室

对熟化室应有以下要求：熟化室的大小、位置应根据周转存放要求设计，便于运输。熟化室的高度一般在 2~2.5m，顶成塔式，上部留有直径 5~10cm 的出气孔，可直通室外，排出熟化室的气体。熟化室内的保温结构为：周围墙壁用 5~10cm 厚的保温层，熟化室的门也应有保温层，一般采用珍珠岩或泡沫板等保温性能好的材料，延长保温的时间、省电、降低成本。固化室的温度要求一般在 45~60℃，配加热器、散热装置，配温度自控装置，自动控制装置安装在室外。熟化室留一进风口，安装小型鼓风机进行定时鼓风，风向应鼓向散热装置最好，使熟化室的空间温度保持一致，排出熟化室在熟化期间物品中的气味。熟化室内的货架可平放也可采用立体货架。

三、熟化控制

熟化主要控制熟化温度和熟化时间，熟化温度和熟化时间取决于是所用黏合剂性能和产品最终性能要求。不同的黏合剂品种有不同的熟化温度和时间，熟化温度太低，如低于20℃以下，黏合剂反应极缓慢，效率太低；熟化温度太高，基材膜添加剂析出，影响复合膜性能和增加异味；如熟化时间太长也会影响复合膜性能并增加异味，这主要是聚乙烯等薄膜中的加工助剂析出造成的。

具体熟化温度及时间视黏合剂品种而定，一般聚醚型黏合剂在40～50℃熟化12h以上即可；聚酯型黏合剂在40～50℃熟化24h以上；蒸煮型黏合剂应在50℃熟化48～96h。如果材料卷径大，熟化时间还应延长。

对于镀铝膜，一般应提高熟化温度，缩短熟化时间，使黏合剂快速固化，减少其渗透破坏作用。对一些自动包装机用膜卷，则应尽量低温熟化，适当延长熟化时间，避免添加剂在高温下过多析出，形成油状斑块。

PET、BOPP、PA、Al 等薄膜的耐热性好，收缩温度高，熟化温度可稍高；PE、CPP 等材料的熟化温度不宜过高，但熟化时间可以稍长。

涂胶量高的产品、以膜卷形式出厂的产品，特别是有纵向凸筋的产品，膜厚、膜卷直径大时熟化时间应延长。

为降低残留溶剂可适当延长熟化时间。

还有一种加速熟化，用于生产过程的控制。取刚生产的复合膜约 $1m^2$，在80℃的烘箱中放置30min，再检查其外观及剥离情况，及时发现问题，采取措施。这也是干式复合工艺管理中不可缺少的一环。

第八节　复合产品质量控制

一、干式复合产品质量弊病及其控制

1. 复合膜白点、气泡

白点部分两层基材贴合不够，造成光线反射率的差异。在印刷白墨打底的地方表现为白点，在透明的地方表现为胶斑，但其本质都是一样的；若是复合乳白PE，则在乳白PE一侧观察到明显的白点，正面的白点反而不明显。目前，对白点与气泡的区别没有统一说法，一般将直径较小且分布较多的叫作白点，而将直径较大（通常要大于1mm）且分布数量较少的叫作气泡。

白点、气泡的特征及出现规律如下。

（1）下机时出现全面白点

可能原因有：

①局部上胶量不足或者上胶不均匀。

②胶液的流平性差。在胶层薄的地方不能将两层间的凹隙填平，产生白点。

③版辊有堵塞。在高温季节，溶剂蒸发速率很快，线数高的细网纹辊容易堵版，缺胶引起气泡。

④复合辊的压力不足、复合热辊温度不够，也会产生气泡。

⑤复合辊与膜之间的角度不当。空气被夹带入复合膜中形成白点。

⑥较厚的薄膜从复合热辊处带进空气。增加上胶量可消除气泡。

透气性好的薄膜，经历一段时间后可能自动消除，熟化后小白点消失，大白点变小。

（2）复合后在放置中产生白点或气泡

①残留溶剂多，且该溶剂的透过性差，溶剂汽化形成气泡，夹在两层薄膜之间。有时刚下机时没有较明显的白点，但经熟化一段时间后，胶层中的溶剂开始逸出至膜的表面。这样小气泡没有消失反而变得更明显，情况严重时在彻底固化后呈现出大量密集的小白点或较大的气泡，相对而言气泡容易出现在油墨叠印率高的部分，非图文部分很少出现气泡。

②胶黏剂中混入微量水分，胶黏剂中的—NCO 与水反应生成 CO_2 气体，产生气泡。

③工作环境中湿度太大，空气中水分附着在塑料表面，或者胶水中混有水分，在 50～70℃ 烘道温度下没有烘干彻底，与固化剂反应产生二氧化碳气体及交联后产生白色斑点（易吸湿的基材膜干式复合前应预干燥处理）。

（3）周期性气泡

①网纹辊堵塞，局部缺胶；上胶压辊上有缺陷或粘有异物，造成固定局部缺胶；复合辊或复合压辊有缺陷，局部压不平实，形成有规律的气泡。

②压辊的两端轴承部分磨损或有微小间隙，造成与热辊之间的不平行，也会产生气泡。

（4）中心有杂质，并以此为核心的白点

①有灰尘黏结在膜的表面，该尘粒将两层膜顶起，周围形成一圈空当，粗看是气泡，仔细看中间有一点颗粒。清理金属网过滤胶液中的异物，消除静电，空气净化等，会有一定效果。

②膜面存在颗粒、晶点现象时，复合后会产生白点（透明处的胶斑现象多数是由此原因引起的）。此种现象极易发生在 PE 乳白膜上，一般乳白膜都是经过添加一定量的白色母料（浓缩钛白粉），由于白色母料质量的高低不同，内含钛白粉的粒度大小不一，硬度也不尽相同，导致加工生产的乳白膜质量不同，表面光亮

度不同。如果乳白膜的表面手感粗糙，从侧面看有麻点，这样的膜复合出来的产品大多会出现白点现象。解决这一问题的办法有：一是提高胶黏剂的涂布量（效果有时不是很明显）；二是重新印刷一层白墨（增加成本）。

2. 复合物起皱

复合好的产品出现横向皱纹，特别是卷筒的两端较为多见。这种皱纹以一种基材平整，另一种基材突起，形成"隧道"式的占大多数。在皱纹突起部分，两层膜相互分离，没有黏牢。

产生这种现象的原因有下列几种。

①两种基膜在复合时的张力不匹配，其中一种太大，另一种太小。

②胶黏剂本身的初黏力不足，凝聚力太小。

③收卷张力太小，卷得不紧，复合后有松弛现象，给易收缩的基材提供收缩的可能。

④还有一种起"隧道"的情况（"隧道"较长），就是在进行三层复合时，面层与中间层材料是没有"隧道"现象的，但在熟化之后却发现面层基材与中间层基材有严重的起"隧道"现象。经验证明，在复合后胶黏剂还没有较充分发生交联反应的情况下，进行的不适当的倒卷、分切操作，会导致复合膜起"隧道"现象。

3. 黏结牢度不够

复合物经正常的工艺过程，又在 $50\sim60℃$ 环境中熟化好以后，可能黏结牢度不好、剥离强度不高、质量不符合要求。造成这种现象的原因较多，情况较复杂，应分析其剥离破坏的类型及所发生的界面，才能准确地找出造成黏结牢度不好的原因。

（1）影响黏结牢度的一般工艺因素及解决措施

①胶黏剂选择不当，应根据不同的基材、产品结构、后加工要求、内容物等选择胶黏剂。

②复合时的钢辊表面温度太低，导致胶黏剂活化不足，复合时的黏性不高，对第二基材的浸润不佳，黏结力不好，造成两种基材之间不能非常好地贴合，影响黏结牢度。要按正常的复合工艺要求，使复合钢辊的表面温度保持在 $55\sim75℃$。

③上胶量不足。用高效洗版液定期对已被堵塞的上胶网辊进行清洗，以恢复网辊的涂胶性能。

④残留溶剂太高，复合后汽化造成许多微小的气泡，使两种基材脱离分层。另外，残留溶剂存在于胶层中，对胶层起溶胀作用，影响了剥离强度。

⑤复合好后，熟化不完全，还未达到最终的黏结牢度值。

所谓熟化不完全有两个意思：一是熟化的温度偏低；另一个是熟化的时间太短。复合好后要尽快放到熟化室，过十几个小时后再熟化，剥离力要小 2～

3N/15mm。

（2）与油墨层相关的因素

①复合前油墨层的附着牢度不良。

②油墨的印刷牢度合格，用胶带去拉剥时拉不下来，但复合后再去剥离时墨层还会转移，剥离力也很低，要根据不同的基材选用不同的油墨种类才能从根本上保证质量。

③油墨中的助剂。

④在油墨品种中一些染料油墨、金银色油墨、珠光油墨对复合强度影响较大，需要考虑。

（3）薄膜类基材

①表面张力偏低

a. 内层基材。一般情况下，干式复合用 PE、PP 内层基材膜的表面能必须达到 38mN/m 以上才可以使用，一般需要提高到 40～42mN/m。

PE 膜的表面能与周围环境及膜的厚度的关系密切，环境温度、湿度越高，其表面张力值下降越快，薄膜越厚。

b. VMCPP 镀铝膜的表面能。刚生产出来的 VMCPP 镀铝膜的表面能达 50mN/m，但若长期存放或储存条件恶劣（高温高湿、包装不善），也会降到 36mN/m，甚至更低。

c. PET 膜非处理面的表面能。PET 本身是非极性材料，表面处理后能达到 $421dyn = 10^{-5}N$，但 PET 粒料中加入增塑剂及其他一些助剂后，助剂慢慢从 PET 表面析出，造成 PET 膜表面能下降，影响剥离强度。

d. 铝箔的表面清洁度。铝箔的表面清洁度对复合强度有着决定性的影响，其中 A 级清洁度最好，几乎没有油污，B 级次之，一般要求达到 B 级以上。

②助剂析出的影响

复合初黏力尚可，但随着固化时间的加长，随助剂析出，复合强度越来越低。

为了避免这种现象，应选用不用添加剂或少用添加剂的原料，在加工制膜时也不要再人为地加入很多的滑爽剂（如油酸酰胺、脂肪酸盐类等）。添加剂总量在 0.03% 者属低爽滑型，黏结牢度较好；0.05% 者为中爽滑型，牢度会出问题；而 0.08% 以上的为高爽滑型，很难保持好的牢度。

另外，在工艺上可以做以下调整：一是选用抗助剂型胶黏剂，提高黏结剂的抗助剂反应；二是选择多层共挤热封基材，要求基材生产厂家尽量减少复合层的表面助剂析出。

复合膜基材中添加剂还有其他影响，如 PVDC 中的添加剂能延迟和阻止胶黏剂交联固化，PVA 中的柔软剂能与固化剂—NCO 基团反应，软质 PVC 的增塑剂能渗入到胶黏剂中，因此会降低黏结力和热稳定性，对此要适当增加固化剂使用量。

（4）内容物的影响

还有一种情况是空袋未装食品时黏结力很好，也不会随时间延长而下降，一旦装入含酸性的食品、含酸、含碱、含挥发刺激性气体释放出的食品、物品等，例如榨菜、雪菜、酸辣菜、糖醋烹调菜、果汁或表面活性剂等，存放一段时间后复合物的黏结牢度大大降低，严重时会发现内层材料脱层分离，影响被包装食品的品质。

4. 复合后镀铝层转移

镀铝层转移也是一个影响剥离强度的因素，影响镀铝层转移的主要因素在于复合过程中由于复合张力不匹配、胶黏剂固化收缩等引起的内应力。这是因为铝和塑料基材的线膨胀系数差别大，很容易产生应力集中，而应力集中将破坏镀铝层和基材的结合强度。

解决由于镀铝层转移造成的剥离强度下降的问题，要从原材料的选择及生产工艺上注意以下几点。

①镀铝膜的质量。保证镀铝膜本身质量，是解决其问题的前提条件。若镀铝膜本身质量较差，那么最好的复合工艺和最好的胶黏剂也无能为力。

②胶黏剂的选用。选用合适的胶黏剂，如镀铝专用胶是解决镀铝层转移的最有效方法。

③适当减少固化剂量也可以提高剥离强度，但一般不低于正常量的15%，否则，会产生胶黏剂的熟化问题。

④上胶量的控制。在涂胶时的涂布量关系到产品的剥离强度，上胶量越大，熟化后镀铝层的转移现象越明显，同时涂布量大，完全固化时间长，黏合分子就有足够的活动能力，破坏镀铝层；上胶量过少，复合膜在外观上容易出现白点现象。上胶量一般控制在 $2.5 \sim 3.0 g/m^2$。

⑤VMPET涂胶时，烘箱温度应尽量降低，加大通风且控制好张力。负面影响是乙酸乙酯的挥发程度受影响。相比之下 VMPET 涂胶时会影响镀铝层的剥离强度。

⑥减少熟化时间，可以减少胶黏剂固化收缩应力对镀铝层的影响。

5. 复合后胶层发黏

复合产品经一定的温度、时间熟化后，层间剥离时复合膜胶层仍然具有一定黏性，即复合膜剥离后，用手去把二层膜重新贴合，二层膜会黏在一起。复合膜胶层严重不干，直接影响复合膜剥离强度，而轻微的不干现象，在制袋后热封强度较差，层间剥离后有黏性，热封的地方很容易出现皱褶现象。NY/PE 结构的复合膜，如果胶层不干现象较严重，经封合制袋后放置数小时，包装袋就出现皱褶。

胶黏剂交联固化不充分、不完全的根本原因，是主剂与固化剂没有按比例反应。

聚氨酯胶黏剂主剂与固化剂反应的速度，与催化剂用量、温度、浓度有关，催化剂用量越多、温度越高、浓度越大，反应速度越快。而水分和小分子的醇类与固化剂反应也是同样道理，它们的反应也需一定的时间，但是比主剂与固化剂的反应速度要快上 10~20 倍。在复合时，溶剂内的水分和醇类相当部分会在烘道中挥发。快固化聚氨酯胶黏剂往往是通过增加催化剂用量来提高主剂与固化剂的反应速度，但是同时也提高了水分和醇类与固化剂的反应速度，如果溶剂内含水分或醇类再稍高一点，固化剂在进烘道之前，就被水分或醇类消耗而所剩无几了，这样就会引起不干现象。

6. 残留溶剂超标

2006 年开始实施的《食品用塑料包装、容器、工具等制品生产许可审查细则》中对复合包装膜、袋产品溶剂残留量限量作了明确规定：复合包装膜（袋）产品的溶剂残留总量 ≤10mg/m²，其中苯系溶剂 ≤2mg/m²（溶剂残留量检测溶剂种类，a. 苯系溶剂：苯、甲苯、二甲苯；b. 其他溶剂：乙醇、异丙醇、丁醇、丙酮、丁酮、乙酸乙酯、乙酸异丙酯、乙酸丁酯）。考虑到对食品味道的影响，有更高的残留标准要求。

采用苯溶性油墨、酯溶性胶黏剂生产的复合膜中通常残留溶剂的构成有：乙酸乙酯、甲苯、二甲苯、丙酮、丁酮。经测定，其中后三种含量总和占残留溶剂的 3%~6%，所以起决定作用的是前两种：即乙酸乙酯和甲苯。"复合油墨"，即所谓的"里印油墨"中使用的溶剂，除了乙酸乙酯外，还有丁酮、二甲苯、丁醇等高沸点有臭味有毒性的溶剂。

影响残留溶剂的因素较多，除干燥器的传热系数、胶黏剂结构的影响、复合机干燥箱结构、载胶膜、上胶量、水分因素、烘道温度设定、环境温湿度外，以下因素也是影响溶剂复合膜残留的关键。

①印刷膜中溶剂残留的影响。在低沸点的溶剂中混入高沸点的溶剂，其结果是低沸点溶剂的"沸点"增加，高沸点溶剂"沸点"降低。乙酸乙酯的沸点为 77.1℃，甲苯的沸点为 110.8℃，如果采用溶剂型油墨，则印刷后有甲苯残留。

②复合机的工作状态，例如温度控制和通风。

③熟化控制。残留溶剂主要来源于油墨及胶黏剂中，由于复合膜均具有一定的透气性，夹杂在其中的溶剂可以在热的作用下缓慢地从复合膜中渗透出来，因而溶剂残留量在熟化后都有一定程度的减少。熟化室的热风应由房顶向下吹，由管道直吹入屋底，尽量做到均匀出风，而排风在顶部，这样可以有效降低残留溶剂量。

7. 煮沸及蒸煮杀菌处理后起皱脱层

（1）高温对包装袋的影响

①高温提高了胶黏剂、油墨水解的反应活性，导致部分油墨、胶黏剂高温下

水解，造成剥离强度下降。

②高温下塑料材料受热收缩，材料之间会产生较大的收缩应力。

③常温下检测的产品，剥离强度数据不能完全反映高温下的真实剥离强度情况，在高温状态下复合膜的层间剥离强度可能出现大幅度的衰减。有些产品高温灭菌后出现起皱现象。

（2）造成包装袋灭菌后起皱脱层的原因

①蒸煮前剥离强度不足

包装袋蒸煮前的剥离强度不符合要求，在高温灭菌温度下的剥离强度会更低，容易发生复合膜脱层起皱。油墨或胶水活性不够，或掺多了过期失效剩余物，则附着力不强。

油墨、胶水及薄膜间的配伍性不好，即使在低温时有一定的作用而形成附着力，但在高温情况下，表面基团微弱的黏结可能受到破坏而发生脱层。此外，薄膜处理度达不到要求，薄膜内的某些添加剂在高温时加快游离到表面，都会造成强度下降。

②蒸煮过程中剥离强度劣化

a. 油墨或胶水的耐湿热性低造成黏结强度不够。

b. 如果熟化时间达不到要求，时间短则交联不充分，墨层耐温、耐水解性降低。

c. 内应力。蒸煮灭菌时复合膜层间的内应力主要来源于胶层缺陷及材料热收缩应力。高温蒸煮袋表层材料及内层材料的热稳定性，特别是蒸煮冷却后尺寸的稳定性，影响冷却收缩后离层剥离。

d. 高温蒸煮杀菌工艺。有时蒸煮袋出现破袋、泄漏，但检查蒸煮袋各层材料之间没有脱层，剥离力还很高，这说明包装袋没有质量问题，而是蒸煮中反压冷却环节有问题。

8. 操作过程中胶液变浊发白

胶盘中胶液变浊发白是胶液的胶盘寿命短的表现。溶剂中的水、醇、酸或氨等杂质含量超标，使胶液的胶盘寿命大大缩短。在夏季空气相对湿度大于80％时，配好的胶液在操作过程中，表层乙酸乙酯急速挥发，凝结的水分则很快溶入胶盘中，进一步增加了其水分含量。在没有恒湿装置时，要经常揩拭导辊和刮刀面，防止冷凝水的侵入。快速熟化的胶黏剂熟化太快（4~6h），也会造成操作溶液变浊发白。

9. 复合物的透明度低

透明度是决定被包装商品可见性、清晰度的重要指标。在干式复合产品中，有时出现塑料复合软包装透明度不良或下降，成品呈"雾状"，出现"小麻点""波浪鱼鳞片""丝纹""蘑菇伞云""滴水散溅"等，影响复合成品的透明度，严重时使复合成品报废。可能原因如下。

①胶黏剂本身颜色太深，深黄色、黄红色，甚至是暗红色，留在胶膜上也是相应的颜色。在要求高透明度的场合下，要选用微黄色甚至无色的高透明度的胶黏剂。

②基材的透明度问题。内层基材表面呈现"鲨鱼皮""流道痕""晶点"等表观质量问题，以及印刷时转移到非图文部分的雾状油墨版污，都影响复合膜的透明度。

③配胶问题。不适当的配胶程序，将导致主剂与固化剂不能充分混合均匀，可能产生"胶粒"。

④复合成品有明显的胶斑等外观缺陷。

⑤烘道温度设定不当，形成火山喷口那样的环状物，造成不透明。另外，上胶量过大时，胶层在干燥过程中也容易产生上述胶层缺陷。

10. 拖墨

发生拖墨时，胶液将印刷基材上的油墨层拉下，被拉下的油墨附着在上胶辊或上胶网纹辊上，使文字或图案残缺不全，产品报废。附着在上胶辊上的油墨还会转移到后续的产品上，使空白部分黏上油墨斑点，导致透明度严重下降。发生原因有如下几点。

（1）胶液及机速

当采用乙酸乙酯作为胶黏剂的稀释剂时，乙酸乙酯对于常用的氯化聚丙烯油墨、聚酯油墨都是良好的溶剂，油墨部分在涂胶过程中可能发生类似于印刷中"咬色"故障。

胶液工作浓度过低（乙酸乙酯比例大），涂胶时乙酸乙酯对油墨的溶解越厉害；另外，拖墨与胶液分裂转移时的黏性有关，胶液的黏性越大，越容易出现拖墨现象。速度慢，则胶液浸润墨层的时间长，容易导致拖墨现象。含透明油墨的印刷膜上胶时尤其要注意。

（2）上胶压力

胶辊表面粗糙、不光滑时，为避免上胶不均常常要增大胶辊压力。上胶辊压力过大或胶辊抖动造成局部压力过大等，会使油墨牢牢地附着在网纹辊上，导致产生拖墨故障。

（3）油墨的附着力、耐摩擦力

油墨附着力差，墨层可能局部被整块拉下，而且油墨会附在胶液盘里，导致胶液混浊、变脏。

11. 复合产品"斑点"

复合后产生灰色斑点，这在满版油墨印刷复合过程中最为常见，主要原因如下。

①印刷膜涂胶后油墨层被胶黏剂中的乙酸乙酯所浸润，部分被溶解，看起来有灰白色斑点（这在没有白墨打底的情况下容易出现），但熟化后，这种现象会有所减轻。通过提高烘道温度和风量可以减少残留溶剂量，选择溶剂释放性好的胶黏剂也有效果。

②复合时所用的胶黏剂黏度太高，容易将印刷墨拉到网辊及胶盘中，造成印刷层深浅不一，通过镀铝层反光，形成所谓的"斑点"现象。

③镀铝膜本身质量较差或工艺选择有明显局限，造成镀层容易剥离，油墨及胶黏剂在其表面产生的黏结力高低不一。镀铝层反光强弱，形成白色或灰色斑点，遮盖力好，斑点浅；反之，斑点严重。油墨的遮盖力不强、流平性能差，印刷后的膜对光线看有斑点，复合后有明显斑点（尤其是镀铝膜复合产品）。

④镀铝膜有透光点，复合后由于铝层的反射率不一致，形成灰色斑点。

12. 胶液在刮刀背面成雾状堆积

在高速运转时，有胶液呈雾状越来越多地堆积在刮刀背面。此时，需要调整刮刀与凹版辊之间的接触角度为 $30°\sim40°$，让刮刀刃口不要指向辊心。

13. 胶盘中的胶液泡沫多

在高速运转时，胶液被凹版辊的高速转动所搅拌并带到一定高度后，多余部分回落下来的冲击使大量空气夹带在胶液中，出现很多泡沫。这种泡沫有时转移到被涂胶的基材上，形成一点点空白无胶的地方，使表面发花，影响外观质量及黏结牢度。改用高固含量低黏度型胶黏剂，或者降低胶液的固含量，让胶液黏度变小，使泡沫易破裂。

用循环泵补加胶液时，输液管出口应尽量与胶盘中胶黏剂液面接近，胶盘中的胶液面尽量维持较高，减少刮刀刮下来的多余胶液的冲击，泡沫也会减少。

14. 复合后成品发涩

复合后成品发涩，使复合后的产品自动包装机运行不畅，或制出的袋子开口困难。

①干式复合一般采用的是二液反应型胶黏剂，复合后要进行高温固化，以达到最高的复合强度。而 PE 膜内的滑爽剂会由于固化温度的变化而变化，在一定温度下，爽滑剂会从薄膜内层渗析到表面挥发掉，温度越高，这种变化越大，滑爽剂的损失量就越大，最终会导致产品发涩而不能正常使用。所以，熟化室的温度一定要严格控制在 $45\sim55℃$，熟化时间也要控制。

②在内层基材较薄如厚度小于 $30\mu m$ 时，复合膜在熟化之后容易出现开口不良的现象。在三层共挤吹膜时，可在热封层适当增加爽滑剂的含量，保证复合膜的开口性。还要根据产品的用途选择配料，避免由于树脂选择不当而造成的产品发涩。

③残留溶剂过多。溶剂对聚烯烃的溶胀作用会导致表面的黏性增加。

④收卷张力过紧。收卷张力不同会导致同一卷膜制袋，面层的开口性良好，而靠近芯底的部分开口性较差。

15. 复合膜的卷曲

复合膜基材因收缩率不同，在放卷张力和加热温度的作用下，复合在一起时，使复合膜产生内应力，这些内应力的分布及平衡状态影响复合膜的最终卷曲程度和状态。

16. 黏边

黏边就是在干式复合时，塑料薄膜经涂布上胶后，由烘干道加热烘干，再经热压钢辊挤压后收卷，收卷成品两边粘连在一起的现象。收卷成品发生黏边故障后，在卷料两端，膜层之间牢牢地黏结，将造成成品膜分离困难，严重时还会导致复合成品被拉断、拉变形，使产品报废。

（1）涂布上胶量与黏边的关系

上胶辊边缘的压力大变形量也大，胶液在复合辊的压力作用下外溢，导致黏边。

另外，材料边缘与网纹辊表面接触，在边缘可能黏上胶液，在复合处被挤出形成黏边。刮刀式上胶的复合机，刮刀与网纹辊之间的夹角以 35°～45°为宜，角度太大易损伤网纹辊，缩短网纹辊的使用寿命；角度太小，则上胶量多，易黏边。

（2）上胶膜宽度与压胶辊长度

干式复合时，压力辊的作用是将薄膜与涂布辊压实，使其涂布均匀，不产生气泡。压力辊宽度一般比薄膜宽度窄 5mm，如果宽度一致或偏大，涂布上胶时，胶辊上带的胶液转移到上胶膜的背面，这样复合后形成黏边故障，且使烘箱中的导辊、复合部位都黏带胶水。

（3）复合材料宽窄与黏边的关系

黏边故障和复合材料宽窄有直接关系，如果上胶膜的上胶宽度大于复合基材的宽度，就会发生黏边。胶液同时会黏在热压辊上，影响产品质量。

正常情况下，复合基材的宽度要比印刷膜宽 1cm，即两边各宽出 5mm，避免黏边故障的产生。

（4）其他因素引起的黏边

复合基材端面不平整，运行过程中左右摆动，复合时发生位移也容易导致黏边。需要将印刷基材先用卷平机卷平。高速干式复合机，有电眼跟踪，无须卷平处理。

17. 起皱

含铝箔的产品最容易产生褶皱。材料起皱会造成产品的报废，此故障直观，生产中也较易排除。

可能原因有以下几点。

（1）材料本身的质量

复合材料或印刷基材一端松一端紧，厚薄有偏差，如果膜卷两端松紧度差别大，上机时薄膜上下左右摆动幅度也比较大，就可能造成材料进入网辊与胶辊或热钢辊与热压辊之间时不能与压辊呈水平状态，无法平整挤压，造成复合打皱，出现斜纹。

（2）压力不均匀

上胶胶辊或热压辊压力不均匀，运行中热压胶辊做前后旋转，致使复台材料无法平整进料，从而导致打皱。打皱还与热辊的温度有关，如果热辊的温度过高，材料的挺度会降低，也就增加了材料起皱的概率。

（3）导辊的清洁度、平行度

基材运行过程中，如果牵引辊黏脏、表面不平整、平行度较差，则容易导致斜向皱纹，对刚性较好的材料（如 PET、BOPP、NY 膜、镀铝膜、铝箔等），起皱处无法再次被完全展平，最后在成品上形成皱纹。

（4）基材本身有皱褶，复合时无法再次被展平而起皱。

18. 热封不良

复合膜经过复合进入最后一道工序后，有时会出现局部热封温度偏高，热封不良等现象。造成这种结果的原因有以下几点。

（1）电晕击穿

PE 膜在经过高压放电辊时，由于各种原因可能会造成膜击穿，由于被击穿的热封面与复合面一样形成了带有极性基团的不具有热封性的物质，在制袋或自动包装时，会出现局部热封不良的现象。

（2）滑爽剂含量偏高

PE 膜热封层滑爽剂含量过高，大量析出在 PE 膜的表面上形成致密层（相当于热封层之间的夹杂物），阻碍了 PE 膜的热封。

（3）再生料

再生料经过不低于两次的高温再生，又有一定量的杂质重新制膜后，其热封性能大大下降，热封温度普遍提高 5～10℃，热封层再生料的添加量在 30％时，PE 膜的热封温度提高 3～5℃；添加量 50％，热封温度提高 6～10℃。

19. 横向皱纹

复合膜的横向起皱，多出现在收卷的纸芯底，其直接原因是收卷熟化过程中产生的内应力不能有效释放所致。包括胶黏剂固化时产生的收缩应力；热封层材料在熟化温度下产生的热收缩应力；基材复合时，由于复合张力及受热作用而伸长。复合张力撤销后复合材料有收缩的倾向，通常是复合张力越大，其残留收缩应力越大。

收卷张力也会产生应力，同时，规律性纵向排布的印刷膜的图案，收卷后应力集中于油墨层厚度地方，产生横向皱纹。复合材料本身有暴筋现象，在收卷后暴筋处自然产生很大的应力集中现象，此时收卷张力的控制就更为关键。

20. 复合刀线

胶盘中的杂质随着网辊的转动，嵌在刮刀与网辊之间，将网点中的胶液挤出，涂布复合后该处缺胶，即出现复合白刀线现象。

21. 光标距离变化

干式复合中，复合膜在张力及热作用下，可能出现被拉长或收缩的现象，其尺寸的变化与基膜的拉伸强度、热稳定性及张力控制有关。另外，尼龙膜受湿度水分的影响，也会出现一定的尺寸变化量，例如，尼龙膜吸潮后表面会出现起皱现象。

二、挤出复合产品质量弊病及其控制

1. 挤出复合产品质量要求

（1）流延厚度符合要求，厚薄均匀，无明显暴筋，覆膜总厚度偏差应小于±8％。

（2）AC 剂涂布均匀，无黏边现象，溶剂残留量合格。

（3）剥离强度良好，无局部或整体脱层。

（4）基膜及流延层横向位置正确，左右偏差小于 3mm，流延膜无两边缘间断性断料引起的局部厚度偏差增大和热封性受损。

（5）由张力造成的图案尺寸偏差小于 1％；收卷张力一致。

（6）膜面光洁度好，无压辊损伤，边料、流延料进入压辊等造成的各种压痕。

（7）无膜面烫伤，无边料卷入膜面或夹层。

（8）流延乳白膜无色母料混合不均、塑化不良造成的流道痕迹或颗粒。

2. 挤出复合中的质量问题及分析

（1）黏结不牢

具体内容如表 13-15 所示。

表 13-15 影响黏结力的因素及对策

质量问题原因	对　　　策
树脂表面氧化不充分而导致黏结不良	适当增加气隙距离
	降低收卷速度
	安装臭氧发生器，增加挤出树脂的氧化度
AC 剂对基材的湿润性不良	基材进行电晕处理等表面处理
	选用符合质量要求的基材

续表

质量问题原因	对　策
AC剂干燥不足	提高干燥温度和通风量
	降低收卷速度
	涂覆线速度越慢，涂覆层越薄，薄膜向下流动的热损失越大，黏合力降低也越大
树脂与基材压着时的温度过低	提高树脂温度，使树脂塑化混炼充分
	不让模口过于靠近冷却辊，防止树脂在压上基材前过冷
	通过烘箱对基材进行预热
加压辊的压力不足	提高加压辊的压力
	检查加压辊是否倾斜，并进行调整，使之能够均匀地加压
基材不符合要求	检查塑料薄膜的表面处理程度是否充分，其表面张力应大于38mN/m
	使用纸的场合，吸湿后将降低其品级，不可使含水量增加
	铝箔（尤其是硬质铝箔）是否被污染
	印刷油墨适应性不好（无油墨部位黏合力好，油墨部位黏结不良），选用与挤出树脂亲和性良好的油墨
	确保基材表面清洁
	可能是塑料添加剂迁移到表面，选择添加剂含量低的材料

（2）纹理不良、流道痕迹

主要原因在于模口污染或者变形，应该保持模口清洁规整，保持适宜的挤出温度。

（3）流延层膜裂、膜断

树脂挤出同时出现熔体破裂、不能连续成膜，主要原因在于挤出树脂的延展性与挤出速度不适应。或者挤出膜层中夹有气体，如滞留空气、分解物、水汽等，将熔体胀破引起熔体破裂。或者口模上黏附异物，使该处熔体层厚度严重减小，引起熔体破裂，轻微的在膜面上出现挂痕或流道痕迹，以及挤出温度不当，或者间隙不当等。

（4）熔体表面鲨鱼皮状

可能原因：

①树脂的处理温度不恰当。树脂温度太高导致塑料降解，温度太低造成塑料流动性不好。

②混进了其他种类树脂导致混炼不匀。

③设备不够清洁。

（5）复合材料皱褶

可能原因：

①放卷料不整齐，自动纠偏幅度过大。收卷张力设置不当或挤出薄膜厚度偏差大，引起收卷起皱。

②压辊、冷却辊不平行，导辊不平行。

③基材本身有皱褶。

④薄膜（尼龙、玻璃纸等）的吸湿，挺度下降，表面变形起皱。

⑤复合部的钢辊或胶辊上黏有边料或异物，在复合膜上挤压出痕迹。

（6）热封性不良

具体内容如表 13-16 所示。

表 13-16　热封性不良现象及对策一览表

序号	现　象	对　策
1	树脂表面氧化过度	降低树脂温度，氧化度不要超过为提高黏合牢度所需的氧化程度 在已挤复的 300℃ 以上温度涂布面上薄膜夹层加工涂布 160～180℃ 的热封用 PE，改善热封性
2	挤出树脂的热封性经时劣化	缩短保存期限，并在较低温度、较低相对湿度的条件下保存
3	剥离剂的附着	不可使硅油等物质黏结到制品上

（7）气味

气味可能主要来源于树脂、油墨、AC 剂等。

①控制加工条件，减少高温挤出树脂异味。

②降低印刷薄膜的残留溶剂，对印刷膜进行时效处理；或者将印刷膜进行再次干燥后再涂布，减少印刷油墨干燥不良导致的残留溶剂超标。

③AC 干燥不良，提高干燥箱的温度，梯度温度干燥，降低复合速度，选用易干燥的 AC 剂等，都有效果。

（8）涂覆膜滑爽性不良

可能原因及对策如下所述。

①挤出层表面呈鲨鱼皮状，表面粗糙。

②树脂温度偏高（树脂表面氧化过度），应适当降低树脂温度。

③表面摩擦系数太高，可在收卷前喷粉。

④在挤出树脂中添加一定量的爽滑剂，减少摩擦系数。

（9）膜表面有气泡

①挤出树脂中间夹有气泡，复合后在膜面出现气泡，可能原因如下所述。

a. 树脂受潮，应经常检查树脂是否受潮，应使用干燥的树脂。

b. 树脂降解应用较低温度进行加工。

②另外，印刷膜中残留溶剂太多或 AC 剂干燥不彻底，也会导致复合膜气泡的产生。

（10）晶点、杂质

晶点指挤出树脂中未被塑化的颗粒部分。产生杂质、晶点的主要原因如下。

①树脂塑化不良。

②塑料混入了某些机械杂质，或者其他树脂。树脂共混挤出应选用熔点、熔体指数相近的树脂种类。

③更换树脂时的清洗工作不充分（80%的晶点由此原因产生），应充分进行清洗后才能进行生产。

（11）复合薄膜厚薄不均

薄膜类原材料及挤出层厚度，决定最终复合膜的厚薄偏差，挤出层的厚薄偏差具有累积效应，通常在复合收卷时或卷膜分切收卷后在膜面表现出暴筋现象。

影响挤出层厚度的因素主要有以下几点。

①膜唇温度不均匀，局部偏高。T 形口模的温度高低对挤出流延熔体的流动速率有很大关系。T 形口模的温度升高 5℃，薄膜流延速度明显加快，厚度明显增加，为此要求 T 形口模整个门幅宽度上的温度应均匀一致，温度变化不能超过 ±2℃。

②膜唇间隙不均匀。应调节膜唇间隙。

③膜唇内部不光洁或黏附异物，局部改变了挤出树脂的流动速率。

④阻流棒、阻流块、调幅棒三者位置未调整至最佳状态，边部厚度偏差较大。

（12）挤出薄膜黏住冷却辊或压辊

可能原因：

①冷却辊（或压辊）表面温度偏高。应降低冷却水温度。

②挤出薄膜宽度大于基材宽度。应将调节棒往里塞进一些，调节挤出薄膜宽度；或在压辊上包卷聚四氟乙烯垫片。

（13）光标距离的变化

光标用于定位识别，保证包装机自动切割位置的准确性，如果包装材料上印刷的色标间距误差范围与包装机（或制袋机）的修正范围不相符合，将导致材料不能正常使用。

另外，包装材料光标的距离变化，同时受到印刷工序的影响。

（14）油墨拖花

油墨被拖花一般由穿料不正确导致。

参考文献

[1] 李纯．无溶剂涂布复合机涂布量及涂布辊精度分析．北京印刷学院学报，2007. 8Vol. 115 No. 14，pp. 46-49.

[2] 江谷．软包装材料及复合技术（第一版）．北京：印刷工业出版社，2008.

[3] 伍秋涛．实用软包装复合加工技术．北京：化学工业出版社，2008.

[4] 韩永生．塑料复合薄膜及其应用．北京：化学工业出版社，2008.

第14章 涂塑复合技术

纸张与塑料薄膜复合，有助于提高纸张强度，耐水性高。普通纸塑复合产品主要应用于包装材料。高档纸涂塑复合产品，应用于相纸生产，具有很高的技术要求。结合实际生产经验，从原材料、生产工艺、生产设备、产品质量要求诸方面，介绍了涂塑复合技术。

第一节 涂塑技术及其应用

一、纸张涂塑

1. 纸张涂塑技术

纸张涂塑的主要生产设备是挤出复合机。生产过程通常包括熔融、挤出、放卷、涂布、复合和收卷等工序。特殊情况下，还包括复合前印刷和复合后辅助层涂布。

熔融涂膜复合（简称熔涂）加工，是国内纸塑、塑编等复合包装加工行业中的主要加工方法之一。所谓熔涂加工，就是将涂膜聚合物（聚丙烯、聚乙烯以及 EVA 等）在较高温度（>120℃）下熔融、塑化且挤出成膜状的熔体，该熔体膜经拉伸挤压后，黏附在被涂覆基材（塑编布、纸、片膜等）表面上。随着温度降低和上述材料之间的黏结作用，熔膜与被熔涂基材黏结成一体，构成纸塑复合物。熔涂复合的黏结强度一般大于 5N 以上。

由于涂塑树脂结构性能不同，由不同树脂材料获得的纸塑产品耐温性能不同（表 14-1）。涂塑树脂常用聚丙烯和聚乙烯两类材料。不同熔涂材料的耐温使用性能有较明显的差别，由聚丙烯涂膜料制备的熔涂包装材料，耐温性能较好，可以达到 130℃。对于需要消毒、较高温度（大于 100℃）处理的物质来说，聚丙烯和聚乙烯两类熔涂包装材料，是首选材质。

表 14-1 不同树脂材料适用温度范围

涂膜树脂	适用温度范围/℃
聚丙烯（PP）	120～130
聚乙烯（PE）	100～100
聚乙烯醇（PVA）	80～90
EVA	70～90

2. 纸张涂塑发展

（1）纸塑产品的基本构成类型一种是涂塑层完全附着于纸基表面，另一种是熔融的塑料，浸入比较疏松的纸基内部，形成牢固的混合涂塑层，还有一种，是在纸基和塑料薄膜之间，首先涂敷胶黏剂，由胶黏剂将两者黏合在一起。当然，图 14-1 所示结构不是绝对的，对于原纸基而言，无论结构是否疏松，都可能存在树脂或者胶黏剂的渗透，一定程度的渗透，有利于提高复合牢度。

（2）涂塑纸分类

按照涂塑纸（RC）是否具有上述结构图中的底层，将 RC 纸分为有底层和无底层两类。但更常见的是按照纸基克重分类。此外，还可以根据原纸基品质和类型分类。具体内容如表 14-2 所示。

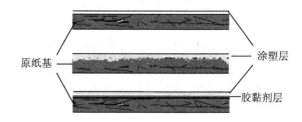

图 14-1 纸塑产品的基本构成类型示意

表 14-2 涂塑纸分类表

分类依据	特 点	用 途
按照原纸基克重	$160～180g/m^2$，由 α-纤维素含量 85％的硫酸盐木浆制成	相纸
	$40g/m^2$ 左右牛皮纸	牛皮纸包装
按照有无底层	涂布或者没有防静电层 涂布或者没有黏附底层	RC 照相纸基

（3）纸塑复合产品环保胶黏剂

纸塑复合胶黏剂（简称覆膜胶）是纸张和塑料薄膜复合的关键材料之一。非极性的如聚丙烯（PP）、聚乙烯（PE）等。塑料薄膜与极性的纸之间的黏结，主要胶黏剂有溶剂型和水基型两种，热熔胶虽有报道，但应用不多。

很多种胶黏剂可以用于纸塑复合黏结，从现在的研究及使用情况来看，纸塑复合胶黏剂主要有三种形态，即溶剂型胶黏剂、乳液型胶黏剂和固体型胶黏剂。

溶剂型纸塑复合胶黏剂一般以 SBS、SIS、EVA、丙烯酸树脂等为主体树脂，以甲苯、醋酸乙酯、汽油等为溶剂，辅以增黏树脂、增塑剂等助剂制成。在性能方面，除黏结性能较好之外，溶剂型胶黏剂还存在很多缺点，如溶剂挥发造成污染、易燃易爆等。当然，也有以水为溶剂的溶剂型胶黏剂，如氨基树脂胶黏剂，但在纸塑复合方面的应用尚不广泛，仅在黏结塑料瓶的纸质商标中有一定的应用。

乳液型纸塑复合胶黏剂主要有丙烯酸系胶黏剂、醋酸乙烯系胶黏剂、氯丁橡胶型胶黏剂及复合乳液型胶黏剂等。乳液型胶黏剂无溶剂型胶黏剂溶剂挥发污染的弊病，但是着黏结力较差。

还有一类含溶剂的复合乳液胶黏剂，不同于真正的乳液型胶黏剂，称为水性胶黏剂。它首先用溶剂溶解聚合物，然后再对聚合物溶液进行乳化、复配等而得到一种复合胶黏剂。

热熔胶是以 EVA 及热塑性弹性体为主的固体胶黏剂，在纸塑复合方面也有广泛应用。

上述胶黏剂均为合成聚合物胶黏剂。天然胶黏剂品种中的改性淀粉胶黏剂亦可用于纸塑复合。天然胶黏剂在可降解性及对环境的污染等方面很有优势。

从未来发展的角度看，可降解和具有可生物降解性的聚烯烃复合胶黏剂，日益受到人们的重视，水基胶和热熔胶逐步取代溶剂型胶黏剂是必然的趋势。目前，美国胶黏剂市场中溶剂型只占 9.2％，水基胶占 59.3％，热熔胶占 20％，其他占 11.5％，如图 14-2 所示。

另一个发展方向，是研制高固含量乳液。一般认为固含量大于 60％，即为高固含量乳液，它与固含量在 50％ 以下的乳液相比，生产效率高、运输成本低、干燥快、能耗低，已成为研究热点。

要开发适合特殊要求的功能性纸塑复合胶黏剂，同时，通过不同的交联方式制得耐溶剂、耐水、抗老化性能优良的纸塑复合胶黏剂，也是发展方向。

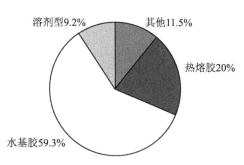

图 14-2　美国胶黏剂市场基本状态

二、布塑复合

1. 全自动布塑复合

布塑层复机的操作工艺过程如图 14-3 所示。

层复机涂敷方法，主要有凹版涂敷和反转涂敷两种方式，需要按薄膜材料的种类、布的种类、所要求的性能、复合数量等选择适合的涂敷方法。

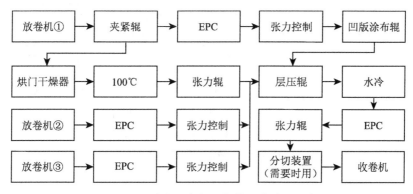

图 14-3 布塑层复机的操作工艺过程示意

2. 转移法涂塑技术

根据产品要求和所用涂层剂,织物涂层的涂布方式一般分为直接涂布法和间接涂布法两类。直接涂布法是将涂层剂用物理机械方法直接均匀地涂布到织物表面;间接涂布法又称转移涂层,是先将涂层剂涂布于特制的防粘转移纸(又称离型纸)上。再与织物压合,使涂层物与织物黏结起来,再将转移纸与织物分离转移法涂布,通常用于反光材料涂布以及防水透湿布生产。

转移法涂塑工艺,就是将聚氨酯或聚氯乙烯树脂首先涂布在专用的离型纸上,然后经烘干,再涂布黏合层,贴合底布,将聚氨酯或聚氯乙烯树脂由纸上转移到底布上的一种涂层工艺。

工艺流程 1 如图 14-4 所示。

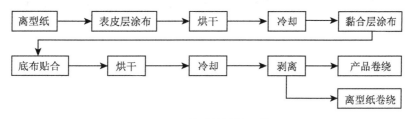

图 14-4 转移法涂塑工艺 1

工艺流程 2 如图 14-5 所示。

转移法涂布是人造革制造的重要手段,又称干法人造革工艺。聚氨酯转移涂层的基本工艺,包括将聚氨酯溶液涂布在有机硅处理过的离型纸上,然后适度烘干。当施加的黏着剂涂层仍为湿态时,与织物叠合,并经一对轧辊层压处理。经进一步烘干后,层压的聚氨酯织物与可脱膜的转移纸分离。转移涂层最关键的阶段是黏着剂的施加及后继的织物层压。

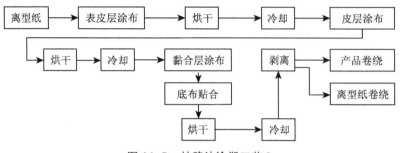

图 14-5 转移法涂塑工艺 2

第二节 涂塑照相纸基构成及其特点

一、涂塑照相纸基构成

大约 19 世纪 50 年代，人们开始研究多种方法生产防水照相纸，经过广泛对比后发现，用聚乙烯挤涂法制造特种纸基有很多的优点。1968 年，伊斯曼柯达公司首先用 RC 纸基，生产出中间文件复制浮雕片及印刷版翻正片。后来陆续研究了纸基的染料转印浮雕片，纸基的染料转印平板印刷版。至今，纸张涂塑技术一直被广泛用于照相纸，包括数码照相纸。

照相用的涂塑纸基，简称 RC 纸基。它是将聚乙烯树脂涂于原纸的两面，乳剂涂层面的聚乙烯中掺入一定量的二氧化钛（TiO_2），以提高白度。两面涂层厚度约为 30μm，如图 14-6 所示。应用于照相纸作为乳剂层支持体，获得了各方面都优于传统钡地纸的效果。

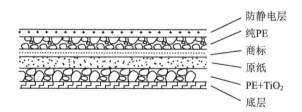

图 14-6 涂塑照相纸基结构示意

二、涂塑相纸特点

1. 涂塑纸基优点

钡地纸制成的照相纸，加工时吸收药液，而聚乙烯层不易透水，不会发生药液的渗透。因此，洗相时相纸从一种药液转入另一种药液时，带去的药液数量仅是钡地纸的一半。

由于 RC 纸基两面涂有树脂涂层，乳剂涂在树脂层上面，因此具有下述优点。

（1）在湿加工过程中，RC 纸基不吸水，可缩短水洗和干燥时间，可以高温快速加工。

（2）有较高的抗扯、耐折性，用高速自动加工机加工不易损伤。非 RC 相纸最高加工速度仅 2m/min，RC 相纸可达 20m/min，从而可与胶片在同一机器内加工。

（3）加工、干燥、保存过程中不吸水不变形，照片不起皱不卷曲。

（4）RC 相纸表面平整光滑，不用上光，只需自然风干或热风吹干即可。

（5）RC 相纸不吸水，不会吸收其他化合物，故不惧水洗。

（6）RC 纸基的表面多变，可制成光面、半光面、无光面、绸纹面及微粒面等。

2. 涂塑纸基不足

（1）因相纸背面有聚乙烯涂层，不易用铅笔、墨水笔书写，用浆糊粘贴时，干后将会脱落。

（2）聚乙烯薄膜层并非绝对不透气，它随着空气中的湿度变化或在加工时与药液接触，能使纸基的含水量发生变化。这时，水汽透过聚乙烯层达到平衡，需要较长时间，由于相纸两面的聚乙烯层与纸基膨胀系数不同，相纸胀缩性会受到影响。

（3）聚乙烯薄膜层会被氧化，需要采取抗氧化措施。因而增加成本。

第三节　涂塑照相纸基原材料

涂塑照相纸基生产所用原材料，有照相原纸、高密度聚乙烯、低密度聚乙烯、白母料、蓝母料、紫母料、增白母料等。

一、原纸基

原纸基是涂塑纸基的主体，它决定成品的主要物理机械性质。一般由含 85% 纤维素的硫酸盐木浆制成，定量约为 160～180g/m²。

原纸物理化学指标同钡地原纸相近，但涂塑原纸要求尽量小的吸水性。不仅如此，照相原纸是涂塑照相纸基生产专用的全木浆原纸，它质量要求高，性能指标多、控制严。要求原纸平整性好、白度高、平滑度好、厚度均匀性好、边沿渗透小、表面洁净无脏点等。具体指标如表 14-3 所示。

表 14-3　照相原纸性能指标一览表

项目	单位	指标
厚度	μm	179
定量	g/m²	175
水分	%	7.5～8
挺度	mN	40
撕裂度	mN	1350
白度	%	102
不透明度	%	97
边沿渗透	mm	<0.8
色调	L	96
	a	-0.6
	b	1.56
平滑度	S	正 125
	S	背 105
表观		合格

二、涂层材料

1. 涂塑树脂类型及特性

照相纸基涂塑层主要使用聚乙烯。聚乙烯有高密度与低密度之分。高密度聚乙烯又叫低压聚乙烯；低密度聚乙烯又叫高压聚乙烯。这两种聚乙烯树脂都是以纯乙烯为原料，在不同的催化剂，不同的压力下聚合获得。由于反应条件的不同，所得聚乙烯性能也不完全相同。低密度聚乙烯较柔软，高密度聚乙烯较刚硬。

涂塑照相纸基正背面均需涂聚乙烯层，为保证涂塑照相纸基的性能要求，正背面所用涂塑配方不同。不同密度的聚乙烯混合后性能介于两者之间，低密度聚乙烯可作为高密度聚乙烯的增塑剂，从而降低高密度聚乙烯的刚性而增加其柔韧性，相反，高密度聚乙烯可用来增加低密度聚乙烯的刚性。

用于涂塑纸生产的低密度聚乙烯熔融指数一般为 2～7；高密度聚乙烯熔融指数一般为 2.5～9。涂塑用的聚乙烯，熔融指数范围不可太宽，否则熔融聚乙烯不是均相物，流膜时质量较差，可能会有"凝胶"点存在。

涂塑照相纸基生产所用的聚乙烯，应该混合后使用。

涂塑照相纸基正面所用的涂塑层参考配方：

低密度聚乙烯	60％左右
高密度聚乙烯	30％左右
白母料	8％左右
蓝、紫母料	1％
增白母料	1％～2％（所有母料含量为50％）

背面所用的涂塑层混合配方：

| 低密度聚乙烯 | 35％左右 |
| 高密度聚乙烯 | 65％左右 |

使用这种混合配方生产出的涂塑照相纸基，正背面膜软硬度适中，平整性、挺度、卷曲度、强度好，性能互补。

2. 母料

（1）白母料

白母料是生产涂塑照相纸基正面涂塑层的主要原材料之一，它的作用是使树脂层不透明，同时可提高纸基的白度和遮盖力，使通过照相乳剂层的光，不会透过树脂层，在纸表面漫反射再达到照相乳剂层而感光。这样就可减少光晕现象，从而提高了画像的清晰度和解像力。涂塑照相纸基正面涂塑配方中所用的白色母料，是由钛白粉与低密度聚乙烯按比例混炼造粒生产的。

二氧化钛白母料着色力高，遮盖力大，可有效改善纸基的白度。用二氧化钛白母料的优点是其折光指数在所有白色颜料中最高，在适宜的粒度分布下，对光有优良的散射能力。

二氧化钛白母料有两种型号，一种是锐钛型，另一种是金红石型，两种白母料性能比较如表14-4所示。

表 14-4　不同钛白粉性能比较表

型号	折光指数	颗粒度	反射率/％	白度	耐候性	耐温性
锐钛型	2.71	0.15	6.4	高	差	低
金红石型	2.52	0.2	8.7	低	好	高

从表14-4中数据可得，两种不同的钛白粉性能有所不同：锐钛型钛白粉其折光率、颗粒度、白度都优于金红石型钛白粉；金红石型钛白粉的反射率、耐温性、耐候性好于锐钛型钛白粉。因此，在涂塑照相纸基生产中，当某一种型号的白色母料性能达不到使用要求时，可用两种不同型号的钛白粉复配使用，性能互补，效果更佳。

（2）蓝、紫母料

蓝、紫母料是作为涂塑照相纸基正面调色的着色剂，应使用无机颜料，它的特点是耐高温不分解，不会产生迁移现象。有机颜料在高温时，可产生迁移现象，所以不能用作聚乙烯的着色剂。涂塑照相纸基所用的着色剂中，蓝色为钴兰、群青，紫色为钴紫。

（3）荧光增白剂

当涂塑照相纸基单独使用白母料，纸基正面白度达不到要求时，就可加入荧光增白母料。依据配色原理，改变漫反射光中不同波长可见光的比例。从而相对提高漫反射光中蓝、紫光的比例，减少黄色比例，提高纸基白度；还可以通过加荧光增白母料，利用增白剂的荧光效应，增加短波蓝、紫光反射率的绝对量。实践证明，在正面树脂层中，适当地加入荧光增白母料对涂塑照相纸基的增白是很有效的。

3. 预涂底层材料

为了提高 RC 纸基表面功能性涂层的附着牢度，使其不至于在后期加工或者使用过程中脱落，需要在 RC 纸基表面，预涂布底层。照相纸用底层一般为明胶质材料，它的功能是保护电晕处理效果，增强白树脂层与感光乳剂层之间的黏合牢度。有的公司的涂塑纸中没有底层，必须在涂感光乳剂之前进行电晕处理。

第四节 涂塑照相纸基生产

一、涂塑照相纸基复合技术

1. 聚乙烯热熔挤出涂塑法

如前所述，纸张涂塑就是通过一种适当的加工方法，把颗粒状的热塑性聚乙烯树脂加热熔融后，由挤出机螺杆把熔融后的树脂通过挤出机模缝口挤出的热膜，落到压辊与冷却辊间隙中，从而挤压复合到纸张表面。

近代使用的纸张涂塑方法，主要是聚乙烯热熔挤出涂塑法、热熔浸渍涂布法和干粉热熔涂布法。其中，应用最普遍的，就是聚乙烯热熔挤出涂塑法。这种加工方法的优点是，生产速度快，产能大、费用低，适合大批量长周期稳定生产。

采用这种加工方法可以制得单层、双层乃至多层的涂塑复合纸，这种涂塑复合纸既可保持聚乙烯本身具备的某些优良性能，又可改善原纸本身某些性能的不足。这种涂塑复合纸现已广泛应用于照相、广告、包装、印刷、涂布等行业。

2. 粉末涂布热压法

粉末涂布热压法之所以能生产出高质量的涂塑纸，基本原理是熔融的树脂在热压下，有效地嵌入未经压光的纸面上，甚至挤入原纸的孔隙内，纸纤维也能嵌入树脂涂层之中，从而形成牢固、均匀的涂塑层。此外，由于树脂经受高温的时间较短，而且温度较熔融挤压法低，因此树脂氧化破坏的程度也小。

粉末涂布热压法的基本过程如图 14-7 所示，原纸从供纸轴 1 送出，通过被动辊 3 进入涂布漏斗 4 的下方，聚乙烯树脂粉末则从漏斗 4 借助刮刀或振动筛均匀涂撒在纸上。涂有一层树脂粉末的原纸由托辊 5、6 托住，经过红外加热器 7、8 预热（约 200°F），再通过热压辊 9、10 热压后，形成一层连续均匀的树脂涂层。最后经过被动辊 11 复卷在收纸轴 12 上。

此法可进行单面涂塑，也可用两个涂布头和一个多辊支架组成的复式涂布线进行双面一次涂塑。树脂干粉在热压辊处熔化的温度及压力必须严格控制。允许的最低温度是使聚乙烯粉末升温至软化点，最高温度是不损害纸基氧化为限。一般控制在 250～300°F 之间。压力一般在每英寸片宽 400～1500 磅。

通过改变上下热压辊的温度及辊面的形状，可制造光面或非光面的 RC 纸基。用此法涂塑时，原纸需要先行干燥，使纸的含湿量低于 5％，以免湿度过高而影响涂塑层的黏合。所用聚乙烯的熔融黏度不宜过高，其熔融指数以 50 左右为好，否则原纸在通过热压辊时会被撕破。

3. 涂塑印刷复合技术

一般的涂塑复合纸的制造方法，多采用三台独立的设备来单独完成印刷、挤出涂布及分切的加工方法，因而，整个加工过程中存在生产效率低，难以保证产品的质量等问题。上海四环复合材料有限公司申请公开了一种涂塑复合纸的制造方法专利，在原有的解卷纸架、挤出机、冷却辊、分切机、收卷纸架及张力自动控制系统的加工设备中增设了双色印刷机，使涂塑复合纸的制造为印刷、挤出涂布及分切的一步法生产。适宜于静电复印纸的包装纸、商标标贴、食品、药品及其他产品的防潮涂塑复合纸包装材料的制造，如图 14-7 所示。

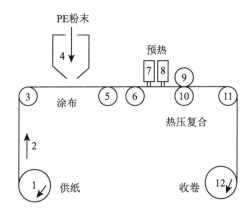

1—供纸轴；2—涂布方向；3，11—被动辊；4—涂布漏斗；
5，6—托辊；7，8—红外加热器；9，10—热压辊；12—收纸轴

图 14-7　粉末涂布热压法装置示意

4. 辊轮涂塑

常用的涂塑工艺有两大类：一种是热涂工艺，如塑料加热呈熔融状进行涂布；

另一种是将液态塑液涂塑在基体上，即冷涂工艺，方法有喷涂、刮涂、刷涂和压印转印等。

对比各种冷涂涂塑方法发现：喷涂覆盖较差，成膜也不理想，耗量较大；刮涂受被涂基体强度限制，难以控制涂塑量及均匀性。所以，对于冷涂工艺采用压力转印比较适宜。塑液有渗浸功能，压力涂塑结合力强、涂塑均匀，涂塑量可控制，原材料消耗少。

辊轮式结构是压力转印的有效方法。辊轮式冷涂工艺主要涂塑方式，主要有以下几种（图14-8）。

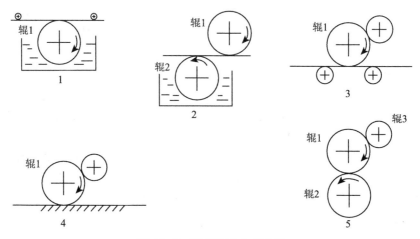

图 14-8　辊轮涂塑方式示意

方式1结构简单，通过转辊运转从下置的储液槽蘸带塑液涂塑，缺点是涂塑量无法控制；其余4种均为压力涂塑，涂塑量可以得到不同程度的控制。方式3、4、5结构上均多置一储塑辊。

方式4辊板涂塑形式结构比较简单，但在涂塑过程中，由于底板固定不动，被涂体的运动将受到底板摩擦的阻碍，不利于批量的生产。方式3和方式5的区别在于，前者不能对被涂纸张有效施压，且纸张的运动要依靠其他动力牵引，而后者正好能弥补这两个缺点：在涂塑区，由于辊1和辊2的相互作用，对被涂基体有效施压，不需要其他动力源。随辊1、辊2的运转合拍地曳入，完成涂塑的过程。方式2看起来比方式5简单，但涂塑量的控制精度及涂塑面朝下，很难得到实际应用效果。总之，方式5的涂布形式较理想。

二、生产设备

涂塑线设备，一般由供卷机、电晕处理机、挤出机、复合机、收卷机组成。

涂塑照相纸基生产线除上述设备外，还配有印刷机和涂布机。按照这些配置，绘制涂塑照相纸基生产工艺流程示意图如图 14-9 所示。

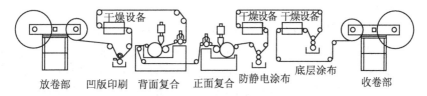

图 14-9　涂塑照相纸基生产线工艺流程示意

图 14-10 是国际知名企业德国古楼 RC 纸基生产线的流程。

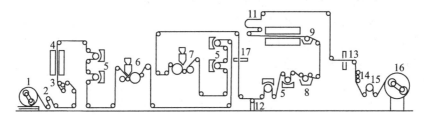

1—放卷机；2—牵引辊；3—商标印刷；4，10—干燥；5—电熨处理；

6，7—挤出复合；8，9—涂布；11—冷却辊；12—光电调边；

13—弊病检测；14—切边；15—张力辊；16—收卷；17—红外线测厚

图 14-10　德国古楼 RC 纸基生产线流程

1. 原纸基供卷机构

RC 纸基生产线的原纸供卷机构，由双工位翻转架、张力自控系统、气控随动自动调偏、自动换卷四部分组成（图 14-11）。上述设备全部安装在带有滚轮的底座上，可在导轨上横向滚动，由气控随动自动调偏装置的气动执行机构推动，进行往复运动，实现整机自动调偏。

图 14-11　原纸供卷机构

双工位翻转架，设有两根用气缸横向夹紧的气胀轴，轮流放送基材，可实现不停机自动换卷接片。

2. 印刷机

有些 RC 涂塑照相纸基背面需要印刷商标，涂塑在线印刷一般采用凹版印刷。凹版印刷机主要由印版滚筒与压印滚筒组成，两滚筒垂直排列。所用凹版印刷采用直接着墨印刷的方式，凹版印版滚筒表面涂有铬层，耐磨性能好，一次制版可以反复使用。压印滚筒表面包有聚氨酯胶。凹版印刷速度快，是高速生产印刷的最理想选择。

直接着墨印刷机特性包括：设备结构简单，操作方便，使用时印版滚筒的三分之一浸入墨槽内，在转动时，油墨直接传给印版滚筒，印版滚筒表面多余油墨由油墨刮刀刮掉。印版滚筒采用分离式结构，即印版滚筒体与滚筒轴可各自分离，这种结构的制造工艺性较好，搬运与保管较方便，但对滚筒轴的配合精度要求较高。压印滚筒一般不靠齿轮驱动，而是靠与印版滚筒的接触摩擦力带动其旋转，因压印滚筒对印版滚筒所施印刷压力较大，所以，在印刷过程中，两滚筒之间在接触区不会产生滑动。因此，压印滚筒的直径不需要与印版滚筒保持恒定的传动比，但是对压印滚筒的正圆度和圆柱度有较高要求。

3. 挤出机

挤出机主要由机筒、螺杆（图 14-12）、模头（图 14-13）和加料系统组成。

涂塑照相纸基生产所采用的挤出机螺杆为突变型单螺杆。螺杆直径为 115mm、长径比为 33：1。最大挤出量 450kg/h、最高生产车速 120m/min、最大涂塑量 50g/m^2、涂塑纸最大宽度 1600mm。

模头采用直歧管可调 T 形模头，模头流道为全封闭式，装有内调宽器和减薄器。V 形模唇，使用这种模唇可缩短模唇到冷却辊与相夹接触线的距离。直歧管 T 形模头，歧管直径为 45mm。为提高熔融树脂的流动性，避免"死角"滞留物料，模头内腔必须是圆滑过渡曲线，表面经镀铬抛光。为改善物料混合的均匀性，在直歧管内装有管式混炼器，为避免歧管部位降压太快，造成横向厚度不均，在十字头与 T 形模头之间的垂直流道设阻力调节螺钉，调节熔融压力。

图 14-12　突变型单螺杆示意

T 形模头模唇间隙一般小于 1mm。涂塑照相纸基生产正面涂层模唇间隙为 0.9mm、背面涂层模唇间隙为 0.8mm。唇口平直部分长度为 3～5mm。为适应不同涂塑厚度和宽度，模唇间隙、宽度可调节。

为保证模头各温度点的稳定、横向流膜的均匀性、复合黏牢度，模唇口处装有 24V 低压模唇加热恒温装置。

机筒配有真空自动吸料泵及料斗式干燥机，另配有油压泵和圆柱式双流道液压快速换网装置，确保更换滤网时不停挤出机。

4. 复合机

复合机主要由钢制的冷却辊、硅胶压辊、剥离辊、支撑辊、弧形展平辊、切边及驱动装置组成。

冷却辊的冷却效果和辊面形态，对于挤出复合的产品质量有很大影响，不同的辊面复合出不同的表面效果，为了提高冷却效果和使辊的表面

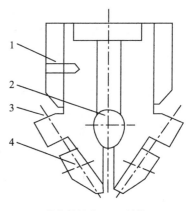

1—热电偶插孔；2—歧管；
3—调节螺丝；4—模唇
图 14-13　T 形模头模型

冷却温度均匀，冷却辊的内部结构采用外径 600mm 的双层夹套螺旋式冷却辊，冷却水温一般控制在 18～20℃，水温控制要根据生产季节、生产的车速、不同的辊面、涂塑量大小等不同因素来调整确定。冷却水温过高会使覆膜透明度降低，并会造成黏辊。用不同辊面生产应控制不同的冷却水温。

辊面和产品的对应关系如下。

（1）光面辊

使用光面辊生产的产品表面透明度高、有光泽。但光面辊能使熔融塑料在辊表面的流动阻塞性降低。阻塞性与薄膜的纵向厚度波动有关，阻塞性差，易产生横向厚度波动，又会造成纸面对冷却辊的剥离性差，产生黏辊、辊表面易脏的现象。

（2）毛面辊、雾面辊及其他辊面的滚筒

使用这些辊面复合的纸面透明度和光泽度均差，但对塑料的阻塞性好，复合的纸张纵向厚度均匀，并且纸面对冷却辊的剥离性好，不易黏辊，辊面也不易脏。

（3）硅胶压辊

压辊的作用，是将热熔膜以一定的压力压向冷却辊，使之冷却及固化成型。压力辊与冷却辊及机头模唇的相对位置，与复合牢度有很大关系。热膜下落距离稍偏向硅胶压辊，纸塑复合效果为最优。

复合接触压力与黏附牢度及复合质量也有密切关系，不同基材的复合加工工艺所需压力亦不同，一般采用调节汽缸压力来实现复合接触压力。

5. 涂布机

纸张涂塑后，需要按不同用途要求进行涂布。涂塑照相纸基正面需要涂明胶底层；背面需要涂防静电层，而且正背面涂布采用在线方式一次完成。

在高速涂塑线上的在线涂布，可以采用刮棒式吻合涂布机涂布。这种方式涂布车速相对较快，适用于固含量较低、黏度较小、涂布量少的涂布液，是一种涂布均匀性较好的涂布方式。图 14-14 是逆转吻合辊涂布示意图。

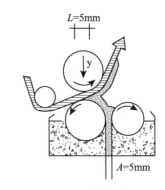

图 14-14　逆转吻合辊式涂布示意

刮棒式吻合涂布机由单辊、双辊、三辊多种结构形式，最简单常用的是单辊式涂布机，它是由一根涂布辊和一根计量棒组成。这种涂布机操作方便，广泛应用于涂塑生产线高速涂布。

计量棒类型有三种，即光滑棒、缠金属丝棒、沟纹棒。每种刮棒的特点：光滑式刮棒经镀铬抛光处理，其优点是制作简单，涂布量可涂得很小，不易损坏，使用寿命长；缠金属丝刮棒表面缠绕不同规格的金属丝，常用的金属丝直径为 0.05~0.65mm 之间，这种棒的特点是涂布量比光棒大，适合于黏度较大的涂布液，不足的是易磨损，使用寿命短；沟纹式刮棒，在加工好的金属棒上车上沟槽，其特点是涂布量范围灵活，能适用涂布液黏度较低、固含量小的涂层，现使用最普遍。

计量棒结构不同，其性能不同。在生产中采用什么样的涂布方式、涂布机及计量棒，应该先确定涂布液的固含量后，再选用涂布方式、涂布机、计量棒来实现涂布量的控制。涂塑照相纸基正面涂明胶底层采用沟纹计量棒，背面涂防静电层采用光滑计量棒。

6. 收卷机

RC 纸基生产收卷方式有被动和主动收卷两种。

被动收卷，适用于低速、宽幅、大卷径。收卷质量好，松紧一致。但难以实现自动接片换卷，不适于高车速、多工序连续生产。

主动收卷，由电机经机械传动直接驱动收卷轴收卷。

涂塑照相纸基生产采用两轴翻转架式结构。主动收卷时，为了保证收卷松紧一致，必须要使收卷轴与复合线速度相同。因此，要求有恒张力、恒线速传动，此时，经常使用变频张力控制系统调节张力，还要求随着卷径的增大而下降的转速恒功率驱动。要求使用传动力矩与转速成反比的软特性电动机。目前，采用较多的是交流力矩电机和串激直流电机，这样才能保证收卷质量较好，实现换卷接片不停车。收卷机如图 14-15 所示。

7. 电晕处理机

电晕处理机主要由电晕发生器和处理机组成。

电晕的原理：电晕处理机是应用高压放电技术使放电极间的空气电离形成电晕及

流注放电。基材被处理经过放电空间接
受放电时，其表面即产生极性基团，同
时，强烈的离子冲击使被处理物表面粗
化，从而增强涂层在被处理材料表面的
渗透力和黏合力。它是纸张涂塑中不可
缺少的设备之一。这种方法是提高改
善表面黏合力应用最广泛、最经济简
捷的表面处理方式。如图 14-16 所示
为电晕放电过程示意图。

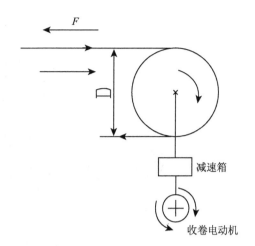

图 14-15 收卷机示意

三、工艺条件

1. 基本工艺过程

纸张涂塑就是通过一种适当的
加工方法，把颗粒状的热塑性聚乙
烯树脂加热熔融后，由挤出机螺杆
把熔融后的树脂通过挤出机模缝口
挤出的热膜，落到压辊与冷却辊间
隙中，从而复合到纸张上。这种加
工方法其优点是：生产速度快，产能
大，费用低，适合大批量、长周期、
稳定生产。纸张涂塑工艺示意图如图
14-17 所示。

采用这种加工方法可以制得单
层、双层、多层的涂塑复合纸，这种
涂塑复合纸既可保持聚乙烯本身具备
的某些优良性能，又可改善原纸本身
某些性能的不足。现已广泛应用于照
相、广告、包装、印刷、涂布等行业。

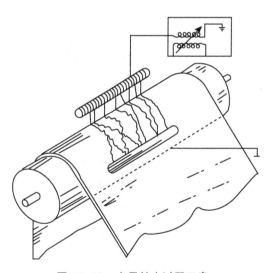

图 14-16 电晕放电过程示意

最典型的涂塑复合纸产品是涂塑照相纸基。目前，国内外涂塑照相纸基生产，
都是采用多工序连续在线一次完成的新工艺。工艺流程如图 14-18 所示。

2. RC 纸基构成

通过上述工艺制备的涂塑照相纸基结构示意图如图 14-6 所示。

各层构成成分：底层一般为胶质底层。它的功能是保护电晕处理效果，增强
白树脂层与感光乳剂层之间的黏合牢度。有的公司的彩纸中没有底层，但必须在
涂感光乳剂之前进行电晕处理。

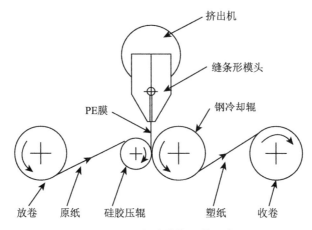

图 14-17　纸张涂塑工艺示意

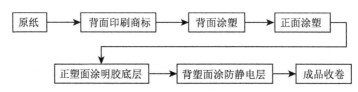

图 14-18　多工序连续在线一次完成的新工艺流程

白树脂层。该层是涂塑纸基的关键涂层。白树脂制造是一种专门技术，对分散度、颗粒性、光学性质等都有特殊要求，须与乳剂性质相配合。因此国际上一般涂塑纸生产厂家均需外购此种原料。

背面聚乙烯涂层由高密度聚乙烯组成，目的是增加纸基背面应力作用，以保持最终照相纸的平整。该层和白树脂层是采用熔融挤出复合方法，与原纸黏合在一起。对聚乙烯树脂要求的指标见表 14-5。

表 14-5　涂塑相纸基用聚乙烯主要指标

指标名称＼品种	低密度聚乙烯	高密度聚乙烯
熔融指数/（g/10min）	3.5～8.5	7.0～9.0
密度/（g/cm^3）	0.916～0.920	0.950～0.960

3. 生产过程温度控制

纸张涂塑工艺最主要是对挤出机机筒和模头加热温度和熔融温度的控制。不合理的加热温度，将会影响物料混熔和流膜质量；不稳定的熔融温度，将会影响纸塑复合黏牢度。挤出机和模头加热温度的设置，以及挤出机熔融温度的控制，既要使树脂熔融混合均匀、复合黏牢度好，又不能对树脂产生氧化分解。

在实际生产过程中挤出机加热温度应分段设置。进料段温度为 180～200℃；压缩段温度为 250～290℃；计量段温度为 310～320℃；三通和模颈温度为 320～325℃。模头加热温度设置考虑到膜缩边的情况。所以，模头两边的温度要比中间稍高。中间温度为 310℃，两边温度为 325℃。挤出机熔融温度控制在 315～320℃，低于 315℃会影响纸塑复合黏牢度。在生产过程中适当提高加热温度和熔融温度可以改善流膜的光泽度和透明度。当加工温度过高时从口模中流出的过热熔融料流动性太大，就不适于复合，并且会发生过多的氧化作用，模唇处就会出现大量的烟雾，影响膜表面的光亮度，同时"缩边"现象严重。当加工温度过低时树脂混合熔融不好，流膜时会夹带不熔的晶体，影响膜的表面质量，使纸塑复合时出现拉丝、条道。

为了得到理想的流膜质量，在涂塑加工时可采取较高的挤出温度，但不使树脂受到破坏。另外，熔融温度的波动太大，会造成流膜忽宽忽窄及涂塑厚度不均匀。

挤出机中任何部位的温度过高，均能使树脂中低分子物和填料分解成挥发性的气化物质，产生气泡针孔。模头温度和开口度的控制也十分重要，模头的作用是迫使熔体进入最终成型涂层、保持熔体恒定、在恒定压力和速率下计量流出熔体、使熔体获得横贯基材所期望的宽度。因此，对挤出复合来说，涂塑的均匀性主要是通过控制模头的温度来实现，涂塑质量好坏很大程度上取决于熔融料的温度高低及温度的均匀稳定程度。

模头开口度应该宽窄一致，挤出量也应是一致的。但是，由于口模两端流出的膜较中间容易冷却，所以口模两端的温度设置一般比中间的温度高 5～10℃。

纸张涂塑的黏牢度与加热温度有直接的关系。除此之外，与原纸特性、树脂的使用性、涂塑厚度、电晕处理强度、压辊压力大小等有关。同时，热膜还要具有合适的牵引距离和空气间隙。为了促进覆膜对原纸的黏合力，纸张复合时对纸张表面采用电晕放电处理，目的是使纸面的结构发生改性，增加黏合力。

落膜位置是否合适，关系到纸塑复合牢度。挤出热膜落膜的位置应靠近纸的一边，即硅胶压辊一侧 5mm。另外热膜从模唇口落到冷却辊与相夹接触线上下距离 120～150mm 为最佳复合距离。但这个距离也可根据不同生产情况进行调整。一般生产车速较慢时气隙距离可大一些，反之则小一些。

复合冷却辊水温的控制，直接关系到涂塑纸表观的光亮度和剥离效果。涂塑生产过程中热膜的冷却主要靠冷却辊来完成，冷却辊水温正常情况下要求控制在 18～20℃。

4. 复合压力

在生产过程中，原纸基由拖动的冷却辊牵引，经开卷辊展开并拉过压力辊，与自模头流下来的热熔体薄膜汇合。到达压合处后，基材与薄膜被压紧。

复合压力对涂塑层厚度和复合强度，都有一定的影响。线压力过低，黏合强度偏低，过高的线压力对纸与树脂的黏合无多少改善，一般控制复合线压力 $9\sim18kg/cm^2$。

RC 涂塑纸树脂复合膜层大约 $20\sim38g/m^2$。复合压力对涂塑量的影响，如图 14-19 所示，涂塑量随压力变化而变化。CD 段涂塑量相对稳定，有利于获得比较均匀的涂塑层。

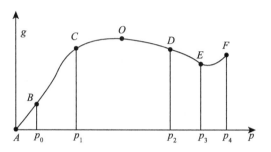
图 14-19 涂塑量与复合压力对应关系

5. 生产线的张力

生产过程的纸幅在运行中各部分的张力要进行控制。因为张力不仅影响生产连续性、涂塑均匀性和表观的平整，对收卷松紧也有一定影响。根据生产线区间不同片路长短，张力可控制在 $0.2\sim0.6kN/m$，收卷时根据生产要求，可采用张力衰减。张力控制以纸幅运行平整稳定，各区间张力波动小为标准。张力过大容易导致断片。

第五节　涂塑纸常见弊病及质量控制

一、普通涂塑纸

普通涂塑纸复合产品要求黏结牢固，表面干净、平整、光洁度好、无起泡、卷曲、皱褶，不亏膜、无出膜等。在涂塑纸的生产过程中，如果控制不当，在原料中就含有容易生成凝胶点的较大分子量的 PE，在涂塑纸的生产过程中，会进一步通过接枝反应而形成凝胶点。

聚乙烯具有被氧化的特性，在陈列条件下，由于将随温度、湿度、照明强度以及光照时间的影响而逐渐老化，最终造成发脆或开裂。适用于普通用途涂塑纸的稳定剂很多，但是，所有存在颜色、产生气味或干扰涂布的稳定剂，都不适用于照相纸基。

二、涂塑照相纸基

1. RC 照相纸基性能指标

涂塑照相纸基质量好坏，直接影响相纸的生产、使用和质量。为了有效控制涂塑照相纸基在生产过程中的质量，结合各方面因素，确定了 RC 照相纸基性能指标表。如表 14-6 所示。

表 14-6　涂塑照相纸基指标表

项目	单位	指标
厚度	μm	228～234
定量	g/m²	219～231
挺度	mN	>40
撕裂度	mN	>1300
拉伸强度	MPa	>50
色调	L	90～92
	a	−1.2
	b	−0.6
不透明度	%	>90
白度	%	>94
含湿量	%	4.5～6.5
边缘渗透	mm	<0.8
涂塑量	g/m²	正 27～29
	g/m²	背 28～30
表面电阻	Ω	$<1×10^8$
纸塑牢度	—	合格
底层牢度	—	合格
表观	—	合格

　　不管生产传统的彩色感光相纸，还是数码彩喷相纸，所使用的涂塑照相纸基的质量指标相差不多。所不同的是传统彩色相纸生产时，在涂塑照相纸基面层涂感光乳剂；而数码彩喷相纸生产时，在涂塑照相纸基面层涂吸墨层。最终相纸质量如何，与涂塑照相纸基质量密切相关。

　　2. RC 相纸基质量控制

　　涂塑照相纸基的质量，直接影响纸基的使用及相纸产品的质量。所以，在涂塑照相纸基生产过程中易出现的质量问题应能够得到有效的控制和解决，是非常重要的。对照表 14-6，结合实际生产经验，从下列方面，对 RC 相纸基性能相关的生产控制因素加以说明。

　　（1）纸基白度

　　纸基的白度将会直接影响相纸的低密度部位的白度，相纸低密度部位的白度是评价相纸质量好坏的重要特性之一。而相纸低密度部位的白度，在很大程度上取决于正面树脂层的白度。

此外，涂塑照相纸基正面树脂层的白度和不透明度与其后制成的相纸图像的清晰度以及解像力密切相关。不透明度高，通过照相乳剂的光就不会透过树脂层在纸面上漫反射后再达到照相乳剂而感光。白度高，在树脂表面有足够的光发生反射。两者共同作用的结果保证了图像的清晰度和解像力。

提高涂塑照相纸基正面层白度，除增加正面涂塑配方中白母料用量外，最有效的方法是加入适量的荧光增白母料。除此之外，也可适当调整蓝母料用量，它能反射蓝光，遮盖黄光，从而提高白度。

（2）卷曲度

影响涂塑照相纸基卷曲度的因素很多。其中正面涂塑配方中高、低密度聚乙烯的配比与正背面涂塑量的大小匹配尤为重要。相纸的生产是在涂塑照相纸基正面涂上感光乳剂层制成。照相感光乳剂层主要由溴化银及明胶组成，明胶遇水膨胀，干后收缩会产生张力，对空气中湿度非常敏感，湿度愈小，收缩愈烈，致使相纸向正面卷曲。

为控制卷曲度，在涂塑照相纸基生产中，背面涂塑配方中高密度聚乙烯用量要比低密度聚乙烯多；背面涂塑量要比正面多 $1\sim2g/m^2$；使涂塑照相纸基向背面稍卷曲。这样，能使涂塑照相纸基正面涂上感光乳剂后向正面卷曲，保证相纸基本平整。

因此，在生产涂塑照相纸基时，可根据乳剂层的性能、涂布量，来确定正背面涂塑配方和控制匹配正背面涂塑量，制成具有合适卷曲度的涂塑照相纸基。

（3）防静电性能

静电产生的原因有很多，在涂塑照相纸基生产过程中由于两面都涂有聚乙烯层。由于聚乙烯本身是一种良好的绝缘材料，涂在纸张表面，经高速运转、纸面与滚筒摩擦，纸表面电阻增加，产生静电。

静电的产生在相纸涂布、分切整理过程中会发生微弱的静电火花，给相纸造成灰雾。另外，静电大，相纸表面吸尘严重。静电产生的主要部位是纸基的背面，为此，涂塑照相纸基背面涂塑后，再在聚乙烯层表面涂一层防静电涂层，来降低、消除静电的产生。

（4）底层黏牢度

涂塑照相纸基表面涂有聚乙烯层，聚乙烯本身具有一定亲水性能，为保证其表面与感光乳剂结合牢固，必须进行表面处理。处理方法采用电晕处理机处理。这种方法工艺简便，效果良好。

电晕处理效果的好坏是由电晕发生器电流、电压的大小决定的。在单位面积所受的电晕处理作用愈强，效果愈大。另外，电晕处理效果随着处理后放置时间的延长而降低。

提高电晕处理的频率、电压、电流、缩小处理机电极间距,可以增强电晕处理的效果。聚乙烯层经电晕处理后立即涂一层明胶底层,可以使涂塑照相纸基得到稳定的经久不衰的黏附力。

(5) 清晰度

涂塑照相纸基正面涂层的不透明度直接会影响涂塑照相纸基的清晰度。因此,在生产涂塑照相纸基时就要考虑到不透明度与清晰度的关系。传统的涂钡相纸的感光乳剂层是涂在不透明的钡地纸上,感光时,光线一部分被乳剂吸收了,一部分被钡层反射出去,光线不会进入纸内,就不会影响画面的清晰度。

涂塑照相纸基的乳剂是涂在聚乙烯涂层表面上。虽然正面涂塑层加入了白母料、蓝母料,增加了正面聚乙烯涂层的不透明度。加入的白母料、色母料量多少、遮盖力、不透明度等会决定 RC 纸基是否达到涂照相乳剂的要求。

当涂塑层不透明度达不到要求时,塑层涂上乳剂后,曝光瞬间,乳剂层感光,光线有一部分透过涂塑层到原纸表面上,然后再反射回乳剂层,由于入射光和涂塑层表面不完全垂直,涂塑层表面、原纸表面不是完全平整的,就有可能使原纸上反射到乳剂层的光线超出原来的界线,造成影像轮廓模糊不清,清晰度不够,即所谓的光晕现象。

为解决光晕现象造成清晰度不够,在涂塑照相纸基生产过程中,在正面涂塑配方中加入适量的白色母料和色母料,使涂塑层的遮盖力提高。使射到乳剂层的光线基本上不再进入聚乙烯层,这样就大大改善了相纸画面的清晰度。

参考文献

[1] 刘勇. 纸塑、塑编等涂膜复合加工特点与要素. 中国包装工业, 2000 (1) 总 67 期: 32-33.

[2] 靳包平, 马榴强, 钟枢. 纸塑复合胶黏剂研究进展. 北京联合大学学报, Vol. 13 (2), 1999 (6): 85-89.

[3] 欧国勇, 杨辉荣. 纸塑复合胶黏剂的研究现状和动向. 现代化工, 2001 (5): 17-19.

[4] 叶枫. 全自动布塑层复机. 包装工程, 1991, 12 (4): 179-183.

[5] 孙宝才. 转移法涂塑加工技术. 北京纺织, 1993 (3): 44-46.

[6] 史美芬. 塑料的挤出复合技术. 中国包装, 1989 (9): 61.

[7] 王克闾. 照相涂塑纸基制造技术. 感光材料, 1988 (6): 38-40.

[8] [日] 矢野哲夫. RC 型相纸和钡地纸. 影像材料, 1984 (8): 50-51.

[9] 陈传玉. 国产荧光增白剂和进口荧光增白剂在照相纸保护膜中的应用性能. 影像技术, 2005 (1): 22-23.

［10］余权英．RC 纸基．影像技术，1980，5：42-45.

［11］侯汉武．涂塑复合纸的制造方法．CN01126884.0.

［12］邓永进，范叶，殷其华．辊轮式纸质涂塑机构的设计分析．湖南工业职业技术学院学报，2004，4（13）.

［13］林卫杰．变频收卷张力控制系统在印刷机上的应用．黑龙江科技信息，2009，4（7）：24-25.

［14］赵鸥，赵劲松．涂布层压法制备抗静电塑料．塑料工业，第 33 卷增刊，2005（5）：56-75.

［15］张永根，徐耀祖．照相涂塑纸基底涂布试验．上海轻工业设计院.

［16］汤志宏，于立佳．林业机械与木工设备．1998，26（8）：20-23.

［17］天津感光胶片厂资料室，涤纶片基表面预处理.

［18］张福龙．照相涂塑纸基的电晕处理法．感光材料，1991（5）：37-39.

［19］阎恩栋．涂塑照相纸基生产过程中各个重要工艺参数的选择．感光材料，1992（1）：27-29.

［20］姚玉明等．纸塑复合常见质量故障及控制．印刷技术，1995（4）：7-11.

［21］汪玉畅．谈纸塑复合常见质量故障及其产生原因和消除办法．广东印刷，1996（5）：16-17.

［22］鲁伟．涂布系统的开发与应用．浙江大学硕士研究生论文，2004.

［23］张永根，徐耀祖．照相涂塑纸基底涂布试验．上海轻工业设计院．化学世界，1983：232-234.

［24］缪湘潮，王秀玲译．国际染印漂整工作者，1990（9）：11-22.

第四篇

涂布质量控制

第15章 涂布工序产品检验与控制

涂布生产是一个十分精细的化学工艺过程，人员、设备、材料、工艺方法和环境等方面的微小变化，都有可能引起产品质量的变化，形成明显的或隐蔽的、表观的或内在的弊病或缺陷。轻则影响产品的内在品质和适用性能，重则形成批量报废，造成巨大经济损失。

涂布产品品质保证工作是一个系统工程，从宏观上说，它不能局限于涂布车间的工序管理，而要有两个延伸，即向原材料供应商的延伸和向销售市场的延伸。本书重点讨论生产前的实验室工作、生产过程的控制以及生产后产品的实验室检测工作及其涉及的相关内容。

在质量要求很高的感光材料生产过程中，每道工序制造的中间产品，都必须经过检验，合格的产品才能进入下一道工序。生产过程控制水平的高低，直接影响最终产品的质量，诸如涂布表观和照相性能等。为了保证产品质量，所有工序产品，都要建立相应的控制标准，例如涂布液的物理化学控制参数、涂布过程的工艺参数和操作条件，以及最终涂层的物理化学特性条件等，必须严格执行不同阶段的控制标准，才有可能实现产品"无弊病"的目标。

以卤化银感光材料为例，整个涂布过程的工序产品有乳剂（具有感光性能的卤化银颗粒乳状液）、油乳（油溶性成色剂分散的乳状液）、补加剂溶液、熔化物料（分散物和隔层）、涂布液和半成品宽片等，需要分步检验，分步控制。

第一节 工序物料的检测

一、工序物料需要检测的项目

如前所述，不同物料工序检测项目不同，为了便于对比，列出工序物料检测项目一览表如下（表15-1）。

表 15-1 工序物料的检测项目一览表

序号	物料名称	检测项目
1	乳剂	黏度, 含银量, pH 值, 照相性能
2	油乳	黏度, pH 值, 吸收面积/HPLC, 粒径, 照相性能
3	补加剂溶液	黏度, pH 值
4	分散物、隔层、涂布液	黏度, pH 值, 吸收面积/HPLC, 表面张力
5	纯水	电导率, pH 值, 可氧化物质

当然, 不同测试项目, 需要不同的测试仪器设备和测试方法, 遵循一定的测试标准。

二、检测方法及控制要求

1. 黏度的测定

影响感光材料涂布物料黏度的主要是物料中明胶及成色剂的含量, 某些补加剂的加入及溶液温度也会影响涂布液黏度。通过测试黏度, 可以判断物料是否正常, 例如加水、加胶、加补加剂后, 体系黏度是否处于允许范围, 保存过程中是否有腐败变质现象等。在一次多层涂布中, 层间黏度的正确匹配十分重要, 如果匹配不当, 会直接影响涂布层流性, 进而影响涂布产品质量。

液体黏度主要受温度变化影响。在涂布过程中, 要严格控制供料系统和涂布头的温度。卤化银乳剂的涂布温度控制在 40℃ 左右, 所以物料黏度的测试温度也控制在 40℃。

在感光材料行业里, 黏度的测定, 常用相对黏度测定的恩氏黏度计和绝对黏度测定的旋转黏度计两种方法。

（1）恩氏黏度计

在固定温度（40℃）下, 测定在固定液位下, 物料流下 200 mL 所用时间, 并与流下相同体积 20℃ 水的时间相比, 其商值即为恩氏黏度:

$$°E = \frac{测定物料在 40℃ 时流下 200 \text{ mL} 所用时间(s)}{水在 20℃ 时流出 200 \text{ mL} 所用时间(s)} \qquad (15-1)$$

注: 在 20℃ 时 200 mL 蒸馏水流出时间 50~52s。如水流秒数超出此范围, 说明黏度计有问题。

（2）绝对黏度

绝对黏度被定义为剪切力与剪切应变速率之比, 其国际制单位为帕·秒 (Pa·s), 即泊, 泊的单位太大, 通常用其 1/100, 即厘泊, 1 厘泊等于 1 毫帕·秒 (mPa·s)。

旋转黏度计用于测量液体的黏性阻力与液体的绝对黏度。以 NDJ-1 型旋转黏度计为例，介绍其结构及测试原理如下。

测试时，首先根据被测物料的黏度范围选择转子和转速。若不能估计，则试用由小到大的转子、由慢到快的转速，将被测物料调整到规定温度。再将转子浸入物料中，按住指针控制杆，同时开启电机开关，转动变速旋钮到所需转速，放开指针控制杆，经 20~30s，待指针稳定后，按住指针控制杆，使读数固定。关闭电机，读取读数。

在工程上常用黏度为动力黏度（cSt），它与绝对黏度的关系为：

绝对黏度（厘泊）/液体密度=动力黏度（cSt，厘泊）   (15-2)

2. pH 值的测定

在感光材料制造过程中，pH 值影响涂液的稳定性，影响涂布表观和产品的照相性能和物化性能。

测定 pH 值的方法有多种，其中应用广泛的是酸度计测定溶液的 pH 值，它是一种电位测定法。

酸度计的工作原理，是将玻璃电极和甘汞电极插入被测溶液中，组成一个电化学原电池，其电动势与溶液的氢离子浓度大小有关。酸度计所用测量电极为玻璃电极，装有 0.1mol/L HCl 溶液，由银—氯化银电极作内参比电极；参比电极为甘汞电极，由金属汞、Hg_2Cl_2 和 KCl 溶液组成。电极的作用是把溶液的氢离子活度转换成电压信号送入电位计，电位计将电压信号放大，然后由电表显示出对应的 pH 值。

在酸度计上设有补偿温度的装置，在测 pH 值前，要用已知 pH 值的标准缓冲溶液进行定位，然后再测量 pH 值。实验室常用的三种标准溶液（25℃下）如下。

pH 值=4.00   邻苯二甲酸氢钾

pH 值=6.86   混合磷酸盐

pH 值=9.18   硼砂

测试时，将开关置于"pH"位置，首先将电极插入到 pH 值=6.86 的缓冲溶液中，温度补偿器调整到与缓冲液温度一致。调整定位旋钮，使 pH 值读数为6.86；再插入到 pH 值=9.18 的缓冲溶液中，调整斜率旋钮，使 pH 值读数为9.18，冲洗电极擦干后，插入被测溶液中，将温度补偿器调整到与被测溶液温度一致，表上的读数即为被测溶液的 pH 值。

3. 表面张力的测定

表面张力是沿着液体表面，垂直作用于单位长度上的收缩力。单位是达因每厘米（dyn/cm）或毫牛每厘米（mN/cm）。

测量液体表面张力时，必须区分静态及动态表面张力测量方法。静态为测量过程中，边界表面维持不变；而动态方法则不断产生新的表面或边界表面，表面活性物质在测量过程中扩散，此时表面张力值，视表面活性物质随时间的扩散能力而定，许多清洁及润湿过程的状况及结果，主要受动态表面活性物质的影响，所以，测量及记录表面张力随时间的变化状态是非常重要的。

实验室常用的有手动和自动测定两种仪器，用于测定物料的静态表面张力。

手动张力仪，主要由扭力丝、铂金环、支架、拉杆架、涡轮等组成。使用时，通过涡轮的旋转对钢丝施加扭力，并使该扭力继续慢慢增加，当铂金环被拉离液面时，钢丝扭转的角度，用刻度盘上的游标标出，此值为 M 值，用 mN/m 表示，最后用 M 值乘以校正因子 F，即得液体的实际表面张力值 σ。

自动表面张力测试仪，主要结构由升降台、铂金板、挂钩、数显控制器等组成。将被测液体倒在玻璃皿中，放在升降台上，将铂金板挂在主体挂钩上，放开制动开关，调整零点后，启动升降台，当铂金板和液体接触一定深度，升降台自动停止。当铂金板离开液面时，数显控制器显示的数据即为被测液体的表面张力。

使用气泡压力原理的表面张力仪测量动态表面张力，为目前已知最快速、可靠而经济的方法。某些气泡压力式表面张力仪，具备测量静态及动态表面张力两种功能。

4. 浓度、吸收面积和 HPLC（高效液相色谱）

浓度反映溶液中溶质的含量。补加药液是按照配方规定的浓度值来配制的，在用量一定的情况下，浓度的高低直接影响照相性能和物理机械性能。生产车间为了称量和配制方便，可采用质量百分比浓度（g/kg）或体积百分比浓度（%）。对某些很难分析浓度的药品，可通过加强双人核对称量和配制的管理方法进行控制。

物料吸收面积是指物料吸收曲线与纵、横坐标围成的区域的积分面积，通过测试物料吸收面积，可简单直观地判定物料组分是否正常。一般使用分光光度计测量。

HPLC 是用来分析化合物质中不同组分的含量的常用方法，如用于分析油乳和涂布液中成色剂含量等。

（1）分光光度计测试补加剂溶液浓度

分光光度计主要部件包括光源、单色器、吸收池、检测器及测量系统等。

光源发出的光谱通过滤光镜和入光狭缝滤去散射光，进入凹面光栅进行色散。色散光透过出光狭缝后成为单色光，被凹镜反射，到达旋转镜。在那里单色光被分为两条光束，一条用于参比，一条用于样品。这两条光束通过样品仓后，交替照射到光电倍增管上（光电池），在那里被转换成两个电信号，电信号在前置放大器被放大，然后进行模数转换，随即用运算程序进行自动处理、显示和打印。

光电比色分析所依据的原理是朗伯—比尔定律，也叫光吸收定律，即当一束单色光通过有色溶液时，溶液的吸光度与溶液的浓度和厚度的乘积成正比，当厚度一定时，吸光度只与浓度呈正比。

朗伯（Lambert）定律阐述为：光被透明介质吸收的比例与入射光的强度无关；在光程上每等厚层介质吸收相同比例值的光。

比尔（Beer）定律阐述为：光被吸收的量正比于光程中产生光吸收的分子数目。

$$\log (I_0/I) = \varepsilon CL \tag{15-3}$$

式中　I_0 和 I——分别为入射光及通过样品后的透射光强度；

　　　$\log (I_0/I)$ ——吸光度（absorbance），旧称光密度（optical density）；

　　　C——样品浓度；

　　　L——光程；

　　　ε——光被吸收的比例系数。

当浓度采用摩尔浓度时，ε 为摩尔吸收系数。它与吸收物质的性质及入射光的波长 λ 有关。

因此，可以被测溶液的浓度 C 为横坐标，吸光度 A 为纵坐标，作出一条 $A-C$ 曲线，即为工作曲线。可以根据被测样品的吸光度在曲线上查出其浓度值。

被测溶液必须是稀溶液，因为当溶液浓度高时，吸光度与浓度的关系曲线不成直线关系，偏离了朗伯—比尔定律。

（2）分光光度计测量物料的吸收面积

依据朗伯—比尔定律，推知物料的吸收面积随物料浓度而变化。用分光光度计测量物料在某一段波长的吸收曲线，然后用运算程序对物料吸收曲线与横、纵坐标围成的区域进行积分，得到物料的吸收面积。

测试液的配制：将一定量的被测物料用溶剂按一定比例稀释后，再进行吸收曲线的测量。

（3）高效液相色谱测试成色剂含量

高效液相色谱仪的主要部件有，贮液罐、高压输液泵、进样装置、色谱柱、检测器、数据处理装置等。

根据色谱法基本原理，利用样品混合物中各组分理化性质的差异，各组分程度不同地分配到互不相溶的两相中。当两相相对运动时，各组分在两相中反复多次重新分配，结果使混合物得到分离。两相中，固定不动的一相称固定相；移动的一相称流动相。

工作原理是，通过高压输液泵将贮液罐中强度不同的溶剂（脱过气、除过杂质的溶剂）输入混合器，混合后的流动相进入色谱柱中，通过进样器注入样品，流动相将样品带入到高压柱中，进行分离，检测器连续监测经色谱柱分离后的流出物的组成和含量变化，最后经数据处理系统得到样品物料中各化合物的含量。

5. 乳剂含银量的测定

乳剂含银量一般用克银/千克乳剂表示，即每千克乳剂中所含银的克数。感光材料是以感光的卤化银颗粒为基础的，各品种都要求涂布一定的银量。乳剂涂布量的确定是根据完成涂布液含银量计算出来的，即涂液含银量的高低决定了涂布量的大小。所以，在确定涂布量前，要求测试每批涂液的含银量。在配方设计规定的单位面积含银量（g 银/m²）的前提下，涂少了影响照相性能，涂多了会增加成本。

常用的测定含银量的方法是电位滴定法。其原理是，当金属银浸在含有银离子的溶液中时，在金属银和溶液之间就产生了电位差，电位差的大小与溶液银离子浓度成正比，电位差的大小可用电位计测出。用硫代乙酰胺标准溶液作为滴定剂进行滴定，溶液中的银离子浓度随滴定剂的不断加入而逐渐减少。当银离子正好与加入的滴定剂反应结束时，即当溶液中银离子已全部消耗完时，电位差值立即出现一个突变。电位滴定法就是利用电位差的这种突变来确定滴定的终点，并根据滴定所消耗的标准溶液数量，来计算被测溶液的含银量。

测试溶液配制：称一定重量的乳剂，加纯水溶开后，加入定量的 250g/L 的硫代硫酸钠（起到将卤化银变成可溶性银离子的作用），80g/L 的 NaOH—EDTA（使溶液呈碱性，因为滴定剂在碱性环境下易电离出硫离子）和 4g/L 的明胶溶液（使反应生成的硫化银悬浮，不堵电极），然后进行滴定测量。

$$乳剂含银量 = T \times V / W \qquad (15-4)$$

式中　T——硫代乙酰胺标准溶液的滴定度，即每毫升硫代乙酰胺标准溶液相当于多少克银，mg/mL；

　　　V——滴定时硫代乙酰胺标准溶液实际耗用毫升数，mL；

　　　W——所称取乳剂样品的重量，mg。

实验室的 PHS-2 型酸度计和自动电位滴定仪，都可用于乳剂和胶片的含银量测定。PHS-2 型酸度计用银电极和饱和 KCl 甘汞电极；自动电位滴定仪用复合银电极。

6. 油乳粒径

现代彩色感光材料使用的成色剂油乳，是水包油型（O/W）乳液，油乳颗粒的状态，影响彩色画面的清晰度和颗粒度，要求乳液微粒均匀和稳定。通过油乳粒径检测，可判断油乳生产过程和保存过程是否正常。

油乳粒径可以用显微镜观察，也可用手涂干片观察透明程度确定。最常用的是激光粒度仪测定油乳粒径分布状态，确定油乳分布状态。

7. 纯水的检验

（1）纯水电导率的测定

纯水的电导率，直观地反应了纯水中各种重金属离子和氨、氯离子含量的多少，这些离子对涂布表观和照相性能有很大影响。纯水电导率（25℃）要求＜2.00μS/cm。

电导率仪有多种型号，工作原理是，在电解质溶液中，带电的离子在电场的影响下，产生移动而传递电子，因此具有导电作用，其导电能力的强弱称为电导率。

测试时，首先打开电源开关，使仪器预热到指针稳定，调节"调正"器，使电表满度指示；将选好的电极插入被测水中，选择高低周，校正使指示正满度；测量，将电表指示数乘以量程倍率，即得被测水的电导率。

（2）纯水可氧化物含量测定

纯水中含有的可氧化物质，影响乳剂性能和产品的保存性。其控制指标为含量<0.4mg/L。

测试方法：用发生氧化还原反应的方法进行测试。量取 200mL 纯水注入烧杯，先加入 20％硫酸溶液 1mL，然后加入 0.01mol/L 高锰酸钾标准溶液 1mL 混匀，盖上表面皿，加热至沸腾并保持 5min，溶液的粉红色不完全消失，说明可氧化物质含量<0.4mg/L。

8. 照相性能检验

首先通过单涂层的发色试验，确认物料无误后，才可将各色物料用于混合搭配。其次是涂布物料的组装检验。即按照配方设计准备物料，按规定顺序涂成复层样片，并将样片老化，然后与未老化样片一起检测照相性能，照相性能合格后组织首轴涂布。

第二节　首轴制度与工序状态确认

由于卤化银感光材料产品质量要求严格，产品附加值高，原材料价格昂贵，单周期产量比较大，如彩色相纸在 50 万 m² 以上，产品又有很高的统一性要求，需要尽量控制物料和工艺参数一致，所以在配方组装检验后，在开大周期之前，还要执行涂布首轴的制度，一方面是对照相性能的再次确认，另一方面也在生产速度下检验涂布表观质量。

为了保证生产线运行稳定可靠，在涂布首轴和开大周期前，要对各工段各岗位的状态进行检查确认。具体的内容有：

（1）公用工程的供应情况，如压缩空气压力，7℃水温度，蒸汽压力。

（2）环境和设备卫生状况，容器内壁没有乳剂斑点，重点设备清洗水要取样检查，计量泵和热水泵要"沟见底、轴见光、设备见本色"，无滴漏物料现象。

（3）各保温锅的升降温速率，底阀有无泄漏，搅拌器运行与密封情况。

（4）纯水计量准确度，电子秤检测。

（5）各计量泵的校准，要检测三次并记录。

（6）涂布各岗位的专业检查，如涂布头复位精度、负压系统密封间隙、保温，各调偏装置的运转、各导轴是否灵活，穿片路线，片路运行状态和供、收片机运行情况，接片机工作状态，主控室各仪表的调整控制状态等。

以上各项由各岗位负责人检查签字，再由班长或有关负责人确认签字后，才可投料或开车生产。

第三节　半成品检测

一、半成品检测项目

从涂布生产线下来的宽片，在送整理车间进一步加工前，要进行表观、物化性能和照相性能等一系列的质量检验，称为半成品宽片质量检验。具体检验内容，如表 15-2 所示。

表 15-2　半成品宽片检测项目

序号	检验内容	具体检测项目
1	物化性能	含银量，初熔点，老化熔点，含湿量，吸水率
2	表观	支持体，生片，三色片，灰片，透明片
3	照相性能	各主要指标

二、检测方法及控制要求

1. 物化性能检测

（1）含银量

感光材料的涂布银量，是指每平方米所涂布的银的克重，一般以 g 银/m² 表示，它是产品照相性能达标的基本条件，涂布银量高于或低于控制指标，都会影响产品照相性能。在涂布过程中，开车的片头和按规定间隔轴数的片尾，都要取样检测含银量，以监控判断涂布生产线运行是否正常。

含银量测定方法与乳剂含银量测定相同，只是将涂布样品裁切成 5cm×10cm 的小块，将小块样品上的涂层溶于水中进行滴定。

$$样片含银量 = T \times V \times 10/S \tag{15-5}$$

式中　S——裁切样品的面积，cm²；

　　　T——硫代乙酰胺标准溶液的滴定度，mg/mL；

　　　V——滴定硫代乙酰胺标准溶液实际耗用量，mL。

（2）初熔点和老化熔点

感光材料成膜物质主要是明胶，充分润湿的明胶涂层在一定温度下会软化变形。新下线未经老化的材料，使涂层开始变形的温度称为初熔点；经过老化的材料，使涂层开始变形的温度称为老化熔点。熔点过低的材料，在冲洗加工中易发生软化变形或脱膜，直接损害画面质量，所以，感光照相材料成品涂层，有一定的熔点要求。抽测熔点，可以判断材料涂层的坚膜程度是否正常。

具体操作是，将感光材料涂布产品裁切成 15mm×80mm 的样品，固定在分度值为 1℃ 的温度计上，温度计水银球与样品中心位置对齐，然后一起放进装有冷纯水的比色管中，使样品在比色管中被纯水浸没，将比色管放入装有纯水的大烧杯中用水浴升温。仔细观察，当材料边缘部分开始变形（脱膜）时，立即读出当时之温度，即为此材料的初（老化）熔点。一般老化条件，干球温度 50℃、相对温度 80%、老化时间 30~90min。

（3）含湿量

涂布感光材料要控制适当的含湿量，含湿量过高，会使感光材料在保存期中性能衰减，甚至发生粘连；如含湿量过低，则涂层容易脆裂或翘曲或者产生静电。

一般用称量烘干法测定含湿量，即将感光材料在规定的温度和时间内烘干，以百分率表示被蒸发的水分与被测试样品原始重量之比，即为其含湿量。

将预先称好的试样均匀倒在称盘里，加好平衡砝码，调好应用电压，开启天平和红外线灯，对试样加热 10min，待刻线不动时读出数据。

$$含湿量 = 失水量/样品重量 × 100\% \tag{15-6}$$

（4）吸水率

在规定的温度、时间条件下，涂层材料在水中吸水增加量的多少，称为该样品的吸水率，以百分数表示。感光材料的支持体和各类涂层在加工液中都会吸水膨胀，而带明胶的涂层吸水量比支持体大得多。如吸水膨胀过多，会使药膜（涂层）变软，机械强度下降，并影响干燥时间，影响使用。通过测定吸水率，也可反映出材料的坚膜和干燥情况，用来指导生产。

测试时，先将试样按规定温湿度、时间进行老化。老化后样品裁成 5cm×10cm，放入称量瓶中称重为 W_1，然后取出放入冷纯水中浸泡 3min，用滤纸吸干表面水分，放入原称量瓶称重为 W_2，取出样品，用蛋白酶溶液将其涂层洗掉，用纯水冲洗干净并用滤纸吸干水分，再放入原称量瓶称重为 W_3。

$$吸水率 = (W_2 - W_1)/(W_1 - W_3) × 100\% \tag{15-7}$$

2. 宽片表观检查

涂布生产有时会出现一些表观弊病，这些弊病的原因或来自支持体，或来自涂布液以及涂布设备等。生产过程中必须取宽片进行检验，以便及时发现问题进行处理。

（1）支持体检验

用反射光或透射光目视检查，检查支持体是否有划伤、硌印、条道或刷道、褶皱、脏点等弊病。

（2）生片检验

未冲洗加工的宽片称为生片，在明室用反射光或透射光目视检查，检查是否有划伤、规律性硌印、条道或刷道、拉丝、脱涂、发花、气泡、点子等弊病。必要时可用放大镜或金相显微镜检查。每轴都要进行生片检验。

（3）三色片检验

由于一次多层涂布的缘故，为明确显示各分色层次的均匀性，采用样片分色曝光后，用黑白或彩色显影液显影，定影水洗，然后在透射或反射光下目视检验。这样便于判断产生问题的层次。

（4）灰片检验

样片均匀曝光后，按黑白或彩色冲洗条件加工，达到规定的银影或彩色密度，然后在透射或反射光下目视检验，检查涂层均匀度，有无弊病及其影响程度。

（5）透明片检验

样片不曝光，直接按黑白或彩色片加工程序冲洗加工，冲洗后样片只有灰雾密度，然后在透射或反射光下目视检验。这类检验主要观察有无静电斑痕，或增感性的弊病。

第16章 涂布均匀性及其评价

卤化银涂布照相材料产品由支持体和涂层构成，其中，彩色感光材料甚至包括 10 多层。产品质量要求涂层各点各向同性，不同批次产品性能高度一致，因此，涂布产品的均匀性及其评价，十分重要。

第一节 标准偏差变化图

复合产品涂布的目的，主要是为了生产出厚度统一、均匀的涂层产品。对于感光材料，客户对产品均匀性的评价，通常包括厚度和光学密度的均匀度。依据 Lambert's 定律，对于透明材料，密度 D 正比于厚度和吸收系数。

$$D = 0.434\,3h(x, z, t)K[C(x, y, z, t)] \tag{16-1}$$

式中　D——光学密度；

　　　K——$K[c(x, t)]$；

　　　h——$h(x, t)$；

　　　C——$C(x, t)$；

　　　K——吸收系数 m^{-1}，依据 Beer 定律；

　　　h——膜厚度；

　　　C——溶液的浓度；

　　　t——时间，s；

　　　x——空间坐标矢量 (x, y, z)，m。

对于水溶液，吸收系数和浓度是线性关系（Beer 定律），浓度本身也取决于时间和所考虑体系的空间坐标特性 $x = (x, y, z)$。如图 16-1 所表示的那样，膜厚度也是时间和空间坐标特性 $x = (x, z)$ 的函数。

在预定量涂布中，膜是在涂布嘴处形成的。液体从进料管进入涂布嘴，通过分配腔分布到整个涂布宽度。液体从分配腔通过狭窄的出口缝隙（计量缝隙），一直到形成均匀的液膜或液帘（图16-2）。出口间隙是输送系统中最后的单元，在确定液膜均匀度中具有决定性作用。

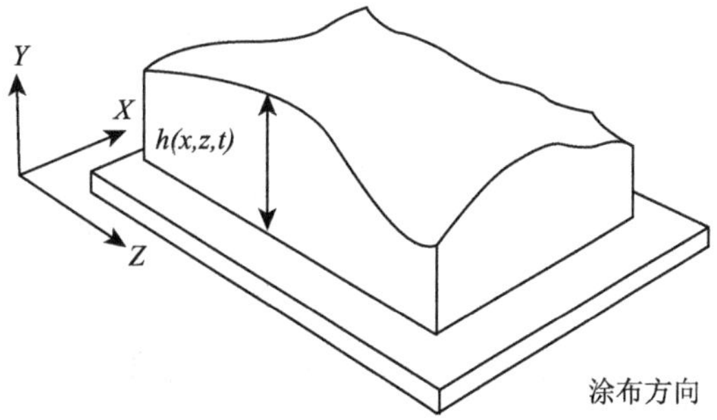

涂液通过涂布嘴出口间隙可以用流速/压力降的关系来表示，对于一维流动的牛顿流体可用下式表示：

$$q = \frac{\Delta P w^3}{12\mu L} \qquad (16-2)$$

此外，依据质量守恒，液膜厚度与流速和涂布车速关系见下式：

图 16-1 支持体上的液膜

$$h = \frac{q}{U} \qquad (16-3)$$

式中 　$\Delta P = \Delta P\ (x,\ t)$　　　　　ΔP——通过间隙压力降，N/m^2；
　　　　$L = L\ (x)$　　　　　　　　L——间隙长度，m；
　　　　$T = T\ (x,\ t)$。　　　　　T——温度，K；
　　　　$W = W\ (x)$　　　　　　　W——间隙宽度，m；
　　　　$\mu = \mu\ [\ c\ (x,\ t)\ T\ (x,\ t)\ ]$　　μ——黏度，$Pa \cdot s$；
　　　　$q = q\ (x,\ t)$　　　　　　　q——体积流量/单位宽度，m^3/s；
　　　　$U = U\ (t)$　　　　　　　　U——涂布车速，m/s。

正如上面所表达的那样，式（16-1）、式（16-2）和式（16-3）中的变量，都可能取决于二次参数，最终都是空间和时间的函数。

光学密度变化的结果 dD/D，可以将式（16-2）和式（16-3）插入式（16-1）进行推导，分别对 x、t 求导数得下面表达式：

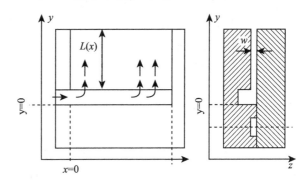

图 16-2 涂布嘴几何坐标体系

$$\frac{\mathrm{d}D}{D} = \frac{1}{k}\left\{ \frac{\partial L}{\partial c}\left[\frac{\partial C}{\partial x}\mathrm{d}x + \frac{\partial c}{\partial t}\mathrm{d}t \right] \right\} + \frac{1}{\Delta P}\left\{ \frac{\partial \Delta P}{\partial x}\mathrm{d}x + \frac{\partial \Delta P}{\partial t}\mathrm{d}t \right\}$$

　　　　　　项(1)　　　　　　　　　　　　　项(2)

$$+ \frac{3}{W}\left\{\frac{\partial w}{\partial x}\mathrm{d}x\right\} - \frac{1}{L}\left\{\frac{\partial L}{\partial x}\mathrm{d}x\right\} - \frac{1}{\mu}\left\{\frac{\partial \mu}{\partial c}\left[\frac{\partial c}{\partial x}\mathrm{d}x + \frac{\partial c}{\partial t}\mathrm{d}t\right]\right.$$

项（3）　　　　项（4）　　　　项（5）

$$+ \frac{\partial \mu}{\partial T}\left[\frac{\partial T}{\partial X}\mathrm{d}x + \frac{\partial T}{\partial t}\mathrm{d}t\right]\right\} - \frac{1}{v}\left\{\frac{\partial v}{\partial t}\mathrm{d}t\right\} \tag{16-4}$$

项（6）　　　　　　　项（7）

上式是涂布产品均匀性的总数学模型。由此可以看出影响均匀性的各种因素。式中：

项（1）——由于浓度变化引起吸收系数的变化；

项（2）——沿出口（定量）间隙方向的压力降；

项（3）——间隙宽度的变化；

项（4）——间隙长度的变化；

项（5）——由溶液浓度变化引起的黏度变化；

项（6）——由溶液温度变化引起的黏度变化；

项（7）——涂布车速的变化。

偏导数 $\partial/\partial c$，$\partial/\partial T$ 是物料的性质，对所有涂布液来说应都是可知的，它们在实验室很容易测量到，通常为非零值（<0 或>0）。例如，$\partial\mu/\partial T$ 表示黏度—温度系数，即黏度对温度的依赖性，而 $\partial/\partial x$ 和 $\partial/\partial t$ 分别是过程参数空间和时间的波动。通过设备设计和过程控制，可以使波动限制在特定的极限范围内，使涂布均匀度保持在一定范围内。例如 $\partial T/\partial x$ 描述了涂布液沿 x 坐标从腔体进口流向腔体末端的温度变化，这个值也不能是零。因为流体的黏度和温度相关，温度将影响涂层的均匀性。

在式（16-4）中项（2）$\partial\Delta P/\partial x$ 表示了沿均流间隙方向的压力降。如果把出口压力设为零，则 ΔP 就变成相当于涂布嘴腔体的压力分布。典型的挤压嘴或堰板设计目标是精确地计算 $\partial\Delta P/\partial x$ 值，并通过改变间隙的宽度（项3）或长度（项4）来平衡压力降。

若式（16-4）右边，所有表示对涂布产品均匀度确定性或恒定影响的项是正确的，确定性影响用 Ω_i 缩写，则综合的影响等于所有单个影响之和。经验表明，描述过程参数空间影响的项（如 $\frac{1}{\mu}\frac{\partial\mu}{\partial T}\frac{\partial T}{\partial x}\mathrm{d}x$）所产生的都是确定性影响。

换言之，式（16-4）中那些对产品不均匀性随机和偶然的影响的项必须作统计学处理，这些项用 ω_i 缩写，它们的总影响等于变化之和的平方根（变化量=标准偏差平方）。对均匀度随机影响数值的总和可以看作是过程质量控制的度量。式（16-4）中那些表示过程参数时间影响的项（如 $\frac{1}{\mu}\frac{\partial\mu}{\partial T}\frac{\partial T}{\partial t}\mathrm{d}x$），通常是不确定的，只有统计上的意义，因此倾向于把它们归结为对涂层均匀性的随机影响。依据这一见解，式（16-4）可以改写成更通用的表达式：

$$\varepsilon = \sum_i \Omega_i \pm \sqrt{\sum_j \omega_j^2} \qquad (16-5)$$

此处 ε 表示任何种类的涂布产品不均匀性，例如感光材料中常用的光学密度的变化 dD/D。i 和 j 的数值取决于能进行评价的具体过程的参数情况。

根据式（16-5），在 x 处某点产品总的不均匀性 ε 可用由确定性影响的平均值和由统计性影响引起的误差带来表征。带的宽度表示了随机发生事件的概率（表达为 1、2 或 3 标准偏差 S）也就是偏移的度量。

对于一侧进料的涂布嘴，式（16-5）在整个涂布宽度方向积分所得到的厚度不均匀性曲线如图 16-3 所示。

ε_0 是对整个涂布宽度的涂布均匀度的较为简单的度量参数，它表示最高点和最低点之偏差带，例如在图 16-3 中的 $\varepsilon_0 = 1.77\%$。

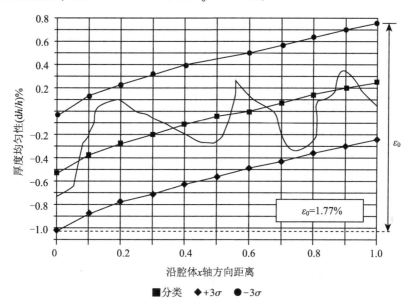

图 16-3 液膜厚度不均匀性

第二节 "JND" 概念在感光胶片生产中的运用

关于感光材料涂层厚度均匀性（或统称统一性）的评价方法，除了上面提到的以光楔条上同一级密度差进行统计分析的标准偏差变化图来表示外，近年来国内外都引用了 JND 概念（Just-Noticeable Diffrence），即美国国家电子商协会在医疗领域数字成像与通信中，提到的一个"标准灰阶显示函数"概念，即在特定的观察条件下，观察特定的目标，一般的观察者刚好能观察到的亮度差异。这个概念，在很多领域得到了广泛应用。

一、"JND"的基本原理

标准灰阶显示函数，是通过算术的方法详细地绘制出 JND 指数与亮度值的关系，是以人类在对比中差异的敏感性为基础的，而人类在对比中差异的敏感性，在标准灰阶显示函数的亮度范围内显然是非线性的。人眼对一个影像的敏感性，在光线暗的地方相对小于在明亮的地方，这种敏感性，使得人眼在明亮的地方比在黑暗的地方，更加容易看到一个影像更小的亮度变化。而标准灰阶显示函数，则将非线性的感知调节变成一个线性感知。其所用数据源于描述人类视觉系统的巴顿模型。标准灰阶显示函数是对源自于巴顿模型的 1023 级亮度水平的数学添补。人们可以通过该标准灰阶显示函数，计算得到亮度 JND 指数。

巴顿模型（Barten's model）：是考虑到了神经中枢噪声、神经细胞横向侧部压抑噪声、光子噪声、物质表面噪声、有限的综合能力、视觉调制转移函数、方位、时间限制的滤除的人类视觉系统。

二、JND 概念在感光胶片生产中的运用

1. 运用标准灰阶显示函数的亮度与 JND 指数的对应表

（1）因为 $Dn = -\lg T$，所以 $T = 10^{-Dn}$。

（2）JND Index $= E \times T = E \times 10^{-Dn}$。

（3）取整 JND 参数，查流明与 JND 参数对应值得到 L_J 和 L_{J+1} 或 L_{J-1}。

（4）$\Delta Dn = -\lg(L_J/L_{J+1})$ 或 $\lg(L_J/L_{J-1})$。

其中，Dn 代表测试的密度值，T 代表胶片的透过率或反射率，E 代表观察环境下的光源的照度值，L 代表亮度值，ΔDn 就是密度值 Dn 下的光源为 E 时的一般人刚好能够感受到的密度变化值即 JND 水平。

2. 在相纸生产检验中的运用

（1）通过上述步骤计算出 $E = 300$ lx 下密度值为 $0.07 \sim 2.40$ 范围内的指定的密度级的 JND 水平。如表 16-1 所示。

表 16-1　$E = 300$ lx 下密度值为 $0.07 \sim 2.40$ 范围内的 JND 水平计算结果

Dn	I（照度）	JND 指数	L_J	$L_{(J+1)}$	JND
0.07	300	255.3	15.0831	15.2384	0.0044
0.08	300	249.5	14.1770	14.3251	0.0045

续表

Dn	I（照度）	JND 指数	L_J	$L_{(J+1)}$	JND
0.09	300	243.8	13.3130	13.4542	0.0046
0.20	300	189.3	7.1863	7.2760	0.0054
0.30	300	150.4	4.2586	4.3209	0.0063
0.40	300	119.4	2.6137	2.6587	0.0074
0.50	300	94.9	1.6441	1.6775	0.0087
0.60	300	75.4	1.0874	1.1132	0.0102
0.70	300	59.9	0.7238	0.7440	0.0120
0.80	300	47.5	0.5076	0.5239	0.0137
0.90	300	37.8	0.3610	0.3744	0.0158
1.00	300	30.0	0.2752	0.2867	0.0178
1.10	300	23.8	0.2025	0.2121	0.0201
1.20	300	18.9	0.1580	0.1664	0.0225
1.30	300	15.0	0.1342	0.1419	0.0242
1.40	300	11.9	0.1056	0.1124	0.0271
1.50	300	9.5	0.0927	0.0991	0.0290
1.60	300	7.5	0.0807	0.0866	0.0306
1.70	300	6.0	0.0750	0.0807	0.0318
1.80	300	4.8	0.0643	0.0696	0.0344
1.90	300	3.8	0.0594	0.0643	0.0344
2.00	300	3.0	0.0594	0.0643	0.0344
2.10	300	2.4	0.0547	0.0594	0.0358
2.20	300	1.9	0.0500	0.0547	0.0390
2.30	300	1.5	0.0500	0.0547	0.0390
2.40	300	1.2	0.0500	0.0547	0.0390

通过表 16-1 知，在放大相纸客户的光源条件下（目前放大相纸客户的观察条件一般为 300lx 左右），最小密度为 0.07 左右时，客户刚好能够感受到的是 0.0044 左右的变化，即当最小密度由 0.0700 变化到 0.0744 时，客户就可以感受到。又如在 0.70 的密度之下，同样的光源条件，密度变化为 0.0120 左右时，顾客可以感受到其变化，最大密度为 2.40 时客户能够感受到的密度变化值为

0.039 等。

同样方法可以计算出 $E = 500 \text{ lx}$ 下的各级密度值下的 JND 水平计算结果，如表 16-2 所示。

表 16-2　$E = 500 \text{ lx}$ 下密度值为 $0.07 \sim 2.40$ 范围内的 JND 水平计算结果

Dn	I（照度）	JND 指数	L_J	$L_{(J+1)}$	JND
0.07	500	255.3	15.0831	15.2384	0.0034
0.08	500	249.5	14.1770	14.3251	0.0034
0.09	500	243.8	13.3130	13.4542	0.0035
0.20	500	189.3	7.1863	7.2760	0.0039
0.30	500	150.4	4.2586	4.3209	0.0045
0.40	500	119.4	2.6137	2.6587	0.0052
0.50	500	94.4	1.6441	1.6775	0.0061
0.60	500	75.4	1.0874	1.1132	0.0072
0.70	500	59.9	0.7238	0.7440	0.0084
0.80	500	47.5	0.5076	0.5239	0.0098
0.90	500	37.8	0.3610	0.3744	0.0116
1.00	500	30.0	0.2752	0.2867	0.0132
1.10	500	23.8	0.2025	0.2121	0.0153
1.20	500	18.9	0.1580	0.1664	0.0174
1.30	500	15.0	0.1342	0.1419	0.0193
1.40	500	11.9	0.1056	0.1124	0.0219
1.50	500	9.5	0.0927	0.0991	0.0242
1.60	500	7.5	0.0807	0.0866	0.0262
1.70	500	6.0	0.0750	0.0807	0.0290
1.80	500	4.8	0.0643	0.0696	0.0306
1.90	500	3.8	0.0594	0.0643	0.0318
2.00	500	3.0	0.0594	0.0643	0.0318
2.10	500	2.4	0.0547	0.0594	0.0344
2.20	500	1.9	0.0500	0.0547	0.0344
2.30	500	1.5	0.0500	0.0547	0.0358
2.40	500	1.2	0.0500	0.0547	0.0358

可以看到光源亮度提高后，JND 数值变小，说明人的视觉对比更加敏感了。图 16-4 给出了不同光源下相纸 JND 水平的对比。

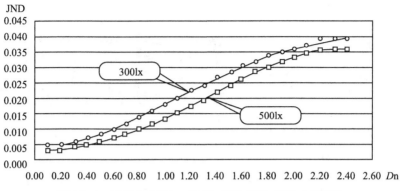

图 16-4　光源为 300lx、500lx 下的相纸 JND 水平对比

（2）在运用标准灰阶显示函数中应注意的问题

观测光源十分重要。在上述应用中，只对均匀的灰阶进行了论述说明，而对于黄、品红、青等单色密度没有进行说明。因此，在对于黄、品红、青三层分别评价时，应考虑视觉对色彩的敏感度、三层色彩的平衡性等问题进行考虑。

实际应用中，曾经用曝光量的负对数 $-\lg H$，0.01 折合三层的分色密度为黄层 0.0221、品红层 0.0219、青层 0.0267。

然后按 1 倍、2 倍、3 倍 JND 计算密度值。作为控制标准，$S\pm0.01$ 超出要调整；$S\pm0.03$ 作为放行指标，此时其密度分别为黄层 0.0663、品红层 0.0657、青层 0.081。

有一种彩色相纸的实际检测结果，如表 16-3 所示。

表 16-3　彩色相纸实际检测 JND 值

设计值		实际检测原始数据水平		
$S\pm0.01$ 的 JND	3 倍 JND	3 倍 JND	2 倍 JND	1 倍 JND
黄	0.0221	0.0663	0.091	0.061	0.031
品红	0.0219	0.0657	0.070	0.046	0.024
青	0.0267	0.0801	0.056	0.036	0.018

评价认为，黄、品红两层的 2 倍 JND 值小于 3 倍 JND 值；青层三种 JND 值均小于设计值，良好。

第17章 涂布量的控制及涂层厚度测量

在预定量涂布方式中，当供应的物料全部涂于支持体上时，物料的密度接近于 1.0 时，涂布的平均湿厚度，正好是单位宽度上的流量；当给出的单位是 cm^3/m^2 时，这正好等于微米厚度，即单位面积（m^2）涂上多少克，湿涂层厚度就是多少微米。再通过已知物料的固含量，即可简单估算出干涂层的厚度。

对于照相产品来说，涂布之前很容易用电位滴定法准确测出物料中的含银量，根据涂布量，则可以进一步确定涂层厚度，或者反推涂布量。

第一节 涂布流体的输送方式

涂布生产流体的输送过程，既要保证流体的功能性质不变，又要保证输送过程不会产生新的气泡，以免影响涂布质量，有时在输送过程中，还要加入一些添加剂，常用涂布流体输送方式及其对比情况如表 17-1 所示。

表 17-1　常用涂布流体输送方式对比一览表

形　式	优　点	缺　点
重力	有排空管路能力 无压力波动	有限的压力差 $\Delta\rho$ 限制了 Q，μ 和管路直径，液体在管路滞留时间长、管件多，无直接计量能力，要求有一定静压高度，需多层建筑 无自吸能力
离心泵	维修费用低 用阀门控制流量 低介质黏度	因为无自吸能力，所以要有净正吸入压头（NPSH） 限制了吸入压力差 $\Delta\rho$ 需要有动态密封
齿轮泵	随意的 $\Delta\rho$ 具有计量能力 泵的硬件材料有多种 有自吸能力 适用于中高黏度介质	泄漏=f（μ，磨损） 压力脉冲 经济维修 不适用于低黏度或含固体介质，除非两个齿轮都驱动

续表

形　式	优　点	缺　点
柱塞泵	随意的 $\Delta \rho$ 具有精确计量能力 低泄漏（动态密封） 泵的硬件材料有多种 有自吸能力 适用于中低黏度	压力脉冲，除非几个泵串联 需要经常维修保养 需有过压保护阀 需有止回阀
隔膜泵	高 $\Delta \rho$（高达 10MPa） 无泄漏（静态密封）， 可输送有毒介质 具有精确计量能力 有自吸能力 适用于低中黏度	压力脉冲，除非几个泵串联 需有过压保护阀 需有止回阀
气压输送（正压或负压）	任意 $\Delta \rho$ 无压力脉冲 自吸能力受限制	无直接计量能力 有可能增强气体在流体中的溶解度

可以采用向物料储槽加压，下游管线上连接气动薄膜调节阀，以电磁流量计的信号反馈控制气动阀阀门开度的方法，控制涂布液流量。从检测精度看很好，但存在两个问题，一是两个贮槽的轮转切换，二是有增强气体在流体中溶解度之虞。目前应用较多的还是使用各种计量泵（如齿轮泵、柱塞泵和隔膜泵），下游配备缓冲罐和质量流量计闭环调控的方案。

第二节　涂布流量的检测方法

在流量的检测方面，多采用质量流量计、磁性流量计和超声波流量计，分别介绍如下。

一、质量流量计

图 17-1 是一种基于科里奥利原理的质量流量计。

使用时，液体被泵打入一个不锈钢 U 形管内，这个 U 形管是按照其自然频率摆动。当流体穿过 U 形管的时候，它就会使 U 形管上下运动。当管向上运动时，液体就进入了管路以阻止这种向上的运动，很有效地就使管向下运动了。相反，液体流出管路以保持其向上运动，并且对管壁有一个向上推的力。这个合力使管

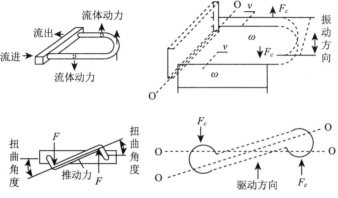

图 17-1　质量流量计原理示意

路扭曲，这个扭曲将被测量出来，并且正比于流体的质量速率。在一个质量流量计中，管上的扭曲就是用来测量质量流动速率的。

二、磁性流量计

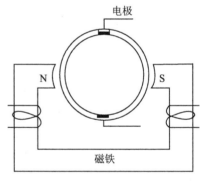

图 17-2　磁性流量计

　　液体的导体在整个磁场内运动，所产生电压是流体速率的函数。当导体穿过一个磁性区域时，就会产生一个电压。流体本身就是导体，磁性部分就是加到管路的非导体部分。电极测量产生电压，加到磁铁线圈上的电压有可能是直流电，也可能是交流电，就产生了两种流量，见图 17-2。这些流量计便于使用，但要求管路中的流体必须具有一定的导电性。这实质上就限制了它对那些水性涂布液的应用。

三、超声波流量计

　　在超声波流量计中，超声波传递到流体顶部的时间与其传递到流体底部的时间进行对比，由于其传递到流体底部的时间比传递到流体顶部的时间短，根据这个差值，就可以测量出流体的流动速率，如图 17-3 所示。

　　在超声波流量计中，根据一束向上或向下的超音速脉冲在传递时间上的差别，就可以测量出流动速率。

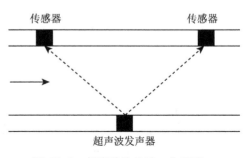

图 17-3　超声波流量计工作原理

第三节　涂层厚度的测量

感光材料行业通常习惯于用单位面积上的涂布银量做标准，因为含银量的测定精度比一般的涂（镀）层厚度测量方法要高一些。其他厚度测量仪器有接触式的纸张纸板测厚仪、用于测量印刷锡膏厚度的测量仪、用电磁感应方式或电涡流方式的测量仪、超声波测厚仪、用近红外线被水吸收性能特性的水膜厚度测量仪，还有 X 射线测厚仪。

用能量色散 X 射线荧光分析仪（XRF），可以测量涂镀层的厚度，或者给出带材或卷材上几乎所有涂镀层的元素/化合物的含量。如果是纸或薄膜上的硅不干胶涂层，分析仪可给出带材纵向和横向的涂镀层分布图。

用 XRF 技术分析元素的浓度，不涉及它们的化合状态。用低剂量 X 射线源照射试样，激发试样中的元素，使它们发荧光，即发出它们自己的特征 X 射线。通过这些 X 射线的能量识别元素，以它的强度确定该元素在试样中的浓度。在一段时间内对产生信号进行积分，测量出这段时间里的浓度平均值。一般来说，分析时间（计数时间）越长，统计值越好，分析结果越精确。有些时间的分析只需几毫秒，有的可能需用 2 分钟。

用放射性同位素或 X 射线管作为射线源。最常用的放射性同位素是^{55}Fe、^{109}Cd（镉）、^{244}Cm（锔）、^{241}Am（镅）；最常用的 X 射线管管靶是 Rh（铑）和 Ti（钛），但还有其他许多管靶可采用。

用 XRF 能够测量从^{12}Mg 到^{92}U 的任何元素。XRF 和 XRT 属于非接触无损测量办法。不用制备试样。除了实验室用类型外，在线测试仪器有三种型号，即低价位、非自动化、手工多次定位型；价格适中的全自动定位型；高档、全计算机化的带材横向和纵向扫描型。

第18章 常见涂布弊病及其处理

涂布弊病是指在涂布生产工艺过程中出现的各种缺陷，弊病是由一个主要因素在不同的工艺环境中呈现出不同的现象或特征。

通过对涂布弊病的检验与分析，可以评价产品是否符合标准的要求；判定生产工序是否发生变化，并观察其变化的趋势，研究控制手段，评定检验人员的准确性和执行标准的能力。

第一节 涂布弊病成因及其分类

一、涂布弊病形成原因

在涂布过程中，最容易产生弊病的主要是支持体、物料、涂布和干燥诸环节，下面重点介绍支持体引起的弊病。

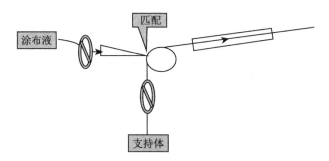

图 18-1 易产生涂布弊病工艺节点示意

支持体问题引起的弊病主要有两种。

1. 复制型弊病

这类弊病是支持体本身问题引起的，在涂布前后没有发生变化，涂布后以原有的表现形式、形态特征出现。

具体如片基晶点，涂布前支持体本身有晶点，这一类问题在涂布完成后，会"原样"出现，即涂布前后弊病表现形式，形态特征是一样的，此为支持体的复制型弊病。

支持体复制型弊病，还有底层发花、硌印、粘印等。此类弊病源于支持体生产厂家在制造过程或出厂运输过程等环节，最终影响涂布质量。

2. 破坏型弊病

支持体本身质量合格，但供片系统（供片架到涂布嘴之前的片路）的工艺、设备、环境等因素造成支持体特性破坏，进而在之后的涂布过程形成了新的弊病，严重影响涂布表观质量，此谓破坏型弊病。破坏型弊病主要有三种形式。

（1）支持体表面污染

支持体在通过供片系统时，支持体本身和支持体的底层没有受到破坏，只是涂布面受到了污染，如支持体粘上了碎屑、脏物、油污等，在涂布过程中受污染的支持体和涂层之间形成了新的弊病。主要有以下两种。

①高表面能物质的污染

支持体受到高表面能的物质污染时（图 18-2），在涂布过程中，其层流性能不因干扰而破坏，涂布液很容易通过润湿铺展涂布到支持体上覆盖污染物形成涂层。

通过反射光观察，涂层表面很均匀，无异常情况；通过透射光观察到涂层有异物，随着异物直径的增大，颜色加深，形成的弊病更加明显（图 18-3）。

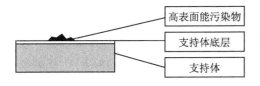

图 18-2　涂布前高表面能污染物图示

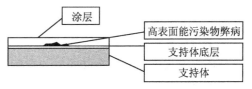

图 18-3　涂布后高表面能污染物图示

②低表面能物质的污染

支持体受到低表面能的物质（如油污）污染时（图 18-4），在涂布过程中涂布液层流性能受到干扰而破坏，涂层无法顺利铺展到有污染物的支持体表面，从而形成涂布弊病。

这种弊病，不论通过反射光还是透射光观察，涂层均有异物。异物的直径越大，或表面能越低，形成的弊病越明显（图 18-5）。

（2）支持体底层破坏

支持体在通过供片系统的过程中，由于工艺参数不合理，导辊等设备出现异常，使支持体在通过供片时底层受到破坏，造成局部底层脱落或规则的横纵向脱

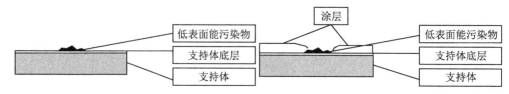

图 18-4　涂布前低表面能污染物图示　　　图 18-5　涂布后低表面能污染物图示

落。由此导致的涂布弊病主要有两种情况。

①高表面能支持体

虽然支持体底层破坏，但支持体作为高表面能材料，其较高的表面能（或者是经过电晕处理的）足以使涂层顺利铺展（图 18-6），不会造成很大的涂布弊病，但底层破坏造成局部表面能降低，涂层黏牢度可能受到影响。

②低表面能支持体

支持体底层破坏后，涂布时涂层直接铺展在低表面能的支持体上，可能发生润湿铺展不好（图 18-7），形成涂布弊病，具体形式包括点状及条状等。

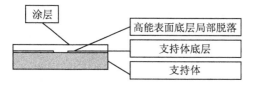
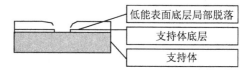

图 18-6　局部脱落的高表面能支持体涂层图示　　　图 18-7　涂布后低表面能支持体图示

③支持体破坏

支持体在通过供片系统的过程中，由于工艺参数不合理，设备异常情况，使支持体在通过供片时，不仅底层，支持体本身也受到了破坏（图 18-8），如划伤造成的点状，条状弊病等。

支持体受到破坏以后，被破坏点相对于平滑表面，表面能增高，在涂布液润湿铺展过程中，物料浸润支持体的破坏部位，导致局部密度偏高（图 18-9），形成涂布弊病，如铅笔道等。

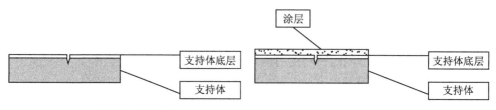

图 18-8　涂布前支持体破坏图示　　　图 18-9　支持体前期破坏形成涂层示意图

由上可见，供片系统直接或者间接地影响涂布质量，供片系统控制效果，直接影响涂布生产质量稳定性。

二、涂布弊病分类及其分析判定

1. 涂布弊病分类

从弊病特征考察，包括条道、拉丝、点子、发花、硌印等；从来源及形成过程考察，包括配方、物料、支持体、工艺、设备、操作、涂布前、涂布中、干燥、收卷、整理裁切、用户使用等造成的弊病，此外，还有涂布缺陷和伪缺陷。

涂布缺陷是指在生产过程中出现的质量弊病，在胶片质量检验过程中可以发现，即用户使用前就存在质量弊病；在用户使用过程中也同样出现此弊病，严重影响用户使用；如拉丝、条道、点子、硌印等表观弊病。

伪缺陷是指在生产过程中没有出现质量弊病，即用户使用前无弊病；由于产品配方问题、性能问题等因素造成用户在特殊或苛刻条件下使用时形成弊病，如静电斑痕、黑白斑、粘痕等；伪缺陷除了表观质量外，还涉及一些性能问题或配方问题。

值得注意的是，目前和国内竞品比较，控制弊病差距主要是伪缺陷方面，缺乏必要的产品应用测试和市场使用测试。

2. 涂布弊病特性

（1）连续性

随时间或生产进程的延续，弊病按照一定的趋势发生变化称为涂布弊病的连续性。如点子的种类和数量、条道数量、硌印等；变化趋势包括从无到有，从小到大，从少到多，从多到少等。

（2）多样性

同一种弊病，在不同的工艺环境下成因不同，或在同一工艺环境下，其他条件的变化放大或减弱弊病程度。

原材料物化参数变化或工艺参数的变化，会造成弊病出现的不稳定性和不确定性；如涂布嘴处出现的涂布液阶段性横纹，会逐渐演变成涂层发花弊病；某一个底层引起的不润湿点，在不同车速下呈现圆形、椭圆形、流星形等不同形状弊病，或者在不同的干燥条件下出现了不同的弊病方向趋势等。

（3）规律性

某些弊病的发生有一定的频率，在某一控制参数下，某一固定环节，弊病的发生有一定的规律性。

如开车两小时后出现的进料口条道，一定间隔距离的硌印、脏点，片头严重，几百米后或片尾就减轻或消失了；弊病在单面涂布时没有，双面就出现了；涂布嘴固定位置出现的条道，涂布间隙小于某一个值的条件下出现的拉丝，供收片温湿度的变化出现的弊病，干燥过程横向密度、厚度、色差等的不均一性。

（4）重复性

生产中常见的弊病，单层有，首轴有，每轴都有，每周期都有，年年有。

越是长期的、常见的弊病越难解决，越要从根本上和固有系统上去寻找解决方法。

（5）偶然性

涂布生产中弊病突然出现，但随后没有做过针对性的控制和改变就莫名其妙地消失；例如某些弊病开车时被发现，经过停车再开就没了，弊病的发生具有偶然性。

3. 表观弊病分析判定

（1）取样

每轴的片头、片尾、片中；片尾部分，包括正常涂布部分+退嘴部分+支持体部分，从不同的阶段判定不同的问题。

因产生弊病停车，多层涂布时，推荐逐层依次退嘴，取不同层次的样片，来分析不同层次及匹配问题。

（2）样片弊病的简单判定

①种类。是什么弊病，条道、拉丝、不润湿点或物料点。

②正反。弊病是哪一面的。

③层次。弊病是支持体本身的，底层的或涂层哪一层的。

④方向。弊病是哪个方向的。

⑤分布。两边多、中间多，片头多、片尾多，等距离的，全幅都有。

⑥规律。频次、等距离、固定位置的，是哪一层，哪一面，哪一个生产环节。

⑦比率。出现的面积多少，如干燥过程中，干燥程度不同造成胶片颜色局部不同等。

（3）样片弊病的分析判定

结合弊病的特性，通过物理、化学分析和专项测试，可以通过不同的方法和手段，科学分析和深入判定。

①物理分析

通过显微镜透射反射分析、切片后横截面分析以及扫描电镜分析，涂层剥离分析等，可以进行弊病的物理判定。

②化学分析

包括能谱分析，专项设计的化学测试。

③专项测试

针对特殊弊病，制造专门的仪器，建立分析和测试方法。

4. 解决表观弊病基本思路

表观弊病基本解决方法有：

（1）数据积累和经验总结，列出对策逐步验证。

（2）针对问题找到主要解决措施，归纳分类，系统梳理。

（3）有科学依据，形成理论指导实践应用，制作涂布窗。

以卤化银感光材料涂层竖条道为例，在不同的生产工艺条件和环境下找出解决方法步骤如下。

（1）数据积累和经验总结，分析可能成因包括：

①涂布模具内限流和出口狭缝有附着物或脏物。

②模具最上一层出口缝处的结构不甚合理。

③模具唇口边缘不够锐利（R>100μm）。

④涂布液在模具腔体内有滞留区。

⑤涂布液保护性不好，引起银沉淀或混合不良。

⑥支持体底层涂布严重条道状不匀。

⑦液桥（包括其他涂布的弯月面）中，或其上下有涡流、气泡或液珠。

⑧开车时，模具下层缝隙尚未充满物料。

⑨冷凝或干燥定型前。

⑩车速过高，或涂布量过低。

（2）针对问题找到主要解决措施，归纳分类

①物料因素，涂液保护性不好等。

② 模具因素，涂布液在模具腔体内有滞留区等。

③ 其他因素，支持体底层涂布严重条道状不匀。

（3）理论与实践相结合形成结论

①物料因素，高毛细准数（ηu/δ）、低涂布量/涂布间隙（t/G）、高 Re。

②模具因素，大挤出通道发散角 β，模具唇口边缘锐利程度（r<50μm）。

③其他因素，支持体，干燥段等。

（4）分因素建立相关联的涂布窗

条道和涂布量与车速之间的关系见图 18-10。

目前，各种涂布弊病尚无统一的划分标准，各公司也大多采集弊病样品，并进行命名编号，确定剔出或放行的标准。

对涂布弊病的检验，不仅是着眼于对已有产品的质量鉴定，更重要的是着眼于找到弊病成因及解决办法，形成未来生产系统的质量保证。相对而言，卤化银感光材料表观质量要求是十分严格的，为便于薄层精密涂布质量控制参考，按卤化银感光材料常见弊病及其分析控制，结合生产实践介绍如下。

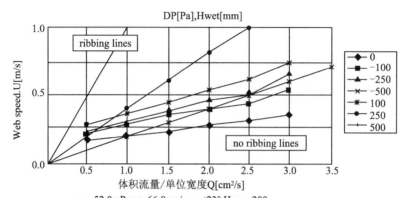

μ＝52.0mPas,s=66.8mn/m,a=t23°,Hgap=200μm.

图 18-10　涂布条道弊病和涂布量与车速之间的关系涂布窗

第二节　条道

一、竖条道

1. 竖条道

竖条道是顺着涂布支持体运行方向，在横向上局部改变了涂层均匀性的一种弊病。它在没有得到处理前，外形上有宽有窄，在覆盖率上有厚有薄，呈断面形状厚薄相邻，而长度方向则是以连绵不断的条带状态存在。

2. 产生原因

竖条道是所有涂布方式都会出现的问题。Bixer（1982）用有限元技术研究条缝涂布和刮刀涂布中的竖道，发现高毛细准数（$\mu u / 6$）；涂层厚度和间隙相比，涂层过薄（t/G）；减少挤出通道的发散角 β；降低 Re 数（Gup/μ）等因素会引起竖道弊病。

下述情况下较少出现竖条道：低黏度（低毛细准数和高 Re 数）；低车速（低毛细准数）；高表面张力（低毛细准数）；厚的涂层厚度（高 t/G）；小间隙（t/G）；大夹角。

虽然黏弹性在拓宽可涂能力极限是需要的，但过大会引起竖道。如果黏弹性引起竖道，用同类型的低分子量聚合物可消除这一问题。当流体强制通过颈缩时，黏弹性会引起不稳定，因此，当黏弹性流体通过条缝时可能引起竖道。解决的方法是加宽条缝，以减少颈缩。

细竖条道（streaks）产生的原因，基本与上相同，但在涂布头的润湿处，如坡流涂布器的最高出口堰板处或悬挂弯月面处有干黏结剂，也有影响；在单层涂布时，流动能在坡流面上恢复正常，或在定型前流平。在两层涂布时，上层越厚对下层扰动越强。

涂布竖条道成因大致分为 9 种。

（1）涂布模具内限流和出口狭缝有附着物或脏物。

（2）模具最上一层出口缝处的结构不甚合理，因涂液的毛细上升作用，物料往上爬，形成不平直的静态润湿线。

（3）模具唇口边缘不够锐利（R>100μm），弯月面不能锚定，涂液部分润湿了唇口端面，或因间隙、负压偏大，涂液润湿了唇口端面。

（4）涂布液在模具腔体内有滞留区，如在没有专用调整涂布宽度的附件时，在中间进料模具的两端有"盲肠"，引起腔体内局部物料黏度不一致，这种竖道会移动；在浸涂时由于涂布槽暴露空气面积大，涂液不能均匀流动，很容易出现因槽内物料黏度不一致引起的条道。

（5）涂液保护性不好，引起银沉淀或混合不良，或模具进口有障碍，使涂布液流动不能成流线，造成在进口端附近有因银沉淀引起的竖条道。

（6）支持体底层涂布严重条道状不匀。

（7）液桥（包括其他涂布的弯月面）中，或其上下有涡流、气泡或液珠。

（8）开车时，模具下层缝隙尚未充满物料，上层物料从坡流面上灌进下层间隙，因物性差异引起条道。

（9）冷凝或干燥定型前，因局部风速大，在固定部位吹出条道。

3. 消除方法

针对竖条道产生的原因，总结了下列消除方法。

（1）检查产生的部位和层次，进行针对性处理，如用厚片基划动间隙狭缝，用府绸擦拭唇口和唇口端面及坡流面相应位置；长时间小溢流后要特别注意清理唇口端面；弊病顽固时不惜停车彻底清理模具。

（2）改进模具结构，杜绝最上层物料倒爬现象。

（3）维护模具，使唇口端面倒角 R<100μm；选择适当的涂布间隙和负压值。

（4）解决好调整涂布宽度的手段，消除腔体内死区，改善涂液恒温状态。

（5）改善涂液的保护性，消除或减轻银沉降和混合不良问题，改进物料进口单元设计，必要时在物料进口增加静态混合器。

（6）换用底层涂布均匀的支持体。

（7）调整涂布工艺条件，不允许液桥处有涡流和气泡，消除液桥上液珠。

（8）正确执行操作程序，不允许上层物料进入下层缝隙。

（9）严格控制涂层定型前区风速。

二、横条道

1. 横条道的外形特征

横条道的外形特征是与支持体运行方向垂直，横贯片幅，多有一定规律性，其厚薄和宽窄变化因起因而不尽相同，大多与某种机械振动频率有关。

2. 横条道的成因

（1）张力控制系统不稳，或张力隔断设置不好，由于张力突变引起实际车速瞬时变动，如接片和储片动作振动传递到涂布轴。

（2）涂布轴精度差或轴承损坏。

（3）片路主传动轴机械传动不稳定，或主轴上受外力摩擦。

（4）当涂布轴为主动传动时，选用调速方案不妥，如用谐波减速器直连。

（5）计量泵运行有较大波动，或供液泵有大的脉冲时。

（6）供料管路颤料。

（7）模具唇口边缘变圆（$R>100\mu m$），涂布间隙过大，使润湿线在唇口晃动。

（8）涂布负压不稳定。

（9）模具唇口倒角不适当。

（10）由于临时停车，有涂层的片子停在导轴上形成横道，未能及时打掉。

（11）浸涂时，因涂布轴精度差，与两侧弧形挡板周期性摩擦，会引起横道。

3. 消除方法

（1）从张力隔断出发，一方面使张力稳定，另一方面让操作振动不会传递到涂布头去。

（2）更换精度好的涂布轴和轴承。

（3）维护好片路主传动的机械设备，如减速箱，消除机械振动。

（4）如涂布轴为主传动点时，选用好的调整方案，如用伺服电机。

（5）维护好计量设备，消除脉冲现象。

（6）稳固涂布液供料管线。

（7）保持模具唇口有清晰的边缘（$R<100\mu m$），调整合适的涂布间隙。

（8）密封负压箱，尽量减少负压箱的泄气量，消除负压气源的波动。

（9）选好模具唇口的形状。

（10）消除或减少临时停车，停车受损害的宽片要及时剔除。

（11）浸涂时对涂布轴与挡板的间隙要精细，宁可溢流大一点，也不要发生涂布轴与挡板摩擦。

其他振动也会带来横向弊病。固体都有自身的振动频率和振幅，如与振源发生谐振，则会明显加大振幅，形成危害。曾经遇到在涂布某层次时，发生频率180～190次/秒，间距约0.7mm的细横纹。研究发现这种横纹在车速8m/min时严重，10m/min时时隐时现，12m/min时消除。

分析认为，具体原因在于涂布操作台结构不合理，涂布模具和涂布轴的基座是两体，放模具的基座层次太多，将手指肚塞在涂布间隙上，有挤手的振动感觉。找到风机振源，采取减震措施，清理涂布机隔振沟，加固工作台。因为横纹只发生在某个产品的一个层次，与涂层的润湿条件有关，检测并改进了润湿条件；同时发现横纹与车速有关，说明在低速时谐振明显，后选用 11～12m/min 生产，问题得到了圆满解决。

三、斜条道

1. 斜条道特点

斜条道既不与支持体运行方向平行，也不与支持体运行方向垂直。生产中遇到的斜条道有 3 种情况。

（1）在浸涂的冷风道里，在水平段往下拐直角弯的地方，由于轴的平行度不好，或其轴头意外缠绕了片基，破坏了片幅两侧张力平衡，使平行段的有涂层的支持体产生斜筋，破坏了涂层均匀，形成较宽的斜条道。

（2）坡流涂布时，由于负压箱侧面密封板镶配不好，漏风量过大，气流局部干扰了动态润湿线的稳定，使两侧片边往里几厘米处产生斜条道。

（3）由于支持体底层发涩（摩擦系数大），或拉片轴平行度稍差，或拉片轴前调偏装置动作偏大，使支持体在拉片轴与下一根导轴之间产生斜向折痕，变形的支持体在过涂布间隙时留下了涂层变化。这种弊病往往要到整理检验时才发现。

2. 斜条道消除方法

（1）清理大包角导轴上的异物，或调整导轴平行度，使片路两边张力一致。

（2）精心镶配侧面密封板，减小漏气量，或改进密封板甚至负压箱的结构。

（3）遇到底层发黏、摩擦系数大的支持体，可以减少调偏装置摆动幅度（或对中），减少拉片辊的真空度，必要时，彻底找好拉片辊与导轴的平行度。

第三节　拉丝

一、拉丝

拉丝是坡流涂布多层产品时特有的纵向弊病。涂层中的细直道，边缘清晰，国外称作铅笔道（PL）。有明、暗之分，即在生片上裸眼可以看到的是明拉丝；生片上肉眼不能发现，而要显影加工后才能观察到的是暗拉丝。我们曾在涂布一次四层水彩时，发现一种暗拉丝，显影后呈蓝、红并列双色，在拉丝处做切片可观察到弊

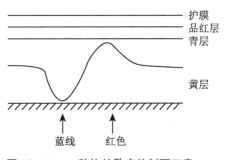

图 18-11　一种拉丝弊病的剖面示意

病剖面，如图 18-11 所示。

此拉丝剖面证明，它是因黄层缝隙或坡流面附着异物，形同一个犁铧将黄层犁出一条"沟"，翻起的黄层物料堆在一边，挤占了青层的位置，青物料又同时填入黄层的沟中，造成一边缺青呈红色线，一边少黄呈蓝色线。由于问题出在底层，生片表面未被破坏，因此成为暗拉丝。

二、拉丝产生原因

产生拉丝的原因有：

（1）模具出口缝隙、唇口或坡流面上附有脏东西。

（2）模具出口缝隙或唇口的边棱上有损伤。

（3）涂布间隙过小。

（4）涂液过滤不好。

（5）支持体或生产环境洁净度差。

三、拉丝的消除方法

（1）做好模具和涂液供料系统的清洁卫生。

（2）维护好模具条缝出口和唇部的几何形状。

（3）调整合适的涂布间隙。

（4）保证物料的过滤质量。

（5）选用清洁的支持体，保持生产设备和环境的洁净度。

第四节 硌印

一、硌印及其成因

硌印是选用小间隙涂布方式带来的规律性斑点状弊病。逗号刮刀涂布和坡流涂布等方式，都会产生类似弊病。

产生原因主要是背辊（涂布轴）粘上了脏物，涂布时有脏物处将支持体顶起来，过涂布间隙时，使涂布间隙变小，带上物料减少，脏点部位过去后涂布间隙恢复正常，前面减少的物料留在后面，形成前面薄、后面厚的斑点。由于有的脏物在辊上粘得牢，随着背辊的周长，时常可以观察到图案相似的斑点。

还有一类硌印，是由于拉片辊上有脏物，或其包布的接头变形，垫伤了支持体，支持体过涂布间隙时形成涂层不匀的斑块。

二、硌印消除方法

（1）加强支持体的消除静电和清洁，以尽量减少脏点的来源。

（2）及时清洁背辊（涂布轴）。

（3）在用逗号刮刀涂布时，可以减低物料固含量，以增大刮刀净间隙，减小脏点的影响程度。

（4）清理拉片辊上的脏物，整理包布使其接头平整。

第五节　发花

一、发花及其产生原因

发花是一种满片幅的形状不规则的不均匀弊病。有的呈云朵状，有的是色斑，没有分明的轮廓，粗略判断似与涂布方向无关，细看也会发现有点方向性。

究其原因，大约可分成几种：

（1）定型段风速过大，或不均匀，如一侧大一侧小，吹花了涂层。

（2）涂层润湿铺展方面有问题。

（3）过接头或刚开始涂布，高负压阶段设置不当，使弯月面不规则波动，涂层混乱。

（4）冲洗加工液向下润湿不好，显影密度不均匀。

二、发花弊病的清除方法

（1）将定型段风速调到适当程度，一般 2～4m/s，并使两边均一。

（2）润湿铺展方面，一般人们多只注意涂布液的表面张力值，而忽略了固体表面的润湿性能。一般情况下，支持体底层的向上润湿性能是可以接受的，但涂层干燥后的表面，由于所用表面活性剂的结构，可能会使涂层表面向上润湿不好。如有一种产品的上层发花，后来发现是中层的隔层向上润湿不好，上层涂液在中隔上的润湿角达到 92°，原因是中隔只用一种性能较好的阴离子表面活性剂，由于阴离子表面活性剂分子在涂层表面的定向排列，使其干燥的表面有了憎水的性质，使向上润湿性恶化。后来，改造中隔的固体表面性质，减少阴离子表面活性剂的用量，增加非离子表面活性剂，混合使用的结果，使上层涂液在新中隔上的接触角降到 60°，彻底解决了上层发花的弊病。

（3）适当调整高负压阶段的抽气量。

（4）在感光材料产品的最上层一般是保护膜层，它对显影加工液的润湿性能会直接影响显影密度的均匀性。改进的道理与（2）相同，即在护膜中引入非离子表面活性剂，就可改善其对加工液的润湿性能。

对于多层涂布而言，设定用于底层的涂布液的明胶浓度，比用于相邻层的涂布液低至少 2 个百分点；用于底层的涂布液，相对于整个多层涂布液的流量比的比值，设定在 0.05~0.20，而用于底层涂布液和用于中层涂布液之间的黏度比的比值，设定在 0.2~0.67，有利于获得良好的涂布表观。

第六节　点子

人们习惯于将生产过程中产生的直径与形状不均匀的各类点状弊病统称为点子。实际上，各类点子产生的环节和机理各不相同。及时识别分析各种点子产生的原因，总结经验，对生产系统的稳定和改进非常重要。

一、灰尘点

1. 各种灰尘点

灰尘系指 5~150μm 的固体颗粒，它包括有机物或无机物。化学惰性点只起阻光作用，呈脏物本身轮廓；化学活性点影响范围比激发物本身大，呈光晕现象；增感点使感光材料显影密度加大，呈暗的斑点；减感点使显影密度减小，呈亮的斑点。具有放射性的尘埃，危害更大。

2. 灰尘的测量

灰尘的测量，可以用尘埃粒子计数器，也可以目测检验、显影检验、显微镜检验、光学检验和仪器分析检验。

3. 控制尘埃点的方法

（1）感光材料的生产线属于有洁净度要求的生产场所，达到 1000 级、10000 级，即国际标准（ISO/TC20G）N6、N7 级是正常水平。厂房通风在采取初、中、高三级过滤后，还必须保持正压状态，就是未经净化的空气不能进入厂房。

（2）保证物料的过滤质量。

（3）防止原材料的包装材料带入灰尘。

（4）严格执行各项清洁卫生制度，包括定期的洁净度检测，开车前各岗位清洁卫生确认，还有最简单但却难管理的防尘着装规定。

二、划伤和涂层刮伤

划伤是指感光材料的背面或涂层面沿涂布方向的细直线损伤，分持续长划伤或间断短划伤；涂层刮伤是涂层未干燥前产生的损划，刮伤处边缘不清晰或呈断续跳跃状。

产生原因有：

（1）与设备表面发生摩擦。

（2）导辊运转不灵或停转。

（3）运转不同步，或片路跑偏，片路两边张力不对称。

（4）片路穿错，或片路上有异物。

（5）气垫压力低。

消除方法有：

（1）检查干燥各区送风压力。

（2）做好导轴卫生和润滑，保证其转动灵活。

（3）调整拖动系统协调控制，保证调偏装置正常运转，调整生产线张力。

（4）纠正片路，清除片路上的异物。

（5）调整气垫风压。

三、霉点

主要由于物料及感光材料储存条件不当，或受环境和包装材料污染，霉菌滋生所致。

防止霉点生成的办法包括：

（1）物料中加入合适的防腐剂。

（2）物料库要通风良好，定期消毒或用紫外线杀菌。

（3）严格控制感光材料的储存运输条件。

（4）加强对包装材料的管理和检验。

第七节 气泡和砂眼点

一、气泡及其成因

气泡是混入物料中的空气涂到支特体上，在干燥过程中破裂形成一个有清楚外圈的圆斑，中间透亮，有时两端带箭头状尾巴。

气泡产生的原因有：涂液中的气泡未排净，供料管线里气体未驱净，计量泵入口漏气，过滤芯内空气未排净，储槽里物料气泡多排不净。

二、消除气泡的办法

（1）更换浸泡好的过滤芯，重新排泡。

（2）检查供料系统，排除漏气点。

（3）控制好搅拌速度，适当延长静置时间。

（4）如果是抽真空静置，要控制真空度，特别对残留低沸点溶剂多的物料，并杜绝锅底阀漏气。

（5）调整物料参数和工艺参数，如低黏度，升温等。

（6）增加必要的脱泡装置。

三、砂眼

砂眼是在透射光下观察生片或灰片，有许多细小的透亮点，边缘清晰，形状无规则。

砂眼的产生原因有：

（1）干燥过于剧烈。

（2）涂层药品含杂质。

（3）涂布液里溶进气体。

（4）大颗粒杂质经干燥后脱落。

（5）支持体底层有颗粒状异物。

（6）不适合的工艺条件，如高车速、大张力、胶片在导轴上包角过大，造成涂层大颗粒脱落。

（7）不合理的配方设计，如保护层干厚度小于毛面剂直径/2，造成毛面剂脱落。

预防砂眼的方法有：

（1）严格控制干燥工艺条件。

（2）纯化涂层添加剂。

（3）控制溶化搅拌速度，加强超声波脱气。

（4）加强过滤。

（5）提高支持体洁净程度。

（6）优化配方设计和工艺控制。

第八节　指南针点

一、指南针弊病

在众多形式的涂布弊病中，有一特殊形状的弊病，因如同两个底边重叠的三角形酷似指南针，故称为"指南针"弊病。这种弊病，只在坡流涂布方式的一次多层涂布中才出现。在彩色胶卷或相纸中表现为不同颜色的两部分，在黑白胶卷（一次三层）中表现为密度差别较大的两部分。弊病发生时，通常具有数量大、分布广的特性，且不能采取简单措施消除，造成比较大的损失。

二、指南针弊病产生原因

在这种弊病点中，有的有核心异物，有的则观察不到。尽管它们的形态各异，但其产生的机理相似。

多层坡流涂布，是由来自各出口间隙的均匀连续物料流，在坡流面上形成平行重叠的涂层实现的。在整个横向宽度上，只要有一个小区间的物料流动状态有所变化，就会影响其相邻层的流动状态。如有一个胶粒、小凝胶团、一小段纤维或微气泡附着在出口缝隙处，它将会阻碍物料的正常流动。一般而言，这一阻碍作用早在它到达出口缝隙之前就已产生，越接近出口，阻碍作用也就越大。同时在它后面的局部压力也在不断地增加，直至累积到有足够的能量将其推出缝隙，随同冲出的还有大于正常流量的物料，此时累积的压力随着物料流动逐步消失到趋于正常。障碍物的前面，由于缺少物料而呈低密度，它的后面物料加厚而呈高密度，于是形成"指南针"。

还有一种"指南针"的形态正好相反，其前面物料多于后面物料。它是由于供料中有一微区的物料黏度因酶解或其他原因使之降低，在出口缝隙处的流速突然大于相邻层的流速，于是推挤前面的物料使之堆积，而后面的物料又一时供应不及，形成前厚后薄的结果。

弊病点的危害程度，取决于影响物的大小、数量的多少和影响物的性质。数量最多的是水中菌类水解明胶时产生微气泡所造成的弊病点。

三、指南针弊病防止措施

（1）坚膜、增黏、沉降和复熔等过程都对 pH 值敏感，因此要严格控制各环节的 pH 值。

（2）纯水是携带厌氧菌的主要宿主，因此要严格注视纯水中的细菌含量。

（3）严格遵循用胶和溶胶的工艺规定，可避免胶粒的出现，如补加胶不直接用干胶而用胶液，溶胶时一定要低温澎润后再升温溶解。

（4）控制好物料的熔化温度及存放时间。

（5）严格工艺台账，准确记录所用原材料种类、批号和生产工艺参数，以便监督检查。

第九节 表面张力引起的表观弊病

表面张力能引起许多弊病，其中火山口、对流团是在很少使用表面活性剂的含溶剂的涂布中经常发生。

一、"对流蜂窝"

对流蜂窝经常以像个蜂巢的六边形的形状出现，如图18-12所示，是由于加热导致的密度梯度变化引起的。

对流蜂窝由表面张力梯度引起，如图18-12（a）所示。温度梯度和浓度梯度都能导致表面张力梯度，当一个湿的涂层小于1mm厚时，对流团差不多都是由表面张力梯度，底部的低密度的流体向上流动，冲破上面较冷的液体［图18-12（b）］。液体运动引起的对流蜂窝，能够通过减薄涂层，提高黏度来减轻。

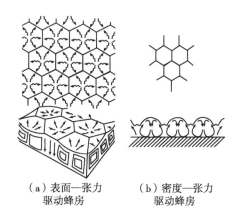

（a）表面—张力　　（b）密度—张力
　　驱动蜂房　　　　　驱动蜂房

图18-12　对流蜂窝弊病示意

二、火山口

火山口特指由表面上低表面张力点引起的弊病，如图18-13所示，类似液体由低表面张力点流向较高的表面张力的部位。低表面张力点由空气中的灰尘颗粒引起，也可以由微小油滴引起，或由胶粒引起。液体由低表面张力处流出的速率很高，测试发现可达65cm/s。

火山口边缘变厚，是由于顶部液体的积累和流下来液体的惯性与拖动，中心变薄并且可能只有薄薄一层留在了支持体上，而且在正中心经常有一个高的"种子"。

减薄涂层、提高黏度，可以减少火山口的发生。使用表面活性剂有益处，可以防止形成灰尘点。

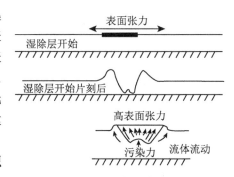

图18-13　火山弊病形成过程示意

三、厚边或画框

如图 18-14 所示，厚边有时被称为画框。要说明的是，对于一样的干燥，在整个过程中，在边缘的固体浓度比其他部分增加得快。在没有表面活性剂时，较高固体浓度处的表面张力较高，因为不溶解固体的表面张力比溶剂的表面张力要高，边缘较高的表面张力将引起涂布液流向边缘，形成一个画框。表面活性剂可以消除这一问题。

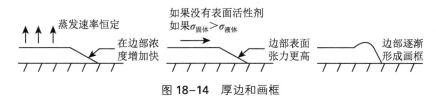

图 18-14　厚边和画框

在挤压涂布中，也许同样适用于条缝和坡流涂布中，另一引起厚边的因素，来自于薄膜的拉伸比，即涂布速度比物料流出坡流面的速度高许多，涂布速度与物料流出坡流面速度的比率就叫拉伸比。

有人指出，边缘弯月面与中心弯月面的厚度比，等于拉伸比的平方根，与涂液性质无关。不管它是黏弹性流体，也不管它的黏度多少，只与拉伸比有关。因此，推测边缘弯月面的厚度是中心弯月面厚度的 1.4 倍到接近两倍之间。这类厚边的处理，可以借助于边导板的处理技术消除。

四、多层涂布中的不均匀边缘

图 18-15 是在多层坡流涂布中相邻层的边界示意图。可以用边导板来保证涂布的理想宽度。

在两个水溶液涂层之间没有界面张力。在涂层与金属表面之间的两个界面必须保持平衡。如果不平衡，因为多涂层存在，界面将向高界面张力的方向移动。如果坡流面较长，这种界面的移动就需要加以考虑。这就意味着将产生

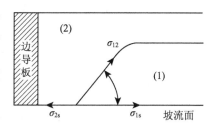

图 18-15　在多层系统边部的表面力

一个在一定范围内的不均匀的宽边，肉眼都可看出片边颜色与大面颜色不一样。

因此，如果有一个令人讨厌的不均匀片边在多涂层中产生，一个可能的解决方法就是调整所有涂层成统一的表面张力，但需要保证最上层要略小一点。

五、反润湿和蠕动（Crawling）

当由于污染造成支持体的一个低的表面能时，会有可能发生不润湿，但当涂层厚时，不润湿不可能发生。如果一个液面已经形成凹洼，在凹面边缘下面的压力比大气压高，由于同样的原因，凸面中心的压力比大气压低，因此在表面力和重力的作用下，液体从高压、液面高的区域流向低压，凹形液面的区域表面因此恢复。

在薄的涂层中，小范围的力将发挥作用，它们被称为拆散压力和连接压力。连接压力趋向于将两个表面连在一起，这有助于不润湿。如果液体最上层的表面一旦接触到固体，就会产生一个干的点［图18-16（b）］，并且图18-16（c）所示的表面张力开始发挥作用。

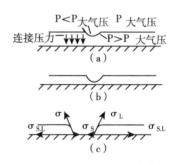

图18-16　反润湿和蠕动弊病

反润湿描述的是，因为不正确的表面张力引起涂布液从支持体或下层收缩回来的过程。蠕动涉及的反润湿，发生在较大面积。有研究表明，当上层的动态表面张力是下层的1.2～1.3倍时，会发生反润湿现象。

在浸涂时发生的不润湿点，由于有一个回流段，弊病点拖一个尾巴，像慧星一样，通常称作流星。而在坡流涂布时，由于没有加回流段，车速较快，一般是在定型时产生，所以呈现的是一个亮的圆点。此外，低落性点弊病，也应归入这一类，只是存在大小、程度上的差别，形成的道理应是相似的。

坡流涂布中，如果最上层涂液的表面张力高于它的下层时，将会发生典型不润湿现象，弊病点成为大小不等的圆圈状，俗称画圈。

六、马瑞冈尼效应（Marangoni effect）

马瑞冈尼效应就是表面张力梯度驱动流体流动。在装有较高乙醇浓度葡萄酒的酒杯中，葡萄酒会自动地沿着杯壁向上爬，然后聚集成小酒滴，再返回到杯中的液体中，这种流动方式可多次反复。这是因为乙醇比水具有更快的挥发速度，沿杯壁边缘向上走的薄酒层乙醇优先挥发，水的比例上升，导致薄酒层的表面张力上升，较高的表面张力会从底部拉上更多的酒，最终形成小酒滴。

在涂布过程中，当涂膜局部区域表面张力产生梯度时，容易从一点流向表面张力高的区域。如果流动量大，流出的点就容易形成缩孔（crater），图18-17就是污染物造成中间区域表面张力低于临近区域，污染物周围的液体向高张力临近区域流动。

Fink和Jensen推导出在一定条件下，缩孔由下式决定：

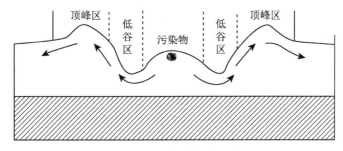

图 18-17　湿膜缩孔示意

$$Q_V = \frac{h^2}{2\eta}\Delta\gamma \qquad\qquad (18\text{-}1)$$

式中　Q_v——单位时间内流量；

　　　h——湿膜厚度；

　　　η——涂料黏度；

　　　$\Delta\gamma$——表面张力梯度。

由式（18-1）可见，为减少缩孔，就应该使得涂料的黏度大、厚度小，并尽量减少可能存在的表面张力梯度。引发涂膜缩孔的因素很多，介质生产过程中常见的有：

（1）涂布液配方中各组分表面张力不匹配，例如配方中低表面张力的组分过多；涂布液受硅油之类低溶解度、低表面张力物质污染等。

（2）涂布液表面张力设计过高，或基材表面能过低。

（3）基材表面有表面张力非常低的污染点。

（4）干燥过程中干燥空气含有外来污染物，如果外来物表面张力低于涂布液膜，可形成污染物中心。当配方表面张力设计偏高时该弊病加剧。

（5）涂布湿膜过厚。由式（18-1）知，因马瑞冈尼效应造成的缩孔程度与湿膜厚度的平方成正比，而低黏度将加剧该弊病。因此涂布量很大的生产实例，湿膜黏度或流变形态的控制及低表面张力污染点的防止非常重要。

（6）配方中低表面张力，高挥发性溶剂比例不合理，类似玻璃杯中烈性葡萄酒的典型实例，局部挥发过快易形成张力梯度。

可见，流平和马瑞冈尼效应造成的梯度流动，对涂膜厚度、黏度、表面张力等参数要求不同，有些甚至相反。因此对涂布液的参数设计要综合分析考虑，不能片面考虑单一因素。

图 18-18 为不平表面的涂布。为获得良好的流平性，宜采用高表面张力、高沸点溶剂，此时流平效应占主导，涂膜趋于形成平整光滑的膜，如图 18-18（a）所示的表面形态；若想使涂层体现基材的纹理，宜采用挥发速度快，表面张力低

的溶剂，此时由于涂膜薄处即基材凸起处挥发速度快，涂层可从底部向上补充，使涂层的厚度一致，如图 18-18（b）所示的表面形态；采用中等挥发速度的溶剂或高低沸点溶剂匹配使用，两种效应将同时起作用，可以得到图 18-18（c）的表面形态。

（a）流平驱动　　　　　（b）张力梯度驱动　　　（c）流平驱动和张力梯度驱动综合效应

图 18-18　不平表面不同溶剂作用下的表面形态

七、黏牢失败与脱膜

当涂布液和支持体的表面张力匹配不够恰当时，反润湿及蠕动也不会总是发生。如果匹配不当不是很严重，或者涂层非常厚，造成不润湿的力不会使液体明显移动，但是涂布液和支持体的粘连将变差，并且涂层可以轻易地从支持体上取下来。这种情况如同正常的匹配却将涂布液涂到没有底层的一面上一样。

在多层涂布中，在相邻涂层间，如果涂层的化学性质不是很好，即成分的兼容性不充分，就有可能发生分层现象。适当的表面活性剂可以减少这种不适应性。

脱膜的另外一种重要原因，是涂层坚膜不好。

八、不均匀的支持体表面能

如果支持体表面能不均匀，在涂布液与支持体之间的吸引力就会波动，随后动态润湿线前后摆动。这种面积的波动是随机的，而且可能足以去影响涂层均匀。

第十节　磨砂

在使用中需用透射光的感光材料品种，如照相的胶卷，放映用的电影正片和幻灯片，在制造和加工过程中受某些因素影响，或表面的平滑程度遭破坏，或涂层内有析出物，使光线产生漫射现象，或影响了透明程度，像磨砂玻璃似的，统称磨砂弊病，其中有的类型在国外叫作"网纹"。

由于产生原因不同，磨砂弊病的形态也就各异。一般可以分为四类。

一、龟裂状磨砂

胶片经干燥收卷后，在正常的加工条件下，冲洗出来的画面，灰片或透明片，表观发乌，不透亮，在显微镜下观察表面呈现不规则的裂纹，就像干涸龟裂的泥地，条纹清晰，边缘整齐，界限分明。有这种弊病的特点，用反射光观察表面不见异常，也较光泽，手摸无粗糙感。

二、网纹状磨砂

这种磨砂弊病，目测生片感觉表面发乌，手触有粗糙感。在显微镜下观察可见到起伏的皱纹，条纹的边缘凸起，有模糊、圆滑的感觉。对于彩色片而言，如表层凸起处其密度减小，而往往呈现红色条纹。坚膜不好，易出此类磨砂。

三、针眼状磨砂

这种弊病常发生在干燥条件剧烈的产品上，表面呈现无数细小的针眼孔状，使透射光漫射而呈现磨砂状。其直径约 $5\sim10\mu m$，分布均匀，中间发亮，四周发暗，轮廓比较清晰，像水分蒸发时将涂层顶破而加厚。切片有时可见水汽上升的毛细管和针眼孔。

四、点状磨砂

这类磨砂的本质与上述三种有区别，它们不是受干燥工艺和加工条件影响产生的，而是涂布液本身有析出物，造成表面发乌粗糙，呈磨砂状。造成点状磨砂的主要原因，是成色剂质量和成色剂配制溶解不好。

消除和防止办法：

（1）降低干燥强度，尽量延长等速干燥阶段，适应明胶涂层对干燥的要求。

（2）加强涂层的坚膜效果，同时控制其吸水膨胀率，增强层间黏牢度，优化冲洗加工条件。

（3）选用物理机械性能良好的明胶，并加入高聚物，改进涂层的塑性。

（4）执行精料政策，严格操作，杜绝补加物发生析出等问题。

第十一节 张力线

张力线是一种纵向不匀，宽窄不同，长短不齐，起头、结尾处是渐变的。

张力线产生原因主要有三类。

（1）涂布张力因素。涂布线张力设定偏大，或基材较薄，在涂层定型前的片路上，支持体有拉力形成的筋，涂布液从隆起处流到低洼处，造成涂层不匀。

（2）设备因素，涂布线相邻导辊不平行，高车速下易发生跑偏时产生。

（3）支持体的因素。①支持体横向厚度差较大，收卷成大轴后，在轴上形成条棱状变形。②支持体涂层有纵向条道。③支持体保存中变形，形成周期性短的变形，一周出一次排列的条道。④支持体较薄，如 $100\mu m$ 以下，在片路发生轻微跑偏时，产生张力线。

张力线消除方法有：

（1）调整合适的片路张力，特别是定型段的张力。设计比较理想的定型段，设有 20m 长左右的密集辊区，辊下有 30mm 水柱以下的负压，使有涂层的片幅贴在辊面上。就是支持体原来有较高张力线也会被减轻影响。

（2）使用合格的支持体。

（3）调整片路导轴的平行度，防止跑偏。

第十二节　静电斑痕

一、静电种类与危害

在涂布工业中，作为不良导体的支持体，常因静电引发许多问题。研究发现，电压与静电危害间有一定的联系（表 18-1）。

表 18-1　静电影响涂布质量问题一览表

最低电压值/V	引发相关问题
30	涂层覆盖不均匀
400	出片装置阻塞
500	吸附尘埃
600	感光涂层灰雾
1000	对片对齐问题
1500	火灾爆炸危害
2000	切片堆放问题
4000	包装问题
6000	胶片通行问题
7000	弧光放电

静电对照相产品的直接危害，除了影响涂布均匀和吸尘外，就是会使感光涂层在显影后产生各种形状的斑痕。

（1）树枝状静电斑。多由于胶片干燥过度，含湿量过低，而表面受干冷环境的影响，胶片易带（负）电荷，但分布不均匀，聚集在胶片表面的某些凸起点，当电荷聚集到一定数值，与带正电荷的物体接触、分离，会产生放电现象。多发生在胶片经过导轴、收放卷，或整理过程的齿孔、切片边缘。

（2）点（球）状静电斑。当两带电胶片，或带电胶片与另一带电物体表面接触后，不是剥离开来，而是轻度滑动，这时常产生成直线排列的点（球）状静电斑痕。

（3）斑块状静电弊病。这种弊病在几种条件下都可以发生。第一，胶片含湿量偏大，胶片轻度粘连后，开卷时剥离静电引起火花曝光形成。第二，支持体的防光晕层导电能力差，易粘连；如彩色正片用柏绿防光晕层时经常出现黄斑块，改炭黑防光晕层后彻底消除。第三，胶片干燥后因回潮加湿能力不足，表面聚集较多静电，在涂复层时产生问题。第四，因生产片基的平衡时间不够，在聚集静电较大的状态下就投入使用，在涂第一层时就形成斑块状静电斑。

二、静电危害消除方法

（1）提高支持体的导电能力，特别是低表面电阻材料需要提高导电能力。如有的资料介绍，当表面电阻在 $10^9 \sim 10^{11}\,\Omega$ 时，片卷的静电荷可在一周后消除；而当其表面电阻在 $10^{13} \sim 10^{16}\,\Omega$ 时，片卷的静电荷在存放一个月之后还保持较高状态。经验证明，炭黑防静电层的防静电效果，远远胜过柏绿防光晕层。

（2）改进涂层本身的导电能力，一般可以适当补加增加导电能力的添加物，或选用有防静电功能的表面活性剂。

（3）控制好生产工艺条件，保证适当的干燥和回潮程度，优化收卷张力和锥度，正常储存运输。

（4）保持生产装置良好接地，如导轴的导电性要良好，轴承选用导电润滑脂，不用导电性差的材料包拉片辊和导轴，冬、春季保持供、收片岗位适当的温度和湿度。

（5）选择适当的静电消除装置，并正确使用。

第十三节　微凹版涂布弊病的因果分析和解决对策

一、横纹

和众多涂布方式一样，横纹主要来自设备震动和基材张力变化。比如驱动不合理、共振现象、驱动连轴节，张力控制等偏差都可能带来震动，微凹版涂布过程是一种十分敏感涂布方式，要求设备制造和安装精度非常苛刻，任何的闪失都可能带来涂层横纹弊病。

二、细竖道

微凹版涂布产生细竖道或竖条道是很常见的现象。对于具有良好结构的凹版辊，操作参数也将影响取出的稳定性。通常采取控制逆流分界线（upstream）的储液量来调节取出的稳定性，涉及的工艺参数有比率 S（Us/Ug）、刮刀负载、包角 θ，另外，通过调整物料黏度和表面张力也可以改变逆流分界线的储液量大小。当辊速不变、车速增加、比率 S 变大，逆流分界线和顺流分界线（downstream）位移就会分别减小，使得涂珠变小，逆流分界线减小的幅度较大，当高出临界比率后，首先逆流分界线先与基材与凹版辊接触的中心线接触，中心线上的部分涂珠就会与顺流分界线的涂珠重叠，形成细竖道，如图18-19、图18-20所示。当比率 S 超过 3.0 或者低于 0.2 以下，还会产生 V 字形不稳定点，从而形成单线脱涂或者大面积脱涂现象。包角也会影响细竖道的形成，包角越大，逆流分界线和顺流分界线越宽，涂珠越大，稳定区域越大，形成细竖道可能性越小。物料里含有气泡也是出现细竖道的一个因素，虽然刮刀能刮去一部分大气泡，但仍然有许多小气泡有可能留在凹版辊里面，形成细竖道。其次，由于空气夹带在顺流分界线较大气泡也会生产细竖道。

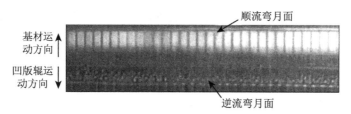

图 18-19　涂珠稳定及空气夹带（s=0.67）

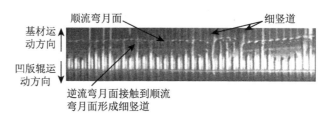

图 18-20　不稳定涂珠及细竖道（s=1.33）

三、竖条道或肋骨棱

当毛细准数超过临界点时，就会出现单线取出，形成闪斑（flashing）弊病，当高出临界比率许多后，就会造成多线取出从而形成竖条道弊病，产生竖条道频率与凹版辊的目数、基材与凹版辊接触之间的间隙有直接关系。如图18-21所示。

当毛细准数达到 2.4 以上，产生竖条道频率就会与比率 S、流体雷诺数、包角无关。高毛细准数都会发生竖条道弊病，由 $Ca = \mu Ug/\sigma$ 可知，高黏度容易出现竖条道，水性物料在微凹版涂布中容易出现竖条道的最主要原因是黏度比溶剂性物料高。

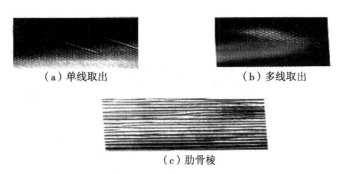

（a）单线取出　　　　　　　　　　（b）多线取出

（c）肋骨棱

图 18-21　竖条道及肋骨棱弊病

四、涂层不均或厚度难以控制

微凹版涂布不属于预定量涂布，有别于坡流涂布和条缝涂布，其涂布量要根据物料和涂布工艺条件来确定。微凹版涂布涂布量主要由凹版辊的网孔容积决定。凹版辊传墨量的影响要素有：网纹辊线数、开口与网墙比、网穴形状、网穴深度、网穴表面光洁度、网线角度、网点形状，这些都直接跟凹版辊制作有关。其他条件一定时，涂层厚度与黏度成正比，与表面张力成反比。除了上述影响因素，涂布工艺也很重要。

包角 θ 也对涂层厚度有一定的影响，比率在 $0.5 \sim 1.5$ 时，包角大小对厚度影响不明显，但比率小于 0.5 时，对于 0° 包角，出现涂布厚度急剧减少的情况，而大于 0° 包角时，会发生涂布厚度急剧增加现象，如图 18-22 所示。

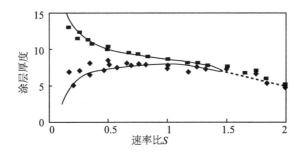

图 18-22　在两种不同包角情况下速率对涂布厚度的影响

刮刀负载对涂层的厚度也是不能忽视的，在低负载时刮刀是平直的，大部分力集中于端部，加大负载会急剧地减薄涂层厚度；在中等负载时，刮刀被弯曲，力通过液体分布到刮刀的一大片面积上，加大刮刀的负载力，会使刀尖上翘，涂布厚度变厚；在高负载时，刮刀被剧烈地弯曲，加大负载会逐渐地减薄涂层厚度。

五、微凹版涂布弊病解决方法

总之，针对涂布弊病产生原因，提出微凹版涂布弊病及解决方法，如表18-2所示。

表18-2　微凹版涂布弊病及解决方法一览表

弊病	产生原因	解决方法
横纹	· 凹版辊跳动误差 · 电机震动 · 其他机械震动 · 凹版辊、联轴器、轴承、电机轴不同心；轴承磨损厉害 · 车速辊速不稳定 · 片路张力不均 · 刮刀震动 · 刮刀变形或发生不均一磨损	· 正确安装凹版辊和刮刀系统 · 消除由于电机和环境引起震动 · 按时更换轴承 · 提高整个涂布传动系统精度 · 合适的张力控制精度 · 消除刮刀震动，如减小涂布量等 · 更换刮刀
细竖道	· 车速太快，辊太慢，比率 S 大 · 刮刀压力大或者刀片安装不平整 · 基材张力小和控制精度差 · 包角小	· 调整合适比率 · 调节刮刀起始压力和正确安装刀片 · 调节张力大小 · 合适包角
竖条道	· 凹版辊带上物料气泡和空气夹带形成比较大的气泡 · 高黏度 · 高辊速、高车速 · 间隙和涂层湿厚度比率（Ho/t）太大，涂层较薄 · 基膜的影响	· 供料盘安装合适挡板，消除物料存在气泡 · 低黏度 · 低辊速、低车速 · 厚的湿遮盖厚度 · 更换基膜
涂层不均或厚度难以控制	· 刮刀磨损，或压力不均 · 凹版辊和刮刀不平行 · 车速辊速不稳定 · 车速与凹版辊旋转速度不匹配 · 包角大小不合适 · 凹版辊或者湿润辊发生形变 · 凹版辊目数选择错误 · 物料黏度、表面张力、固含量发生变化	· 更换新刀片，调节合适压力 · 调整凹版辊和刮刀平行度 · 提高整个涂布传动系统精度 · 调整比率 · 调整包角 · 凹版辊垂直放置更换湿润辊 · 选择合适凹版辊目数 · 物料统一性

弊病	产生原因	解决方法
点子	· 基材某处的表面张力不同而产生不润湿点 · 物料里含有杂质或析出物或气泡夹带 · 网孔里存在固体离子堆积以及部分取出形成赤裸斑 · 基材的多孔性 · 干燥过快	· 基材统一性 · 真空过滤 · 物料分散不均或者凹版辊清洗过程不彻底 · 基材统一性 · 调整干燥速度
流平性差	· 物料黏度、表面张力不合适 · 选择溶剂太单一挥发速率太快 · 基材与物料表面张力不匹配 · 涂层太薄	· 调整黏度表面张力 · 使用多种混合溶剂 · 提高基材的表面张力，降低物料表面张力 · 更换高目数凹版辊

参考文献

［1］照相乳剂涂布工艺．中国乐凯胶片集团公司内部培训教材，1983～2008.

［2］（美）Cohen. E. D. Gutoff. E. B编．赵伯元译．现代涂布干燥技术．1999.

［3］刘云剑，邢成君，彭朝利，骆小红．微凹版涂布弊病的因果分析和解决对策．信息记录材料．2009Vol10. No. 5pp. 34-39.

［4］王兴叶．减少涂布拉丝弊病的方法．感光材料．1981. 3. 2pp. 13-14.

［5］吴国光译．提高挤压涂布均匀性的方法．感光材料．

［6］蔡史明．消除涂布麻点的探索．印刷世界．2008. 2. 20 P39.

［7］汪长春，包启宇．丙烯酸酯涂料．北京：化学工业出版社．2005. 2.

第19章 涂布表观在线检测装置

涂布表观质量的保证是一项系统工程。除了严格执行相关涂布工序产品检验与控制规则外，在线涂布表观质量检设备效果明显，特别是以大轴形式销售的产品，在线检测对于保证产品一致，规避批量损失，尤为关键。本章简单介绍两种在线检测方法。

第一节 宽幅胶片弊病在线检测系统

基于 CCD 成像和数字图像处理技术的宽幅胶片在线检测系统，在国内外都有广泛应用。基本构成和用法是，在红外光源提供均匀照明的条件下，采用两台高分辨率线阵 CCD 摄像机，对运动的胶片实时成像，利用简化了的平滑去噪和边缘检测算法进行处理，并通过双阈值判据及时发现弊病，保存弊病位置信息和弊病图像。系统检测范围为横向 80μm、纵向 500μm。

一种典型的宽幅胶片弊病在线检测系统的结构如图 19-1 所示。幅宽为 1300mm，运转速度为 90m/min 的印刷胶片在均匀的近红外光源照明下，利用 2 台高速、高分辨率的线阵 CCD 摄像机实时成像，并将图像通过 10m 长的数据电缆送到相应的检测计算机中，进行实时的弊病检测，及时发现弊病。同时，利用连接到胶片运转主动轴上的编码盘、光电开关以及暗、明室信号传输电路、PCI 数据采集卡的计数模块得到胶片弊病的位置信息、检测机软件生成弊病报告，并保存弊病图像，提供弊病指示。

第二节 激光扫描弊病检测仪

激光扫描器发出的一束激光，通过一系列的镜头照到一个旋转的反光镜轮上，随着镜轮的旋转，它逐线、逐毫米地横向扫描从它下面经过的宽片。安装在扫描

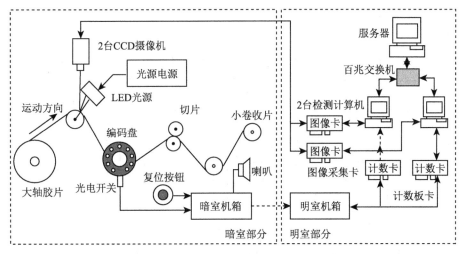

图 19-1　宽幅胶片弊病在线检测系统框图

器周围的接收器收集反射光，然后光电乘法器将它转换成电子视频信号。通过评估系统，弊病信号经过一系列的处理，最终确定出弊病的大小、位置、类型和严重程度。检测结果可以立即使用，或作为长期数据保存。

1. 光学检测

由激光扫描仪产生的快速移动的光斑对整条胶片进行扫描。接收模块收集由扫描仪发生并已经片子调制的光，依照片表面的不同状况，把这些光信号再转换成电信号。

片子表面每种弊病都会影响光束的特征。光束变化的主要类型有：

- 强度发生变化；
- 光发生散射；
- 有偏差角；
- 发生偏振化。

2. 视频信号的处理

对来自评估测量频道的模拟视频信号的处理，就是对数据的分析筛选过程。从接收器两端的光电倍增器传来的信号结合在一起，组成一个代表一个测量频道的视频信号。

接下来，数字信号同 PDA 模块（点弊病分析器）中的振幅（MV）临界值进行比较。根据对材料和系统灵敏度的要求，就可以把真正的弊病同不重要的光学偶然误差区分开。事故信号和横向时钟数值一起被写入 DLC 模块的 F1F0 中。弊病数据库经 IEEE 接口接收后，由评估软件进行评估，分类成几种特定的类型，如划伤、鼓包、坑洼等。

国内研究人员公布的胶片弊病检测仪的工作原理如图 19-2 所示。

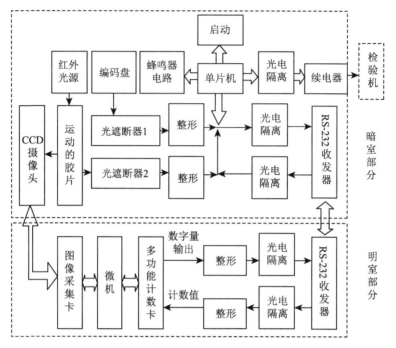

图 19-2　胶片弊病检测仪的工作原理

参考文献

［1］刘云剑等．微凹版涂布弊病的因果分析和解决对策，信息记录材料，2009Vol10. No. 5. 34～39.

［2］照相乳剂涂布工艺．中国乐凯胶片集团公司内部培训教材，1983～2008.

［3］（美）Cohen. E. D. Gutoff. E. B 编．赵伯元译．现代涂布干燥技术，中国轻工业出版社，1999.

［4］王兴叶．减少涂布拉丝弊病的方法．感光材料，1981. 13～14.

［5］吴国光译．提高挤压涂布均匀性的方法．感光材料．

［6］蔡史明．消除涂布麻点的探索．印刷世界，2008. 39.

［7］汪长春，包启宇．丙烯酸酯涂料．北京：化学工业出版社，2005. 2.

［8］（美）Edgar B. G，Gutoff，Edward D. cohen，Gerald Kheboian · Coating and drying defects. New York Wiley© ，2006.

［9］齐驹，"指南针"弊病分析．

［10］唐志健，朱文成．JND 概念在感光材料生产中的运用．

［11］莫绪涛，刘文耀．宽幅胶片弊病在线检测系统．仪器仪表学报，2007 年 2月，Vol28. No. 2，337-341.

部分编著人员简介

● 张建明

教授级高级工程师。1982 年毕业于天津大学化工系，获学士学位，北京化工学院计算机化工第二学士学位。1982 年至今，在中国乐凯胶片集团公司历任主任工程师、室主任、工艺岗位专业专家等，曾主持多条涂布生产线工艺改造，获公司级 1 等、2 等技术进步奖 3 项，化工部科技进步 2 等奖 1 项。

● 王德胜

教授级高级工程师，1983 年毕业于南京大学化学系获学士学位，1983 年进入化工部第一胶片厂（中国乐凯胶片集团公司前身）工作，从事磁记录材料的研究工作，参加过广播录音磁带、高速复录磁带、录像带、电话磁卡、热敏磁卡、磁条、磁票等产品的研发生产工作，历任专题组长、研究室主任、乐凯新材料股份有限公司生产副总经理。

● 屠志明

高级工程师。1978 年毕业于浙江大学化工系高分子化工专业。同年分配到原化工部第一胶片厂工作，历任车间技术员，工程管理科工程师，涂塑车间主任，涂塑分公司经理等职。负责生产管理工作三十多年，具有丰富的涂塑纸生产理论知识和生产管理经验。

● 何君勇

1975 年生于浙江缙云，1997 年毕业于北京大学化学系，获学士学位，2003 年毕业于天津大学化工学院，获硕士学位。主要从事喷墨打印介质的研发及涂布生产工作。在微孔型介质涂布产品研发与量产方面开展了大量工作。

● 徐　征

博士，北京交通大学教授，光电子材料与器件专家，从事电子薄膜教学科研工作。中国仪器仪表学会光机电技术与系统集成分会理事、光学学会光电专业委员会委员、《光电子·激光》杂志编委、《光谱学与光谱分析》杂志编委、《液晶与显示》杂志编委、国际 SID 学会会员。

● 陈鸿奇

广东欧格精机科技有限公司创始人、总经理，广东省地方标准《精密涂布生产线》第一起草人，中包联塑包委员会专家委员，中印协柔印分会常务理事，汕头出版印刷发行行业协会副会长等。长期从事宽幅卫星式柔版印刷和光学级精密涂布成套装备的研发，对印刷方式、涂布方式及热风干燥等核心技术的机理理论和产业化实现均有深入研究。获授权发明专利 8 件，实用新型专利 34 件，德国实用新型专利 1 件，中国台湾实用新型专利 1 件。

● 杨峥雄

工学学士，高级工程师。在凹版印刷机、精密涂布机技术、节能减排技术等方面积累了丰富经验。已获 7 件发明专利和 21 件实用新型专利授权，发表论文 9 篇，曾获第四届汕头市优秀专利发明人称号，在多家印刷涂布企业任技术顾问。

● 廖支援

工学博士，颇尔过滤器（北京）有限公司工业业务技术总监，高级工程师。曾任教于北京理工大学化工与材料学院，在意大利乌尔比诺大学做博士后研究。从事流体过滤、分离和纯化应用研究与过滤器性能评价。在国内外期刊发表有关流体过滤与分离、含能材料和有机化学论文近 20 篇。中国发明专利授权 1 件。

● 薛志成

工学硕士，高级工程师，陕西北人印刷机械有限责任公司总工程师，陕西省包装印刷机械工程技术研究中心主任。中国印工协印机分会印机与控制专委会副主任委员，西安理工大学工程硕士指导教师。曾获渭南市青年科技奖、有突出贡献优秀人才、渭南标杆等荣誉称号，入选渭南市"三三人才"、"百名科技人才"。获"国家重点新产品"奖励、省级科技奖 3 项，渭南市科技奖 3 项。授权发明专利 5 件，实用新型专利 29 件，陕西省专利二等奖 1 项；发表论文 7 篇。

● 莫黎昕

工学博士，北京市印刷电子工程技术研究中心副主任，北京印刷学院副教授。印刷电子国际标准工作委员会(IEC-TC119)委员。主要从事印刷电子材料及其应用与印刷工艺研究。获北京市优秀人才培养资助，曾承担、参与国家科技支撑计划、国家自然科学基金、国家科技部、中国工程院、北京市教委等多项科研项目与导电油墨产业化工作。发表论文 20 余篇、授权专利 5 件，参编《印刷油墨着色剂》《涂布复合技术》。

● 辛智青

博士，北京印刷学院讲师，2013 年毕业于中国科学院化学研究所，获博士学位，主要从事印刷技术在印刷制造中的应用研究以及新型复合导电材料的开发。主持国家自然科学基金项目 1 项，参与多项市级校级印刷电子科研课题，在国内外发表高水平学术论文 10 篇。

● 李 修

博士，北京印刷学院讲师，中国光学工程学会专家委员，主要从事印刷电子相关光学后处理以及图案化光子晶体结构色研究。主持、参与了多项印刷电子相关科研课题，在国内外期刊上发表学术论文近 20 篇。

● 高 波

博士，高级工程师。曾在黑龙江省农副产品加工机械化研究所从事项目开发与研究工作。2005 年至今，在北京印刷学院任教。参与国家科技支撑计划"环保型卷筒料凹版印刷机攻关与开发"项目，科技部重大科研专项"微米级高速视觉质量检测仪开发和应用"项目，北京市科委、教委科研项目各 1 项。出版优秀二等奖教材 1 部，授权专利 2 件，发表 EI 检索论文 20 余篇。

● 方 一

博士，北京印刷学院讲师，主要研究印刷电子材料与技术、有机光电器件。发表 SCI 论文 3 篇，EI 论文 2 篇，核心期刊 5 篇，参编《印刷包装功能材料》，授权发明专利 1 件。

● 李建平

保定市乐凯医疗科技有限公司副总经理，高级工程师，主要从事科研和生产管理以及涂布技术理论、生产工艺的研究和应用。曾参与国家科技支撑计划、发改委、工信部专项；获河北省科学技术进步奖一等奖，参与《照相乳剂涂布工艺》《涂布干燥技术》等资料编写。

● 栗淑梅

1997 年毕业于天津大学精细化工专业获学士学位，就职于中国乐凯胶片股份有限公司，从事感光材料涂布工艺技术及管理工作，研究涂布表观弊病控制与解决，参与《照相乳剂涂布工艺》《涂布干燥技术》等资料编写。

● 关敬党

锡伯族，1994 年毕业于东北大学自动化专业，深圳市善营自动化股份有限公司董事长。全国电工专业设备标委会委员，主持国家 863《锂电池全产业链涂布机》、工信部 2012 年度新能源汽车产业技术创新工程《双面同时涂布机（单层悬浮烘箱）》、广东省及深圳市重大专项关于涂布等项目。印刷电子涂布机发明授权专利 1 件，涂布机实用新型专利多件。

服务教育发展需求，紧跟行业发展趋势